教育部高等学校食品科学与工程类专业教学指导委员会审定教材

“十二五”普通高等教育本科国家级规划教材

普通高等教育农业农村部“十三五”规划教材

普通高等教育“十四五”规划教材

食品安全导论

第3版

谢明勇　陈绍军　主编

罗云波　主审

中国农业大学出版社

·北京·

内容简介

本书是高等院校食品类专业系列教材之一。全书共分 9 章，主要内容包括绪论、食品安全危害性来源、食源性疾病、食品的安全评价、食品安全检测技术、食品安全控制技术及规范、食品安全溯源及预警技术、食品安全标准体系、食品安全法律法规及管理体系。各章配有思考题，附有参考文献。

图书在版编目(CIP)数据

食品安全导论 / 谢明勇,陈绍军主编. —3 版. —北京:中国农业大学出版社,2021.7 (2024.7 重印)

ISBN 978-7-5655-2590-2

Ⅰ.①食… Ⅱ.①谢…②陈… Ⅲ.①食品安全-高等学校-教材 Ⅳ.①TS201.6

中国版本图书馆 CIP 数据核字(2021)第 155721 号

教育部高等学校食品科学与工程类专业教学指导委员会审定教材

书　　名　食品安全导论　第 3 版
作　　者　谢明勇　陈绍军　主编

策划编辑　王笃利　宋俊果　魏　巍　　　责任编辑　田树君
封面设计　郑　川　李尘工作室
出版发行　中国农业大学出版社
社　　址　北京市海淀区圆明园西路 2 号　　　邮政编码　100193
电　　话　发行部 010-62733489,1190　　　读者服务部 010-62732336
　　　　　编辑部 010-62732617,2618　　　出　版　部 010-62733440
网　　址　http://www.caupress.cn　　　**E-mail** cbsszs @ cau.edu.cn
经　　销　新华书店
印　　刷　运河(唐山)印务有限公司
版　　次　2021 年 7 月第 3 版　　2024 年 7 月第 3 次印刷
规　　格　787×1092　　16 开本　　18.5 印张　　460 千字
定　　价　49.00 元

普通高等学校食品类专业系列教材

编审指导委员会委员

（按姓氏拼音排序）

第3版编审人员

主　编　谢明勇（南昌大学）

　　　　　陈绍军（福建农林大学）

副主编　万益群（南昌大学）

　　　　　阚建全（西南大学）

　　　　　胡　滨（四川农业大学）

　　　　　柳春红（华南农业大学）

　　　　　赵　燕（江西农业大学）

编写人员（按姓氏笔画排序）

　　　　　万益群（南昌大学）

　　　　　王英丽（内蒙古农业大学）

　　　　　陈团伟（福建农林大学）

　　　　　陈红兵（南昌大学）

　　　　　陈绍军（福建农林大学）

　　　　　柳春红（华南农业大学）

　　　　　胡　滨（四川农业大学）

　　　　　赵　燕（南昌大学）

　　　　　聂少平（南昌大学）

　　　　　郭　岚（南昌大学）

　　　　　梁　灵（西北农林科技大学）

　　　　　谢明勇（南昌大学）

　　　　　阚建全（西南大学）

主　审　罗云波（中国农业大学）

第2版编审人员

主　编　谢明勇（南昌大学）
陈绍军（福建农林大学）

副主编　万益群（南昌大学）
阚建全（西南大学）
胡　滨（四川农业大学）
柳春红（华南农业大学）
赵　燕（南昌大学）

编写人员（按姓氏笔画排序）
万益群（南昌大学）
王英丽（内蒙古农业大学）
陈团伟（福建农林大学）
陈红兵（南昌大学）
陈绍军（福建农林大学）
柳春红（华南农业大学）
胡　滨（四川农业大学）
赵　燕（南昌大学）
聂少平（南昌大学）
郭　岚（南昌大学）
梁　灵（西北农林科技大学）
谢明勇（南昌大学）
阚建全（西南大学）

主　审　罗云波（中国农业大学）

第 1 版编审人员

主　编　谢明勇(南昌大学)
　　　　　陈绍军(福建农林大学)

副主编　万益群(南昌大学)
　　　　　阚建全(西南大学)
　　　　　陈一资(四川农业大学)
　　　　　梁　灵(西北农林科技大学)
　　　　　柳春红(华南农业大学)
　　　　　张培正(山东农业大学)

编写人员(按姓氏笔画排序)
　　　　　万益群(南昌大学)
　　　　　陈一资(四川农业大学)
　　　　　陈红兵(南昌大学)
　　　　　陈绍军(福建农林大学)
　　　　　张培正(山东农业大学)
　　　　　柳春红(华南农业大学)
　　　　　胡　滨(四川农业大学)
　　　　　赵　燕(南昌大学)
　　　　　聂少平(南昌大学)
　　　　　郭　岚(南昌大学)
　　　　　梁　灵(西北农林科技大学)
　　　　　谢明勇(南昌大学)
　　　　　阚建全(西南大学)

主　审　罗云波(中国农业大学)

出版说明

（代总序）

岁月如梭，食品科学与工程类专业系列教材自启动建设工作至现在的第4版或第5版出版发行，已经近20年了。160余万册的发行量，表明了这套教材是受到广泛欢迎的，质量是过硬的，是与我国食品专业类高等教育相适宜的，可以说这套教材是在全国食品类专业高等教育中使用最广泛的系列教材。

这套教材成为经典，作为总策划，我感触颇多，翻阅这套教材的每一科目、每一章节，浮现眼前的是众多著作者们汇集一堂倾心交流、悉心研讨、伏案编写的景象。正是大家的高度共识和对食品科学类专业高等教育的高度责任感，铸就了系列教材今天的成就。借再一次撰写出版说明（代总序）的机会，站在新的视角，我又一次对系列教材的编写过程、编写理念以及教材特点做梳理和总结，希望有助于广大读者对教材有更深入的了解，有助于全体编者共勉，在今后的修订中进一步提高。

一、优秀教材的形成除著作者广泛的参与、充分的研讨、高度的共识外，更需要思想的碰撞、智慧的凝聚以及科研与教学的厚积薄发。

20年前，全国40余所大专院校、科研院所，300多位一线专家教授，覆盖生物、工程、医学、农学等领域，齐心协力组建出一支代表国内食品科学最高水平的教材编写队伍。著作者们呕心沥血，在教材中倾注平生所学，那字里行间，既有学术思想的精粹凝结，也不乏治学精神的光华闪现，诚所谓学问人生，经年积成，食品世界，大家风范。这精心的创作，与敷衍的粘贴，其间距离，何止云泥！

二、优秀教材以学生为中心，擅于与学生互动，注重对学生能力的培养，绝不自说自话，更不任凭主观想象。

注重以学生为中心，就是彻底摒弃传统填鸭式的教学方法。著作者们谨记“授人以鱼不如授人以渔”，在传授食品科学知识的同时，更启发食品科学人才获取知识和创造知识的思维与灵感，于润物细无声中，尽显思想驰骋，彰耀科学精神。在写作风格上，也注重学生的参与性和互动性，接地气，说实话，“有里有面”，深入浅出，有料有趣。

三、优秀教材与时俱进，既推陈出新，又勇于创新，绝不墨守成规，也不亦步亦趋，更不原地不动。

首版再版以至四版五版，均是在充分收集和尊重一线任课教师和学生意见的基础上，对新增教材进行科学论证和整体规划。每一次工作量都不小，几乎覆盖食品学科专业的所有骨干课程和主要选修课程，但每一次修订都不敢有丝毫懈怠，内容的新颖性，教学的有效性，齐头并进，一样都不能少。具体而言，此次修订，不仅增添了食品科学与工程最新发展，又以相当篇幅强调食品工艺的具体实践。每本教材，既相对独立又相互衔接互为补充，构建起系统、完整、实用的课程体系，为食品科学与工程类专业教学更好服务。

四、优秀教材是著作者和编辑密切合作的结果，著作者的智慧与辛劳需要编辑专业知识和奉献精神的融入得以再升华。

同为他人作嫁衣裳，教材的著作者和编辑，都一样的忙忙碌碌，飞针走线，编织美好与绚丽。这套教材的编辑们站在出版前沿，以其炉火纯青的编辑技能，辅以最新最好的出版传播方式，保证了这套教材的出版质量和形式上的生动活泼。编辑们的高超水准和辛勤努力，赋予了此套教材蓬勃旺盛的生命力。而这生命力之源就是广大院校师生的认可和欢迎。

第1版食品科学与工程类专业系列教材出版于2002年，涵盖食品学科15个科目，全部入选“面向21世纪课程教材”。

第2版出版于2009年，涵盖食品学科29个科目。

第3版(其中《食品工程原理》为第4版)500多人次80多所院校参加编写，2016年出版。此次增加了《食品生物化学》《食品工厂设计》等品种，涵盖食品学科30多个科目。

需要特别指出的是，这其中，除2002年出版的第1版15部教材全部被审批为“面向21世纪课程教材”外，《食品生物技术导论》《食品营养学》《食品工程原理》《粮油加工学》《食品试验设计与统计分析》等为“十五”或“十一五”国家级规划教材。第2版或第3版教材中，《食品生物技术导论》《食品安全导论》《食品营养学》《食品工程原理》4部为“十二五”普通高等教育本科国家级规划教材，《食品化学》《食品化学综合实验》《食品安全导论》等多个科目为原农业部“十二五”或农业农村部“十三五”规划教材。

本次第4版(或第5版)修订，参与编写的院校和人员有了新的增加，在比较完善的科目基础上与时俱进做了调整，有的教材根据读者对象层次以及不同的特色做了不同版本，舍去了个别不再适合新形势下课程设置的教材品种，对有些教材的题目做了更新，使其与课程设置更加契合。

在此基础上，为了更好满足新形势下教学需求，此次修订对教材的新形态建设提出了更高的要求，出版社教学服务平台"中农 De 学堂"将为食品科学与工程类专业系列教材的新形态建设提供全方位服务和支持。此次修订按照教育部新近印发的《普通高等学校教材管理办法》的有关要求，对教材的政治方向和价值导向以及教材内容的科学性、先进性和适用性等提出了明确且具针对性的编写修订要求，以进一步提高教材质量。同时为贯彻《高等学校课程思政建设指导纲要》文件精神，落实立德树人根本任务，明确提出每一种教材在坚持食品科学学科专业背景的基础上结合本教材内容特点努力强化思政教育功能，将思政教育理念、思政教育元素有机融入教材，在课程思政教育润物细无声的较高层次要求中努力做出各自的探索，为全面高水平课程思政建设积累经验。

教材之于教学，既是教学的基本材料，为教学服务，同时教材对教学又具有巨大的推动作用，发挥着其他材料和方式难以替代的作用。教改成果的物化、教学经验的集成体现、先进教学理念的传播等都是教材得天独厚的优势。教材建设既成就了教材，也推动着教育教学改革和发展。教材建设使命光荣，任重道远。让我们一起努力吧！

罗云波

2021 年 1 月

第3版前言

《食品安全导论》首次出版于2009年，2012年入选首批“十二五”普通高等教育本科国家级规划教材，2014年修订出版了第2版，受到使用院校师生的广泛好评，作为编者我们备受鼓舞。随着科学技术的迅速发展，新知识和新技术层出不穷，食品法律法规和标准不断出台，为了适应学科的发展，满足新形势下教育教学理念，我们决定对教材进一步修订改版。

2020年3月《食品安全导论》第3版修订工作启动，虽受疫情影响，但各位编委在线上线下积极参与该教材的修订工作，该版保持了第2版教材的指导思想和“主题鲜明、概念清晰、内容丰富、体系完整、科学前沿、方便实用”的特色，并在保持第2版的框架结构不变、章节内容不变、篇幅保持基本不变的基础上，更新了近几年的法律法规、标准和文献，尤其注重实现专业知识与思政元素有机融合，发挥专业课程的育人主渠道作用。如通过介绍我国食品安全抽检合格率，激发学生的民族自信心和爱国情怀；列举人类饮食不良习惯对生态环境造成的恶劣影响，引导学生从爱护“绿水青山”的角度，高度重视外卖带来的环境污染问题，牢固树立和践行绿水青山就是金山银山的理念。教材通过信息技术融入数字资源，学生可以通过扫描书中二维码或登录教学服务平台进行扩展阅读，增强学习的主动性。

《食品安全导论》第3版教材仍由南昌大学、福建农林大学、西南大学、西北农林科技大学、四川农业大学、华南农业大学、内蒙古农业大学7所高等院校联合编写。具体分工为：第1章“绪论”由南昌大学谢明勇和聂少平编写；第2章“食品安全危害性来源”由四川农业大学胡滨编写；第3章“食源性疾病”由华南农业大学柳春红和南昌大学陈红兵编写；第4章“食品的安全评价”由福建农林大学陈绍军、陈团伟编写；第5章“食品安全检测技术”由南昌大学万益群和郭岚编写；第6章“食品安全控制技术及规范”由内蒙古农业大学王英丽、西北农林科技大学梁灵、江西农业大学赵燕*编写；第7章“食品安全溯源及预警技术”由西南大学阚建全编写；第8章“食品安全标准体系”由南昌大学赵燕编写；第9章“食品安全法律法规及管理体系”由四川农业大学胡滨编写。全书由谢明勇、万益群和赵燕统稿。

在本书的编写过程中，我国食品界著名专家中国农业大学罗云波教授给予了悉心指

---

* 本书于2023年重印时，赵燕工作单位已由南昌大学变更为江西农业大学。

导，罗教授对本教材的编写大纲和全部书稿均提出了非常宝贵的意见，并进行了认真审阅和修改，这对保证本书的高质量编写起了重要作用。同时，中国农业大学出版社为本书的顺利出版做了大量工作。本次修订再版还应感谢使用过《食品安全导论》第1版、第2版的各校师生所提出的宝贵意见。本书在编写修订过程中参考了本学科（或本领域）有关文献资料，并得到其他同仁的热情支持和帮助，在此一并致谢！

作者水平有限，书中难免有不妥和疏漏之处，敬请诸位同仁和广大读者批评指正，以便今后进一步修订、补充和完善。

2023年5月份重印，结合课程教学内容，在前言，1.5、2.1、3.3、5.1、5.3、9.2等处，融入了推动绿色发展，促进人与自然和谐共生；加快实施创新驱动发展战略；食品安全；增进民生福祉，提高人民生活品质；推进国家安全体系和能力现代化；坚持全面依法治国，推进法治中国建设；加强食品安全监管等党的二十大精神相关内容，以便读者学习掌握。

2024年5月，本书再次进行重印时，结合教育部高等学校食品科学与工程类专业教学指导委员会审定意见及学科最新进展，对有关内容做进一步更新。

编　者

2024年6月

第2版前言

由南昌大学、福建农林大学、西南大学、西北农林科技大学、四川农业大学、华南农业大学及山东农业大学等7所高等院校联合编写的《食品安全导论》第1版的教材，2009年出版，经过6年的使用，受到广大读者的欢迎；且2012年被评为第一批“十二五”普通高等教育本科国家级规划教材。

鉴于食品科学发展迅速，新技术、新进展层出不穷，食品法律法规不断出台，为了适应学科的发展，满足新形势下教学要求，我们决定对教材进行修订改版。

《食品安全导论》第2版的指导思想和第1版基本相同。力求体现“主题鲜明、概念清晰、内容丰富、体系完整、科学前沿、方便实用”等特色。全书从总体上概括介绍食品安全基本概念、学科的形成与发展及国内外目前的研究状况、食品安全教育体系以及食品数量安全与供应的可持续发展；接着分章节着重对食品的危害因素、安全性评价、食品安全检测技术、控制技术及规范、食品安全溯源及预警技术等内容做了系统详细的阐述；同时，对食品安全标准体系和食品安全法律法规及管理体系也进行了较为详尽的介绍。

第2版在第1版基础上做了全面更新，引入了最新的学科成果，应用了最新出台的法律法规，比如涉及的《食品安全法》以及有关食品添加剂的标准等，都采用了最新版本。增加了“食品转基因成分的检测技术”及“我国现行的食品许可制度”等相关内容。有些章节，比如“食品安全危害性来源”“食品安全标准体系”等修订调整幅度较大，不仅内容与时俱进，而且层次更加明确，条理更加清晰。每章后面都列出了最新的参考文献，读者可以方便地查询原文以扩展阅读。此外，书中还以二维码的形式附上了“全国食源性疾病暴发监测报告”“食品溯源系统建立的实例”及“食品预警系统建立的实例”，方便读者扫描阅读。

第2版教材由南昌大学、福建农林大学、西南大学、西北农林科技大学、四川农业大学、华南农业大学、内蒙古农业大学7所高等院校联合编写。具体分工为：第1章“绪论”由南昌大学谢明勇和聂少平编写；第2章“食品安全危害性来源”由四川农业大学胡滨编写；第3章“食源性疾病”由华南农业大学柳春红和南昌大学陈红兵编写；第4章“食品的安全评价”由福建农林大学陈绍军、陈团伟编写；第5章“食品安全检测技术”由南昌大学万益群和郭岚编写；第6章“食品安全控制技术及规范”由西北农林科技大学梁灵、南昌大学赵燕、内蒙古农业大学王英丽编写；第7章“食品安全溯源及预警技术”由西南大学阚建全编写；第 8 章“食品安全标准体系”由南昌大学赵燕编写；第 9 章“食品安全法律法规及管理体系”由四川农业大学胡滨编写。全书主要由谢明勇统稿，万益群和赵燕参加了部分统稿工作。

在本书的编写过程中，我国食品界著名专家中国农业大学罗云波教授给予悉心指导，罗教授对本教材的编写大纲和全部书稿均提出了非常宝贵的意见，并进行了认真审阅和修改，这对本书的质量保证起了重要作用。同时，中国农业大学出版社为本书的顺利出版做了大量工作。本次修订再版还应感谢使用过《食品安全导论》第 1 版的各校师生所提出的宝贵意见。本书在编写修订过程中参考了已出版的相关教材和论著，并得到其他同仁们的热情支持和帮助，在此，一并致谢！

作者水平有限，书中难免有不妥和疏漏之处，敬请诸位同仁和广大读者批评指正，以便今后进一步修订、补充和完善。

编　者

2016 年 1 月

第 1 版前言

食品作为人类最基本的消费品，随着生活水平的提高，其质量和安全性越来越受到关注。食品安全，直接关系到人体健康和生命安全，关系到经济发展和社会稳定，并对国际贸易产生非常重要的影响，已成为世界各国政府和公众关注的焦点和热点。近年来，国际上食品安全事件频发，世界范围内相继暴发的疯牛病、二噁英、禽流感、苏丹红、受污染奶粉等一系列食品安全事件，使其成为一个全球性的重大公共卫生问题，更加引起国际组织和各国政府的高度重视。近年来，我国在食品质量与安全领域已取得了长足的进步，《食品安全法》的诞生是一个标志性里程碑，但随着市场经济的发展和食物链中新的危害不断涌现，仍存在着不少亟待解决的不安全因素以及潜在的食源性危害。因此，防止食品污染、保障食品安全对人们的身体健康和国家安全有着长久的重要意义。

关于食品安全方面的书籍已有一些出版，侧重点不同，各有特色。本教材力求体现"主题鲜明、概念清晰、内容丰富、体系完整、科学前沿、方便实用"等特色。全书从总体上概括介绍食品安全基本概念、学科的形成与发展及国内外目前的研究状况、食品安全教育体系以及食品数量安全与供应的可持续发展；接着分章节着重对食品的危害因素、安全性评价、食品安全检测技术、控制技术及规范、食品安全溯源及预警技术等内容做了系统详细的阐述；同时，对食品安全标准体系和食品安全法律法规及管理体系也进行了较为详尽的介绍。每章列出了参考文献，读者可以方便地查询原文。

本教材由南昌大学、福建农林大学、西南大学、西北农林科技大学、四川农业大学、华南农业大学、山东农业大学等 7 所高等院校联合编写。具体分工为：第 1 章"绪论"由南昌大学谢明勇和聂少平编写；第 2 章"食品安全危害性来源"由四川农业大学陈一资编写；第 3 章"食源性疾病"由华南农业大学柳春红和南昌大学陈红兵编写；第 4 章"食品的安全评价"由福建农林大学陈绍军编写；第 5 章"食品安全检测技术"由南昌大学万益群和郭岚编写；第 6 章"食品安全控制技术及规范"由西北农林科技大学梁灵编写；第 7 章"食品安全溯源及预警技术"由西南大学阚建全编写；第 8 章"食品安全标准体系"由山东农业大学张培正和南昌大学赵燕编写；第 9 章"食品安全法律法规及管理体系"由四川农业大学胡滨编写。全书主要由谢明勇统稿，万益群和赵燕参加了部分统稿工作。

在本书的编写过程中，我国食品界著名专家中国农业大学罗云波教授给予悉心指导，罗教授对本教材的编写大纲和全部书稿均提出了非常宝贵的意见，并进行了认真审阅和修改，这对本书的质量保证起了重要作用。同时，中国农业大学出版社为本书的顺利出版做了大量工作。本书在编写过程中参考了已出版的相关教材和论著，并得到其他同仁们的热情支持和帮助。在此，一并感谢！

由于本教材是首次出版，作者水平有限，书中难免有不妥和疏漏之处，敬请诸位同仁和广大读者批评指正，以便今后进一步修订、补充和完善。

编　者

2009 年 4 月

目　录

第 1 章　绪论 ………………………………………………………… 1

1.1　食品安全的概念 ………………………………………………… 2

1.1.1　食品安全的基本概念 ………………………………………… 2

1.1.2　食品安全与食品质量、食品卫生的关系……………………… 4

1.2　食品安全科学的形成、发展和教育体系………………………… 5

1.2.1　食品安全科学的形成、发展…………………………………… 5

1.2.2　食品安全的教育体系 ………………………………………… 8

1.3　食品安全研究的目的、意义和主要内容 ……………………… 10

1.3.1　食品安全研究的目的………………………………………… 10

1.3.2　食品安全研究的意义………………………………………… 11

1.3.3　食品安全研究的主要内容…………………………………… 13

1.4　国内外食品安全研究状况及发展趋势………………………… 16

1.4.1　国外食品安全状况、研究现状及发展趋势 ………………… 16

1.4.2　我国食品安全状况、研究现状及发展趋势 ………………… 18

1.5　食品安全的发展战略…………………………………………… 22

思考题 ……………………………………………………………… 25

参考文献 …………………………………………………………… 25

第 2 章　食品安全危害性来源 ………………………………………… 27

2.1　概述……………………………………………………………… 28

2.2　生物性污染……………………………………………………… 28

2.2.1　细菌对食品的污染…………………………………………… 28

2.2.2　真菌及真菌毒素对食品的污染……………………………… 30

2.2.3　食源性寄生虫对食品的污染………………………………… 34

2.3　化学性污染……………………………………………………… 37

2.3.1　农药残留……………………………………………………… 37

2.3.2　兽药残留……………………………………………………… 40

2.3.3　有毒金属……………………………………………………… 43

2.3.4 N-亚硝基化合物 …… 47
2.3.5 多环芳烃化合物 …… 49
2.3.6 杂环胺类化合物 …… 51
2.3.7 氯丙醇 …… 52
2.3.8 丙烯酰胺 …… 54
2.3.9 二噁英 …… 55
2.3.10 食品接触材料及制品 …… 56
2.4 物理性污染 …… 61
2.4.1 食品放射性污染 …… 61
2.4.2 食品的杂物污染 …… 63
思考题 …… 63
参考文献 …… 64
第 3 章 食源性疾病 …… 65
3.1 概述 …… 66
3.1.1 食源性疾病的分类 …… 66
3.1.2 食源性疾病的监测 …… 67
3.1.3 我国食源性疾病发生的特点 …… 67
3.2 食物中毒 …… 68
3.2.1 食物中毒概论 …… 68
3.2.2 细菌性食物中毒 …… 69
3.2.3 有毒动物中毒 …… 75
3.2.4 植物性食物中毒 …… 78
3.2.5 化学性食物中毒 …… 81
3.2.6 真菌性食物中毒 …… 83
3.3 食物过敏 …… 84
3.3.1 食物过敏的危害 …… 84
3.3.2 食物过敏反应的免疫学机制 …… 85
3.3.3 食物过敏原 …… 87
3.3.4 加工对食物过敏原的影响 …… 90
3.3.5 食物过敏的防治 …… 91
思考题 …… 92
参考文献 …… 93
第 4 章 食品的安全评价 …… 94
4.1 食品毒理学评价 …… 95
4.1.1 食品毒理学基本原理 …… 95

4.1.2　毒物作用机理及影响因素 …… 105
4.1.3　食品安全性毒理学评价程序 …… 114
4.2　食品安全的风险性分析 …… 119
4.2.1　风险评价的基本概念 …… 119
4.2.2　风险评价的内容与方法 …… 120
4.2.3　风险评价的应用 …… 122
思考题 …… 124
参考文献 …… 124
第5章　食品安全检测技术 …… 126
5.1　食品中农药残留检测技术 …… 127
5.1.1　概论 …… 127
5.1.2　样品前处理技术 …… 127
5.1.3　农药残留检测技术 …… 130
5.2　食品中兽药残留检测技术 …… 131
5.2.1　概论 …… 131
5.2.2　样品前处理技术 …… 132
5.2.3　兽药残留检测技术 …… 133
5.3　食品添加剂与加工助剂检测技术 …… 135
5.3.1　概论 …… 135
5.3.2　样品前处理技术 …… 137
5.3.3　食品添加剂检测技术 …… 137
5.3.4　食品加工助剂检测技术 …… 138
5.4　食品中有害金属检测技术 …… 139
5.4.1　概论 …… 139
5.4.2　样品前处理技术 …… 139
5.4.3　有害金属检测技术 …… 140
5.5　食品中真菌毒素检测技术 …… 143
5.5.1　概论 …… 143
5.5.2　样品前处理技术 …… 144
5.5.3　真菌毒素检测技术 …… 144
5.6　食品微生物检测技术 …… 147
5.6.1　分子生物学技术 …… 147
5.6.2　免疫学技术 …… 150
5.6.3　代谢学技术 …… 151
5.7　食品加工中形成的污染物检测技术 …… 152
5.7.1　概论 …… 152

5.7.2 食品中N-亚硝基化合物检测技术 …… 152
5.7.3 食品中多环芳烃检测技术 …… 154
5.7.4 食品中杂环胺检测技术 …… 155
5.8 激素检测技术 …… 157
5.8.1 概论 …… 157
5.8.2 样品前处理 …… 157
5.8.3 检测技术 …… 159
5.9 食品中转基因成分检测技术 …… 162
5.9.1 概论 …… 162
5.9.2 PCR检测技术 …… 163
5.9.3 其他检测技术 …… 164
思考题 …… 166
参考文献 …… 167
第6章 食品安全控制技术及规范 …… 169
6.1 概述 …… 170
6.1.1 食品控制的有关概念 …… 170
6.1.2 食品安全控制的原则 …… 170
6.1.3 主要食品安全控制技术 …… 171
6.2 食品原料生产过程中的GAP …… 171
6.2.1 GAP的概念及产生 …… 171
6.2.2 GAP的8个基本原理 …… 172
6.2.3 GAP在中国的发展 …… 173
6.2.4 建立GAP的重要性 …… 173
6.2.5 获得GAP认证的意义 …… 174
6.2.6 对我国GAP认证的思考 …… 174
6.3 食品生产企业的GMP …… 175
6.3.1 GMP简介 …… 175
6.3.2 GMP的分类 …… 176
6.3.3 GMP的基本原则 …… 176
6.3.4 国内外GMP发展情况 …… 177
6.3.5 实施GMP的意义 …… 178
6.4 食品生产企业的SSOP …… 179
6.4.1 SSOP的概念及起源 …… 179
6.4.2 SSOP的主要内容 …… 179
6.4.3 SSOP卫生监控与记录 …… 181
6.5 食品生产企业的HACCP体系 …… 181

6.5.1 HACCP 简介及其有关概念 …… 181
6.5.2 HACCP 计划的原理 …… 182
6.5.3 制订 HACCP 计划的步骤 …… 184
6.5.4 国内外 HACCP 的应用和发展状况 …… 185
6.5.5 实施 HACCP 的意义 …… 186
6.6 ISO 9000 …… 188
6.6.1 ISO 9000 与 ISO 22000 简介 …… 188
6.6.2 ISO 9000 与 ISO 22000 的关系 …… 189
6.6.3 ISO 22000 与 HACCP 的区别 …… 189
6.6.4 推行 ISO 9000 族标准的一般步骤 …… 190
6.6.5 推行 ISO 9000 族标准的意义 …… 191
思考题 …… 192
参考文献 …… 192

第 7 章 食品安全溯源及预警技术 …… 194

7.1 概述 …… 195
7.2 食品安全溯源技术 …… 195
7.2.1 概论 …… 195
7.2.2 食品溯源技术 …… 200
7.2.3 食品溯源系统 …… 208
7.3 食品安全预警技术 …… 226
7.3.1 概论 …… 226
7.3.2 食品安全预警系统的建立 …… 227
7.3.3 国内外食品安全预警系统的简介 …… 233
思考题 …… 238
参考文献 …… 238

第 8 章 食品安全标准体系 …… 241

8.1 食品安全标准简介 …… 242
8.1.1 食品安全标准的基本概念 …… 242
8.1.2 食品安全标准的分类 …… 243
8.2 食品安全标准的制定与执行 …… 245
8.2.1 食品安全国家标准的制定与执行 …… 245
8.2.2 食品安全企业标准的制定与备案 …… 246
8.3 食品安全标准体系 …… 247
8.3.1 食品安全标准体系建立的目的及意义 …… 248
8.3.2 中国食品安全标准体系 …… 248

8.3.3 欧盟食品安全标准体系 …… 250
8.3.4 美国食品安全标准体系 …… 251
8.3.5 日本食品安全标准体系 …… 253
8.3.6 澳大利亚和新西兰食品安全标准体系 …… 253
思考题 …… 254
参考文献 …… 254

第9章 食品安全法律法规及管理体系 …… 255

9.1 食品安全法律法规体系 …… 256
9.1.1 国外食品安全法律法规体系 …… 256
9.1.2 我国食品安全法律法规体系 …… 257
9.2 食品安全监管体制 …… 267
9.2.1 国外食品安全监管体制 …… 268
9.2.2 我国食品安全监管体制 …… 269
思考题 …… 272
参考文献 …… 272

第1章 绪　论

学习目的与要求

掌握食品安全的基本概念；了解食品安全领域存在的主要问题及食品安全研究的主要内容和方法；认识食品安全研究的重要性。

1.1 食品安全的概念

1.1.1 食品安全的基本概念

“国以民为本，民以食为天，食以安为先”，食品是人类赖以生存和发展的物质基础，吃得安全、吃得放心是对食品最基本的要求，是人民群众健康的保证。然而，在人类进入 21 世纪的今天，食品安全问题在全球范围内接二连三地发生，如比利时暴发的二噁英事件、英国的疯牛病、欧洲的口蹄疫、肠出血性大肠杆菌（EHEC）疫情，以及国内发生的瘦肉精中毒事件、地沟油、镉大米、蔬菜中农药残留导致的中毒事件等。“吃”的问题从来没有像现在这样引起世界各国政府、组织和公众的普遍关注，食品安全问题已经成为当今世界人们关注的焦点问题之一，成为关系人体健康和国计民生的重大问题。如何从当前和长远的角度确保我国的食品安全，是我们面临的一个日益紧迫的问题。要解决这个问题，首先需要对食品安全的概念有一个充分的、科学的理解。

食品安全是食品行业的一个新名词，对其确切的定义目前没有统一定论。

食品安全有两方面的含义，分别来源于两个英语概念：一是指一个国家或社会的食物保障（food security），即“食品量的安全”；二是食品质的安全（food safety），也就是现在“食品安全”的概念，即食品的卫生与营养，摄入食物无毒无害，无食源性疾病污染物，提供人体所需的基本营养物质。

在我国，food security 就是指食品的充足供应，解决贫困、消除饥饿，实现人人温饱。

联合国粮农组织（FAO）对 food security 的定义是：所有人在任何时候都能在物质上和经济上获得足够、安全和富有营养的食物以满足其健康而积极生活的膳食需要（世界食品首脑会议行动计划第一段）。这涉及四个条件：①充足的粮食供应或可获得量；②不因季节或年份而产生波动或不足的稳定供应；③具有可获得的并负担得起的粮食；④优质安全的食物。

新中国成立以来，特别是改革开放 40 多年来农业的持续发展，基本解决了温饱问题（即食物量的安全）。然而随着生产技术、产业结构、生存环境的改变，生活水平的逐步提高，食物链变得长而复杂，消费习惯不断改变；科技和信息高速发展，检测手段更加先进，发展繁荣与食品安全的矛盾却日益突出，食源性疾病的控制和预防任务艰巨。在人类追求高质量生活和健康长寿的今天，“吃什么”重新成为人类研究的重要课题，食品质的安全成为国内外社会各界关注的热点。

现在，食品安全的后一含义逐渐突出而前一含义渐渐淡化，人们通常用食品质的安全代替食品安全的概念；国内外广泛关注的食品安全问题也是指食品质的安全问题。

食品安全，至今学术界上尚缺乏一个明确的、统一的定义。世界卫生组织（WHO）1984 年在题为《食品安全在卫生和发展中的作用》的文件中，曾把“食品安全”与“食品卫生”作为同义语，定义为：“生产、加工、储存、分配和制作食品过程中确保食品安全可靠，有益于健康并且适合人消费的种种必要条件和措施。”1996 年，WHO 在《加强国家级食品安全计划指南》中对食品安全下的定义是：“对食品按其原定用途进行制作和/或食用时不会使消费者受害的一种担保。”它主要是指食品的生产和消费过程中没有达到危害程度的有毒、有害物质或因素的加入，从而保证人体按正常剂量或正确方式摄入这样的食品时不会受到急性或慢性的危害。这种危害包括摄入者本身及其后代的不良影响。缺失或丧失这种担保，或者这种担保不完全，就会发生食品安全问题。

《食品工业基本术语》中将“食品卫生（食品安全）”定义为：为防止食品在生产、收获、加工、运输、贮藏、销售等各个环节被有害物质（包括物理、化学、微生物等方面）污染，使食品有益于人体健康所采取的各项措施。《中华人民共和国食品安全法》（2021年修正）第一百五十条规定“食品安全”是指食品无毒、无害，符合应当有的营养要求，对人体健康不造成任何急性、亚急性或者慢性危害。

我国大多数学者认为食品安全是指食品中不应含有可能损害或威胁人体健康的有毒、有害物质或因素，从而导致消费者急性或慢性毒害或感染疾病，或产生危及消费者及其后代健康的隐患。此外，大多数学者认为食品安全应区分为绝对安全与相对安全两种不同的层次。绝对安全被认为是确保不可能因食用某种食品而危及健康或造成伤害的一种承诺。相对安全为一种食物或成分在合理食用方式和正常食量的情况下不会导致对健康的损害。目前我们提到的食品安全一般是指相对安全性。因为在客观上人类的任何一种饮食消费甚至其他行为总是存在某些风险，要求食品绝对安全是不可能的，绝对安全的食品是没有的。所谓相对安全性，是指一种食物或成分在合理食用方式和正常食用量下不会导致对健康损害的实际确定性。因此，我们在进行食品安全性分析时，应该从食品构成和食品科技的现实出发，明确提供最丰富营养和最佳品质食品的同时，在现有的先进检测方法下，力求把可能存在的任何风险降低到最低限度，科学保护消费者利益。同时，在有效控制食品有害物质或有毒物质含量的前提下，一切食品是否安全，还要取决于食品制作、饮食方式的合理性，适当食用数量，以及食用者自身的一些内在条件。简单地说，我们的饮食不是完全没有危害的，食品安全不是绝对的。

虽然现在对食品安全还没有统一的概念，但国际社会已经基本形成如下共识：

首先，食品安全是个综合概念。作为种概念，食品安全包括食品卫生、食品质量、食品营养等相关方面的内容和食品（食物）种植、养殖、加工、包装、贮藏、运输、销售、消费等环节。而作为属概念的食品卫生、食品质量、食品营养等（通常被理解为部门概念或者行业概念）均无法涵盖上述全部内容和全部环节。食品卫生、食品质量、食品营养等在内涵和外延上存在许多交叉，由此造成食品安全的重复监管。

其次，食品安全是个社会概念。与卫生学、营养学、质量学等学科概念不同，食品安全是个社会治理概念。不同国家以及不同时期，食品安全所面临的突出问题和治理要求有所不同。在发达国家，食品安全所关注的主要是因科学技术发展所引发的问题，如转基因食品对人类健康的影响；而在发展中国家，食品安全所侧重的则是市场经济发育不成熟所引发的问题，如假冒伪劣、有毒有害食品的非法生产经营。我国的食品安全问题则包括上述全部内容。

再次，食品安全是个政治概念。无论是发达国家，还是发展中国家，食品安全都是企业和政府对社会最基本的责任和必须做出的承诺。食品安全与生存权紧密相连，具有唯一性和强制性，通常属于政府保障或者政府强制的范畴。而食品质量等往往与发展权有关，具有层次性和选择性，通常属于商业选择或者政府倡导的范畴。近年来，国际社会逐步以食品安全的概念替代食品卫生、食品质量的概念，更加突显了食品安全的政治责任。

第四，食品安全是个法律概念。进入20世纪80年代以来，一些国家以及有关国际组织从社会系统工程建设的角度出发，逐步以食品安全的综合立法替代卫生、质量、营养等要素立法。

1990 年英国颁布了《食品安全法》,2000 年欧盟发表了具有指导意义的《食品安全白皮书》,2003 年日本制定了《食品安全基本法》,在我国,国家高度重视食品安全,早在 1995 年就颁布了《中华人民共和国食品卫生法》。在此基础上,2009 年 2 月 28 日,第十一届全国人大常委会第七次会议通过了《中华人民共和国食品安全法》。食品安全法是适应新形势发展的需要,为了从制度上解决现实生活中存在的食品安全问题,更好地保证食品安全而制定的,其中确立了以食品安全风险监测和评估为基础的科学管理制度,明确食品安全风险评估结果作为制定、修订食品安全标准和对食品安全实施监督管理的科学依据。

2015 年 4 月 24 日,第十二届全国人大常委会第十四次会议表决通过了修订的食品安全法。较 2009 年实施的食品安全法增加了 50 条,分为 10 章 154 条。新法主要加强了八个方面的制度构建:一是完善统一权威的食品安全监管机构,由分段监管变成食药监部门统一监管;二是明确建立最严格的全过程的监管制度,进一步强调了食品生产经营者的主体责任和监管部门的监管责任;三是更加突出预防为主、风险防范,增设了责任约谈、风险分级管理等重点制度;四是实行食品安全社会共治,充分发挥各个方面,包括媒体、广大消费者在食品安全治理中的作用;五是突出对保健食品、特殊医学用途配方食品、婴幼儿配方食品等特殊食品的严格监管;六是加强了对农药的管理;七是加强对食用农产品的管理;八是建立最严格的法律责任制度。现行的《中华人民共和国食品安全法》于 2021 年第 2 次修正。综合型的《食品安全法》逐步替代了要素型的《食品卫生法》《产品质量法》等,反映了时代发展的要求。

基于以上认识,食品安全的概念可以表述为:食品(食物)的种植、养殖、加工、包装、贮藏、运输、销售、消费等活动符合国家强制标准和要求,不存在可能损害或威胁人体健康的有毒有害物质以及导致消费者病亡或者危及消费者及其后代的隐患。该概念表明,食品安全既包括生产安全,也包括经营安全;既包括结果安全,也包括过程安全;既包括现实安全,也包括未来安全。

1.1.2　食品安全与食品质量、食品卫生的关系

与“食品安全”非常接近的两个概念就是“食品质量”和“食品卫生”,这三者之间有着本质的区别,尤其是“食品安全”与“食品质量”。人们对概念认知的不清晰,导致将所有“食品问题”等同于“食品安全问题”,这对社会的稳定是极为不利的。是以食品安全,还是以食品卫生或者食品质量为要素来构筑我国的食品保障体系,绝不是简单的概念游戏,而是社会治理理念的变革。食品安全、食品卫生、食品质量等概念体现出不同的理念。

食品安全与食品卫生:食品安全是种概念,食品卫生是属概念。食品卫生具有食品安全的基本特征,包括结果安全(无毒无害,符合应有的营养等)和过程安全,即保障结果安全的条件、环境等安全。食品安全和食品卫生的区别:一是范围不同。食品安全包括食品(食物)的种植、养殖、加工、包装、贮藏、运输、销售、消费等环节的安全;而食品卫生通常并不包含种植、养殖环节的安全。二是侧重点不同。食品安全是结果安全和过程安全的完整统一;食品卫生虽然也包含上述两项内容,但更侧重于过程安全。所以,《食品工业基本术语》将“食品卫生”定义为“为防止食品在生产、收获、加工、运输、贮藏、销售等各个环节被有害物质污染,使食品有益于人体健康所采取的各项措施”。

食品安全与食品质量:食品安全不是以食品本身为研究对象,而是重点关注食品对消费者健康产生的影响;食品质量关注的重点则是食品本身的使用价值和性状。食品质量和食品安

全在有些情况下容易区分，在有些情况下较难区分，因此多数消费者经常将食品质量问题也理解为食品安全问题。比如说，将不合格产品视为不安全的食品，将未达到某一标准的产品也视为不安全食品，这样的判断是不科学的，也是盲目的。食品安全与食品质量的概念必须严格加以区分，因为这涉及相关政策的制订，以及食品管理体系的内容和构架，也涉及企业应该承担什么样的责任。

从上面的分析可以看出，食品安全、食品卫生、食品质量的关系，三者之间绝不是相互平行，也绝不是相互交叉。食品安全包括食品卫生与食品质量，而食品卫生与食品质量之间存在着一定的交叉。以食品安全的概念涵盖食品卫生、食品质量的概念，并不是否定或者取消食品卫生、食品质量的概念，而是在更加科学的体系下，以更加宏观的视角，来看待食品卫生和食品质量工作。例如，以食品安全来统筹食品标准，就可以避免目前食品卫生标准、食品质量标准、食品营养标准之间的交叉与重复。

1.2　食品安全科学的形成、发展和教育体系

1.2.1　食品安全科学的形成、发展

食品是人类赖以生存、繁衍、维持健康的基本条件，从古至今，随着时代的变迁，人类对食品安全与自身健康关系的认识不断地积累并加以深化。人类对食品安全的认识有一个历史发展过程，食品安全科学的形成和发展也经历了漫长的历史过程。在人类文明的早期，不同地区和民族的人民在长期生活实践中，形成了一系列有关饮食卫生与安全的禁忌和禁规。远在3 000多年前的周朝，我国不仅能控制一定卫生条件而酿造出酒、醋、酱等发酵食品，而且设置了“凌人”，专司食品冷藏防腐。2 500年前的孔子就曾对他的学生讲授过著名的“五不食”原则，即“鱼馁而肉败，不食。色恶，不食。臭恶，小食。失饪，不食。不时，不食”。这是文献中有关饮食安全的最早记述与警语。《唐律》中也早已规定了处理腐败变质食品的法律条例，如“脯肉有毒曾经病人，有余者速焚之，违者帐杖九十；若故与人食，并出卖令人病者徒一年；以故致死者，绞”。说明当时的人们已经认识到腐败变质食品能导致中毒并可能引起死亡。

国外也有类似的食品卫生要求的记述。如产生于公元前1世纪的《圣经》中有许多关于饮食安全与禁规的内容。其中著名的摩西饮食规则，规定凡非来自反刍偶蹄类动物的肉不得食用，据认为是出于食品安全性的考虑，至今仍为正宗犹太人和穆斯林所遵循的传统习俗。《旧约伞书·利未记》明确禁止食用猪肉、任何腐食动物的肉或死畜肉。在Hippocrate的《论饮食》中，中世纪罗马设置的专管食品卫生的“市吏”，16世纪俄国古典文学著作的《治家训》，都是这一类例证。古代人类对食品安全性的认识，大多与食品腐坏、疫病传播等问题有关，各民族都有许多建立在广泛生存经验基础上的饮食禁忌、警语、禁规，作为生存守则流传保持至今。

直到19世纪初，自然科学有了突跃，才给现代食品安全科学奠定了科学基础。随着生产力发展，出现了社会产业分工、商品交换、阶级矛盾以及利欲与道德的对立，食品安全保障也出现了新的变化。在19世纪初，食品交易中的制约、掺假、掺毒和欺诈等现象已相当严重。为控制这种不良现象，保持商品信誉，提高竞争能力，达到巩固资本主义商品经济，保障消费者健康的目的，西方各国相继开始立法，1851年法国颁布《取缔食品的伪造法》，1860年英国颁布《防

止饮食掺假法》,以及美国于1890年制定了《肉品监督法》,1938年美国颁布《联邦食品、药物和化妆品法》,1939年又制定了《联邦食品药品法》,1947年日本的《食品卫生法》,英国于1955制定《食品法》等。WHO/FAO于1962年成立了食品法典委员会(CAC),专司协调各国政府间食品标准化工作,凡不符合CAC标准的食品在其成员国内得不到保护。《食品法典》规定了各种食物添加剂、农药及某些污染物在食品中允许的残留限量,供各国参考并借以协调国际食品贸易中出现的食品安全性标准问题。至此,尽管还存在大量的有关添加剂、农药等化学品的认证与再认证工作,以及食品中残留物限量的科学制定工作有待解决,控制这些化学品合理使用以保障丰足安全的食品生产与供应,其策略与途径已初步形成,食品安全管理开始走上有序的轨道。

从世界范围来看,直到第二次世界大战结束,食品安全的基本内容都不外乎包括细菌污染与腐败变质、食品中毒、掺假伪造以及对这些问题的调查、检验、研究和不同形式的食品卫生监督管理等方面。20世纪中期全球经济复苏,带动了工农业生产,由于盲目发展生产,造成的环境污染日益严重,从而导致了影响越来越严重、危害越来越广泛的食品污染问题。为了保证食品安全和人类健康,人们开始在食品污染上做大量研究,诸如食品安全危害来源的调查、污染物的性质、危害风险调查、有害物质含量水平的检测以及采取各种预防和监督管理措施等方面的研究工作。此外,在这段历史时期内,借助基础学科与关联学科进展,赋予了食品卫生问题更多、更新的内容,并大大改进了研究方法和技术,加强了监督管理,从而将食品安全、卫生与人类健康问题提到了重要地位。在这一时期,人们新发现了许多来源不同、种类各异的食品安全危害来源,如黄曲霉毒素、单端孢霉烯族化合物等百余种霉菌毒素,副溶血性弧菌、酵米面黄杆菌等几种食物中毒病原;同时发现了更多种类的人畜共患疾病病原、寄生虫、肠道病毒等。然而,食品安全危害因素中发展最快的还是各种化学性物质和食品添加剂,如化学农药的残留、工业部门排放的“三废”、多环芳烃化合物、N-亚硝基化合物等多种污染食品的诱变物和致癌物以及通过食品容器等转入食品中的污染物。食品添加剂的使用也陆续发现一些毒性可疑及有害禁用的品种。到了20世纪50年代,人们开始研究食品的放射性污染因素,这是食品安全中的新内容,成了当时的研究焦点。而当时对食品安全危害因素的性质和作用机理的研究以及随之建立的检测食品中有害物质的含量水平的方法,则标志食品卫生的方法学取得重大进展。一方面,建立起一系列常规毒性、遗传毒性、诱变性与致癌性等的检测方法,而且制定了人体每日容许摄入量、人群可接受危险水平(acceptable risk level)、食品安全性毒理学评价程序和食品安全卫生标准等一系列食品卫生技术规范;另一方面,研究了各种精确分析方法,如各种光谱法、气质联用法、核磁共振法、放射免疫法、酶化学法以及同位素标记法等,用于鉴定污染物的种类及其定量测定。

20世纪末期以来,随着社会的发展,人们生活水平的提高以及食品科技的发展,食品安全日益成为公众和政府关注的焦点,食品安全成为全人类共同关注的重大课题。1985年英国疯牛病、1997年日本的O157事件和1999年比利时二噁英事件以及全球范围的口蹄疫几大污染事件证明,食品安全问题不仅不能伴随国民经济的发展、医学技术水平的提高和人民生活的改善而得到控制,反而会因为工业化程度的提高、新技术的采用以及贸易全球化趋势的加快而进一步恶化。食品安全事件时有发生,监督管理成为世界各国和国际组织的工作重点。如瑞典王国在1973年设立了食品安全管理局,联合国粮农组织和世界卫生组织在1976年就出版了《发展有效的国家食品控制体系指南》。2000年,食品安全被确定为公共卫生的优先领域,

WHO 呼吁建立国际食品卫生安全组织和机制，制定预防食源性疾病的共同战略，加强相关信息和经验交流，通过全球共同合作来保证食品安全。在过去 30 年间，有关食品安全科学的理论和技术体系得到了迅速发展，已被科学界和食品工业界及政府管理部门所接受，并在生产、加工、贮藏和销售领域发挥了较大的作用。美国、日本、欧盟等发达国家和地区近年对食品实行越来越严格的卫生安全标准。以农药残留限量标准为例，国际食品法典委员会已颁布了 200 多种农药、100 种农产品的 3 100 项最高残留量（MRL）标准，美国公布了 9 000 多项、日本近 3 000 项、德国 8 000 多项、澳大利亚近 3 000 项、中国台湾 1 149 项。美国 1998 年成立了总统食品安全委员会，法国也成立了食品安全局，欧盟于 2000 年 1 月份发布了《食品安全白皮书》，并于 2002 年成立了欧盟食品安全局，建立了快速警报系统，使欧盟委员会对可能发生的食品安全问题能采取迅速有效的反应。同时食品质量安全的控制技术也得到了不断的完善和进步，食品的良好操作规范（GMP）、卫生标准操作程序（SSOP）、食品危害分析和关键控制点（HACCP）成为食品安全生产有利控制手段。

我国在食品安全问题上，1973 年针对当时出现的“世界粮食危机”，提出了保障“粮食安全”的政策目标。之后对食品安全的研究主要侧重于粮食生产和流通数量，以及需求结构与变化趋势等方面，即强调食品获取安全的研究，包括围绕提高产量而展开的生产效率以及技术与制度等影响因素、供求结构与波动、流通体制改革、资源利用状况、贸易及相关政策等领域的分析与研究等。20 世纪 80 年代末 90 年代初，随着可持续发展议题在我国的深入展开，以及国际上对相关问题探讨的逐步深入，对食品安全问题的研究逐步加强。我国于 1982 年制定了《食品卫生法（试行）》，经过 13 年的试行，于 1995 年由全国人大常务委员会通过，成为具有法律效力的食品卫生法规。在工业生产和市场经济加速发展、人民生活水平提高和对外开放条件下，食品安全状况面临着更高水平的挑战。2009 年，全国人大常委会通过了《中华人民共和国食品安全法》。《食品安全法》的基础是屡次修改的《食品卫生法》，名字上的改变赋予了这部法律新的使命，从法律的概念到范围，以及法律的目的性均进行了调整，“卫生”变成“安全”，更加明确食品需要的是综合管理。它是我国继《产品质量法》《消费者保护法》和《食品卫生法》之后又一部专门针对保障食品安全的法律，目的是为了防止、控制和消除食品污染以及食品中有害因素对人体的危害，预防和减少食源性疾病的发生，保证食品安全，保障人民群众生命安全和身体健康。这部法律的出台显示了国家和公众对食品安全的重视，是我国食品安全的法律保障。

在新的形势下，食品安全科技也得到了迅猛的发展。在 FAO 和 WHO 的推动下，从 2002 年起，一个全球性的、地区性的食品安全研讨会和论坛在世界各地接连举行，国家级的食品安全管理机构也在不断地重组和加强，食品安全的专业研究机构和学科专业相继产生，人才队伍日益发展壮大。随着食品安全科学技术的发展，食品安全学也应运而生，并且不断地发展、完善和提高，国内食品安全科技支撑能力建设也取得了长足的发展，目前逐渐发展成为一个比较完整的学科体系。2002 年中国第一个“食品质量与安全”本科专业开始招生，2003 年中国设了食品质量与安全、农产品质量与食品安全研究方向，开始招收和培养食品质量与安全方面的专门人才。

由于政府监督管理部门、食品企业和学术界的共同努力，食品安全科学在近 10 年内面临许多挑战的同时得到了长足的发展，从而在保障消费者健康、促进国际食品贸易以及发展国民经济方面发挥了重要的作用。但是，我国在进入 21 世纪和面向全球经济一体化的时代，食品的安全性问题形势依然严峻，还要从认识、管理、法规、体制以及研究、监测等方面做更多的工作，才能适应客观形势发展的需要。

1.2.2 食品安全的教育体系

食品安全教育是食品安全体系中的重要部分，也是食品安全防御措施的基本环节。广泛、深入的食品安全教育可帮助人们培养食品安全意识，可使安全防范成为企业责任自律、消费者自我保护、管理者监督管理的自觉行动。

食品安全是一个涉及科学、技术、法规、政策的综合性问题，其学科涉及理学、工学、农学、医学、法学和管理学等学科，其技术涉及传统分析技术和现代生物技术，其管理过程涉及法规、政策、文化和消费观念等问题，也与公众对食品质量与安全的认识水平、教育水平和消费水平有密切的关系。同时，食品安全涉及食品的生产、加工、流通、消费等诸多环节，正因如此，WHO要求所有成员国把食品安全问题纳入消费者卫生和营养教育体系，尤其是在教学课程中，开展针对食品操作人员、消费者、农场主及农产品加工人员进行的符合文化特点的安全卫生和营养教育规划。由此看来，我国食品安全教育体系应包括：公众食品安全常识的普及教育，农产品、食品生产、加工、流通环节从业人员的食品安全知识的培训，为食品安全监管、检验、教育、研究提供高级专业技术人才的本科教育和食品安全技术创新研究型人才（硕士、博士）教育。此三项构成金字塔形食品安全教育体系，其中消费者的食品安全常识普及教育是塔基，创新型研究人才教育是塔尖，从而形成系统的食品安全教育体系。

（1）公众食品安全常识普及教育。在一些发达国家，食品卫生和安全课程已列入国民普教体系。目前我国公众食品安全教育十分薄弱，基本上只是依赖广播电视、报刊的宣传，而且也只是零星的；国民的食品安全卫生知识主要是靠人们相互传授，没有进行系统的学习。从我国国民在学校受教育的知识结构来看，在九年义务教育阶段，基本上没有安排食品卫生知识的教学。消费者缺乏相应的渠道了解食品质量安全方面的相关知识，公众食品安全常识匮乏和安全意识的缺乏，导致许多居民存在消费误区。

要大力普及食品安全常识和树立自我保护意识，让公众自觉参与社会监督管理。可采取以下措施：

①在各类教育系统（大、中、小）中开设食品安全卫生、食品营养等方面的课程，使学生从小了解食品营养安全常识，培养消费中的食品安全意识，提高自我保护能力；

②建立公众营养安全教育网，组织有关部门和生产经营企业举办食品安全研讨会；

③开展食品安全咨询和法律法规宣传活动，通过设立咨询台、印发宣传材料、举办知识竞赛和科普展览等形式，对消费者进行食品安全依法维权和科普知识教育；

④开展志愿者服务活动，深入乡村、学校、社区等基层单位，宣传食品安全的重要性。

要特别关注广大农村的食品安全问题，通过电台、电视台、网络、报纸、期刊、社区、农村黑板报以及“三下乡”等多种形式向公众提供有关基本常识，培养其自我保护意识，同时发动群众积极参与食品安全监督管理、打假等活动。

（2）食品从业人员的食品安全行业教育、培训。对食品行业从业人员的食品安全行业教育、培训是食品安全教育的重点。该行业属于劳动密集型产业，其从业人员素质的高低、食品安全卫生知识的掌握情况和食品质量安全意识将直接影响我国食品安全前景。由于重视不够、资金不足等原因，整个食品行业的从业人员素质较低，缺乏有针对性的食品质量标准和安全知识的培训和指导，安全意识淡薄。据调查，我国食品及餐饮业从业人员除大型企业外，大部分企业从业人员素质偏低，尤其是遍布全国各地的餐饮网点、作坊式食品加工点，人员食品安全卫生知识匮乏，安全卫生意识淡薄，更有未体检就从事餐饮制作的情况，这些是造成食品中毒事件频发、食源性疾病的发生与传染的主要原因。

除了上述人为造成污染食品外，许多情况下是由于生产者或经营者科学素质低下，自觉或不自觉地在食品生产、加工、包装、运输、贮藏及销售过程中违反科学，导致食品遭受污染。比如：①在受到严重污染的大气、土壤环境中或以遭受严重污染的水源来生产农产品（如在化工厂周围或马路两侧生产粮食）；②销售过程中敞开裸露熟食制品任由苍蝇叮、尘土落、人手摸；③生产过程中超标使用食品添加剂（如过量使用防腐剂、甜味剂）；④加工过程中产生或引入化学致癌物（如烧烤熏腌食品，用硝酸盐、亚硝酸盐等发色剂加工肉制品，用有毒溶剂提炼食用油等）；⑤加工或销售过程中交叉感染（如生熟肉混用砧板造成沙门氏菌对熟食的感染、城市小摊或排档不洁食具造成疾病传染）；⑥包装容器不洁或不当造成对食品的污染（如用报纸等包食物，直接用铝箔或铝制易拉罐包装食品饮料，用有毒的黑色聚氯乙烯塑料袋包装食品）。

此外，执法人员素质有待提高。一是食品安全监督管理专业技术人才缺乏，我国的食品安全的监督管理已有60多年的历程，据统计，现在的卫生监督以及有关的技术人员有近100万人。但是由于行政部门专业技术人员不多，特别是县一级的卫生标准部门，以致对许多技术问题的处理过于简单，监督力度不够。二是部分执法监督人员的职业道德和业务素质不高，培训的机会少，有的不能胜任工作。这些都影响了执法的公正性和严肃性。

所以，食品、餐饮业从业人员的食品安全卫生知识培训，责任感、义务感的提高极为迫切。必须严格食品、餐饮业从业人员的准入标准，要求一线工作人员和相关人员必须取得相关的合格证方可上岗，这样才能从根本上消除人为因素造成的食品安全问题。对于不同的人群，其教育的重点是不完全相同的，总的教育目标是提高受教育者食品安全意识、增长食品卫生知识、改变食品安全态度、改善不良卫生习惯、开发食品安全预防技术、降低食源性疾病的发生。

(3)食品安全本科教育。国内食品领域有关专家认为，造成食品安全问题的一个重要原因是目前食品生产、经营与管理机构中懂得食品安全专业知识的技术人员极其匮乏。因此，必须培养和造就一大批食品安全的专业技术人才，以满足食品安全监管、食品贸易、食品安全教育、食品安全研究的需要。针对这种情况，各高等院校据社会所需都在调整自己的专业方向，纷纷开办“食品质量与安全”专业。我国第一个食品质量与安全专业于2001年经教育部批准，在西北农林科技大学成立，并于2002年开始面向全国正式招生，从而填补了我国高等教育在这方面的空白。随后在2003年中国农业大学、杭州商学院（现浙江工商大学）、河北科技大学、山西农业大学等16所高校开始招收该专业学生，此外，教育部又批准吉林大学、江南大学、华南理工大学、南昌大学、华中农业大学、合肥工业大学等上百所高校招收该专业学生。该专业发展之快可以说在高教历史上是罕见的，预计今后几年会有更大的发展，但专业建设和设施完善需进一步加强。

①食品安全本科教育体系要求。食品安全是一个交叉性很强的学科专业，它涉及化学工程、生物学、食品科学、现代分析科学、管理学、环境科学、农牧科学等基础理论和知识技能。21世纪对食品质量与安全方面的技术人才的知识结构和智能结构提出了很高的要求：应该有扎实的专业基础理论，能较好地掌握食品质量与安全专业的理论知识和技能，且在其他方面具有自我发展的能力，并在本学科及其相关学科有一定的研究能力与创新能力。根据食品安全体

系和教学内容的设置要求，面对食品工业和食品质量安全的新形势，根据我国食品安全的特点，从适应社会主义市场经济建设的需要出发，努力培养德智体全面发展、政治素质高、知识结构合理、业务能力强、具有较高的文化素质和健康的身体心理素质，能适应现代食品质量安全发展需要的高级工程技术人才。

②食品安全教育课程体系建设。"食品安全"汇集了农学、工学、生命科学、预防医学和管理学等相关学科的特点，它是以食品从原料生产到产品加工乃至储运消费等诸多环节全过程进行监督监控，运用食品生产许可认证、运用 HACCP、GMP 等手段或者 ISO 9001 等先进的质量管理体系预防各类食品危害的发生。食品质量安全检测与控制体系是保证食品安全的关键，以通过认证为标志的食品质量控制体系对提高食品质量安全已起到重要的作用。"食品质量与安全"专业同"食品科学与工程""食品卫生与检验""营养与卫生"等专业有着密切关系，后者是前者的学科和技术基础，各有侧重点。"食品科学与工程"重点研究食品加工原理和工程技术，侧重于食品开发、关键技术的研究及工程设计等；"食品卫生与检验"专业以食品成分的分析和微生物、重金属等的检验与毒理学分析为基础，侧重于通过检测判定食品的质量是否符合标准及可能的危害性；"营养与卫生"专业则重点研究公共卫生检测、食物营养与人体健康方面的关系。根据现在的食品行业需要什么样的食品质量与安全方面的人才，学生在校期间主要学习食品科学、食品工艺、营养卫生学、食品安全检测、食品质量管理的基本理论和知识，学校主要开设生物化学、物理化学、食品化学、食品分析、食品微生物学、食品毒理学、食品营养学、食品工艺学概论、食品安全性评价、食品检验学、现代仪器分析、食品法规和标准、食品质量管理、食品生物技术、动植物检疫学、食品与环境学、食品酶学等主要课程。

1.3 食品安全研究的目的、意义和主要内容

1.3.1 食品安全研究的目的

食品安全问题不仅仅使人的生命、健康受到威胁，而且对国家经济发展、政治稳定、社会安定会造成很大的干扰和威胁。政府做了许多努力，食品安全问题虽然有所好转，但食品安全隐患仍未彻底解决。近几年来，重大食品安全事故时有发生，所引起的灾难事件层出不穷。这些均关系到百姓的切身利益，关系到国家经济的发展和政治的稳定。因此，加强对我国食品安全研究，建立和完善食品安全体系，实施有效的食品安全对策，对于改善和促进我国食品安全管理、减少食品危害的发生、减轻政府工作的压力、改善人民生活水平，均有极为重要的促进作用。对于处于社会主义市场经济初级阶段，并且经济高速发展、改革正处在转型期间的中国来讲，有效、平稳的处理各类食品安全问题，是我们必须面对和需要认真研究解决的重大问题。

食品安全研究的目的就是研究能有效解决中国当前存在的各种复杂食品安全问题的方案，在防止、控制和消除食品污染以及食品中有害因素对人体的危害，预防和减少食源性疾病的发生的基础上，构建新型食品安全"网—链控制"模式，保证食品安全，实现食品安全从被动应付向主动保障的转变，为人民群众的生命安全、社会稳定和国民经济持续快速协调健康发展提供可靠的保障。

1.3.2　食品安全研究的意义

食品作为人类最基本的消费品，随着人民生活水平的提高，其质量和安全性越来越受到消费者的重视。食品安全，直接关系到人体健康和生命安全，关系到经济的发展和社会的稳定，并对国际贸易产生非常重要的影响，已成为人们关注的焦点、热点，成为世界各国政府关注的重大问题。近几年来，世界范围内相继暴发了疯牛病、二噁英、禽流感、苏丹红、劣质奶粉、农药残留导致中毒等一系列食品安全问题，引起了有关国际组织和机构以及各国政府的高度重视。防止食品污染、保障食品安全有着十分重要的意义。

(1)保障人类的健康和生命安全。食品安全问题直接关系到广大人民群众的健康与生命安全。不安全的食品进入人体，将影响人体器官，进而影响人体的健康，甚至危及生命安全。从现实来看，这种情况已经十分严重。在发达国家，每年大约30%的人患食源性疾病，例如美国每年约有7 600万食源性疾病的病例，其中32万例住院治疗，5 000多人死亡；在发展中国家，食源性疾病的情况估计更严重。腹泻是一种常见的食源性疾病。WHO报道，全球每年约有1.5亿腹泻病例，导致300万5岁以下的儿童死亡，其中70%是由于生物性污染食品所致。1996年5月下旬，日本几十所中学和幼儿园相继发生6起集体大肠杆菌O157中毒事件，中毒超过万人，死亡11人，波及44个都道府县。在我国各种食物中毒时有报道。2000年江苏、安徽肠出血性大肠埃希菌感染人数超过2万人，死亡177人，工业用酒精兑制白酒致多人失明。2004年阜阳劣质奶粉造成的“大头娃娃”和多名儿童死亡使消费者健康受到严重损害，严重扰乱了居民正常生活，影响消费者的健康和生命安全。2008年发生三鹿奶粉事件，截至2008年9月21日，因使用婴幼儿奶粉而接受门诊治疗咨询且已康复的婴幼儿累计39 965人，正在住院的有12 892人，此前已治愈出院1 579人，死亡4人。2015年6月19日，沈阳市辽中立人学校数百名学生发生疑似食物中毒事件，原因或与食用食堂大白菜有关。2017年春节前后天津静海独流镇制售假冒品牌调料问题引起广泛关注。据统计，2015年，国家卫生和计划生育委员会通过突发公共卫生事件网络直报系统共收到26个省(自治区、直辖市)食物中毒类突发公共卫生事件(以下简称食物中毒事件)报道166起，中毒6 015人，其中死亡118人，专家估计这个数字尚不到实际发生数的1/10，也就是说我国每年食物中毒例数至少在10万～20万人。

(2)保证食品企业的生存与发展。食品安全问题已成为影响食品企业生存的关键因素之一，“质量与安全观念”是食品企业获得成功的关键，食品安全是食品品牌的安身立命之本，是食品企业的生命。许多食品企业因为没有对产品质量严格把关，产生了一系列安全问题，最终导致品牌信誉受损，公司破产。英国的牛肉及其制品因疯牛病而无人问津。二噁英污染事件发生后，一大批农场的肉品被封杀，饲料有嫌疑的养牛场被封闭。泰国发生禽流感的周围50 km^2的鸡、鸭全被扑杀焚烧，养鸡场全部封闭。已有50年历史的日本雪印乳品公司，2000年因为出售受污染乳品，使公司年销售额同比下降90%，公司部分企业关闭，并大量裁员。“冠生园”是我国一个信誉好、知名度高的“老字号”食品品牌，自中央电视台披露南京冠生园食品厂把陈馅翻炒再制作月饼出售事件后，该食品厂顿时陷入困境，已申请破产，就连全国各地的冠生园品牌的食品信誉也受到连带损害，损失严重。2002—2003年，英国有30家食品公司，因为其产品安全问题受到重罚，信誉和收入损失惨重，其中一半企业就此倒闭。可见，保证食品安全是食品企业生存与发展的永恒主题。

(3)保障食品安全有利于社会经济发展和国家稳定。在任何社会的经济中,食品无疑都是最重要的商品之一。食品安全不仅可以直接造成严重的经济损失,而且因直接导致大量的食源性疾病的发生,引发生产力水平下降、经济效益降低、医疗费用增加、国家财政支出上升,也会直接阻碍食品企业的正常生产、经营和贸易。这些方面形成合力,最终会导致国家经济发展受阻,甚至会影响到国计民生和社会的稳定。例如,美国每年约有 7 200 万人(占总人口的 30%左右)发生食源性疾病,造成 3 500 亿美元的损失,每年仅 7 种食源性疾病的病例就有 330 万~1 230 万人,带来的经济负担为 65 亿~349 亿美元。英国公布发生疯牛病以来,经证实的疯牛病病牛达 17 万之多,牛肉及其制品出口受阻,仅禁止牛肉进口这一项,每年就损失 52 亿美元,为杜绝疯牛病而不得已采取的宰杀行动损失 300 亿美元。德国的原卫生和农业部长也因疯牛病事件而辞职。英格兰和威尔士每年食源性疾病所导致医疗费用和损失是 3 亿~7 亿英镑,澳大利亚按每天 11 500 病例估计,每年损失 26 亿澳元。比利时发生的二噁英污染事件严重打击了比利时的经济,造成经济增长率下降,据估计其经济损失 13 亿欧元,而且还严重扰乱了公民的正常生活,激化了社会矛盾,最终导致执政长达 40 年之久的社会党政府内阁垮台。欧洲消费者对转基因食品的强烈反对在很大程度上反映了对政府的不信任。我国在这方面的损失未见统计,但绝不会是一个小数目。阜阳劣质奶粉事件的直接经济损失未见公布,单就经济环境、诚信度和查处工作所动用的人力、物力这些间接损失就无法用数字估计。从国际国内的教训来看,食品安全问题的发生不仅使经济受到严重损失,还影响消费者对政府的信任,乃至威胁社会稳定和国家安全。

(4)保障食品安全有利于国际贸易。食品安全是国与国之间进行食品贸易的重要条件,也是引起贸易纠纷的重要原因。保证食品安全,能使双方互利,进口国保护了国民的健康,减轻社会医疗负担;出口国增加了经济收入,如欧盟每年仅食品饮料出口达 500 亿欧元,美国仅牛肉出口近百亿美元。许多国家,尤其是发达国家食品安全及其标准已成为最重要的食品贸易技术壁垒,当前的国际食品贸易纠纷中主要争端问题多与食品安全有关。如欧盟对美国转基因食品的全面封禁是国际贸易摩擦的一个十分典型的事例。1998 年,疯牛病事件的发生使欧盟消费者对食品安全问题的担心达到了顶点。此后,欧盟便开始拒绝批准任何新的转基因作物在 15 个成员国里种植和食用,禁止进口美国、加拿大在饲料中使用了激素的牛肉,由此引起了长达 4 年之久的欧盟与美国、加拿大的贸易纠纷案。在当前国际贸易中,不同国家对食品安全的要求不同,滥用技术性贸易措施的趋势不断强化,市场准入条件也越来越苛刻,形成了实际上的贸易技术壁垒。其中,提高食品卫生检测标准,把食品安全作为"瓶颈",已成为制约国际贸易的寻常策略。

中国是一个农产品出口大国,作为发展中国家,食品(包括农产食品)的出口在国民经济中占有重要地位。近年来,与食品安全有关的贸易摩擦事件时有发生,我国每年都有大量的出口食品因食品污染、农药残留、添加剂不符合卫生要求等问题被查扣等。如我国畜禽肉长期因兽药残留问题而出口欧盟受阻;茶叶由于农药残留问题而出口多国受阻;出口到美国、日本和欧盟等国家的蘑菇、肉类等因出现食品卫生问题,纷纷被进口国退货或扣留;啤酒因为微量甲醛而出口受阻。我国出口美国的食品仅 1998 年 8 月至 2000 年就有 643 批被美国食品药品管理局(FDA)扣留,其主要原因是卫生质量差,微生物污染。出口食品的质量安全问题不仅使我国失去了良好的质量信誉,也给我国的国民经济造成了巨大的损失。在我国加入 WTO 之后,一些发达国家更是开始巧妙地利用食品安全问题设置贸易壁垒。统计资料显示,2011 年至

2015年,中国年均约40%的出口企业遭受过TBT协定(技术性贸易壁垒协定)的影响,造成我国出口直接损失年均超700亿美元。有数据显示,仅2017年我国出口企业由于技术性贸易措施的原因损失逾5 000亿元。2002年初,日本认定我国的出口蔬菜农药残留超标,大大提高进口蔬菜的技术标准,将蔬菜检测安全卫生指标由6项增加到40多项,鸡肉检查项目为40多项,果汁检查80多项,大米检测91项。2006年5月29日,日本开始实施的"肯定列表制度"关于"暂定限量标准"规定的农药就有734种,涉及50 000余项。对于未制定最大残留限量标准的农业化学品,其在食品中的含量不得超过"一律标准",即0.01 mg/kg。以茶叶为例,"肯定列表"中的茶叶检测指标达到276项,比欧盟还多。可见,食品安全已成为最重要的食品贸易技术壁垒。

(5)保障食品安全是公共卫生的出发点和落脚点。"国以民为本,民以食为天",人民是否吃饱、吃好,是否吃得营养与安全,是关系到人类生存与社会发展的首要问题。保障食品安全,防止食源性疾病的发生,就是保护社会生产力。吃得放心、吃得安全、吃得健康,是公众的强烈愿望和共同的健康追求,也是社会文明进步的表现;为社会经济建设服务是公共卫生工作的根本宗旨,保证食品安全,保障公众的健康权益,代表了广大人民群众的根本利益,这是公共卫生工作的出发点与落脚点。

1.3.3 食品安全研究的主要内容

食品安全问题是一个涉及科学、技术、政策、法规的综合性社会问题,其学科涉及农学、工学、理学、医学、法学和管理学等学科,其技术涉及食品加工、现代生物技术及分析检测等技术,其管理过程涉及政策、法规、文化和消费观念等问题。目前我国食品安全问题主要涉及环境污染、微生物污染、人畜共患病、生物毒素、农药残留、兽药残留、激素残留、重金属超标、加工过程中滋生有害物质、不当使用添加剂、添加禁用化工原料、包装材料成分迁移、假冒伪劣、掺假及转基因食品等诸多方面。因此,食品安全研究的内容至少应该包括食品安全危害性来源、食源性疾病、食品的安全评价、食品安全检测技术、食品安全控制技术及规范、食品安全溯源及预警技术、食品安全标准体系、食品安全法律、法规等。食品安全的研究涉及多学科的研究手段与方法,如分析化学、生物化学、生物学、微生物学、分子生物学、临床医学、实验动物学、毒理学、统计学等。

(1)食品安全危害性来源。食品安全危害又称为食品污染,是指食品从原料的种植、生长,到收获、捕捞、屠宰加工、贮存、运输销售到食用前整个过程的各个环节,都有可能因某些有害有毒物质进入食品而使食品的营养价值和质量降低或对人体产生不同程度的危害。食品安全研究要重点阐明各种食品安全危害的种类、来源、性质,对人体健康的影响和机制,以及这些危害来源的发生、发展和控制规律,为制定防止食品受到有害因素污染的防御措施提供科学依据。根据污染食品有害因素的性质可将其概括为物理性污染、化学性污染、生物性污染及其他污染。在污染物中,生物性污染和化学性污染又是当前乃至今后相当长的一段时间我们面临的主要问题。

(2)食源性疾病。食源性疾病是指通过摄食而进入人体的有毒有害物质(包括生物性病原体)等致病因子引起、通常具有感染性或中毒性质的一类疾病。食源性疾病一般可分为感染性和中毒性,包括常见的食物中毒、肠道传染病、人畜共患传染病、寄生虫病以及化学性有毒有害物质所引起的疾病。食源性疾患的发病率居各类疾病总发病率的前列,已经成为当今世界上最广泛的食品卫生问题，而且也是经济生产降低的主要原因。近年来，国际国内的重大食品安全事故屡有发生，而由致病性微生物和其他有毒、有害因素引起的食物中毒和食源性疾病的发病率是衡量食品安全状况的直接指标，也是食品安全问题最直接的体现。食品安全研究要重点阐明各种食源性疾病发生的病因、流行病学特点、发病的机制、中毒表现以及预防措施。

(3)食品的安全评价。风险评价过程是一个纯科学的过程。为了研究食品污染因素的性质和作用，检测其在食品中的含量水平，控制食品质量，确保食品安全和人体健康，需要对食品进行安全性评价。食品安全评价是一个新兴的领域，在食品安全性研究、监控和管理上具有重要的意义，但评价标准和方法还有待不断发展和完善。食品安全评价主要是阐明某种食品是否可以安全食用、食品中有关危害成分或物质的毒性及其风险大小，利用毒理学评价、人体研究、残留量研究、暴露量研究、膳食结构和摄入风险评价等，确认该物质的安全剂量，通过风险评估进行风险控制。

(4)食品安全检测技术。食品安全检测技术是食品安全的重要内容，是食品安全的重要技术支撑，是一门综合性的技术，它主要包括快速样品前处理技术、快速分析方法、快速检测仪器技术三部分内容。高效、快速的样品前处理技术是实现快速检测的前提；准确、方便的快速分析方法是实现快速检测的基础；简单、易用的快速检测仪器则是实现快速检测的关键。食品安全检测技术研究重点是对与食品安全密切相关的有毒有害物质，包括有害化学物质、有害微生物、毒素、转基因食品检验、掺假物质等几大重要且备受关注的食品安全检测新技术、新方法的研究，特别是开发出高精度、高灵敏度和高效率的现代食品安全检测技术。食品安全检测技术的种类很多，概括起来主要包括感官检测、物理检测(如比重法、折光法和旋光法等)和化学检测(定性和定量)、色谱法、光谱法、免疫法、分子生物学方法、生物传感器和生物芯片等。

(5)食品安全控制技术及规范。现代食品安全的管理要求是“从农田到餐桌”的全过程的系统安全控制，要求食品安全管理是立体的全方位的。食品安全控制的范围十分宽广，它涵盖了食品安全学科领域的各个方面。食品控制被 FAO/WHO 定义为强化国家或地方当局对消费者利益的保护，确保所有食品在生产、加工、贮藏、运输及销售过程中是安全的、健康的、宜于人类消费的一种强制性的规则行为，同时保证食品符合安全及质量的要求，并依照法规所述诚实、准确地对食品的质量与信息予以标注。FAO/WHO 认为食品控制的首要任务是强化食品立法，以确保食品消费安全，使消费者远离不安全、不卫生和假冒的食品，通过禁止出售消费者不期望购买的非天然或不合质量要求的食品的方式来实现。目前，国内外有关食品安全控制的理论主要包括风险分析理论、“从农田到餐桌”控制理论、食品安全利益相关者理论、食品供应链管理理论以及良好操作规范/危害分析与关键控制点理论。食品安全控制技术及规范的研究应该大力开展粮食作物安全生产的过程控制技术、蔬菜安全可持续生产技术、畜禽类食品安全生产控制技术、水海产品养殖安全生产控制技术等体系的研究，实施源头治理。继续建立和完善食品安全控制认证认可体系及建立相应的实施指南、评价准则、作业指导。

(6)食品安全溯源及预警技术。建立健全食品追溯制度是保证食品安全、增强消费者对食品安全信心的基本原则之一。食品溯源是食品安全管理的一个有效工具，有助于提高食品安全管理的效率，方便问题食品召回，并有效地帮助消费者辨别虚假信息。食品安全的可追溯工作是管理和控制食品安全问题的重要手段，而溯源预警系统更是重中之重。它最显著的特点应该说就是事前防范监管重于事后惩罚。食品安全溯源信息公示系统，在食品溯源管理中就发挥着这个“预警”作用。食品溯源是保证及时、准确、有效地实施食品召回的基础，食品召回是实现食品溯源目的的重要手段。加大力度研发各种溯源技术，包括新的电子标签、同位素跟踪技术、DNA 指纹技术、重要食品掺假识别技术等，解决建立和完善我国溯源体系的技术瓶颈。完善当前溯源系统，解决目前国内开发研究的溯源应用系统普遍存在着编码不规范、不统一、与 HACCP 不兼容、与国际标准接轨差的问题，建立统一协调的食品安全信息组织管理系统，建立相应的追溯/跟踪安全信息交换平台，最终建立中国真正意义的跟踪溯源体系。重点建立食源性病害资料交换和信息发布的平台，打造一个可以覆盖全国、重视从农场到餐桌食品生产全程的食品安全突发事件短、中、长期预警预报网络系统，逐步建立高效准确的突发事件预测模型。

(7)食品安全标准体系。食品安全标准体系是为了对食品质量安全实施全过程控制而建立的、由涉及食品生产、加工、流通和消费即“从农田到餐桌”全过程中影响食品安全的各个环节和因素及其控制和管理的技术标准、技术规程构成的相互联系、相互协调的有机整体。通过食品安全标准体系的有效实施，可以使食品生产全过程标准化、规范化，为食品质量安全提供控制目标、技术依据和技术保证，实现对食品安全各个关键环节和关键因素的有效监控，满足食品质量安全标准的规定和要求，全面保证和提升食品质量安全水平。从标准的性质上讲，食品安全标准既包括强制性标准，也包括推荐性标准。从标准的级别上讲，食品安全标准包括国家标准、行业标准、地方标准、企业标准。从标准的内容上讲，食品安全标准包括基础标准、产品标准、方法标准、安全、卫生及环境保护标准。加强食品安全标准化，建立和完善食品安全标准体系是有效实施这一战略举措的重要手段，可以为食品安全的各项控制措施提供强有力的技术支撑和保障。“从农田到餐桌”的食品生产全过程质量安全控制管理是一项综合性、多主体、复杂的系统工程，不论是食品安全的组成要素还是食品生产过程环节都需要制定标准，只有通过标准对全过程进行有效监控，才能根本保证和提高食品质量安全水平。因此，食品安全标准体系的研究从国家的整体利益出发，针对我国食品产业发展的现实需求，大力加强一些主要食品安全标准的研究，领域包括农药残留限量标准、兽药残留限量标准、食品添加剂、饲料添加剂卫生标准制、生物毒素标准、有害元素限量标准、持久性有机污染物限量标准研究等，着力解决标准中相互交叉、相互矛盾、相互重复的严重问题，结合我国国情，积极采用国际标准，特别是国际食品法典的标准、指南和有关技术文件，提高标准水平，研究和构建一个目标明确、结构合理、功能齐全、配套有效统一权威的标准体系总体框架，改变我国目前食品安全标准体系结构欠科学合理、内容不完善、实用性和可操作性较差的现状，为我国研究和制定重点和急需的食品安全标准提供指南。

(8)食品安全法律、法规。食品安全法律体系是由保障食品安全的所有法律、法规以及规范性文件组成的一个系统，这个系统由不同效力级别的法律文件组成，包含了从食品生产到消费各个环节的法律规范。我国目前的食品安全法律体系有法律、法规和规章三个层次，由农产品质量安全法律体系和食品卫生法律体系两大子体系构成，它们之间既具有内在的联系，又相互协调，共同构成了一个有机的整体，分别规范了农产品的生产和流通以及食品的加工和流通，基本上涵盖了从农田到餐桌的整个食品链，从食品的生产、加工、流通等不同角度以不同的力度保障着食品安全。我国食品安全在法律体系上还存在诸多弊端和问题，因此，加强和完善我国食品安全法律体系，显得尤为重要和迫切。

1.4 国内外食品安全研究状况及发展趋势

食品是人类维持生存、生活和繁衍的最基本的必需品，人体通过不断摄取食物，以满足机体对各种营养物质的需要。随着社会的发展和科技的进步，食品安全越来越引起全社会的关注。近年来，食品安全问题在全球范围内接二连三地发生，如比利时暴发的二噁英事件、英国的疯牛病等，以及国内发生的瘦肉精中毒事件、工业用油抛光毒大米事件、郴州奶粉事件、蔬菜中农药残留导致的中毒事件等频频见诸报端，食品安全的问题日渐成为人们关注的焦点。食品安全问题举国关注，世界各国政府大多将食品安全视为国家公共安全，并加大监管力度。所以有必要对国内外食品安全现状、存在问题及发展趋势进行简要介绍。

1.4.1 国外食品安全状况、研究现状及发展趋势

近年来，国际上食品安全恶性事件不断发生，造成巨大的经济损失，国际食品安全状况不容乐观，以下是世界范围内一些具有代表性的食品安全案例。

(1)英国疯牛病(BSE)。1985 年，英国发现 BSE 流行。1995 年英国政府承认 BSE 朊蛋白可通过牛肉、内脏、骨髓(食用)传染人类，引发变异性早老性痴呆(nvCJD)。从 1995 年至 2001 年 6 月，全世界发现 nvCJD 病人 106 人，至今已全部死亡，而且发病率以 23%速率猛增。朊病毒/克雅氏病目前无药物、无疫苗、无可靠预防/治疗方法，一旦发病，人畜 100%死亡。一旦出现，只能宰杀，销毁畜群切断传染链。所以 2003 年 5 月加拿大发现一头(8 岁)牛确诊 BSE 后，美国立即停止从加拿大进口所有牛及其制品(含牛源性饲料)(2002 年加拿大向美供应 51 万头牛)；紧接着，日本、澳大利亚、新西兰、墨西哥、韩国、中国也禁止从加拿大进口所有牛及其制品。2002 年，全球 BSE 共 2 165 例，涉及 15 个国家以上。

(2)日本大肠埃希菌 O157:H7 中毒。1996 年 5 月下旬，日本几十所中学和幼儿园相继发生 6 起集体食物中毒事件，中毒人数多达 1 600 人，导致 3 名儿童死亡，80 多人入院治疗，这就是引起全世界极大关注的大肠杆菌 O157:H7 中毒事件。同时，日本仙台市和鹿儿岛县也发现集体食物中毒事件，中毒儿童增加到 3 791 人，住院儿童达 202 人。到 7 月底，形成中毒人数超过万人，死亡 11 人，波及 44 个都道府县的暴发性食物中毒事件。大肠埃希菌 O157:H7 引起腹泻，常伴有血性大便。虽然大多数健康成年人在 1 周之内会完全恢复，有些人却会发展为一种称为溶血性尿毒症的肾脏衰竭(HUS)。HUS 大多发生在幼儿和老人，并能引起严重的肾脏损害，甚至死亡。

(3)比利时二噁英(dioxin)事件。1999 年 5 月，有 1 500 多个农场 2 周内从同一比利时供货工厂购买了被 Dioxin 污染的饲料，喂养的动物及其产品加工成食品后几周内发往世界各地，对多国人群产生影响，至今尚未弄清。二噁英不仅具有致癌性，而且还具备神经、生殖、内分泌和免疫毒性，可以在人体中遗传 8 代，成为当今食品安全和环境领域的国际前沿问题。

(4)日本雪印牛奶事件。2000 年 6 月，日本雪印牌牛奶脱脂奶粉受黄色葡萄球菌感染，14 500 多人患有腹泻、呕吐疾病，180 人住院治疗，使占牛奶市场总量 14%的雪印牌牛奶进行产品回收，全国 21 家分厂停业整顿。

(5)法国肉制品李斯特杆菌中毒。2000 年年底至 2001 年年初，法国发生严重的李斯特杆菌污染食品事件，有 7 个人因食用法国公司加工生产的肉酱和猪舌头而成为李斯特杆菌的牺

牲品，其中包括2名婴儿。

(6)欧洲口蹄疫事件。英国2001年曾暴发过大规模口蹄疫疫情，致使英国近1年间屠宰700万头牲畜，蒙受80亿英镑经济损失。疫情还扩散到法国、荷兰、爱尔兰等国，成为历史上最严重的动物传染病灾难之一。为防止疫情扩散，英国被迫关闭大量国家公园、自然保护区和通往乡间的公路，取消一系列大型活动。欧盟委员会也禁止了英国肉、奶制品出口。

(7)亚洲的禽流感。2003年10月中旬，泰国、越南、日本、韩国、柬埔寨、印度尼西亚、老挝和巴基斯坦相继报道了禽流感在鸡、鸭、野生鸟类和猪中暴发的事件。

美国十分注重食品安全，在21世纪食品工业发展计划中将食品安全研究放到了首位，1998年美国在食品的微生物快速检测技术研究上的专项经费是4.3亿美元。著名的食品科学专家A. E. Sloan在论述新千年食品工业的十大发展趋势时，也强调了确保食品安全的重要性。美国食品堪称是世界上最安全的，但由于食品工业发展的迅猛及食品生产、加工、包装工艺的复杂性和目前美国食品中依靠进口的比例也越来越大，故美国仍面临着食品安全问题，包括生物致病菌、毒素、农药残留、有害金属、食品变质等。美国建立的食品安全系统有较完备的法律及强大的企业支持，它将政府职能与各企业食品安全体系紧密结合，担任此职责的主要是人类与健康服务部(DHHS)、美国食品与药物管理局(FDA)、美国农业部(USDA)、食品安全检验局(FSIS)、动植物健康监测服务部(APHIS)、美国环保署(EPA)这几个部门。同时海关定期检查、留样监测进口食品。FSIS主管肉、家禽、蛋制品的安全；FDA则负责FSIS职责之外的食品掺假、存在不安全因素隐患、标签有夸大宣传等工作。在美国，若某种食物中的食品添加剂或药物残留未经FDA审查通过，则该食品不准上市销售；EPA主要维护公众及环境健康，以避免农药造成的危害；APHIS主要是保护动植物免受害虫和疾病的威胁。

在食品安全方面，欧盟于2002年组建欧洲食品安全管理局(EFSA)，建立了快速反应的预警系统。欧盟委员会发表的一份长达60页的《食品安全白皮书》，推出了一个庞大的保证安全计划，内含84项具体措施。这一计划要求有关方面保证食品生产和销售情况的透明度与安全性，要求对诸如转基因等有争议的食品贴标识，让消费者自由选择；对动物饲料的生产也做出了明确规定，以防有害饲料危害禽畜，殃及人类；还强调了加强食品研究和检验部门的作用，以便及时发现问题，确保食品安全。与此同时，欧盟委员会还决定成立一个名为“欧洲食品权力机构”的组织，统一管理欧盟内所有与食品安全有关的事务，负责与消费者就食品安全问题直接对话和建立成员国间食品卫生和科研机构的合作网络。这一权力机构下属若干专家委员会，直接就食品安全问题对欧盟委员会提出决策性意见。2006年1月，颁布实施了新的《欧盟食品及饲料安全管理法规》。新法规涵盖了“从农田到餐桌”的整个食物链，大大提高了食品市场准入的标准，增加了食品安全的问责制，强化了对不合格产品的召回制，更加注意食品生产过程的安全。

日本于1995年5月通过了食品卫生法的修正而重新公布了《综合卫生管理制造过程》，即在食品的制造、加工及其管理方法基础上，为防止食品卫生危害特别加强预防性措施的综合制造加工过程，工厂均积极施行HACCP管理制度。厚生省通告屠宰场、食肉加工厂等业者必须彻底实施HACCP管理制度，以防止食品中毒案件再度发生。

加拿大在食品安全管理方面具有较完整的运行机制，并取得有效成果。目前，在加拿大，食品检验局(Canadian Food Inspection Agency，CFIA)和卫生部共同负责食品安全。加拿大的渔业海洋部自1992年2月推行水产食品的登录制度，规定申请登录的必备条件为水产品工厂应施行以 HACCP 为基础的品质管理计划。关于乳、肉卫生方面，农业部依据强化食品安全计划（Food Safety Enhancement Program），自 1996 年起推动屠宰场、食肉制品、乳制品等的 HACCP 管理制度。此外，大学、各种专门委员会如加拿大谷物委员会、加拿大人类、动物健康科学中心等机构也参与食品安全的工作。

国际上食品安全的发展呈现如下趋势。

①食品安全监管体制的统一化。食品安全涉及种植、养殖、生产、加工、储存、运输、销售、消费等社会化大生产的诸多环节。世界各国均对食品生产经营的各个环节进行适当的监管，以通过提高生产经营过程的安全实现最终消费的安全。然而，因经济发展水平、历史文化传统、社会法治理念等的不同，世界各国在食品安全的监管体制上存在着一定的差异。近年来，为提高食品安全监管的效率，许多国家对传统的食品安全监管体制进行改革。改革大体上通过两种方式进行：一是将过去分散的管理部门予以统一，如澳大利亚与新西兰组建了澳大利亚新西兰食品标准局，将食品安全标准的分散部门制定改革为统一的部门制定，统一规划、统一制定，保证了食品安全标准的统一与权威；二是对传统分散的管理部门予以适当协调。目前，食品安全监管要素的统一主要表现在以下三个层面：一是决策层面的统一，包括法律、标准、政策和规划的统一等；二是执行层面的统一；三是监督层面的统一。在不同的国家中，统一的层面存在差异，有的是一个层面的统一，有的是两个或者三个层面的统一。无论是哪个层面的统一，都是避免多头监管，重复监管，提高监管效能。

②食品安全保证规则的法律化。近年来，在食品安全监管体制逐步统一化的进程中，各国政府逐步开始统一食品安全的各项保障规则，其显著标志就是食品安全法律和标准的法典化。法典化的根本目标在于基于共同的原则形成体系完整、价值和谐的科学体系，从而避免因制定机关过滥，制定层次过多而增加治理成本、降低治理效能。总体看来，许多国家已逐步将过去分散的食品安全法律规范予以编撰形成覆盖食品生产经营全过程的食品安全法典。如美国制定的《联邦食品、药物和化妆品法》《食品质量保护法》，英国制定的《食品安全法》《食品标准法》，日本制定的《食品安全基本法》《食品卫生法》等。在标准方面，许多国家逐步在统一规则下构建食品安全的基础标准、管理标准、方法标准和产品标准等标准体系。英国、澳大利亚等国家组建了独立的食品标准局，具体负责食品安全标准的制定等工作。此外，许多国家将食品安全标准列入食品安全法律中，称之为食品安全技术法规，具有强制性。

③食品安全技术服务机构的社会化。食品安全技术服务机构是指由专业技术人员依靠自己的专业知识或技能对受托的食品特定事项进行检测、检验、鉴定、评价等并出具相应意见的专业技术支撑机构。其包括食品安全检测机构、食品安全检验机构、食品安全评价机构等。在食品安全技术服务机构的认识上，国际社会经历了若干转变：一是基本属性的定位上，经历了从行政权力到技术服务的转变；二是在服务对象的把握上，经历了从权力服务到社会服务的转变；三是在资源价值的发挥上，经历了从封闭所有到开放利用的转变。

1.4.2 我国食品安全状况、研究现状及发展趋势

和国外出现的食品安全问题相比，我国的食品安全问题同样让人忧心。近几年，虽然我国不断加大食品安全的监管力度，但“从农田到餐桌”的食品产业链条依然危机四伏。我国食品安全状况形势仍十分严峻，主要体现在以下几个方面。

(1)食品生产、销售监管乏力，秩序混乱。尽管我国已对食品的生产、销售制定了相应的法

律法规，但由于监管不力，尤其是在乡镇、小城市及大中城市的城乡接合部，一些无照企业、个体工商户及黑作坊，游离于监管之外，成为制假售假的集散地，导致目前的食品生产、销售秩序比较混乱。

(2)食品安全恶性案件层出不穷，屡禁不止。单就2006年而言，食品安全恶性案件就令人触目惊心，孔雀石绿、福寿螺、有毒多宝鱼、红心鸭蛋、瘦肉精等，不仅给部分家庭带来灭顶之灾，而且在社会上产生了极其恶劣的影响。

(3)消费者对食品安全状况深度担忧，极为不满。频频发生的食品安全恶性案件，使得消费者极为担忧。据《中国青年报》社会调查中心完成的一项有关食品安全的调查显示：82%的公众表示对自己周围的食品安全问题甚为担心。

近年来我国食品安全部分重大事例列举如下。

①2001年，江苏、安徽等地暴发肠出血性大肠杆菌O157：H7食物中毒，造成177人死亡，中毒人数超过2万人。

②2003—2004年，安徽省发生因阜阳劣质奶粉造成189名婴儿的轻中度营养不良事件，因并发症死亡13人。

③2005年，发生了影响全国的苏丹红事件，原因是食品企业在生产加工的食品中使用了含有非食品用化工原料苏丹红。

④2006年11月17日，上海市公布了对30件冰鲜或鲜活多宝鱼的抽检结果，30件样品中全部被检出硝基呋喃类代谢物，部分样品还被检出环丙沙星、氯霉素、红霉素等多种禁用鱼药残留，部分样品土霉素超过国家标准限量要求。而人体长期大量摄入硝基呋喃类化合物，存在致癌的可能性。

⑤自2008年7月始，全国各地陆续收治泌尿系统结石儿童患者多达1 000余人，9月11日，卫生部调查证实是石家庄三鹿集团生产的婴幼儿奶粉受三聚氰胺污染所致。

⑥2010年3月，在中国数百个城市中，但凡有餐饮业的地方就有地沟油回收业务。长期摄入地沟油会对人体造成明显伤害，如发育障碍，易患肠炎，并有肝、心和肾脏肿大以及脂肪肝等病变。

⑦2011年5月24日，中国台湾有关方面向国家质检总局通报，含有化学成分邻苯二甲酸二(2-乙基)已酯(DEHP)的"起云剂"已用于部分饮料等产品的生产加工。

⑧2013年12月底，山东出入境检疫局曾宣布，沃尔玛出售的驴肉产品中含有狐狸肉成分。

⑨2015年6月19日，沈阳市辽中立人学校数百名学生发生疑似食物中毒事件，原因或与食用食堂大白菜有关。

⑩2018年3月13日，部分古田当地群众和过往旅客在福建省古田县鹤塘镇坊下路口购买光饼食用后出现呕吐、麻痹等不良反应的事件，截至2018年3月15日0时，宁德市县医院共收治疑似患者48人，其中住院治疗41人(重症6人、中度9人、轻度26人)，门诊留观7人。经治疗，所有收治人员病情稳定并逐步恢复健康。经宁德市产品质量检验所对送检光饼样品检测，确认涉事光饼中的"葱肉饼"钡元素含量异常。

在我国食物供给体系和食品工业体系形成、建设过程中，政府、行业管理部门、监督检验部门等均注重了对食品质量的控制，其中包括对食品卫生安全的管理和控制。从20世纪50年代起，我国就开始把食品安全纳入法制化管理的轨道，从卫生部单独制定或与有关部门联合制定规章和卫生标准进行专项管理，逐步过渡到制定专门的法律进行全面管理。

我国20世纪80年代初起相继颁布了《食品卫生法(试行)》《食品卫生法》等有关保障食品卫生质量的法律、法规。有关部门发布了一系列相关的规定和管理办法，如《粮食卫生管理办法》《食品添加剂生产管理办法》等。各地政府为贯彻执行相关法规也发布了一些实施办法。在实际食品生产和市场流通中，这些法规、条例和办法的实施起到了相当程度的对食品质量的规范和保障作用。据介绍，近10年来，我国食品业的发展每年平均以10.2%的速度上升，食品消费在我国居民生活消费中约占40%。经过努力，我国的食品卫生状况有了明显改善。统计数据表明，1982年，食品卫生检测总体合格率为61.5%；1994年，检测总体合格率为82.3%；2019年总体合格率则达到了97.6%。农业部的检测结果也表明，我国对蔬菜高残留和高毒农药控制取得了显著成效，出口产品质量不断提高。可以说我国食品安全总体形势是呈稳步上升趋势。尽管与过去相比，我国的食品安全工作取得了明显的进步，食品安全状况有了显著改善，但与发达国家相比，我国的食品安全水平仍然处在较低的水平，我国的食品生产和供给还存在着食品制成品的合格率不高，食物中毒及食源性疾患没有得到控制，一些中小食品生产经营企业工艺和设备落后、技术水平较低，检验手段不齐，法律意识不够，执行食品安全相关法规、条例、标准的自觉性和力度不够，食品安全监督执法队伍力量与所担负的工作量相比还很不足，执法水平还需提高，以及食品安全标准滞后，检测技术落后等情况。这些问题在某些方面还比较严重，导致了我国目前食品不安全状况的存在。我国的食品安全面临的形势仍然十分严峻，主要存在以下6个问题。

(1)食品病原微生物污染。病原微生物引起的疾病是食品安全问题的最主要因素。引起食物中毒的原因主要是微生物性食物中毒，年均中毒起数和年均发病人数分别占动物性食物中毒和植物性食物中毒的53.4%和69.4%，其中沙门氏菌最为严重，其次为副溶血性弧菌、变形杆菌、蜡样芽孢杆菌、致病或产毒大肠杆菌等。2014年微生物性食物中毒事件的中毒人数最多，且均为由沙门氏菌、副溶血性弧菌、金黄色葡萄球菌及其肠毒素、蜡样芽孢杆菌、大肠埃希氏菌、肉毒杆菌、椰毒假单胞菌、志贺菌、变形杆菌、弗氏柠檬酸杆菌等引起的细菌性食物中毒事件。

(2)食品农用化学品污染。食品农用化学品污染主要表现在种植业和养殖业中大量使用化肥、农药、生长调节剂等农用化学物质，使很多农产品中的化学物质残留量过高，从源头上给食品安全带来了极大的隐患。每年，我国氮肥的使用量高达2 500万t，农药的使用量超过130万t，单位面积使用量分别是世界平均水平的2倍和3倍。一些高毒性、高残留农药，如有机氯类虽已禁用20多年，但在许多农产品中仍有较高的检出率。有机磷农药的频繁和超量使用，使农产品中农药残留的超标现象更为突出。涉及的农药主要有甲胺磷、乐果、敌敌畏、敌百虫、辛硫磷等。对蔬菜类食品的污染尤其严重，全国各地蔬菜农药残留超标率均达20%以上。

(3)食品环境污染物污染。环境污染物是指污染环境的物质，主要包括有害气体和固体颗粒、重金属、有机毒物、病原体等。据农业环境保护科研检测所的一项调查结果显示：全国24省市污染区，农畜产品污染物残留超标率达18.5%，总超标产量约600万t，蛋类和蔬菜产品受污染程度最严重，污染物超标的比率分别为33.1%和22.2%。在一些重金属污染严重的地区，癌症发病率和死亡率明显高于对照地区。

(4)食品添加剂污染。食品添加剂污染主要表现在一些生产商和销售商对食品添加剂的滥用。如面粉中超量添加增白剂过氧化苯甲酰；饮料中添加过量化学合成甜味剂；馒头和包子中使用二氧化硫;大米和饼干中使用矿物油等。据2000年国家技术监督局对面粉增白剂进行检查显示,在10个省市67个粮油批发市场抽查的94批次样品中,合格率仅为40.4%,有10个中小企业面粉中增白剂的添加量超过规定的3倍以上。

(5)假冒伪劣、过期食品。假冒伪劣食品在市场上的泛滥,也为食品安全问题埋下隐患。无证非法生产食品,生产企业弄虚作假,生产者素质低下,食品质量不符合食品安全要求等问题十分严重,过期食品存在安全隐患,出售和购买过期食品会对消费者造成健康威胁。我国一些落后的农村地区,由于食品销售缓慢,食品很容易因为长时间未出售而变质,食品销售者为了保住成本或赚取利润,不惜出售过期食品,从而埋下食品安全隐患。如我国每年中秋节未能出售的月饼,有很大比率将在翌年继续出售,严重违背了禁止出售过期食品的规定。由此而造成的消费者健康受损的食品安全事故也举不胜举。

(6)应用新原料、新技术、新工艺所带来的食品安全问题。随着时代的进步,食品工业中应用新原料、新工艺给食品安全带来了许多新问题,如现代生物技术、益生菌和酶制剂等技术在食品中的应用、食品新资源的开发等,这既是国际上关注的食品安全问题,也是我国亟待研究和重视的问题。

从总体上来讲,我国的食品安全整体质量有了相应的提高,在保障人民生活和卫生健康需要方面有了长足进步,这是我们长期工作努力的结果。但是我国食品安全状况形势仍十分严峻,需要进一步的加强和提高,未来我国食品安全发展有以下5大发展趋势。

(1)政府对食品安全科技投入进一步加大。随着食品安全问题被广大消费者及社会关注程度的提高,我国政府已非常重视食品安全科技的投入。“食品安全关键技术”重大专项是我国政府“十五”期间关于食品安全问题设立的专项研究,科研经费仅中央财政拨款就有15亿元。2006年,“十五”国家重大科技专项“食品安全关键技术”通过验收;在“十五”前期研究的基础上,“十一五”国家科技支撑计划重大项目开始启动。食品安全问题已列入我国科技发展中长期规划,将进一步加大对食品安全科技投入。

(2)食品安全技术监控手段更先进、方法更完善。提高食品安全领域的科技水平,重点从关键检测技术、关键控制技术等方面进行攻关研究。未来食品安全检测技术在检测对象及检测方法上都将有新的突破。今后将大力发展食品安全监控中急需的现场快速检测技术和相关设备,研究有关安全限量标准中对应重要技术指标所缺乏的分析检测技术和方法。

(3)食品安全监管体系日趋完善。近年来,国际组织和各国政府都在加强食品安全管理,在管理体制上走兼并、垂直、高效的精兵简政之路。我国将在充分利用现有各部门及各地已经建立的监测网络、发挥各自优势的基础上,通过条块结合方式实现中央机构与地方机构之间、中央各部门机构之间、针对国内和进出口食品安全检验检疫机构之间的有效配合。充分利用已经建立的各种网络,形成统一高效的食品安全检验监测体系。

(4)食品安全管理法律、法规体系不断得到完善。法律、法规是食品安全的重要保证。今后我国将进一步加大食品市场的安全管理和监督力度,通过多部门行政执法和与公安、司法部门联合,从产地、生产、流通、销售各环节控制食品的污染,加大对涉及食品安全事件责任企业和责任人的惩罚和打击力度,健全市场管理和食品生产许可证、成品市场准入和不安全食品的强制召回制度。《中华人民共和国食品安全法》是我国继《产品质量法》《消费者保护法》和《食品卫生法》之后又一部专门针对保障食品安全的法律,它的出台使我国食品安全管理法律法规体系得到进一步的完善,使我国食品安全法律、法规建设上了一个新的台阶。

(5)食品安全标准逐步与国际接轨,形成全球性的食品安全监管体系。我国将进一步加强食品质量安全标准体系建设,积累食品安全标准的技术基础数据。将制定或完善食品中有害物质的残留标准,建立起一套完整的、与国际接轨的残留标准体系。进一步加大食品安全通用基础标准与综合管理标准建设,研究与制定种植产品安全标准、养殖产品安全标准、食品加工安全标准和餐饮业食品安全控制标准 4 个方面的食品安全控制技术标准。

1.5 食品安全的发展战略

食品安全是保护人类健康,提高人类生活质量的基础。目前,食品安全已成为全球性的重大战略性问题,并越来越受到世界各国政府和消费者的高度重视。随着我国经济和社会的持续较高速度发展以及人民生活水平的提高,对食品安全问题提出了越来越高的要求。与此同时,食品安全问题已经成为影响我国农业和食品产业国际竞争力的关键因素。基于食品安全问题的重要性和迫切性,在中国科技部和加拿大国际发展署的支持下,国务院发展研究中心组建了中国食品安全战略研究课题组,开展了关于中国食品安全战略的研究工作,提出我国食品安全的战略目标以及中长期发展思路,为国家制定有关食品安全政策、法律和法规提供依据。

我国新时期食品安全战略的指导思想:根据全面建设小康社会的要求,以提高公众健康水平、促进就业和提高农民收入、增强中国食品产业的国际竞争力为目标;紧紧围绕净化产地环境、保证投入品质量、规范生产行为、强化监测预警、严格市场准入等关键环节;健全食品安全法律法规体系、管理体系、标准体系、检测体系、认证体系、科技支持体系、信息服务体系以及建立应急机制等食品安全支撑体系;政府、产业界、消费者、媒体、教育和科研机构等有关各方密切配合、相互协作,采取多方面、多角度、多层次相互配套的措施;建立“从农田到餐桌”的全程控制体系,确保食品安全。

(1)我国新时期食品安全战略的基本原则。

①以科学为基础。以科学为基础是进行食品安全管理所遵循的基本原则,其基本要求是强调风险分析。

②食品供应全过程监管。食品安全管理与控制应该覆盖食品“从农田到餐桌”的食品链的所有方面。根据这一原则,应当推进食品安全监管前移,从销区监管向产品监管前移,从消费终端监管向生产源头监管前移,从流通监管向规范生产监管前移。

③预防为主原则。任何新产品和技术必须提供充分的证据证明其安全性后才能上市。

④可追溯性原则。食品和原料在流通中应保有它们的溯源,在需要情况下,可为有资格的机构提供溯源相关信息。当食品发现存在危害时,可以及时从市场召回,避免流入市场。

⑤公开透明原则。消费者有权获得清晰的食品质量、构成成分、营养物质含量、营养物质功用以及如何合理均衡膳食等方面的信息。法律法规、标准的修订与执行应在公开、透明、互动的方式下进行。

(2)我国新时期食品安全战略的总体目标。

①提高食品安全科技水平,突破食品安全中的科技“瓶颈”制约。针对影响中国食品安全的主要因素确定关键技术领域,分阶段、有选择、逐步深入地开展食品安全基础研究,优化发展食源性危害危险性评估技术,进一步发展可靠、快速、便携、精确的食品安全检测技术,加快发展食品中主要污染物残留控制技术,发展食品生产、加工、贮藏、包装与运输工程中安全性控制

技术，使中国食品安全科技总体接近发达国家水平，初步建立起适应全面建设小康社会需求的食品安全科技体系。

②完善食品安全标准体系。在加强统一管理并充分发挥各相关部门作用的基础上，以风险评估为基础，基本建立起一套既符合中国国情又与国际接轨的食品安全标准体系，积极采用国际标准和国外先进标准，加大与国际接轨的力度。

③建立政府各监管机构之间分工明确、协调一致的食品安全管理体制。完善的食品安全管理体系的基本要求是政府定位要准确；从农田到餐桌实行全程管理；管理机构要精干和高效；各方职责要明确；有充足的资源；在中央政府层次上有一个权威声音对食品安全负责，并拥有在所有与食品安全有关的国家行动中贯彻中央政策的权力和资源。

④建立统一、权威、高效的食品安全检验检测体系。借鉴国外经验，按照统筹规划、合理布局的原则，建立起一套相互协调、分工合理、职能明确、技术先进、功能齐全、人员匹配、运行高效的食品安全检验检测体系。在检测范围上，能够满足对产地环境、生产投入品、生产及加工过程、流通全过程实施安全检测的需要，并重点加强对生产源头检测手段的建设；在检测能力上，能够满足国家标准、行业标准和相关国际标准对食品安全参数的检测要求；在技术水平上，国家级食品安全质检机构应符合国际良好实验室规范，达到国际同类质检机构先进水平，部级质检机构应达到国际同类质检机构的中上等水平。

⑤建立统一、规范的食品认证认可体系。为加强全过程安全控制，在食品原料生产、加工、运输、销售企业中大力推广 HACCP 体系和 GAP、GMP、GDP 等体系认证。

⑥建立健全食品安全应急反应机制。建立处理食品安全突发事件的应急机制已经成为国际惯例，中国也应该从建立法律法规体系，健全信息收集、处理和传播机制，建立预设方案等方面建立健全食品安全应急反应机制。

⑦建立统一协调的法律法规体系。应当以现有国际食品安全法典为依据，建立中国的食品安全法规体系的基本框架；完善已有法律法规体系；赋予执法部门更充分的权力；加强立法和执法监督等。

(3)实施新时期国家食品安全战略的政策措施。

①建立分工明确、协调一致的食品安全管理体制。目前，我国食品安全监管采用“一个监管环节由一个部门监管”的原则，采取“分段监管为主，品种监管为辅”的方式，存在着较多的弊端和缺陷，如监管部门、监管环节太多，监管资源分散。因此，可研究借鉴国外不同管理体制的特点，建立符合我国国情的权威、高效、统一的食品安全监管体系。

②健全食品安全法律体系。我国目前食品安全法律体系缺少系统性和完整性，条款相对分散，单个法律法规调整范围较窄，有关法律条款较笼统，多年不修订，操作性不强。因此，应参考现行国际食品安全法典，建立我国的食品安全法规体系的基本框架；完善已有法律法规体系以控制“从农田到餐桌”全过程；加强立法和执法监督等。

③完善食品安全标准体系。我国许多食品安全标准的制定没有采用风险评估技术，标准的科学性和可操作性都亟待提高，目前国家标准的总体采标率为 43.5%，实际上真正采标(等同采用国际标准)的只有 24%。因此，应尽快纠正我国食品安全标准不规范、不够严密的缺陷，采用国际标准和国外先进标准，加速建立我国食品安全标准体系。

④加强食品安全监测体系。我国不同部门重复设置食品安全检验检测机构，缺乏统一的发展规划，低水平重复建设的情况比较普遍。因此，建立统一、权威、高效的食品安全检验检测

体系，对食品产销链进行全程监控，是食品安全的一个重要保证。通过建立和完善全国食品污染物监测网，及时发现和纠正存在的问题，及时发现、通报、预警重大食品安全风险。

⑤加强食源性疾病监测体系。建立食源性疾病的报告监测系统是有效地预防和控制食源性疾病的一项基础性工作。要努力完善食源性疾病的报告、监测与溯源体系，实现对食源性疾病暴发事件或流行态势的预警、预报功能，加强食品安全管理机构与食源性疾病防制机构的密切配合，降低或消除食品中有害因素所造成的危险性，有效地预防和控制食源性疾病的暴发流行。

⑥建立健全食品安全突发事件应急处置机制。目前，我国尚未建立起较为完善的食品安全事故应急处理工作制度和食源性疾病暴发事件应急处置工作规程。因此，我国应从建立法律法规体系，健全信息收集、处理和传播机制，制订预设方案等方面建立健全食品安全应急反应机制，提高食品安全事故处理和食源性疾病暴发事件应急处置能力。

⑦建立食品安全科学体系。食品安全控制体制应该基于科学原理，并以对人类健康的风险评估为基础，并随着情况的变化而变化。我国食品安全科技与发达国家尚有差距，表现在食品安全科学体系尚未建立；风险分析能力较低；新技术如生物技术等在食品生产中的应用存在潜在风险。因此，要坚持面向人民生命健康，加快实现高水平科技自立自强。要提高食品安全科技水平，突破食品安全中的科技“瓶颈”制约，建立起适应全面建设小康社会需要的食品安全科技体系。

⑧建立统一、规范的食品认证认可体系。我国目前食品认证体系存在多头管理、多重标准、重复认证、重复收费等问题，食品认证体系的作用没有得到应有发挥。因此，应在整合现有各种食品认证体系的基础上，建立统一、规范的食品认证认可体系。从国际发展趋势看，食品认证已从早先对食品产业链(农田—餐桌)分别推行 GAP、GMP、GHP 和 HACCP 单一体系的认证，发展到统一采用 ISO 22000 标准进行综合体系的认证。

⑨推行食品召回制度。食品召回就是使一些对公众健康和安全产生不可接受风险的食品撤出销售、分销和消费领域的行动。食品召回制度是食品的经营者收回有问题产品，以消除有缺陷食品的危害风险的一种制度。它能更好地降低缺陷食品带来的安全风险，有利于食品企业的长期健康发展，降低了社会成本和交易成本，体现了经营者对社会负责的态度。我国目前的食品召回实际上只是停留在工商局和销售者或生产者之间关于禁止销售某种食品的浅表层面，尚未形成一套科学完整的食品召回体系。为了与国际接轨、应对国际市场的竞争，也为了保护中国消费者的利益，我国应尽快实施食品召回制度，并纳入食品安全管理体系。

⑩建设食品安全信用体系。食品安全信用体系建设是以培养食品生产经营企业遵纪守法为核心，是保障食品安全的长效机制和治本之策。《国务院关于进一步加强食品安全工作的决定》明确提出：力争用 5 年左右时间，逐步建立起我国食品安全信用体系的基本框架和运行机制；增强食品安全性，树立企业的诚信自律意识，一方面要靠法律制度约束，另一方面要靠企业自律。

⑪加强国内、国际合作。加强国内科研结构、政府各部门、食品生产企业等之间的交流与合作，增进国际食品安全的合作和技术交流，积极参加 WHO 关于食品安全的会议和活动，吸纳 WHO 在食品安全方面的科研成果，加强与 WHO 各成员国的交流与联系。

⑫加强宣传、教育与培训。教育和培训在食品安全提升中起着相当关键的作用，通过建立食品安全教育机构，加强舆论监督和宣传，开展各种形式的食品法制宣传和安全教育，制作和

发放用于目标人群的有关食品安全的宣传产品和出版物，对公众进行食品科普教育，提高公众食品安全质量防范意识和自我保护意识。同时，通过加强高校食品安全专业人才的高等教育以及在职人员的培训与考核工作，加快培养我国食品安全方面的专门技术人才。

思考题

1.什么是食品安全？

2.谈谈食品安全与食品卫生、食品质量的区别。

3.谈谈现阶段食品安全研究的意义。

4.结合个人体会，谈谈我国食品安全的现状。

5.食品安全教育是食品安全体系中的重要部分，也是食品安全防御措施的基本环节，我国食品安全教育体系主要包括哪几个方面？

6.食品安全研究的内容主要有哪些？

7.我国新时期食品安全战略的基本原则主要包括哪些？

8.简述我国新时期食品安全战略的总体目标以及实施食品安全战略的政策措施。

思政案例1　爱国情怀和民族自信心

思政案例2　职业素养　道德规范　生态文明

思政案例3　法律意识

参考文献

[1]谢明勇，陈绍军.食品安全导论[M].2版.北京：中国农业大学出版社，2016.

[2]钟耀广.食品安全学[M].3版.北京：化学工业出版社，2020.

[3]杨永杰，张晓燕.食品安全与质量管理[M].2版.北京：化学工业出版社，2010.

[4]吴苏燕.食品安全问题与国际贸易[J].国际技术经济研究，2004，7(2)：6-12.

[5]李云巧，王道.我国的食品安全以及应对措施[J].中国计量，2004(8)：9-10.

[6]吴广枫，陈思，郭丽霞，等.我国食品安全综合评价及食品安全指数研究[J].中国食品学报，2014，14(9)：1-6.

[7]杨明亮，刘可浩，刘进，等.食品安全：一个遍及全球的公共卫生问题[J].中国卫生监督杂志，2003，10 (4)：193-196.

[8]陈君石.食品安全——中国的重大公共卫生问题[J].中华流行病学杂志，2003，24(8)：649-650.

[9]徐景和.科学把握食品安全的国际发展趋势[J].中国质量万里行，2004(11)：28-29.

[10]李书国，李雪梅，陈辉，等.我国食品安全教育体系的构建[J].中国食物与营养，2005(5)：14-16.

[11]陈莉莉，董瑞华，张晗，等.2013年我国主流媒体关注的食品安全事件分析[J].上海预防医学，2017，29(6)：457-462.

[12]陈锡文,邓楠. 中国食品安全战略研究[M]. 北京:化学工业出版社,2004.

[13]雷方华. 浅谈世界各国食品安全现状(一)[M]. 中国食品,2007(16):48-49.

[14]玛丽恩·内斯特尔(美). 食品安全[M]. 北京:社会科学文献出版社,2004.

[15]FAO/WHO. Assuring Food Safety and Quality: Guidelines for Strengthening National Food Control Systems,2003.

[16]孙金沅,孙宝国. 我国食品添加剂与食品安全问题的思考[J]. 中国农业科技导报,2013,15(4):1-7.

[17]Xue J,Zhang W. Understanding China's food safety problem:An analysis of 2387 incidents of acute foodborne illness. Food Control,2013,30(1):311-317.

[18]Liu S,Xie Z,Zhang W,et al. Risk assessment in Chinese food safety. Food Control,2013,30(1):162-167.

[19]Lu F,Wu X. China food safety hits the "gutter". Food Control,2014,41(1):134-138.

第2章

食品安全危害性来源

学习目的与要求

掌握食品污染的概念及分类；食品的真菌污染及食品卫生学意义；各种农兽药残留的污染来源、毒性及预防措施；有害金属对食品的污染途径、毒性及预防措施；食品中致癌物的污染来源、毒性及其预防措施。

2.1 概述

食品安全是一个遍及全球的公共卫生问题，不仅关系到人类的健康生存，而且还严重影响经济和社会的发展。食品安全事件容易造成群发性病，产生较大的社会和心理影响。如何保证食品安全已经被提升为社会性和世界性的重大课题，已受到越来越多的政府和人们的重视。民以食为天，加强食品安全工作，关系我国人民的身体健康和生命安全，必须抓得紧而又紧。食品中的危害因素复杂多样，可来自从农田到餐桌过程的任何一个环节。因此，食品危害的本质就是食品污染问题。食品污染是指食品从生产（包括农作物种植、动物养殖）、加工、包装、储存、运输、销售直至食用等过程中产生的或由环境污染带入的、非有意加入的危害物质。食品污染的特点包括：①污染物除了直接污染食品原料和制品外，多数是通过食物链逐级富集；②被污染食品除少数表现出感官变化外，多数不能被感官所识别；③常规的冷热处理不能达到绝对无害，尤其是有毒化学物质造成的污染；④造成的危害，除引起急性病患外，更可蓄积或残留在体内，造成慢性损伤和潜在威胁。食品污染按照污染途径的不同，分为内源性污染和外源性污染。内源性污染指作为食品原料的动植物体在生活过程中，由于自身带有的污染物而造成的污染，也称为第一次污染。外源性污染是指食品在生产、加工、运输、贮藏、销售、食用过程中，通过水、空气、人、动物、机械设备及用具等而使食品发生污染，也称第二次污染。食品污染按照污染源性质的不同，还可分为生物性污染、化学性污染和物理性污染。

2.2 生物性污染

食品的生物性污染包括微生物、寄生虫及昆虫的污染。微生物污染主要有细菌与细菌毒素、真菌与真菌毒素以及病毒等的污染。出现在食品中的细菌除包括可引起食物中毒、人畜共患传染病等的致病菌外，还包括能引起食品腐败变质并可作为食品受到污染标志的非致病菌。病毒污染主要包括肝炎病毒、脊髓灰质炎病毒和口蹄疫病毒等污染，而其他病毒不易在食品上繁殖。寄生虫及其虫卵主要是通过病人、病畜的粪便直接污染食品或通过水体和土壤间接污染食品。昆虫污染主要包括粮食中的甲虫、螨类、蛾类以及动物食品和发酵食品中的蝇、蛆等污染。

2.2.1 细菌对食品的污染

食品中所存在的细菌只是自然界中的一小部分，通常将这些存在于食品中的常见细菌称为食品细菌，其中包括致病性、相对致病性和非致病性细菌。非致病菌是评价食品安全卫生质量的重要指标，多与食品出现异常颜色、气味以及相对致病性有关，因此非致病菌是食品腐败变质原因、过程和控制方法的主要研究对象。

2.2.1.1 常见的食品细菌

(1)假单胞菌属(*Pseudomonas*)。它是食品腐败性细菌的代表，为革兰氏阴性无芽孢杆菌，需氧，嗜冷，嗜盐，多具有分解蛋白质、碳水化合物和脂肪的能力，广泛分布于食品中，是导致新鲜冷冻食物腐败的重要细菌。

(2)黄单胞杆菌属(*Xanthomonas*)。它的特点与假单胞菌属很相似，为植物的致病菌，是导致水果、蔬菜腐败变质的常见菌。

（3）微球菌属（*Micrococcus*）和葡萄球菌属（*Staphylococcus*）。两者均为革兰氏阳性、过氧化氢酶阳性球菌，嗜中温，前者需氧，后者厌氧。它们因营养要求较低而成为食品中常见的菌属，可分解食品中的糖类并产生色素。

（4）芽孢杆菌属（*Bacillus*）和梭状芽孢杆菌属（*Clostridium*）。两者均为革兰氏阳性菌，前者需氧或兼性厌氧，后者厌氧。它们均属嗜中温菌，兼或有嗜热菌，在自然界广泛分布，是肉类食品中常见的腐败菌。

（5）肠杆菌属（*Enterobacter*）。肠杆菌中除志贺菌属及沙门菌属外，均是常见的食品腐败菌，为革兰氏阴性无芽孢杆菌，需氧或兼性厌氧，为嗜中温杆菌，多与水产品、肉及蛋的腐败变质有关。其中变形杆菌分解蛋白质能力很强，是需氧腐败菌的典型代表。

（6）弧菌属（*Vibrio*）和黄杆菌属（*Flavobacterium*）。两者均为革兰氏阴性直形或弯曲形杆菌，兼性厌氧，主要来自海水或淡水，可在低温和5%的食盐中生长，是鱼类及水产品中常见的腐败菌。后者与冷冻肉制品及冷冻蔬菜的腐败有关，并以其可利用植物中糖类生成黄、红色素而著称。

（7）嗜盐杆菌属（*Halobacterium*）和嗜盐球菌属（*Halococcus*）。两者均为革兰氏阴性需氧菌，嗜盐，在高浓度食盐（12%以上）可生长，且可产生橙红色素。两者均多见于咸鱼、咸肉等腌制食品。

（8）乳杆菌属（*Lactobacillus*）。它经常与乳酸菌同时出现，为革兰氏阳性、过氧化氢酶阴性杆菌，厌氧或微需氧，主要见于乳品中，可使其发生酸败变质。

2.2.1.2　食品中的细菌菌相及其卫生学意义

自然界中的细菌只有小部分可能存在于食品中，将共存于食品中的细菌种类及其相对数量的构成称为食品的细菌菌相。其中相对数量较大的细菌称为优势菌。食品在细菌作用下发生变化的程度与特征主要取决于细菌菌相，尤其是优势菌。食品的细菌菌相可因污染细菌来源、食品本身理化特性、所处环境条件和细菌之间的共生与抗生关系等因素的影响而表现不同。通过食品理化特性及其所处的环境条件可预测污染食品的菌相。

食品细菌菌相及其优势菌种不同，食品腐败变质引起的变化会出现相应的特征，因此检验食品细菌的菌相可以对食品腐败变质的程度及特征进行估计。如分解蛋白质的细菌主要有需氧的芽孢杆菌、假单胞菌、变形杆菌、厌氧的梭状芽孢杆菌，分解脂肪的细菌主要为产碱杆菌，分解淀粉、纤维素类的细菌有芽孢杆菌、梭状芽孢杆菌等。

2.2.1.3　评价食品卫生质量的细菌污染指标及其卫生学意义

反映食品卫生质量的细菌污染指标有两个：一是菌落总数（aerobic plate count），二是大肠菌群（coliforms）。

（1）菌落总数及其食品卫生学意义。菌落总数是指食品检样经过处理，在一定条件下（如培养基、培养温度和培养时间等）培养后，所得每克（毫升）检样中形成的微生物菌落总数。菌落计数以菌落形成单位（colony forming unit，CFU）表示。

菌落总数的食品卫生学意义：一方面，将其作为食品清洁状态的标志，许多国家的食品安全卫生标准中都将食品菌落总数作为控制食品污染的容许限度指标，我国也不例外；另一方面，菌落总数还可用来预测食品的耐储期限，即利用食品中细菌数量作为评定食品腐败变质程度(或新鲜度)的指标。通常,食品中细菌数量越多,在其繁殖过程中则会加速食品的腐败变质。

(2)大肠菌群及其食品卫生学意义。大肠菌群指在一定培养条件下能发酵乳糖、产酸产气的需氧和兼性厌氧革兰氏阴性无芽孢杆菌,包括肠杆菌科的埃希菌属、柠檬酸杆菌属、肠杆菌属和克雷伯菌属。这些菌属中的细菌,均系来自人和温血动物的肠道。食品中大肠菌群的数量是采用相当于每克或每毫升食品中的最可能数来表示,简称为大肠菌群最可能数(most probable number,MPN)。这是按一定方案进行检验所得结果的统计值。所谓一定检验方案,在我国统一采用的是样品三个稀释度各三管的乳糖发酵三步法,并根据各种可能的检验结果,编制相应的大肠菌群最可能数检索表供实际应用。

大肠菌群的食品卫生学意义:一方面是作为食品受到人与温血动物粪便污染的指示菌;二是作为肠道致病菌污染食品的指示菌,因为大肠菌群与肠道致病菌来源相同,而且一般条件下大肠菌群在外界环境中的生存时间与主要肠道致病菌一致。

2.2.2 真菌及真菌毒素对食品的污染

2.2.2.1 真菌及真菌毒素概述

真菌是微生物中的一大类群,属于真核微生物,与人类关系密切。大多数真菌对人体无害,某些真菌可用于加工食品。然而有些真菌是病原菌,能引起人类患病,而且其代谢产物中的真菌毒素对人和动植物会产生毒性。真菌毒素(mycotoxin)指真菌在其所污染的食品中产生的有毒代谢产物,它们可通过食品或饲料进入人和动物体内,引起急性或慢性危害。

(1)真菌产毒的特点。

①真菌产毒只限于少数的产毒真菌,而产毒菌种中也只有部分菌株产生毒素。同一菌种中不同菌株的产毒能力存在差异性,这可能是由于菌株本身的生物学特性或外界条件的不同,或两者兼而有之。

②同一产毒菌株的产毒能力具有可变性和易变性。如产毒菌株经过累代培养可完全失去产毒能力,而非产毒菌株在一定条件下也可出现产毒能力。

③产毒菌种所产生的真菌毒素不具有严格专一性,即一种菌种或菌株可以产生几种不同的毒素,而同一真菌毒素也可由不同真菌产生,如黄曲霉毒素可由黄曲霉和寄生曲霉产生;岛青霉可以产生黄天精、红天精、岛青霉毒素以及环氯素等多种毒素。

④真菌产毒需要一定的条件。真菌污染食品并在食品上繁殖是产毒的先决条件,而真菌是否能在食品上繁殖又与食品的种类和环境因素等各方面的影响有关。

(2)真菌产毒的条件。真菌产毒需要一定的条件,主要是指产毒过程中与基质(食品)、水分、湿度、温度以及空气流通等情况有密切关联。

(3)主要产毒真菌及主要的真菌毒素。目前已知的产毒真菌主要有以下几个。

①曲霉菌属,包括黄曲霉(*Aspergillus flavus*)、赭曲霉(*A. ochraceus*)、杂色曲霉(*A. versicolor*)、烟曲霉(*A. fumigatus*)、构巢曲霉(*A. nidulans*)和寄生曲霉(*A. parasiticus*)等。

②青霉菌属,包括岛青霉(*Penicillium islandicum*)、橘青霉(*P. citrinum*)、黄绿青霉(*P. citreoviride*)、扩展青霉(*P. expansum*)、圆弧青霉(*P. cyclopium*)、皱褶青霉(*P. rugulosum*)和荨麻青霉(*P. urticae*)等。

③镰刀菌属,包括梨孢镰刀菌(*Fusarium poae*)、拟枝孢镰刀菌(*F. sporotrichioides*)、三

线镰刀菌(*F. tricincturn*)、雪腐镰刀菌(*F. nivale*)、粉红镰刀菌(*F. roseum*)、禾谷镰刀菌(*F. graminearum*)等。

④其他菌属,如绿色木霉(*Trichoderma viride*)、漆斑菌属(*Myrothecium*)、黑色葡萄状穗霉(*Stachybotus corda*)等。

目前已知的真菌毒素有 200 余种。比较重要的有黄曲霉毒素、赭曲霉素、杂色曲霉素、岛青霉素、黄天精、环氯素、展青霉素、橘青霉素、皱褶青霉素、青霉酸、圆弧青霉偶氮酸、二氢雪腐镰刀菌烯酮、T-2 毒素等。

(4)真菌和真菌毒素的食品卫生学意义。

①真菌污染引起食品变质。真菌污染食品后,在基质及环境条件适宜时,首先引起食品的腐败变质,不仅使食品感官性状发生变化,还导致其食用价值下降,甚至完全不能食用。其次,真菌污染还使食品原料的加工品质下降,如出粉率、出米率、黏度等降低。如粮食类及其制品被真菌污染而造成的损失最为严重。真菌污染食品的程度以及被污染食品的卫生质量评价,可从真菌污染度和真菌菌相构成两个方面进行。

②真菌毒素引起人畜中毒。真菌的大量生长繁殖与产生毒素是真菌毒素中毒的前提,尤其温度、湿度、易于引起中毒的食品在人群中被食用情况及饮食习惯等是导致中毒的重要因素。所以,真菌毒素中毒可表现出较为明显的地域性和季节性,甚至有些中毒可具有地方病的特征。但真菌毒素中毒没有传染性,这可与传染病相区别。真菌毒素中毒的临床症状表现多种多样,较为复杂。有因短时间内大量食入真菌毒素引起的急性中毒,也有因长期少量食入含有真菌毒素的食品而引起的慢性中毒,甚至还有“三致”性损伤。

2.2.2.2　黄曲霉毒素

黄曲霉毒素(aflatoxin,AF 或 AFT)是黄曲霉和寄生曲霉产生的一类代谢产物。黄曲霉的部分菌株产生黄曲霉毒素,寄生曲霉的所有菌株都能产生黄曲霉毒素,但我国寄生曲霉罕见。黄曲霉是我国粮食和饲料中常见的真菌,由于 AF 的致癌性强,因而受到广泛重视。

(1)化学结构及性质。黄曲霉毒素是一类结构类似的化合物,其基本结构都有二呋喃环和香豆素(氧杂萘邻酮),在紫外线下都产生荧光。目前已分离鉴定出的 AF 有 20 种以上,根据荧光颜色及其结构不同分别命名为 B_1、B_2、G_1、G_2、M_1、M_2、P_1、Q_1、H_1、毒醇、GM 等,其中 B_1、B_2 呈蓝色,G_1 呈绿色,G_2 呈绿蓝色,M_1 呈蓝紫色,M_2 呈紫色。黄曲霉毒素的毒性与其结构有关,凡二呋喃环末端有双链者毒性较强且具有致癌性。黄曲霉毒素的毒性顺序如下:$B_1 > M_1 > G_1 > B_2 > M_2$。

黄曲霉毒素耐热,裂解温度为 280℃;不溶于水,易溶于油和甲醇、丙酮、三氯甲烷等部分有机溶剂,但不溶于石油醚、乙醚和已烷;在 pH 为 9～10 的强碱溶液中,AF 的内酯环被破坏形成香豆素钠盐,可溶于水被洗脱掉。

(2)产毒条件和对食品的污染。黄曲霉生长产毒的温度范围是 12～42℃,最适产毒温度为 25～33℃,最适 A_w 值为 0.93～0.98。黄曲霉在水分为 18.5%的玉米、稻谷、小麦上生长时,第 3 天开始产生 AF,第 10 天产毒量达到最高峰,以后逐渐减少。黄曲霉产毒具有迟滞现象,意味着高水分粮食若在 2 d 内干燥,将水分降至 13%以下,则即使污染黄曲霉也不会产生毒素。不同的菌株产毒能力差异较大,除基质外,温度、湿度、空气均是黄曲霉生长繁殖及产毒的必要条件。

AF 主要污染粮油及其制品,其中玉米、花生和棉籽油最易受到污染,其次是稻谷、小麦、大麦、豆类等。此外，我国还有干果类食品（如杏仁、榛子）、动物性食品（如乳及乳制品、肝、干咸鱼等）以及干辣椒中也有黄曲霉毒素污染的报道。在我国南方高温、高湿地区的一些粮油及其制品受到 AF 的污染较严重，而华北、东北和西北污染程度较轻。

（3）代谢途径和代谢产物。AFB_1 在体内主要是在肝脏代谢，代谢途径为羟化、脱甲基和环氧化反应。AFM_1 是 AFB_1 在肝微粒体酶催化下的羟化产物，最初是在牛、羊的乳中发现。AFQ_1 是 AFB_1 经羟化后的代谢产物，其羟基在环戊烷 β 碳原子上，有强的黄绿色荧光。AFB_1 转变为 AFQ_1 可能是一种解毒过程。AFB_1 的另一代谢产物是二呋喃环末端双键的环氧化物。该环氧化物一部分可与谷胱甘肽硫转移酶、尿苷二磷酸-葡萄糖醛基转移酶或磺基转移酶结合形成大分子，经环氧化酶催化水解而被解毒；另一部分则与生物大分子 DNA、RNA 以及蛋白质结合发挥其毒性。有学者认为 B_1、G_1、M_1 二呋喃环上的双键极易发生环氧化反应，因此毒性很强；而不具有二呋喃环双键的 B_2 和 G_2 毒性较低。许多研究还表明，AFB_1 经代谢活化的产物与 DNA 形成的加合物，具有器官特异性和剂量依赖关系，且与动物对 AFB_1 致癌的敏感性密切相关。AF 的代谢产物除 M_1 大部分从乳中排出以外，其余可经尿、粪及呼出的 CO_2 排泄。动物摄入 AF 后肝脏中含量最多，在肾、脾、肾上腺中也可检出，有极微量存在于血液中，肌肉中一般不能检出。

（4）毒性。AF 具有很强的急性毒性，也有明显的慢性毒性与致癌性，尤其 AF 对肝脏有特殊的亲和力，故具有很强的肝毒性。

①急性毒性。AF 是一种剧毒物质，对鱼、鸡、鸭、鼠类、兔、猫、猪、牛、猴及人均有极强的毒性。鸭雏和幼龄鲑鱼对 AFB_1 最敏感，其次是鼠类和其他动物。多数敏感动物在摄入 AF 后的 3 d 内死亡，在死后解剖中发现它们的肝脏均有明显损伤。此外，AF 也可引起人急性中毒，最典型事例为 1974 年印度两个邦中 200 个村庄的村民因为食用了霉变的玉米，导致暴发了 AF 中毒性肝炎。该次中毒发病人数近 400 人，死亡 106 人，症状为发烧、呕吐、厌食、黄疸，重症者出现腹水、浮肿，甚至死亡，尸检中可见到肝胆管增生。检测发现这些霉变玉米中 AFB_1 的含量为 6.25～15.6 mg/kg，推算每人每日平均摄入 AFB_1 的量为 2～6 mg。

②慢性毒性。如果长期小剂量摄入 AF 还会产生慢性毒性，主要表现为动物生长障碍，肝脏出现亚急性或慢性损伤。其他症状表现为体重减轻、生长发育迟缓、食物利用率下降、母畜不孕或产仔减少等。此外，AF 还可使肝中脂肪含量升高，肝糖原降低，血浆白蛋白降低，肝内维生素 A 含量减少等。

③致癌性。AF 是目前已知最强的化学致癌物，国际癌症中心将 AFB_1 列为人类致癌物。实验证明，AF 致癌强度比二甲基亚硝胺诱发肝癌的能力大 75 倍。AF 不仅可诱发肝癌，还可诱发其他部位肿瘤，如胃腺癌、肾癌、直肠癌及乳腺、卵巢、小肠等部位肿瘤。

（5）预防措施。

①食品防霉。预防食品被 AF 污染的最根本措施是食品防霉。要利用良好的农业生产工艺，从田间开始防霉。首先要防虫、防倒伏；在收获时要及时排除霉变玉米棒；脱粒后的玉米要及时晾晒。要控制谷粒的水分在 13%以下，玉米在 12.5%以下，花生仁在 8%以下。还要注意低温保藏，保持粮库内干燥，注意通风。选用和培育抗霉粮豆新品种将是今后防霉工作的重要方面。

②去除毒素。主要是用物理、化学或生物学方法将毒素去除，或者采用不同方法破坏毒素，具体包括：a. 挑选霉粒法；b. 碾轧加工法；c. 植物油加碱去毒法；d. 物理去除法；e. 加水搓洗

法；f. 微生物去毒法。

③制定食品中 AF 最高允许量标准。在 GB 2761—2017《食品安全国家标准　食品中真菌毒素限量》中对主要食品中 AFB_1 限量如下：玉米、花生仁及花生油限量为 20 μg/kg；大米、其他食用油限量为＜10 μg/kg；其他粮食、豆类、发酵制品限量为＜5 μg/kg；婴儿配方食品限量为＜0.5 μg/kg。此外，我国还规定在乳及乳制品、特殊膳食用食品中 AFM_1 含量不得超过 0.5 μg/kg。

2.2.2.3　展青霉素

展青霉素(patulin)是一种可由多种真菌产生的有毒代谢产物，如扩展青霉、荨麻青霉、细小青霉、棒曲霉、土曲霉和巨大曲霉以及丝衣霉等。展青霉素可存在于霉变的面包、香肠、水果(包括香蕉、梨、菠萝、葡萄和桃子)、苹果汁、苹果酒和其他产品中。展青霉素为无色结晶，熔点约 110℃，可溶于水和乙醇。其在碱性溶液中不稳定，可丧失其生物活性；在酸性溶液中较稳定。展青霉毒素的适宜生成温度低于其他真菌的最佳生长温度，如培养扩展青霉时，展青霉毒素最佳生成温度为－20～5℃，而在 30℃只产生少量毒素。

展青霉毒素对小鼠经口 LD_{50} 为 35 mg/kg bw。小鼠中毒死亡的主要病变为肺水肿、出血，肝、脾、肾瘀血，中枢神经系统亦有水肿和充血。展青霉素对小鼠未显示出致畸作用，但对鸡胚却有明显的致畸作用。

对展青霉素污染食品的首要预防措施仍然是防霉，并制定食品中的限量标准。我国食品安全标准中规定水果及其制品、饮料类、酒类限量为＜50 μg/kg。

2.2.2.4　赭曲霉毒素

赭曲霉毒素(ochratoxin)是由曲霉属和青霉属产生的至少包括 7 种结构相关的一组霉菌代谢产物，包括赭曲霉毒素 A、赭曲霉毒素 B、赭曲霉毒素 C 和赭曲霉毒素 D。其中赭曲霉毒素 A(ochratoxin A，OTA)在所有赭曲霉毒素中毒性最大。OTA 耐热，在正常烹调条件下不易被破坏，微溶于水，在紫外光照射下可产生微绿色荧光，OTA 在 30℃和 A_w 为 0.95 条件下生成量最高。赭曲霉毒素主要污染玉米、大豆、可可豆、大麦、柠檬等食品，以及腌制的火腿、花生、咖啡豆等。

OTA 的急性毒性很强，大鼠经口 LD_{50} 为 20～30 mg/kg，动物中毒的靶器官主要为肾脏和肝脏。大鼠和仓鼠试验发现赭曲霉毒素还有胚胎毒性和致畸性，有动物试验证明 OTA 是一种肾脏致癌物。

对赭曲霉毒素污染食品的预防除要对食品采取防霉去毒措施外，还要限制食品中 OTA 的含量。我国食品安全标准中规定谷物及其制品、豆类及制品、坚果及籽类中 OTA 的限量为＜5.0 μg/kg，酒类中 OTA 的限量为＜2.0 μg/kg。

2.2.2.5　镰刀菌毒素

镰刀菌毒素是由镰刀菌产生的，按化学结构可分为单端孢霉烯族毒素、玉米赤霉烯酮和伏马菌素等。

(1)单端孢霉烯族毒素。单端孢霉烯族化合物(tricothecenes)由雪腐镰刀菌、禾谷镰刀菌、梨孢镰刀菌、拟枝孢镰刀菌等产生，包含 200 多种化合物，主要是 T-2 毒素、雪腐镰刀菌烯醇、镰刀菌烯酮-X 和脱氧雪腐镰刀菌烯醇等。该族化合物化学性质稳定，难溶于水，可溶于中等极性有机溶剂；耐热，烹调加工不易破坏；具有明显的细胞毒性、免疫抑制和致畸作用。其中脱氧雪腐镰刀菌烯醇是赤霉病麦中毒的主要病原物质，其可能与人类食管癌、克山病和大骨节病的发生有关。脱氧雪腐镰刀菌烯醇污染粮谷的情况非常普遍，世界各地均有报道。鉴于其严重的危害性，我国食品安全标准中规定谷物及其制品中脱氧雪腐镰刀菌烯醇的限量为1 000 μg/kg。

(2)玉米赤霉烯酮。玉米赤霉烯酮(zearalenone)主要由禾谷镰刀菌、黄色镰刀菌、木贼镰刀菌等产生，是一类结构类似的二羟基苯酸内酯化合物。因有类雌激素样作用，可表现出生殖系统毒性作用。该毒素主要污染玉米，其次是小麦、大麦、大米等粮食作物。我国食品安全标准中规定谷物及其制品中玉米赤霉烯酮的限量为60 μg/kg。

(3)伏马菌素。伏马菌素(fumonisin)主要由串珠镰刀菌产生，可分伏马菌素 B_1(FB_1)和伏马菌素 B_2(FB_2)两类。食品中以 FB_1 污染为主，主要污染玉米和玉米制品。伏马菌素具有神经毒性，可引起马的脑白质软化；此外伏马菌素还具有慢性肾毒性，可引起肾病变。伏马菌素不仅是促癌剂，其本身也有致癌作用，主要引起动物原发性肝癌。目前只有部分国家和国际组织对伏马菌素制定了限值标准，如欧盟规定供人类直接食用的玉米制品中 FB_1 和 FB_2 总和的限量为400 μg/kg。

2.2.3 食源性寄生虫对食品的污染

寄生虫(parasites)是指不能完全独立生存，需寄生于其他生物体内的虫类，包括蠕虫、昆虫、原虫。寄生虫所寄生的生物体称为寄生虫的宿主，其中，成虫和有性繁殖阶段寄生的宿主称为终末宿主；幼虫和无性繁殖阶段寄生的宿主称为中间宿主。寄生虫在其寄生宿主内生存，通过争夺营养、机械损伤、栓塞脉管及分泌毒素给宿主造成伤害。寄生虫及其虫卵可直接污染食品或通过病人、病畜的粪便污染水体或土壤后，再污染食品。当人经口摄入受污染食品后而发生食物源性寄生虫病。食品中常见的寄生虫包括猪囊尾蚴、旋毛虫、华支睾吸虫等。

2.2.3.1 猪囊尾蚴

囊尾蚴是有钩绦虫(即猪带绦虫)和无钩绦虫(即牛肉绦虫)的幼虫，寄生在宿主的横纹肌及结缔组织中，呈包囊状，故俗称囊虫。人可被成虫寄生，也可以被猪肉绦虫的幼虫(猪囊尾蚴)寄生，特别是后者对人类的危害更为严重。

(1)病原体。引起人类囊虫病的病原体有猪肉绦虫和牛肉绦虫。猪肉绦虫属于带科，带属。成熟的猪囊虫呈椭圆形，乳白色，半透明，囊内充满液体，大小为(6～10) mm×5 mm，位于肌纤维间的结缔组织内，其长径与肌纤维平行。囊壁为一层薄膜，肉眼隔囊壁可见绿豆大小乳白色小点，向囊腔凹入，为内翻的头节，头节有 4 个吸盘和 1 个顶突，顶突上有许多对小钩。猪囊尾蚴主要寄生在股内侧肌肉、深腰肌、肩胛肌、咬肌、腹内斜肌、膈肌和心肌中，还可寄生于脑、眼、胸膜和肋间肌膜之间等。在肌肉中的囊尾蚴呈米粒或豆粒大小，习惯称为“米猪肉”或“豆猪肉”。

猪带绦虫为猪囊尾蚴的成虫，呈链形带状，长达 2～8 m，可分为头节、颈节与体节，有700～1 000 个节片，主要寄生于人的小肠。其头节与囊尾蚴相同，可牢固地吸附于小肠壁上，以吸取营养物质。颈节纤细，紧连在头节的后面，为其生长部分。体节分未成熟、成熟及妊娠体节三部分。牛肉绦虫的幼虫和成虫与猪肉绦虫的幼虫和成虫相似，但其头节无钩，通过吸盘固定在肠壁。

(2)污染食品的途径及危害。人因生吃或食用未煮熟的“米猪肉”而被感染。在胃液和胆汁的作用下，囊尾蚴在小肠内翻出头节，然后吸附于肠壁上。从颈部逐渐长出节片，经2～3个月发育为成虫，开始有孕节随粪便排出。一条成虫的寿命可达25年以上。一般一个人可感染1～2条，偶有3～4条。患者表现食欲减退、体重减轻、慢性消化不良、腹泻或腹泻与便秘交替发生。

人除了是绦虫的终末宿主外，还可以是中间宿主。此外，还有猪、犬、羊也是中间宿主。绦虫的虫卵必须经胃在胃酸的作用下脱囊，才可以发育为囊尾蚴而感染人类，因此，人感染囊虫的途径有：①异体感染，也称外源性感染，是由于食入受虫卵污染的食物而引起的囊虫感染；②自体感染，也称内源性感染，是因人体本身有成虫寄生在肠道内，由于某种原因发生呕吐，使肠道内的孕节逆蠕动而进入胃内，卵壳被胃液溶解后，六钩蚴逸出，进入肠系膜小静脉及淋巴管，后随血流沉着于全身组织，形成囊尾蚴。其症状为：①皮下及肌肉囊尾蚴病，患者局部肌肉酸痛、发胀；②脑囊尾蚴病，患者可因脑组织受压迫而出现癫痫、脑膜炎、颅内压增高、痴呆，还可引起抽搐、瘫痪以至死亡；③眼囊尾蚴病，寄生于眼部可导致视力减退，甚至失明，还可出现运动、感觉、反射改变，头痛、头晕、恶心及其他症状。

(3)预防措施。

①加强肉品卫生检验和处理制度，发现含有猪囊尾蚴的肉应按NY 467—2001《畜禽屠宰卫生检疫规范》处理。②对猪带绦虫病人要加强治疗，这是切断感染来源的重要措施。③加强人粪管理和改善猪的饲养管理方法，猪要圈养，防止猪食人粪而感染。④讲究个人卫生并养成良好的卫生习惯，不吃生的或半生不熟的猪肉，对切肉用的刀、器具等要生熟分开并及时消毒；此外还要加强卫生宣传教育，使人们了解绦(囊)虫病的危害。

2.2.3.2　旋毛虫

旋毛虫即旋毛形线虫(*Trichinella spiralis*)，其成虫寄生于肠管，称肠旋毛虫，幼虫寄生于横纹肌中，且形成包囊，称肌旋毛虫。人和几乎所有的哺乳动物均能感染。由其引起的旋毛虫病是一种重要的人兽共患寄生虫病，危害很大。

(1)病原体。旋毛虫属于线虫纲，毛尾目，毛形科，是雌雄异体的小线虫。雄虫大小为(1.4～1.6) mm×(0.04～0.05)mm，雌虫大小为(3～4)mm×0.06 mm。肉眼观察成虫为短白绒丝状的线虫。幼虫刚产出时呈细长圆柱形，寄生于横纹肌内的虫体呈螺旋状弯曲，外披有与肌纤维平行的椭圆形包囊，内有囊液，可含有1～2条幼虫。肌肉中的包囊一般为(0.25～0.3)mm×(0.4～0.7)mm，肉眼观察呈白色针尖状，主要寄生部位有膈肌、舌肌、心肌、胸大肌和肋间肌等，以膈肌最为常见。包囊对外界环境抵抗力较强，能耐低温，猪肉包囊中的幼虫在－15℃下储存20 d才死亡；在－12℃可保持活力达57 d；在腐败肉中也可存活100 d以上。熏烤、腌制及暴晒等加工方法不能杀死包囊中的幼虫，但加热至70℃，5 min可杀灭虫体。

(2)污染食品的途径及危害。人感染旋毛虫主要是由于吃了生的或未煮熟的猪肉或野猪肉，少数也有食入其他肉类(如犬、羊、马等)而感染。感染原因：一是与食肉习惯有关，调查表明发病人数中90%以上与吃生猪肉有关；二是通过肉屑污染餐具、手指和食品等引起感染，尤其是烹调加工时生熟不分造成污染；三是粪便中、土壤中和昆虫体内的旋毛虫幼虫也可能成为人们感染的来源。

当人摄入含有幼虫包囊的动物肌肉后，包囊被消化，幼虫逸出，钻入十二指肠和空肠黏膜内，在2 d内发育为成虫。经交配后7～10 d产生幼虫，每条雌虫可产1 500条以上的幼虫，寿命为4～6周。幼虫穿过肠壁随血液循环到达人体各部的横纹肌，一般在感染后1个月内形成包囊。包囊在数月至1～2年内开始钙化，但包囊钙化后并不意味着虫体的死亡。相反，在钙化的包囊内，旋毛虫还能保持活力。人体感染旋毛虫初期(成虫寄生期，约 1 周)会引起肠炎、多数患者出现恶心、呕吐、腹痛和粪便中带血等症状。中期(幼虫移行期，2～3 周)会引起急性血管炎和肌肉炎症，表现头痛、高热、怕冷，全身肌肉痒痛，尤以四肢和腰部明显；疼痛出现后，发生眼睑、颜面、四肢或下肢水肿，水肿部位皮肤发红亮。此外，心、肝、肺、肾等实质器官可引起不同程度的功能损害，并伴有周围神经炎，视力、听力障碍，半身瘫痪等。末期(成囊期，4～16 周)表现有肌肉隐痛，重症者可因毒血症或合并症而死亡。

(3)预防措施。

①加强卫生宣传，普及有关旋毛虫方面的知识，改变饮食习惯，不食生的或半生不熟的猪肉(包括犬及其他动物肉)，以杜绝感染。

②加强肉品卫生检验工作，发现含有旋毛虫的肉应按 NY 467—2001《畜禽屠宰卫生检疫规范》处理。

③加强猪的饲养管理，猪要圈养，不用生的废肉屑或泔水喂猪。

④对猪舍进行经常性的灭鼠工作，以减少感染来源。

2.2.3.3 华支睾吸虫

华支睾吸虫(*Clonorcbis inensis*)又称肝吸虫(liver fluke)，是引起人畜共患华支睾吸虫病的寄生虫。其成虫寄生在人和哺乳动物的肝内胆管，在人体内可存活 20～30 年。华支睾吸虫第一中间宿主为淡水螺，第二中间宿主为淡水鱼或虾。

(1)病原体。华支睾吸虫属于后睾目后睾科支睾属，是一种雌雄同体的吸虫。虫体长，扁平，呈叶状稍尖，后端较钝，体表平滑，平均大小(10～25)mm×(3～5)mm，呈乳白色，半透明。有口吸盘和腹吸盘，卵较小，类似芝麻粒，卵内含有一个毛蚴。

(2)污染食品的途径及危害。螺蛳、淡水鱼、虾等为中间宿主。成虫寄生在人、猪、猫、犬的胆管里。虫卵随宿主粪便排出，被螺蛳摄入后，经过胞蚴、雷蚴和尾蚴阶段，然后从螺体逸出，游于水中，再依附在淡水鱼体上，继而侵入鱼的肌肉、鳞下或鳃部发育为后囊蚴。如果人或动物(为终末宿主)食用含有囊蚴的生鱼虾或未煮熟的鱼肉或虾后，囊蚴可进入人体消化道，囊壁被溶化，幼虫破囊而出，然后移行到胆管和胆道内发育为成虫。成虫在人体内寄生可达 15～25 年。人食用生的或没有烧熟煮透的含囊蚴的淡水鱼、虾后即可感染。感染率的高低与生活和饮食习惯以及淡水螺的滋生程度有密切关系。该病在一些地区流行的关键因素是当地人有吃生的或未煮熟的鱼肉的习惯。此外，用切过生鱼的刀具及砧板切熟食，或用盛放过生鱼的容器盛装熟食，以及加工人员接触过生鱼的手未清洗再触及食品等均可造成食品的交叉污染。

食入囊蚴的数量较少时无明显症状，若摄入的量大或反复感染，可因机械的刺激，引起胆管和胆囊发炎，管壁增厚，消化机能受到影响，造成腹泻。反复严重感染者可出现浮肿、消瘦、贫血、黄疸、心悸、眩晕、失眠、肝脾肿大等症状。儿童和青少年感染后，临床症状较严重，可导致智力发育缓慢，甚至还可引起侏儒症。有些患者在晚期并发肝绞痛、胆管炎、胆囊炎，甚至肝癌。

(3)预防措施。

①加强卫生宣传，改进烹调方法和改变饮食习惯，自觉不吃生的或不熟的鱼虾；注意分开使用切生、熟食物的菜刀、砧板及器皿。

②合理处理粪便，防止粪便污染水塘。

③改变养鱼习惯，不用生鱼喂猫、犬。

④消灭螺类，以减少感染来源。

2.3 化学性污染

食品化学性污染涉及范围较广，情况也较复杂，主要包括：①来自生产、生活和环境中的污染物，如农药残留、兽药残留、有毒金属、多环芳烃化合物、*N*-亚硝基化合物、杂环胺、二噁英、氯丙醇等；②食品容器、包装材料、运输工具等接触食品时迁移至食品中的有害化学物质；③滥用的食品添加剂；④掺假、制假过程中加入的物质，如在辣椒粉中掺入的化学染料苏丹红等。

2.3.1 农药残留

我国是农业病虫害发生危害较严重的国家，近10年农作物重大病虫害年均发生面积达70多亿亩次(1亩≈667 m^2)，严重威胁粮食丰收与农产品质量安全。如果病虫不及时防治，可造成粮食损失30%左右，水果、蔬菜损失更大。而使用农药依然是目前我国病虫害防治的主要手段，其作用不可替代。但农药在使用过程中，若使用不合理就容易产生农药残留，从而对农产品和饲料产生危害。

2.3.1.1 概述

(1)农药和农药残留。根据我国《农药管理条例》的定义，农药(pesticide)是指用于预防、控制危害农业、林业的病、虫、草和其他有害生物，以及有目的地调节植物、昆虫生长的化学合成或者来源于生物、其他天然物质的一种物质或者几种物质的混合物及其制剂。农药残留物(pesticide residues)指由于使用农药而在食品、农产品和动物饲料中出现的任何特定物质，包括被认为具有毒理学意义的农药衍生物，如农药转化物、代谢物、反应产物以及杂质等。最大残留限量(maximum residue limit，MRL)是指在食品或农产品内部或表面法定允许的农药最大浓度，以每千克食品或农产品中农药残留的毫克数表示(mg/kg)。再残留限量(extraneous maximum residue limit，EMRL)是指一些持久性农药虽已禁用，但还长期存在环境中，从而再次在食品中形成残留，为控制这类农药残留物对食品的污染而制定其在食品中的残留限量，以每千克食品或农产品中农药残留的毫克数表示(mg/kg)。每日允许摄入量(acceptable daily intake，ADI)指人类终生每日摄入某物质，而不产生可检测到的危害健康的估计量，以每千克体重可摄入的量表示(mg/kg)。

农药按用途不同可分为杀(昆)虫剂、杀(真)菌剂、除草剂、杀线虫剂、杀螨剂、杀鼠剂、落叶剂和植物生长调节剂等类型。其中使用最多的是杀虫剂、杀菌剂、除草剂三大类。按化学组成及结构不同可将农药分为有机磷、氨基甲酸酯、拟除虫菊酯、有机氯、有机砷、有机汞等多种类型。农药按急性毒性大小不同分为：剧毒类、高毒类、中等毒类、低毒类农药；按残留特性不同分为：高残留、中等残留、低残留农药。

农药的合理使用可以减少农作物损失、提高产量，增加农业生产的经济效益；减少虫媒传染病的发生；提高绿化效率，改善人类和动物的生活居住环境。但是农药不合理使用可以带来不良后果，如引起急性、慢性中毒，以及“三致”性危害；使有害生物、人产生抗药性，促使用药量和用药次数增加；害虫的天敌被农药毒死，使得更加依赖农药杀虫；使环境恶化、物种减少、生态平衡被破坏。

(2)食品中农药残留的来源。

①使用农药对农作物的直接污染。农田施药后，药剂可能黏附于作物表皮，也可能渗透到作物组织内部并输送到全株，经过一定时间，这些农药将逐渐被降解消失。但如果药剂性能稳定，即可长期残留在植物体内。渗透性强的农药不仅残留量大，污染程度也大，可直达果实内层。若用药次数多、用药量大或用药间隔时间短，产品残留量都会增大。

②农作物从污染环境中吸收农药。在农田施药过程中，直接降落在作物上的药量只占一小部分，大部分散落在土壤中，或飘移到空气，或被水流冲刷到塘、湖和河流中，造成严重的环境污染。有些农药在土壤中残存几年甚至十几年，作物从根部吸收或叶片代谢吸收空气中残留的药剂或被污染的水源灌溉作物，都会引起农药残留量增大。

③由于食物链的作用农药在生物体内聚集。畜禽鱼类体内的农药残留主要是通过摄食大量被农药污染的饲料，造成农药在体内的聚集。某些稳定性较强的农药，与机体某些组织器官有高度亲和力，如长期贮存于脂肪组织的农药(如有机氯、有机汞等)可通过食物链的作用逐级浓缩，称之为生物富集作用(bioconcentration)。

④其他来源的污染。包括粮库内使用熏蒸剂等对粮食造成的污染；禽畜饲养场所及禽畜身上施用农药对动物性食品的污染；粮食贮存加工、运输销售过程中的污染以及事故性污染等。

2.3.1.2　食品中常见的农药残留及其毒性

(1)有机磷农药。此类农药是目前使用量最大的杀虫剂，常用的有敌百虫、敌敌畏、乐果、马拉硫磷等；部分品种可用作杀菌剂(如稻瘟净、异稻瘟净、敌瘟灵)或杀线虫剂(如克线丹、丙线磷、苯线磷)。此类农药化学性质不稳定，易于降解而失去毒性，不易长期残留，在生物体的蓄积性也较低。有机磷农药属于神经毒剂，它的急性中毒主要是抑制体内胆碱酯酶活性，导致乙酰胆碱在体内堆积，使神经传导功能紊乱而出现相应中毒症状。部分品种有迟发性神经毒作用。慢性中毒主要是神经系统、血液系统和视觉损伤的表现。多数有机磷农药无明显的“三致”作用。

(2)氨基甲酸酯类农药。此类农药可用作杀虫剂(常用品种有西维因，克百威、灭多威等)或除草剂(如禾大壮、丁草特、野麦畏等)，某些品种(如涕灭威、克百威)还兼有杀线虫活性。氨基甲酸酯类农药的优点是药效快，选择性较高，对温血动物、鱼类和人的毒性较低，易被土壤微生物分解，且不易在生物体内蓄积。其毒作用机制与有机磷类似，也是胆碱酯酶抑制剂，但其抑制作用有较大的可逆性，无迟发性神经毒性作用。有些代谢产物可使染色体断裂，致使该类农药有“三致”的可能；其在弱酸条件下可与亚硝酸盐生成亚硝胺，故可能有一定的潜在致癌作用。

(3)拟除虫菊酯类农药。此类农药属于高效低残留类农药，可作为杀虫剂和杀螨剂，常用的品种有溴氰菊酯、苯氰菊酯、三氟氯氰菊酯等。拟除虫菊酯类农药在环境中的降解以光解(异构、酯键断裂、脱卤等)为主，其次是水解和氧化反应。该类农药具有高效、杀虫谱广、毒性较低、在环境中半衰期短、对人畜较安全的特点。但是该类农药容易产生高抗性，即昆虫在较短时间内可对其产生抗药性而使其杀虫活性降低甚至完全丧失。通过多种农药复配使用可延缓其抗药性的发生。

拟除虫菊酯类农药多属中等毒性或低毒性，对胆碱酯酶无抑制作用。急性中毒表现为神经系统症状，如流涎、多汗、意识障碍、言语不清、反应迟钝、视物模糊、呼吸困难等；重者可致昏迷、抽搐、心动过速、瞳孔缩小、对光反射消失、大小便失禁，可因心衰和呼吸困难而死亡。安定剂、中枢性肌肉松弛剂及阿托品类可缓解症状。该类农药对皮肤有刺激和致敏作用,可致感觉异常(麻木、瘙痒)和迟发性变态反应。因其蓄积性及残留量低,故慢性中毒较少见。个别品种(如氰戊菊酯)大剂量使用时有一定的致突变性和胚胎毒性。

(4)有机氯农药。此类农药是早期使用的最主要杀虫剂,主要品种有 DDT、六六六。其在环境中很稳定,不易降解(如 DDT 在土壤中的半衰期长达 3～30 年,平均为 10 年);脂溶性强,在生物体内主要蓄积于脂肪组织。该农药多属于低毒或中等毒。急性中毒主要是神经系统和肝、肾损害的表现。慢性中毒主要表现为肝脏病变、血液和神经系统损害。某些品种会干扰体内激素的分泌,具有一定的雌激素活性。部分品种可通过胎盘屏障进入胎儿体内,具有一定的致畸性。动物实验证实如 DDT 在较大剂量时具有一定致癌作用。

从 20 世纪 40 年代大量使用 DDT 以来,有机氯农药对环境的污染不断加剧,目前世界上几乎任何地区的环境中均可检出有机氯农药,甚至在从未使用过的地区(如南北极)也可检出。由于有机氯农药易于在环境中长期蓄积,并可通过食物链而逐级浓缩,还有一定的慢性毒性和“三致”作用,故在许多国家已禁止使用。我国于 1983 年停止生产,1984 年停止使用六六六和 DDT 等有机氯农药。

(5)杀菌剂。有机汞类杀菌剂,如西力生(氯化乙基汞)、赛力散(醋酸苯汞)等,因其毒性大且不易降解,我国于 1972 年起已停止使用。有机砷类杀菌剂(稻脚青、福美砷、田安等)在体内可转变为毒性很大的 As^{3+},导致中毒和易发肿瘤,我国已禁止生产、销售和使用。乙撑双二硫代氨基甲酸酯类杀菌剂(代森锌、代森铵、代森锰锌等)在环境中和生物体内可转变为致癌物乙烯硫脲。苯丙咪唑类杀菌剂(多菌灵、噻菌灵、托布津等)对小麦赤霉病、黑穗病、水稻纹枯病、稻瘟病和甘薯黑斑病等多种农作物病害有较好的防治效果。此类农药在高剂量下可致大鼠生殖功能异常,并有一定致畸、致癌作用。

(6)除草剂。大多数除草剂对动物和人的毒性较低,且由于多在农作物生长早期使用,故收获后的残留量通常很低,其危害性相对较小。部分品种有不同程度的“三致”作用,应给予足够的重视。如莠去津有一定的致突变、致癌作用;2,4,5-T 及其所含的杂质 2,3,7,8-四氯代二苯并-对-二噁英有较强的毒性,并有致畸、致癌作用。

(7)混配农药。将两种或两种以上的农药合理混配后使用可提高作用效果,并可延缓昆虫和杂草对其产生的抗性,故近年来混配农药的生产和使用品种日益增多。但有时多种农药混合或复配使用可加重其毒性(包括相加及协同作用),如有机磷可增强拟除虫菊酯类农药的毒性,氨基甲酸酯和有机磷农药混配使用则对胆碱酯酶的抑制作用显著增强,有些有机磷农药混配使用也可使毒性增强。农药混配制剂的名称应符合《农药名称管理规定》,尚未列入名称目录的农药混配制剂,应报农业部核准,并作为新制剂首先进行登记试验。

2.3.1.3　预防控制措施

(1)加强农药生产和经营管理。国家实行农药登记制度,凡是生产(包括原药生产、制剂加工和分装)农药和进口农药,必须登记;国务院农业行政主管部门所属的农药鉴定机构负责全国的农药具体登记工作。生产有国家标准或行业标准的农药,由国务院工业产品许可管理部门核发农药生产许可证;生产尚未制定国家标准或行业标准的农药,经所在地省级工业产品许可管理部门审核同意后,报国务院工业产品许可管理部门批准,核发农药生产批准文件。农药经营者应按照规定向县级以上地方人民政府农业行政主管部门申请农药经营许可证后方可经营。

(2)安全合理使用农药。农药在使用过程中要严格按照标签标注的使用范围、方法技术要求和注意事项使用,并遵守安全间隔期(即最后一次施药至收获农作物前的时期,也即自喷药到残留量降至允许残留量所需的间隔时间)。在农业生产中,最后一次喷药与收获之间的时间必须大于安全间隔期,不允许在安全间隔期内收获作物。

(3)加强对农药残留的监控与检测。加大对农药残留的监控力度,严把检验检疫关,严防农药残留超标的产品进入市场。在食品的农药残留检测过程中,必须严格遵守《食品安全国家标准　食品中农药最大残留限量》(GB 2763—2021),该标准规定了食品中 564 种农药 10 092 项最大残留限量。

此外,还要制定适合我国的农药政策,开发高效、低毒、低残留的新品种,及时淘汰或停用高毒、高残留、长期污染环境的品种,推广先进的施用技术和喷洒器具,大力提倡作物病虫害的综合防治。

2.3.2　兽药残留

现代畜牧业日益趋向于规模化和集约化生产,越来越多地使用兽药以保障畜禽健康生长和畜牧业的正常发展。畜禽养殖过程中如果不合理使用兽药易造成动物性食品中兽药残留,不但影响动物性食品的安全性,还影响动物性食品的国际贸易。

2.3.2.1　概述

(1)兽药和兽药残留。按照我国《兽药管理条例》,兽药(veterinary drugs)是指用于预防、治疗、诊断动物疾病或者有目的地调节动物生理机能的物质(含药物饲料添加剂),主要包括:血清制品、疫苗、诊断制品、微生态制品、中药材、中成药、化学药品、抗生素、生化药品、放射性药品及外用杀虫剂、消毒剂等。兽药残留(residues of veterinary drugs)是指食品动物用药后,动物产品的任何可食用部分中所有与药物有关的物质的残留,包括药物原型或/和其代谢产物。最大残留限量(maximum residue limit,MRL):是指对食品动物用药后,允许存在于食品表面或内部的该兽药残留的最高量/浓度(以鲜重计,单位 μg/kg)。休药期,也叫消除期,是指动物从停止给药到许可屠宰或它们的产品(乳、蛋等)许可上市的间隔时间。药物饲料添加剂是指为了预防、治疗动物疾病而掺入载体或者稀释剂的兽药预混物,包括抗球虫药类、驱虫剂类、抑菌促生长类等。

动物养殖过程中兽药的合理使用可以有效控制畜禽疾病,减少畜禽损失,提高畜产品产量;还能促进动物生长,提高饲料利用率,提高畜牧业和养殖业生产的经济效益。但是兽药如果使用不合理,则会使兽药残留在食品中,被人摄入后引起人发生急性、慢性中毒,甚至“三致”的损伤;还会使有害生物、人产生抗药性,使得用药剂量和用药次数增加,导致生态环境质量恶化,影响畜牧业发展。

(2)食品的污染来源。

①畜禽疾病防治时的滥用药物。在养殖过程中,随意使用新型或高效的药物,大量使用医用药物;长期或超标准使用、滥用药物防治和预防疾病,在饲料中大量使用各种抗菌抗虫药物,同时由于缺乏相应的兽药使用知识,不能严格遵守兽药的使用对象、使用期限、使用剂量、给药途径、用药部位和用药动物种类等规定。所有这些因素都能造成药物在畜禽体内过量积累,导致兽药残留。

②非法使用违禁药物。例如,为了增加畜禽质量、增加瘦肉率而使用兴奋剂,如盐酸克伦

特罗;为促进畜禽生长而使用性激素类饲料添加剂;为减少畜禽的活动,达到增质目的而使用安眠镇静类药物等。

③不按规定正确使用饲料药物添加剂。《饲料药物添加剂使用规范》中明确规定了可用于制成饲料药物添加剂的兽药品种及相应的休药期。但有些饲料生产企业和养殖户,超量添加药物,甚至添加禁用激素类、抗生素类、人工合成化学药品等,这也是兽药残留的重要原因。

④不执行休药期规定。凡应用于食品动物的药物或其他化学物都需规定休药期,通过休药期这段时间,畜禽可通过新陈代谢将大多数残留的药物排出体外,使药物的残留量低于最高残留限量从而达到安全浓度。未能严格遵守休药期是导致食品残留超标最主要原因。

⑤违背有关标签的规定。我国《兽药管理条例》规定,标签必须写明兽药的主要成分及其含量等。可有些兽药企业为逃避报批,在产品中添加一些化合物,但没有在标签中进行说明或用法指示,从而造成用户盲目用药以致兽药残留超标。

⑥屠宰前用药。屠宰前使用兽药用来掩饰有病畜禽临床症状,以逃避宰前检验,这也是造成畜产品兽药残留的重要原因。

2.3.2.2 食品中常见的兽药残留

(1)抗生素类药物。抗生素类多为天然发酵产物,如青霉素类、氨基糖苷类、大环内酯类、四环素类等,临床上广泛应用于治疗动物的多种细菌性感染。作为临床治疗用药的抗生素类,常在短期内使用,主要是通过注射、饮水等方式进入动物体内。如在治疗动物乳腺炎、细菌性腹泻、呼吸道感染等疾病时,经常给动物肌肉注射青霉素类抗生素。治疗奶牛或奶山羊乳腺炎时,常把青霉素类抗生素直接注入乳房。如果在休药期结束前将动物屠宰或将所产乳供人饮用,则会在注射部位的肌肉、乳中青霉素残留超量。此外,兽医临床用药时还常将不同的抗生素联合使用(如青霉素与链霉素联合使用),更容易造成抗生素类药物在动物体内残留,导致动物性食品污染。

有些抗生素还被作为药物饲料添加剂,长时间给动物使用,可预防动物细菌性疾病和促进动物生长。这类抗生素主要通过添加在饲料中进入动物体内,如土霉素添加剂、金霉素添加剂等。此类抗生素在动物体内需要一定的时间才能完全排出体外。由于长期使用,容易在动物体内蓄积,造成动物性食品中的兽药残留。

(2)磺胺类药物。磺胺类药物广泛应用于防治人和动物的多种细菌性疾病。临床上常用的磺胺类药物有:磺胺嘧啶、磺胺二甲嘧啶、磺胺异噁唑等。此外,磺胺药与抗菌增效剂合用,还组成了“增效磺胺”,如复方新诺明等。磺胺类药物主要作为临床治疗用药,常在短期内使用。用于全身感染的磺胺药主要通过口服、注射等方式进入动物体内;用于肠道感染的磺胺药主要以口服的方式进入动物肠道;用于局部抗感染的磺胺药主要在体表局部使用。磺胺类药物还常被用作药物添加剂或饮水剂,以小剂量方式,连续或间断地进入动物体内,主要用于防治动物的细菌和球虫感染。磺胺类药物大部分以原型从体内排出,当动物接触排泄在垫草、污水、粪土中低浓度的磺胺类药物后,能引起动物体内磺胺类药物残留。

通过不同给药途径进入动物体内的各种磺胺类药物,经过机体的吸收、分布和代谢转化,在一定时间内,大部分以原型形式随粪便、尿液等排出体外,还有部分以原型或降解产物的形式残留于肉、蛋和乳中。短期大剂量或长期小剂量给药,很容易造成磺胺类药物在动物各组织中蓄积。当饲料或饮水被磺胺类药物污染时,也可导致动物性食品中磺胺类药物残留超标。

(3)硝基呋喃类药物。合成的硝基呋喃类药物有:呋喃妥因、呋喃唑酮和呋喃西林。由于这类药物具有抗菌谱广，不易产生耐药性，口服吸收迅速等特点，故在兽医临床上被广泛使用。硝基呋喃类主要用作临床治疗药物，在短期使用，常通过口服进入动物体内。呋喃妥因口服后吸收迅速，尿中有效浓度高，主要用于治疗敏感菌引起的泌尿系统感染；呋喃唑酮口服后吸收较少，肠道浓度高，主要用于敏感菌引起的肠道感染；呋喃西林毒性大，主要作为外用药抗局部感染。

该类药以小剂量给药或短期内大剂量给药，均可造成动物组织中的药物残留，导致动物性食品污染，故在 2002 年 4 月，我国农业部第 193 号公告"食品动物禁用的兽药及其他化合物清单"中，将硝基呋喃类药物列为禁用药物。

(4)激素类药物。在畜牧业生产中使用激素主要是用来防治疾病、调整繁殖和加快生长发育。常用于动物的激素有性激素和糖皮质激素，以性激素最常用，包括雌激素、孕激素和雄激素。动物性食品中残留的激素类药物主要是己烯雌酚、己烷雌酚、双烯雌酚和雌二醇等，这些激素残留可能对消费者(尤其儿童)健康产生深远影响。

2.3.2.3 兽药残留的危害

(1)毒性反应。长期食用兽药残留超标的食品，当体内蓄积的药物浓度达到一定量时，会对人体产生多种急慢性中毒。例如磺胺类药物可引起人体肾脏的损伤；氯霉素超标可引起致命的"灰婴综合征"反应，严重时还会造成人体的再生障碍性贫血；四环素类药物能够与骨骼中的钙结合，抑制骨骼和牙齿的发育等。

(2)"三致"作用。研究发现许多药物具有"三致"作用，如丁苯咪唑、丙硫咪唑和苯硫苯氨酯具有致畸作用；雌激素、克球酚、砷制剂、喹噁啉类、硝基呋喃类等已被证明具有致癌作用；喹诺酮类药物的个别品种已在真核细胞内发现有致突变作用；链霉素具有潜在的致畸作用。这些药物的残留超标将对人类产生潜在的危害。

(3)过敏反应。许多抗菌药物如青霉素、四环素类、磺胺类和氨基糖苷类等能使部分人群发生过敏反应甚至休克，并在短时间内出现血压下降、皮疹、喉头水肿、呼吸困难等严重症状。

(4)产生耐药菌株和影响肠道菌群平衡。动物在经常反复接触某种药物后，其体内的敏感菌株将受到选择性抑制，细菌产生耐药性，耐药菌株大量繁殖，使得一些常用药物的疗效下降甚至失去疗效，如青霉素等药物在畜禽中已产生大量抗药性，临床效果下降，使疾病治疗更加困难。人类常食用含有药物残留的动物性食品，动物体内的耐药菌株可传播给人类，当人体发生疾病时，给治疗带来困难。此外，抗菌药物残留的动物源食品可对人类胃肠的正常菌群产生不良影响，使一些非致病菌被抑制或死亡，造成人体内菌群的平衡失调。菌群失调还容易造成病原菌的交替感染，使得具有选择性作用的抗生素及其他化学药物失去疗效。

(5)严重影响畜牧业发展。长期滥用药物严重制约着畜牧业的健康持续发展。长期使用抗生素不仅易造成畜禽机体免疫力下降，影响疫苗的接种效果，还可引起畜禽内源性感染和二重感染，使过去较少发生的细菌病(大肠埃希菌、葡萄球菌、沙门氏菌)转变成为动物的主要传染病。此外，动物源食品中的兽药残留已经成为影响我国动物产品进入国际市场的最大障碍。

(6)对生态环境的影响。药物进入动物机体后以原型或代谢产物形式随粪便、尿液等排泄物排出。残留的药物在环境中仍具有活性，对土壤微生物及昆虫造成影响。如高铜、高锌等添加剂的应用，过去有机砷的大量使用，都可造成土壤、水源的污染。此外，己烯雌酚、氯羟吡啶在环境中降解得很慢，能在食物链中高度富集而造成残留超标。

2.3.2.4 预防控制措施

(1)加强对兽药和饲料添加剂生产和经营的管理。研制用于食品动物的新兽药,应当按照国务院兽医行政管理部门的规定进行兽药残留试验并提供休药期、最高残留限量标准、残留检测方法及其制定依据等资料。对于兽药的生产、经营和使用要严格监督,禁止不明成分的兽药进入市场,加大对违禁兽药的查处力度;加大对饲料生产企业的监控,严禁使用农业部规定以外的兽药作为饲料添加剂。

(2)合理使用兽药和饲料添加剂。加强饲养管理,严格执行《兽药管理条例》,科学合理使用兽药和饲料添加剂,从畜牧生产环节控制兽药残留量。严格规定和遵守兽药的使用对象、使用期限、使用剂量及休药期等,严禁使用违禁药物和未被批准的药物;限制使用人畜共用的抗菌药物或可能具有"三致"作用和过敏反应的药物,尤其是禁止将它们作为饲料添加剂使用。

(3)加强对兽药残留的监控与检测。建立药物残留分析方法是有效控制动物性食品中药物残留的关键措施,要完善兽药残留的检测方法,特别是快速筛选和确认的方法。加大对兽药和饲料添加剂残留的监控力度,严把检验检疫关,严防兽药残留超标的产品进入市场,对超标产品加以销毁,对相关责任者给予处罚,严格执行《食品安全国家标准　食品中兽药最大残留限量》(GB 31650—2019),以保障动物性食品的食用安全性。

2.3.3 有毒金属

自然界中的多种金属元素可通过食物和饮水的方式进入人体,其中部分金属元素是人体所必需,但过量摄入可对人体产生危害;某些金属元素即使在较低摄入量情况下,也可干扰人体正常生理功能,并产生明显毒性作用,如砷、铅、镉、汞等,常称为有毒金属(toxic metals)。

2.3.3.1 概述

(1)有毒金属污染食品的途径。

①某些地区特殊自然环境中的高本底含量。由于不同地区环境中元素分布的不均一性,可造成某些地区金属元素的本底值相对高于其他地区,从而使这些地区生产的食品中有毒金属元素含量较高。

②人为的环境污染造成。农业生产中重金属农药的使用,工业生产中"三废"的排放,其中含有的有毒金属元素都对环境造成了污染,也可对食品造成直接或间接的污染。

③食品加工、储存、运输和销售过程中的污染。食品加工使用或接触的金属机械、管道、容器以及添加剂中含有的有毒金属元素导致食品的污染。

(2)食品中有毒金属污染的毒性作用特点。

①强蓄积毒性,大多数情况下为低剂量长期摄入后在体内产生强蓄积毒性,进入人体后排出缓慢,生物半衰期多较长。

②可通过食物链的生物富集作用在生物体及人体内达到很高的浓度,如鱼虾等水产品中汞和镉等金属毒物的含量,可能高达其生存环境浓度的数百甚至数千倍。

③有毒金属污染食品对人体造成的危害,常以慢性危害和远期效应为主。由于食品中有毒金属的污染量通常较微少,常导致不易及时发现的大范围人群慢性中毒,以及对健康的远期或潜在危害,但也可由于意外事故污染或故意投毒等引起的急性中毒。

(3)影响有毒金属毒性作用强度的因素。

①金属元素的存在形式。以有机形式存在的金属及水溶性较大的金属盐类，因其消化道吸收较多，通常毒性较大。如氯化汞的消化道吸收率仅为2%左右，而甲基汞的吸收率可达90%以上(但也有例外，如有机砷的毒性低于无机砷)。氯化镉和硝酸镉因其水溶性大于硫化镉，故毒性较大。

②年龄、机体营养状况以及食物中某些营养素的含量和平衡情况。如婴幼儿胃肠黏膜发育未成熟，胞饮作用大于成人，对铅、镉等金属的吸收率较高。膳食中蛋白质和某些维生素(如维生素C)的营养水平对金属毒物的吸收和毒性有较大影响。

③金属元素间或金属与非金属元素间的相互作用。如铁可拮抗铅的毒性作用，其原因是铁与铅竞争肠黏膜载体蛋白和其他相关的吸收及转运载体，从而减少铅的吸收；锌可拮抗镉的毒性作用，因锌可与镉竞争含锌金属酶类。此外，某些有毒金属元素间也可产生协同作用，如砷和镉的协同作用可造成对巯基酶的严重抑制而增加其毒性，汞和铅可联合作用于神经系统，从而加重其毒性。

2.3.3.2 常见有毒金属对食品的污染及毒性

(1)汞(mercury，Hg)。

①理化特性。汞又称水银，为银白色液体金属，相对原子质量200.59，相对密度13.59，熔点−38.87℃，沸点356.58℃。汞具有易蒸发特性，常温下可以形成汞蒸气。汞在自然界中有单质汞(水银)、无机汞和有机汞等几种形式，在环境中被微生物作用可转化成甲基汞等有机汞。

②食物的污染来源。汞及其化合物广泛应用于工农业生产和医药卫生行业，可通过废水、废气、废渣等污染环境，进而污染食物，其中又以鱼贝类食品的甲基汞污染最为重要。

含汞的废水排入江河湖海后，其中所含的金属汞或无机汞可以在水体中某些微生物的作用下转变为毒性更大的有机汞(主要是甲基汞)，并可通过食物链的生物富集作用而在鱼体内达到很高的浓度，如日本水俣湾的鱼、贝内汞含量高达20～40 mg/kg，为其生活水域汞浓度的数万倍。除水产品外，汞也可通过含汞农药的使用和废水灌溉农田等途径污染农作物和饲料，造成谷类、果蔬和动物性食品的汞污染。

③体内代谢和毒性。食品中的金属汞几乎不被吸收，90%以上随粪便排出，而有机汞的消化道吸收率很高，如甲基汞可达90%以上。吸收的汞迅速分布到全身组织和器官，但以肝、肾、脑等器官含量最多。甲基汞的亲脂性和与巯基的亲和力很强，可通过血脑屏障、血胎屏障和血睾屏障。尤其大脑对汞的亲和力很强，汞进入后可导致脑和神经系统损伤。

汞是强蓄积性毒物，在人体内的生物半衰期平均为70 d左右，在脑内的储留时间更长，其半衰期为180～250 d。体内的汞可通过尿、粪和毛发排出，故毛发中的汞含量可反映体内汞储留的情况。

甲基汞中毒的主要表现是神经系统损害的症状，如运动失调、语言障碍、听力障碍及感觉障碍等，严重者可致瘫痪、肢体变形、吞咽困难甚至死亡。甲基汞还有致畸作用和胚胎毒性。长期摄入被甲基汞污染的食品可致甲基汞中毒。20世纪50年代日本发生的典型公害病——水俣病，就是由于含汞工业废水严重污染了水俣湾，当地居民长期大量食用该水域捕获的鱼类而引起的急性、亚急性和慢性甲基汞中毒。

④食品中汞的允许限量标准。我国现行的GB 2762—2022《食品安全国家标准　食品中污染物限量》中规定，水产动物及其制品、肉食性鱼类及其制品甲基汞限量分别为

≤0.5 mg/kg 和≤1.0 mg/kg；谷物及其制品、蔬菜及其制品总汞限量分别为≤0.02 mg/kg 和≤0.01 mg/kg。

(2)镉(cadmium，Cd)。

①理化特性。镉是银白色金属，略带淡蓝色光泽，质软、富延展性。相对原子质量 112.41，相对密度 8.64，熔点 320.9℃，沸点 765℃。镉可与硫酸、盐酸、硝酸作用生成相应的镉盐。在自然界中，镉多以硫镉矿的形式存在，常与锌、铅、铜、锰等金属共存。

②食物的污染来源。镉广泛用于电镀和电池、颜料等工业生产中，故工业“三废”，尤其是含镉废水的排放可对环境和食品造成严重污染。镉在环境中浓度较低，但通过食物链的富集作用可在某些食品中达到很高浓度。如日本镉污染区稻米平均镉含量为 1.41 mg/kg(非污染区为 0.08 mg/kg)；污染区的贝类含镉量可高达 420 mg/kg(非污染区为 0.05 mg/kg)。海产食品、动物性食品(尤其是肾脏)含镉量通常高于植物性食品。

许多食品包装材料和容器都含有镉。因镉盐有鲜艳的颜色且耐高热，故常用作玻璃、陶瓷容器的上色颜料、金属合金和镀层的成分以及塑料稳定剂等。因此，使用这类食品容器和包装材料容易对食品造成镉污染。尤其是用于存放酸性食品时，可致其中的镉大量溶出，严重污染食品。

③体内代谢和毒性。镉主要从消化道的途径进入人体。镉在消化道的吸收率为 1%～12%，进入人体的镉大部分与低分子硫蛋白结合，形成金属硫蛋白，主要蓄积于肾脏(约占全身蓄积量的 1/2)，其次是肝脏(约占全身蓄积量的 1/6)。体内的镉可通过粪、尿和毛发等途径排出，半衰期为 15～30 年。食物中镉的存在形式以及膳食中蛋白质、维生素 D 和钙、锌等元素的含量均可影响镉的吸收。

镉对体内巯基酶有较强的抑制作用。镉中毒主要损害肾脏、骨骼和消化系统，尤其是损害肾近曲小管上皮细胞，使其重吸收功能产生障碍，临床上出现蛋白尿、氨基酸尿、糖尿和高钙尿，导致体内出现负钙平衡，并由于骨钙析出而发生骨质疏松和病理性骨折。此外，镉及镉化合物能干扰膳食中铁的吸收，可引起贫血。有研究表明，镉对动物和人体有一定的“三致”作用。20 世纪 50 年代发生在日本神通川流域的公害病“痛痛病”(又称骨痛病)，就是由于环境中的镉通过食物链而引起的人体慢性镉中毒。

④食品中镉的允许限量标准。我国现行的 GB 2762—2022《食品安全国家标准　食品中污染物限量》中规定，谷物中镉含量≤0.1 mg/kg，新鲜蔬菜、水果中镉含量≤0.05 mg/kg。

(3)铅(lead，Pb)。

①理化特性。铅为银白色重金属，略带蓝色，质柔软。相对原子质量 207.2，相对密度 11.34，熔点 327.5℃，沸点 1 620℃。其氧化态为＋2 或＋4 价。金属铅不溶于水，除乙酸铅、氯酸铅、亚硝酸铅和氯化铅外，大多数铅盐不溶于水或难溶于水。

②食物的污染来源。生产和使用铅及含铅化合物的工厂排放的“三废”可造成环境铅污染，进而造成食品的铅污染。环境中某些微生物可将无机铅转变为毒性更大的有机铅。过去汽油中常加入有机铅作为防爆剂，故汽车等交通工具排放的废气中含有一定量的铅，可造成公路干线附近农作物的铅污染。以铅合金、马口铁、陶瓷及搪瓷等材料制成的食品器具常含有较多的铅。在一定的条件下(如盛放酸性食品时)，其中的铅可被溶出而污染食品；印制食品包装的油墨和颜料等常含有铅，也可污染食品。此外，食品加工机械、管道和聚氯乙烯塑料中的含铅稳定剂等可导致食品的铅污染。含铅农药(如砷酸铅等)的使用可造成农作物的铅污染。含

铅的食品添加剂(如加工皮蛋时加入的黄丹粉)或某些劣质食品添加剂等也是造成食品铅污染的重要原因。

③体内代谢和毒性。非职业性接触人群体内的铅主要来自食物。进入消化道的铅5%～10%被吸收,吸收率受膳食中蛋白质、钙和植酸等因素的影响。吸收入血的铅大部分(90%以上)与红细胞结合,随后逐渐以磷酸铅盐形式沉积于骨骼。在肝、肾、脑等组织中也有一定的铅分布并产生毒性作用。体内铅的半衰期为4年,骨骼为10年,故可长期在体内(尤其骨骼)中蓄积。铅主要经尿和粪排出,尿铅、血铅和发铅含量是反映体内铅负荷的常用指标。

铅对生物体内许多器官组织都具有不同程度的损害作用,尤其是对造血系统、神经系统和肾脏的损害更为明显。食品中铅污染所致的危害主要是慢性中毒,常见症状为贫血、神经衰弱、食欲不振、口有金属味、腹泻或便秘、头昏、肌肉关节疼痛等,严重者可致铅中毒性脑病。慢性铅中毒还可导致凝血过程延长,免疫系统损伤。儿童对铅较成人更敏感,过量铅摄入可影响其生长发育,导致智力低下。

④食品中铅的允许限量标准。我国现行的GB 2762—2022《食品安全国家标准　食品中污染物限量》中规定,谷物及其制品中铅含量≤0.2 mg/kg;新鲜蔬菜、水果中铅含量≤0.1 mg/kg。

(4)砷(arsenic,As)。

①理化特性。砷是一种非金属元素,但由于其许多理化性质类似于金属,故常将其归为"类金属"之列。砷的相对原子质量为74.92,相对密度5.73,熔点81.4℃。砷化合物分为无机砷和有机砷。无机砷包括剧毒的三氧化二砷(As_2O_3,俗称砒霜)、砷酸钠、砷酸钙和强毒的砷酸铅;有机砷包括一甲基砷、二甲基砷和农业用制剂甲基砷酸锌、甲基砷酸钙。

②食物的污染来源。含砷农药的使用造成了农产品的污染,如无机砷农药砷酸铅、亚砷酸钠等毒性大,已很少使用。有机砷类杀菌剂甲基砷酸锌、甲基砷酸钙等用于防治水稻纹枯病有较好效果,但由于使用过量或使用时间距收获期太近等原因,可致农作物中砷含量明显增加。其次,工业"三废"造成的污染,尤其是含砷废水对江河湖海的污染以及灌溉农田后对土壤的污染,均可造成对水生生物和农作物的砷污染。水生生物,尤其是甲壳类和某些鱼类对砷有很强的富集能力,其体内砷含量可高出生活水体数千倍。此外,食品加工过程中使用的原料、化学物和添加剂以及误用等原因也可造成食品的砷污染。

③体内代谢和毒性。食品中砷的毒性与其存在的形式和价态有关。元素砷几乎无毒,砷的硫化物毒性也很低,而砷的氧化物和盐类毒性较大。As^{3+}的毒性大于As^{5+},无机砷的毒性大于有机砷。食物和饮水中的砷经消化道吸收入血后主要与血红蛋白中的球蛋白结合,24 h内即可分布于全身组织,以肝、肾、脾、肺、皮肤、毛发、指甲和骨骼等器官和组织中含量较多。砷的半衰期为80～90 d,主要经粪和尿排出。砷与头发和指甲中角蛋白的巯基有很强的结合力,故测定发砷和指甲砷可反映体内砷水平。

As^{3+}与巯基有较强的亲和力,尤其对含双巯基结构的酶,如胃蛋白酶、胰蛋白酶、丙酮酸氧化酶、α-酮戊二酸氧化酶、ATP酶等有很强的抑制能力,可导致体内物质代谢的异常。同时砷也是一种毛细血管毒物,可致毛细血管通透性增高,引起多器官的广泛病变。急性砷中毒主要是胃肠炎症状,严重者可致中枢神经系统麻痹而死亡,并可出现口、眼、耳等部位出血的现象。慢性中毒主要表现为神经衰弱症候群,皮肤色素异常(白斑或黑皮症),皮肤过度角化和末梢神经炎症状。研究表明,多种砷化物具有致突变性、致畸性。流行病学调查亦表明,无机砷化合物与人类皮肤癌和肺癌的发生可能密切相关。

④食品中砷的允许限量标准。我国现行的 GB 2762—2022《食品安全国家标准　食品中污染物限量》中规定，谷物及其制品、蔬菜及其制品、肉及肉制品中总砷含量≤0.5 mg/kg。

2.3.3.3　预防控制措施

(1)消除污染源。这是降低有毒有害金属元素对食品污染的主要措施。如控制工业“三废”排放，加强污水处理和水质检验，农田灌溉用水和渔业养殖用水应符合要求；禁用含汞、砷、铅的农药和劣质食品添加剂；金属和陶瓷管道、容器表面应做必要的处理；发展并推广使用无毒或低毒食品包装材料等。

(2)制定各类食品中有毒金属的最高允许限量标准，并加强监督检测。

(3)妥善保管有毒金属及其化合物，防止误食和意外或人为污染食品。

2.3.4　*N*-亚硝基化合物

N-亚硝基化合物(*N*-nitroso compounds)是一类对动物有较强致癌作用的化学物。迄今已研究过的 300 多种亚硝基化合物中，90%以上对动物有不同程度的致癌性。

2.3.4.1　结构及理化特性

N-亚硝基化合物可分成 *N*-亚硝胺和 *N*-亚硝酰胺两大类。

(1)*N*-亚硝胺(*N*-nitrosamine)。*N*-亚硝胺的基本结构见图 2-1。

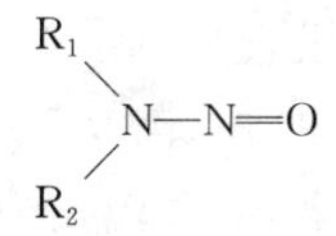

图 2-1　*N*-亚硝胺的基本结构

式中 R_1、R_2 可以是烷基或环烷基，也可以是芳香环或杂环化合物。若 R_1 和 R_2 相同，则称为对称性亚硝胺；当 R_1 与 R_2 不同时，则称为非对称性亚硝胺。

低分子质量的亚硝胺(如二甲基亚硝胺)在常温下为黄色油状液体，而高分子质量的亚硝胺多为固体。*N*-亚硝胺在中性和碱性环境中较稳定，在一般条件下不易发生水解，在特殊条件下可发生水解、加成、转硝基、氧化还原和光化学反应。

(2)*N*-亚硝酰胺(*N*-nitrosamide)。*N*-亚硝酰胺的基本结构见图 2-2。

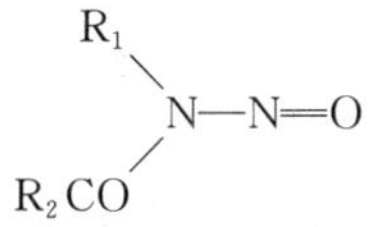

R_1
N—N═O
R_2CO

图 2-2　*N*-亚硝酰胺的基本结构

式中 R_1 和 R_2 可以是烷基或芳基，R_2 也可以是 NH_2、NHR、NR_2(称为 *N*-亚硝基脲)或 RO 基团(即亚硝基氨基甲酸酯)。亚硝酰胺的化学性质活泼，在酸性或碱性条件下均不稳定。在酸性条件下可分解为相应的酰胺和亚硝酸。在碱性条件下亚硝酰胺可迅速分解为重氮烷。

2.3.4.2　食物的污染来源

(1)*N*-亚硝基化合物的前体物。*N*-亚硝基化合物的前体物包括硝酸盐、亚硝酸盐和胺类物质，广泛存在于环境和食品中。在适宜条件下，亚硝酸盐和胺类可通过化学或生物学途径合成各种 *N*-亚硝基化合物。

①蔬菜中的硝酸盐和亚硝酸盐。土壤、肥料中的氮在硝酸盐生成菌作用下可转化为硝酸盐。蔬菜等农作物在生长过程中,从土壤中吸收硝酸盐等营养成分,在植物体内酶的作用下硝酸盐还原为氨,并进一步与光合作用合成的有机酸生成氨基酸和蛋白质。当光合作用不充分时,植物体内可积蓄较多的硝酸盐。新鲜蔬菜中硝酸盐含量主要与作物种类、栽培条件以及环境因素有关。新鲜蔬菜中亚硝酸盐含量通常远低于其硝酸盐含量。腌制、不新鲜的蔬菜中亚硝酸盐含量明显增高。

②动物性食物中的硝酸盐和亚硝酸盐。硝酸盐和亚硝酸盐作为食品防腐剂和发色剂在生产腌制鱼肉类食品中广泛使用,其作用机制是通过细菌将硝酸盐还原为亚硝酸盐,亚硝酸盐与肌肉中的乳酸作用生成游离的亚硝酸,亚硝酸能抑制许多腐败菌(尤其肉毒梭菌)的生长,从而可达到防腐目的。此外,亚硝酸分解产生的—NO可与肌红蛋白结合,形成亚硝基肌红蛋白,可使腌肉、腌鱼等保持稳定的红色,从而改善此类食品的感官形状。后来人们发现只需用很少量的亚硝酸盐处理食品,就能达到较大量硝酸盐的效果,于是亚硝酸盐逐步取代硝酸盐用作防腐剂和护色剂。目前尚无更好的替代品,故允许限量使用。

③环境和食品中的胺类。*N*-亚硝基化合物的另一类前体物,即有机胺类化合物广泛存在于环境和食物中。胺类化合物是蛋白质、氨基酸、磷脂等生物大分子合成的前体物,肉、鱼等动物性食品在其腌制、烘烤等加工处理过程中,尤其是在油煎、油炸等烹调过程中,可产生较多的胺类化合物。此外,大量的胺类物质也是药物、农药和许多化工产品的原料。

在有机胺类化合物中,以仲胺(即二级胺)合成*N*-亚硝基化合物的能力为最强。鱼和某些蔬菜中的胺类和二级胺类物质含量较高,且鱼、肉及其产品中二级胺的含量随其新鲜程度、加工过程和储存条件的不同而有很大差异,晒干、烟熏、装罐等加工过程均可致二级胺含量明显增加。

(2)食品中的*N*-亚硝基化合物。肉、鱼等动物性食品中含有丰富的蛋白质、脂肪和少量的胺类物质,尤其这些食品腐败变质时,仲胺等可大量增加。在弱酸性或酸性的环境中,能与亚硝酸盐反应生成亚硝胺;某些乳制品(如干奶酪、奶粉、奶酒等)含有微量的挥发性亚硝胺,其含量多在0.5~5.0 μg/kg范围内。蔬菜和水果中含有的硝酸盐、亚硝酸盐和胺类在长期储存和加工过程中,可生成微量的亚硝胺,其含量在0.01~6.0 μg/kg范围内。传统的啤酒生产过程中,大麦芽在窖内加热干燥时,其所含大麦芽碱和仲胺等能与空气中的氮氧化物发生反应,生成微量的二甲基亚硝胺,其含量多在0.5~5.0 μg/kg范围内。但是目前通过改进工艺,在大多数啤酒中已很难检测出亚硝胺。

(3)亚硝基类化合物的体内合成。除食品中所含有的*N*-亚硝基化合物外,人体内也能合成一定量的*N*-亚硝基化合物。机体在特殊情况下,可在胃内合成少量亚硝胺。如胃酸缺乏时,胃液pH升高,细菌繁殖,硝酸还原菌将硝酸盐还原为亚硝酸盐,腐败菌等杂菌将蛋白质分解为胺类,使得前体物增加,有利于胃内*N*-亚硝基化合物的合成。此外,在唾液中及膀胱内(尤其是尿路感染时)也可能合成一定量的亚硝胺。

2.3.4.3 *N*-亚硝基化合物的代谢和毒性

已有大量研究证实,*N*-亚硝基化合物对多种实验动物有致癌作用。

(1)急性毒性。各种*N*-亚硝基化合物的急性毒性有较大差异,对于对称性烷基亚硝胺而言,其碳链越长,急性毒性越低。肝脏是急性中毒主要的靶器官,也可损伤骨髓与淋巴系统。

(2)致癌作用。*N*-亚硝基化合物具有很强的致癌和致突变活性。亚硝酰胺类化合物为直接致癌物和致突变物,进入机体后不需要体内代谢活化就能水解直接生成重氮化合物,与

DNA分子上的碱基形成加合物，对接触部位有直接致癌作用。而亚硝胺为间接致癌物，进入体内后，主要经肝微粒体细胞色素P450酶的代谢活化，生成烷基偶氮羟基化合物后才有致突变、致癌性。动物注射亚硝胺后通常并不在注射部位引起肿瘤，而是经体内代谢活化后对肝脏等器官有致癌作用。

①能诱发各种实验动物的肿瘤。包括大鼠、小鼠、地鼠、豚鼠、兔、猪、犬、貂、蛙类、鱼类、鸟类及灵长类等，都对*N*-亚硝基化合物的致癌作用没有抵抗力。

②能诱发多种组织器官的肿瘤。*N*-亚硝基化合物致癌的靶器官以肝、食管和胃为主，同种化合物对不同动物致癌的主要靶器官有所不同，从总体看，*N*-亚硝基化合物可诱发动物几乎所有组织和器官的肿瘤。

③多种途径摄入均可诱发肿瘤。通过呼吸道吸入，消化道摄入，皮下肌肉注射，甚至皮肤接触*N*-亚硝基化合物都可诱发肿瘤。

④不同接触剂量均有致癌作用。一次大剂量给药或反复多次给药都能诱发肿瘤，且有明显的剂量效应关系。

⑤可通过胎盘对子代有致癌作用。*N*-亚硝基化合物可通过胎盘对子代致癌，且动物在胚胎期对其致癌作用的敏感性明显高于出生后或成年期。动物在妊娠期间接触*N*-亚硝基化合物，不仅累及母代和第二代，甚至可影响到第三代和第四代。

(3)致畸作用。亚硝酰胺对动物有一定的致畸性，如甲基(或乙基)亚硝基脲可诱发胎鼠的脑、眼、肋骨和脊柱等畸形，并存在剂量—效应关系，而亚硝胺的致畸作用相对较弱。

(4)致突变作用。亚硝酰胺也是直接致突变物，能引起细菌、真菌、果蝇和哺乳类动物细胞发生突变。目前虽然还缺乏*N*-亚硝基化合物对人类直接致癌的资料，但许多国家和地区的流行病学调查显示，某些地区癌症的发生可能与食物中*N*-亚硝基化合物或其前体物摄入有关。

2.3.4.4　预防控制措施

(1)防止食物霉变或被微生物污染。某些细菌或真菌等微生物可还原硝酸盐为亚硝酸盐，而且许多微生物可分解蛋白质生成胺类化合物，或有酶促亚硝基化作用，因此，防止食品霉变或被细菌污染对降低食物中亚硝基化合物含量至为关键。

(2)控制食品加工中硝酸盐或亚硝酸盐用量。这可减少亚硝基化前体物的量，从而减少亚硝胺的合成；在加工工艺可行条件下，尽可能使用亚硝酸盐的替代品。

(3)施用钼肥。农业用肥及用水与蔬菜中亚硝酸盐和硝酸盐含量有密切关系。使用钼肥可有利于降低蔬菜中硝酸盐和亚硝酸盐含量。

(4)增加维生素C等亚硝基化阻断剂的摄入量。维生素C、维生素E、黄酮类物质有较强的阻断亚硝基化反应的作用，故对防止亚硝基化合物的危害有一定作用。茶叶和茶多酚、猕猴桃、沙棘果汁等对亚硝胺的生成也有较强阻断作用。大蒜和大蒜素可抑制胃内硝酸盐还原菌的活性，使胃内亚硝酸盐含量明显降低。

(5)制定标准并加强监测。我国现行的GB 2762—2022《食品安全国家标准　食品中污染物限量》中规定，肉及肉制品(肉类罐头除外)*N*-二甲基亚硝胺含量≤3.0 μg/kg，水产动物及其制品(水产品罐头除外)*N*-二甲基亚硝胺含量≤4.0 μg/kg。

2.3.5　多环芳烃化合物

多环芳烃(polycyclic aromatic hydrocarbons，PAH)化合物是煤、石油、木材、烟草、高分子

有机化合物等不完全燃烧时产生的挥发性碳氢化合物，这类物质具有较强的致癌性，是重要的环境和食品污染物。目前已鉴定出数百种，其中苯并(a)芘[benzo(a) pyrene，B(a)P]是发现较早、存在广泛、致癌性强、研究较深入的一种。由于 PAH 种类繁多、分析检测复杂，因此常以检测 B(a)P 作为食品受 PAH 污染的指标，故在此以之为代表重点阐述。

2.3.5.1 结构及理化性质

苯并(a)芘是由 5 个苯环构成的多环芳烃，分子式 $C_{20}H_{12}$，相对分子质量 252。其在常温下为浅黄色的针状结晶，沸点 310～312℃，熔点 178℃，在水中溶解度仅为 0.5～6 μg/L，稍溶于甲醇和乙醇，易溶于脂肪、丙酮、苯、甲苯、二甲苯及环己烷等有机溶剂。苯并(a)芘性质较稳定，在阳光和荧光下可发生光氧化反应，臭氧也可使其氧化，与—NO 或 NO_2 作用则可发生硝基化反应。

2.3.5.2 食品的污染来源

食品中的 B(a)P 主要来源有：①食品在用煤、炭和植物燃料烘烤或熏制时直接受到污染；②食品成分在高温烹调加工时发生热解或热聚反应所形成，这是食品中多环芳烃的主要来源；③植物性食品吸收土壤、水和大气中污染的多环芳烃；④食品加工中受机油和食品包装材料等的污染，以及在柏油路上晒粮食使粮食受到污染；⑤污染的水可使水产品受到污染。

由于食品种类、生产加工、烹调方法的差异以及距离污染源的远近等因素的不同，食品中 B(a)P 的含量相差很大。其中含量较多者主要是烘烤和熏制食品。烤肉、烤香肠中 B(a)P 含量一般为 0.68～0.7 μg/kg，炭火烤的肉可达 2.6～11.2 μg/kg。通常工业区生产小麦 B(a)P 含量高于非工业区，农村生产蔬菜 B(a)P 含量较城市附近生产者低。

2.3.5.3 体内代谢和毒性

通过食物或水进入机体的 PAH 在肠道被吸收入血后很快在全身分布，乳腺及脂肪组织中可蓄积大量的 B(a)P。动物试验发现 PAH 可通过胎盘进入胎儿体内，产生毒性和致癌作用。PAH 主要经过肝脏代谢，代谢产物与谷胱甘肽、硫酸盐、葡萄糖醛酸结合后，经尿和粪便排出。胆汁中排出的结合物可被肠道中酶水解而重吸收。

PAH 急性毒性为中等或低毒性，有的 PAH 对血液系统有毒性。B(a)P 对小鼠和大鼠有胚胎毒，致畸和生殖毒性，B(a)P 在小鼠和兔中能通过血胎屏障发挥致癌作用。B(a)P 致癌性涉及的部位包括皮肤、肺、胃、乳腺等。B(a)P 属于前致癌物，在体内主要通过动物混合功能氧化酶系中的芳烃羟化酶的作用，代谢活化为多环芳烃环氧化物。此类环氧化物能与 DNA、RNA 和蛋白质等生物大分子结合而诱发肿瘤。环氧化物进一步代谢可形成带羟基的化合物，然后与葡萄糖醛酸、硫酸或谷胱甘肽结合，从尿中排出。此外，B(a)P 是间接致突变物，在体外致突变试验中需要加入 S9 菌株代谢活化。

人群流行病学研究表明，食品中 B(a)P 含量与胃癌等多种肿瘤的发生有一定关系。如在匈牙利西部一个胃癌高发地区的调查表明，该地区居民经常食用家庭自制的含 B(a)P 较高的熏肉是胃癌发生的主要危险性因素之一。拉脱维亚某沿海地区的胃癌高发，被认为与当地居民吃熏鱼较多有关。冰岛胃癌高发，据调查是因为当地居民喜欢食用自制的熏肉食品，导致摄入较高量 B(a)P。

2.3.5.4 预防控制措施

(1)防止污染、改进食品烹调加工方法。通过加强环境治理，减少环境 B(a)P 的污染从而减少其对食品的污染；熏制、烘烤食品及烘干粮食等加工应改进燃烧过程，避免使食品直接接触炭火，使用熏烟洗净器或冷熏液；不在柏油路上晾晒粮食和油料种子等，以防沥青污染；食品生产加工过程中要防止润滑油污染食品，或改用食用油作润滑剂。

(2)去毒。用吸附法可去除食品中的一部分B(a)P。活性炭是从油脂中去除B(a)P的优良吸附剂。此外，用日光或紫外线照射食品也能降低其B(a)P含量。

(3)制定食品中允许含量标准。我国现行的GB 2762—2022《食品安全国家标准　食品中污染物限量》中规定，谷物及其制品、肉及肉制品中B(a)P含量≤2.0 μg/kg、水产动物及其制品中B(a)P含量≤5.0 μg/kg，油脂及其制品中B(a)P含量≤10.0 μg/kg。

2.3.6　杂环胺类化合物

杂环胺(heterocyclic amines，HAAs)类化合物是在高温及长时间烹调加工畜禽肉、鱼肉等蛋白质含量丰富的食品过程中产生的一类具有致突变、致癌作用的物质。20世纪70年代末，人们发现从烤鱼或烤牛肉的炭化表层中提取的化合物具有致突变性，经研究确定这类物质就是杂环胺类化合物。

2.3.6.1　结构及理化性质

杂环胺类化合物包括氨基咪唑氮杂芳烃(amino-imidazoaza-arenes，AIAs)和氨基咔啉(amino-carbolines)两类。AIAs包括喹啉类(IQ)、喹噁啉类(IQx)和吡啶类(IP)。AIAs咪唑环的α-氨基在体内可转化为*N*-羟基化合物而具有致癌和致突变活性。AIAs也称为IQ型杂环胺，其胍基上的氨基不易被亚硝酸钠处理而脱去。氨基咔啉类包括α-咔啉、γ-咔啉和δ-咔啉，其吡啶环上的氨基易被亚硝酸钠脱去而丧失活性。

2.3.6.2　食品的污染来源

食品中的杂环胺类化合物主要产生于高温烹调加工过程，尤其是蛋白质含量丰富的鱼、肉类食品在高温烹调过程中更易产生。影响食品中杂环胺形成的主要因素如下。

(1)烹调方式。杂环胺的前体物是水溶性的，加热反应主要产生AIAs类杂环胺。温度是杂环胺形成的重要影响因素，当温度从200℃升至300℃时，杂环胺的生成量可增加5倍。烹调时间亦有一定影响，在200℃油炸温度时，杂环胺主要在前5 min形成。而食品中的水分是杂环胺形成的抑制因素。因此，加热温度越高、时间越长、水分含量越少，产生的杂环胺越多。故烧、烤、煎、炸等直接与火接触或与灼热的金属表面接触的烹调方法，产生杂环胺的数量远大于炖、焖、煨、煮及微波炉烹调等温度较低、水分较多的烹调方法。

(2)食物成分。在烹调温度、时间和水分相同的情况下，营养成分不同的食物产生的杂环胺种类和数量有很大差异。一般而言，蛋白质含量较高的食物产生杂环胺较多，而蛋白质的氨基酸构成则直接影响所产生杂环胺的种类。肌酸或肌酐是杂环胺中α-氨基-3-甲基咪唑部分的主要来源，故含有肌肉组织的食品可大量产生AIAs类(IQ型)杂环胺。美拉德反应与杂环胺的产生有很大关系，该反应可产生大量杂环物质，其中一些可进一步反应生成杂环胺。

正常烹调食品中多含有一定量的杂环胺，主要来自烹调鱼肉类食品。由于杂环胺的产生受到烹调方法、烹调时间和烹调温度的影响，所以目前的数据还不能全面反映杂环胺污染食品的情况。

2.3.6.3 体内代谢和毒性

杂环胺经口摄入后，被很快吸收，通过血液分布于体内的大部分组织；肝脏是重要的代谢器官，肠、肺、肾等组织也有一定的代谢能力；杂环胺需经过代谢活化才具有致突变性。在细胞色素 P450 酶的作用下进行 *N*-氧化，生成活性较强的中间代谢产物 *N*-羟基衍生物，再经 *O*-乙酰转移酶、磺基转移酶和氨酰 tRNA 合成酶或磷酸激酶酯化，形成具有高度亲电子活性的最终代谢产物。其代谢解毒主要是经过环的氧化以及与葡萄糖醛酸、硫酸或谷胱甘肽的结合反应。

在加 S9 菌株的 Ames 试验中，杂环胺对 TA98 菌株有很强的致突变性。杂环胺经 S9 菌株活化后诱导哺乳类细胞的 DNA 损伤、染色体畸变、姊妹染色单体交换、DNA 断裂及修复异常等遗传学损伤。杂环胺对啮齿动物有不同程度的致癌性，其主要靶器官为肝脏，其次是血管、肠道、前胃、乳腺、淋巴组织、皮肤和口腔等。有研究表明，某些杂环胺对灵长类也有致癌性。但需要注意，实验所用剂量远超过食品中的实际含量。

2.3.6.4 预防控制措施

(1)改变不良烹调方式和饮食习惯。杂环胺的生成与高温烹调加工有关。因此，应注意不要使烹调温度过高，不要烧焦食物，并应避免过量食用烧烤煎炸的食物。

(2)增加新鲜蔬菜水果的摄入量。蔬菜、水果中的某些成分有抑制杂环胺致突变性和致癌性的作用，如酚类、黄酮类物质。膳食纤维有吸附杂环胺并降低其活性的作用。因此，增加新鲜蔬菜水果的摄入量对于防止杂环胺危害有积极作用。

(3)加强监测，制定食品中允许含量标准。按照 GB 5009.243—2016《食品安全国家标准 高温烹调食品中杂环胺类物质的测定》，加强食物中杂环胺含量监测，深入研究杂环胺的生成及其影响条件、体内代谢、毒性作用及其阈剂量等，尽快制定食品中杂环胺的允许限量标准。

2.3.7 氯丙醇

氯丙醇(chloropropanols)是由于丙三醇(甘油)上的羟基被 1～2 个氯取代而形成的一系列同系物的总称，包括单氯取代的 3-氯-1,2-丙二醇(3-MCPD)、2-氯-1,3-丙二醇(2-MCPD)，双氯取代的 1,3-二氯-2-丙醇(1,3-DCP)、2,3-二氯-1-丙醇(2,3-DCP)。自 1978 年以来，该类物质被认为是食品加工过程的污染物，最初在酸水解植物蛋白(hydrolyzed vegetable protein, HVP)中被发现。毒性大、含量高的是 3-MCPD。进一步研究表明，在大多数油脂食品中，尤其是精炼植物油及其相关食品中，氯丙醇仅有少量是以游离形式存在，大部分是以氯丙醇酯的形式存在，包括氯丙醇脂肪酸单甘油酯(单氯丙醇酯)和脂肪酸二甘油酯(双氯丙醇酯)，它们可转化为 3-MCPD。

2.3.7.1 理化性质

氯丙醇的相对密度大于水，沸点高于 100℃。主要的同系物 3-MCPD 相对分子质量为 110.54，其沸点为 213℃，密度为 1.322 g/mL，在常温下为无色液体，溶于水、丙酮、乙醇、乙醚；1,3-DCP 的相对分子质量为 128.98，沸点 174.3℃，密度 1.363 g/mL，也为无色液体，溶于水、乙醇、乙醚。食物中的 3-MCPD 酯可在高温下，或在脂肪酶的水解作用下分解形成 3-MCPD。

2.3.7.2　食品的污染来源

食品加工贮藏过程中均会受到氯丙醇污染，氯丙醇主要来自生产盐酸水解法生产的HVP液中，而HVP具有鲜度高、成本低的特点，在食品领域广泛应用。传统HVP生产工艺是将原料蛋白用浓盐酸在109℃下回流酸解，在这一过程中，为了提高氨基酸得率，就加入过量盐酸。此时若原料中还留存有油脂，则其中的三酰甘油就同时水解成丙三醇，并进一步与盐酸中氯离子发生亲核取代作用，生成一系列氯丙醇类化合物。在实际生产中，大量产生的是3-MCPD，少量产生的是1,3-DCP和2,3-DCP及2-MCPD。除以HVP为原料食品外，3-MCPD也在饮用水中少量检出。其来源是自来水厂和某些食品厂用阴离子交换树脂进行水处理时，所采用交换树脂含有2-环氧-3-氯丙烷(ECH)成分。在水处理过程中，从树脂中溶出ECH单体，与水中氯离子发生化学反应形成3-MCPD。用ECH作交联剂强化树脂生产的食品包装材料(如茶袋、咖啡滤纸和纤维肠衣等)也是食品中3-MCPD来源之一。此外，某些发酵香肠如腊肠中也被发现含有3-MCPD，其来源目前认为可能是脂肪水解后与食盐反应的产物或肠衣中使用强化树脂的ECH溶出。在烘焙等热加工过程中，脂肪高温下释放出游离甘油与氯化钠反应也可生成3-MCPD。目前，还有在焦糖色素中检出3-MCPD的报道。这可能是焦糖色素生产厂家为了节约成本，采用氨水、碱和铵盐等为催化剂，用红薯等淀粉为原料，加压酸解并经过高温反应制得焦糖色素，这样的工艺与HVP的生产工艺有类似之处，故导致3-MCPD超标。国外研究表明，很多精炼油脂及含有精炼油脂的婴幼儿配方食品中含有很高的3-氯丙醇酯。

传统酿造方法生产的酱油中没有发现氯丙醇，某些配制酱油等调味品之所以被检出氯丙醇，主要是添加了不合卫生条件生产的酸水解蛋白质液的原因。

2.3.7.3　体内代谢和毒性

模拟人体肠道对3-MCPD酯消化过程研究表明，在脂肪酶作用下，3-MCPD单酯生成的3-MCPD快，1 min内3-MCPD的产率达到95%；3-MCPD双酯释放出3-MCPD的速度较慢，反应进行到90 min时3-MCPD的产率到达95%。3-MCPD吸收后，广泛分布于各组织和器官，并可通过血睾屏障和血脑屏障。3-MCPD能与谷胱甘肽结合形成硫醚氨酸而部分解毒，但主要被氧化为β-氯乳酸，并进一步分解成CO_2和草酸，还可形成具有致突变和致癌作用的环氧化合物。其中尿β-氯乳酸可作为3-MCPD暴露的生物标志物。

目前对3-MCPD酯的毒理学性质了解较少，它们是3-MCPD的前体物，因此推测其是通过3-MCPD发挥作用。急性毒性实验表明，大鼠经口摄入3-MCPD的LD_{50}为150 mg/kg，属中等毒性，主要靶器官是肾脏、肝脏。大鼠、小鼠的亚急性和慢性毒性实验表明，3-MCPD损伤的主要靶器官是肾脏；1,3-DCP损伤的主要靶器官是肝脏、肾脏。生殖毒性实验表明，3-MCPD可使实验动物精子数量减少、活性降低，使睾丸和附睾重量减轻。神经毒性实验表明，3-MCPD可使实验动物脑干对称性损伤。遗传毒性实验表明，1,3-DCP可损伤DNA，有致突变作用和遗传毒性。研究发现，高剂量3-MCPD与一些器官良性肿瘤的发生率增高有关，属于非遗传毒性致癌物。1,3-DCP有致癌作用，靶组织为肝脏、肾脏、口腔上皮、舌及甲状腺等。

2.3.7.4　预防控制措施

(1)改进生产工艺。生产HVP调味液时，原料中的脂肪含量高，盐酸的用量大，回流的温度高，反应时间长时，产生的氯丙醇量越大。针对上述因素合理调整生产工艺可使氯丙醇含量下降。在生产焦糖色素时，也需要技术创新来改进原有工艺。

(2)加强监测。加强对酸水解植物蛋白调味液和添加酸水解植物蛋白的产品进行监测,我国现行的 GB 2762—2022《食品安全国家标准 食品中污染物限量》中液态调味品和固态调味品中 3-MCPD 的限量分别为≤0.4 mg/kg 和≤1.0 mg/kg。对于 3-MCPD 酯,更需开展污染水平和暴露水平的研究。

2.3.8 丙烯酰胺

2002 年 4 月瑞典国家食品管理局和斯德哥尔摩大学研究人员率先报道,在一些油炸和烧烤的淀粉类食品,如炸薯条、炸土豆片等中检出丙烯酰胺(acrylamide),而且含量超过饮水中允许最大限量的 500 多倍。之后英国、瑞士和美国等国家也相继报道了类似结果。2005 年 2 月,联合国粮农组织和世界卫生组织联合食品添加剂专家委员会第 64 次会议根据近两年来新资料,对食品中丙烯酰胺进行系统危险性评估,认为食物是人类丙烯酰胺的主要来源。此后,食品中丙烯酰胺含量的监管及控制问题日益引起广泛关注。

2.3.8.1 理化性质

丙烯酰胺常温下为白色无味的片状结晶,相对分子质量为 70.08,熔点 84.5℃,沸点 125℃,相对密度 1.13 g/cm³,易溶于水、乙醇、乙醚及三氯甲烷,在室温和弱酸性条件下稳定,受热分解为 CO、CO_2、NO_x。1950 年以来,丙烯酰胺广泛用于生产化工产品聚丙烯酰胺的前体物质,聚丙烯酰胺主要用于水净化处理、纸浆加工及管道内涂层等。丙烯酰胺在食物中较稳定。

2.3.8.2 食品的污染来源

目前普遍认为,丙烯酰胺主要由天门冬氨酸和还原糖在高温下发生美拉德反应生成。食品种类、加工方法、温度、时间以及水分均影响食品中丙烯酰胺的形成。高温加工(尤其油炸)薯类和谷类等淀粉含量较高的食品,丙烯酰胺含量较高,并随油炸时间延长而升高。淀粉类食品加热到 120℃以上时,丙烯酰胺开始生成,适宜温度 140～180℃;加工温度较低,如用水煮时,丙烯酰胺生成较少。

2.3.8.3 体内代谢和毒性

人体可通过消化道、呼吸道、皮肤黏膜等多种途径接触丙烯酰胺,其中经消化道吸收最快,吸收以后在体内各组织广泛分布。人体内的丙烯酰胺约 90%被代谢,仅少量以原型的形式经尿排出。环氧丙酰胺是主要的代谢产物,其与 DNA 上的鸟嘌呤结合形成加合物,导致遗传物质的损伤和基因突变。丙烯酰胺可与神经和睾丸组织中的蛋白发生加成反应,这可能是其对这些组织产生毒性作用的基础。丙烯酰胺和环氧丙酰胺还能与血红蛋白形成加合物,可作为人群丙烯酰胺暴露的生物标志物。体内丙烯酰胺主要与谷胱甘肽结合,并与转化产物 *N*-甲基丙烯酰胺和 *N*-异丙基丙烯酰胺一起从尿液排出。丙烯酰胺还可通过血胎屏障和乳汁进入胎儿和婴儿体内。

以大鼠、小鼠的急性毒性实验结果,丙烯酰胺属于中等毒性。神经毒性实验表明,丙烯酰胺引起实验动物周围神经退行性变化,脑中涉及学习、记忆和其他认知功能的部位也出现退行性变化。生殖毒性实验表明,丙烯酰胺可使实验动物精子数量减少、活力下降、形态改变。体内和体外遗传毒性实验均显示,丙烯酰胺具有致突变作用。动物实验还证实,丙烯酰胺可使大鼠的乳腺、甲状腺、肾上腺等组织发生肿瘤。目前还没有充足人群流行病学证据表明通过食物摄入丙烯酰胺与人类某种肿瘤发生有明显相关性。因此,国际癌症研究机构将其列为ⅡA类致癌物(即人类可能致癌物)。

2.3.8.4　预防控制措施

(1)注意烹调加工方法和改善不良饮食习惯。在煎、炸、烘、烤食品时,尽可能避免连续长时间或高温烹饪淀粉类食品。提倡采用蒸、煮等烹调加工方法,提倡合理营养,平衡膳食,改变油炸和高脂肪食品为主的饮食习惯,可减少因丙烯酰胺可能导致的健康危害。

(2)探索降低加工食品中丙烯酰胺含量的方法和途径。如加入柠檬酸、苯甲酸、维生素C等可抑制丙烯酰胺生成;加入含硫氨基酸可促进丙烯酰胺降解;加入植酸、氯化钙,降低食品pH等,都可降低食品中丙烯酰胺含量。

(3)建立标准,加强监测。加强食品中丙烯酰胺的检测,将其列入食品安全风险监测计划,进行人群暴露水平评估。

2.3.9　二噁英

二噁英(dioxins)是氯代含氧三环芳烃类化合物的总称,由210种氯代含氧三环芳烃类化合物组成,包括75种多氯代二苯并二噁英(polychlorodibenzo-p-dioxins,PCDDs)和135种多氯代二苯并呋喃(polychloro-dibenzofurans,PCDFs),缩写为PCDD/Fs。而多氯联苯(polychlorinated biphenyls,PCBs)、氯代二苯醚等的理化性质和毒性与二噁英相似,故亦称为二噁英类似物。此类化合物既非人为生产,又无任何用途,对环境和健康构成了严重威胁,已成为全球普遍关注的环境和公共卫生问题。

2.3.9.1　理化性质

PCDD/Fs为无色针状晶体,水溶性很差,易溶于有机溶剂和脂肪,故可蓄积于动植物体内的脂肪组织,并可经食物链富集。PCDD/Fs在强酸、强碱及氧化剂中仍能稳定存在,对热很稳定,在温度超过800℃时才开始降解,在1 000℃以上时才大量破坏;其半衰期约为9年,可长期存在于环境中。PCDD/Fs的蒸气压极低,除了气溶胶颗粒吸附外,在大气中分布极少,因而在地面可以持续存在。

2.3.9.2　食品的污染来源

PCDD/Fs可由多种前体物经过Ullmann反应和Smiles重排而形成,PCDD/Fs的直接前体物有多氯联苯、2,4,5-三氯酚、2,4,5-三氯苯氧乙酸、五氯酚及其钠盐等。食品中的PCDD/Fs主要来自环境的污染,尤其是通过食物链的富集作用,可在食品中达到较高浓度。而环境中的PCDD/Fs广泛存在于大气及飘尘、水体及底泥、土壤中。

大气环境中的PCDD/Fs有90%来源于含氯垃圾的不完全燃烧,各种废弃物在焚烧温度低于800℃时极易生成PCDD/Fs。此外,一些工业生产环节如钢铁冶炼、纸张生产等也可以释放PCDD/Fs,部分化学物质(如含氯农药、木材防腐剂)的合成过程中也会派生PCDD/Fs。

食品中的PCDD/Fs除来自环境外,还可来自包装材料,如发泡聚苯乙烯、PVC塑料以及纸制品作为食品包装材料,可将其中的PCDD/Fs迁移到食品中。此外,意外事故,如比利时的鸡饲料受到PCDD/Fs污染事件、日本和中国台湾的"米糠油"受到PCBs污染事件等。

2.3.9.3　体内代谢和毒性

PCDD/Fs和PCBs在消化道的吸收率很高,主要分布在肝脏和脂肪组织。PCDD/Fs主要在肝脏进行羟化和脱氯，并与葡萄糖醛酸结合，通过胆汁进入肠道。富含纤维素和叶绿素的食物可促使 PCDD/Fs 以原型的形式经粪便排出。PCDD/Fs 也可通过胎盘和乳汁进入胎儿和婴儿体内。PCBs 主要借助细胞色素 P450 被羟化，其代谢速率还取决于所含氯原子的数量和位置。

PCDD/Fs 大多具有较强的急性毒性，如毒性最大的是 2，3，7，8-四氯二苯对二噁英（TCDD），其对豚鼠的经口 LD_{50} 仅为 1 μg/kg bw，其急性中毒主要表现为体重极度减少，并伴有肌肉和脂肪组织急剧减少，其机制可能是通过影响下丘脑和脑垂体而使进食量减少。

PCDD/Fs 具有强烈的致癌、致畸作用，同时还具有生殖毒性、免疫毒性和内分泌毒性。国际癌症研究机构（IARC）1997 年已将 TCDD 确定为Ⅰ类对人有致癌性的致癌物。如果人体短时间暴露于较高浓度的 PCDD/Fs 中，就有可能会导致皮肤的损伤，如出现氯痤疮及皮肤黑斑，还可能出现肝功能的改变。如果长期暴露则会对免疫系统、发育中的神经系统、内分泌系统和生殖功能造成损害。PCDD/Fs 微量摄入人体不会立即引起病变，但由于其稳定性极强，一旦摄入则不易排出。如长期食用含 PCDD/Fs 的食品，这种有毒成分会蓄积下来逐渐增多，最终造成对人体的危害。医学研究表明，长期食用 PCDD/Fs 污染的食品可能致癌或引起多种慢性病。

2.3.9.4 预防控制措施

（1）控制环境 PCDD/Fs 的污染。控制环境 PCDD/Fs 的污染是预防 PCDD/Fs 污染食品及对人体危害的根本措施。包括减少含 PCDD/Fs 的农药和其他化合物的使用；严格控制有关的农药和工业化合物中杂质（尤其是各种 PCDD/Fs）的含量，控制垃圾燃烧（尤其是不完全燃烧）和汽车尾气对环境的污染等；对受污染的土壤、水体采用微生物降解法、超声波氧化法等进行及时、有效的治理。

（2）建立实用、灵敏度高的检测方法。PCDD/Fs 的种类众多，且属于超痕量污染物，定量分析十分困难。应尽快完善 PCDD/Fs 的检测方法，制定食品中的允许限量标准。我国现行的 GB 2762—2022《食品安全国家标准　食品中污染物限量》中只规定了水产动物及其制品、水产动物油脂中多氯联苯含量分别小于 20 μg/kg、200 μg/kg，而对其他食品中 PCDD/Fs 还没有限量。

（3）采取综合预防措施。包括制定相应的法规和标准，如环境 PCDD/Fs 排放标准；对生产 PCDD/Fs 的企业实行登记制度；对 PCDD/Fs 污染源进行追踪调查，掌握来源和迁移途径；建立有效的 PCDD/Fs 健康和生态风险评价方法、环境质量控制系统以及食品污染预警和快速反应系统；广泛开展宣传教育，特别是提高政策制定者和决策者对 PCDD/Fs 问题的认识。

2.3.10 食品接触材料及制品

食品接触材料及制品是指在正常使用条件下，各种已经与食品或食品添加剂接触，或其成分可能转移到食品中的材料和制品，包括食品生产、加工、包装、运输、贮存、销售和使用过程中用于食品的包装材料、容器、工具和设备，及可能直接或间接接触食品的油墨、黏合剂、润滑油等。不包括洗涤剂、消毒剂和公共输水设施。食品接触材料及制品在食品的生产加工、输送、包装和盛放过程中与食品接触，其中所含的有毒化学物质可能会向食品迁移，存在对食品造成污染的风险。常见的食品接触材料及制品包括塑料、橡胶、涂料等。

2.3.10.1　塑料的安全卫生问题

塑料是由大量小分子单体通过共价键聚合成的一类以高分子树脂为基础，添加适量的增塑剂、抗氧剂等助剂，在一定的条件下塑化而成的高分子化合物。

(1)塑料的种类。根据受热后性能的变化，可将其分为热塑性塑料和热固性塑料两大类。目前我国允许用于食品容器和包装材料的热塑性塑料有聚乙烯(polyethylene，PE)、聚丙烯(polystyrene，PP)、聚苯乙烯(polystyrene，PS)、聚氯乙烯(polyvinyl chloride，PVC)、聚偏二氯乙烯(polyvinylidene chloride，PVDC)、偏氯乙烯-氯乙烯共聚树脂(vinylidene chloride-vinyl chloride copolymer resins，VDC/VC)、聚碳酸酯(polycarbonate，PC)、聚对苯二甲酸乙二醇酯(polyethylene terephthalate，PET)、聚酰胺(polyamide，PA)、丙烯腈-丁二烯-苯乙烯共聚物(acrylonitrile butadiene styrene，ABS)、丙烯腈-苯乙烯共聚物(acrylonitrile styrene，AS)等，允许用于食品容器和包装材料的热固性塑料有三聚氰胺甲醛(melamine-formaldehyde，MF)树脂。

(2)塑料的卫生问题。

①塑料中含有的一些低分子化合物，包括未参与聚合的游离单体、聚合不充分的低聚合度化合物、低分子分解产物，它们易向食品中迁移，可能对人体有一定的毒性作用。

②塑料中添加的有些助剂，如增塑剂、稳定剂、着色剂、抗紫外线剂、抗静电剂、填充料等，在一定条件下可向食品中迁移，可对人体产生危害。

③印刷油墨和胶黏剂中存在有害物质，如油墨含有铅、镉、汞、铬等重金属，胶黏剂中含有甲苯二胺，这些有害物质可向食品中迁移。

④含氯塑料在加热和作为垃圾焚烧时会产生二噁英。

(3)常用塑料及其安全卫生问题。

①聚乙烯和聚丙烯。两者均为饱和聚烯烃，故与其他元素的相容性很差，能加入其中的添加剂的种类很少，因而难以印上鲜艳的图案。聚乙烯原料丰富，价格低廉，是世界上产量最大、应用广泛的塑料。PE 和 PP 化学结构稳定，其急性毒性属于低毒类物质。高压聚乙烯质地柔软，多制成薄膜，其特点是具透气性、不耐高温、耐油性较差，故不适宜包装含脂类较多的食品。低压聚乙烯坚硬、耐高温，可以煮沸消毒。聚丙烯透明度好，耐热，且有防潮性(即透气性差)，常用于制成薄膜、编织袋和食品周转箱等。

②聚苯乙烯。聚苯乙烯亦属于聚烯烃，由于在每个乙烯单元中有一苯核，因而比例较大，燃烧时冒烟。常用品种有透明聚苯乙烯和泡沫聚苯乙烯两类，后者在加工中加入发泡剂制成，曾用作快餐饭盒，常造成“白色污染”。聚苯乙烯为饱和烃，故相容性较差，不耐煮沸，耐油性有限，不适合盛放含油高、酸性、碱性的食品。聚苯乙烯本身无毒，但其单体苯乙烯及甲苯、乙苯和异丙苯等挥发性成分具有一定的毒性。

③聚氯乙烯。聚氯乙烯易分解老化，低温时易脆化，紫外线照射也易降解。因此，成型品中要使用大量的增塑剂、稳定剂等各种添加助剂，有些添加助剂的毒性较大，可以向食品迁移造成污染。聚氯乙烯本身无毒，但氯乙烯单体及其分解产物具有致癌作用。此外，聚氯乙烯在生产过程中也可产生危害物，其生产可分为乙炔法和乙烯法两种，由于合成工艺不同，聚氯乙烯卤代烃也不同。乙炔法聚氯乙烯含有 1,1-二氯乙烷，而乙烯法聚氯乙烯中含有 1,2-二氯乙烷，后者毒性是前者的 10 倍。

④三聚氰胺甲醛树脂。三聚氰胺甲醛树脂本身无毒，但其本身含有一定量的游离甲醛，尤

其是由苯酚与甲醛缩聚而成的酚醛树脂，以及由尿素与甲醛缩聚而成的脲醛树脂中甲醛含量较高。甲醛是一种细胞的原浆毒，对肝脏有较大损伤。

⑤聚碳酸酯塑料。聚碳酸酯本身无毒，但双酚A与碳二苯酯进行酯交换时会产生中间体——苯酚，而苯酚具有一定毒性。聚碳酸酯在高浓度乙醇溶液中浸泡后，其重量和抗张强度均有明显下降。故聚碳酸酯容器和包装材料不宜接触高浓度乙醇溶液。

⑥聚对苯二甲酸乙二醇酯塑料。简称聚酯，本身无毒，在其自身缩聚过程中要使用锑等作催化剂，因此，树脂中可能有锑的残留。锑为中等急性毒性的金属，对心肌有损害作用。

⑦不饱和聚酯树脂及其玻璃钢制品。不饱和聚酯树脂及其玻璃钢本身无毒，但其在聚合、固化时使用的引发剂和催化剂会残留在制品中。引发剂和催化剂品种较多，有些毒性较大。此外，苯乙烯既是溶剂，又是固化的交联剂，可残留在制品中产生潜在性危害。

⑧苯乙烯-丙烯腈-丁二烯共聚物和苯乙烯-丙烯腈的共聚物。两者是一类含丙烯腈单体的化合物。其主要的卫生问题除了苯乙烯外，还有丙烯腈单体的残留问题。丙烯腈是一种带有甜味并有特殊香味的气体，稍溶于水，易溶于大多数有机溶剂。口服丙烯腈可造成肾脏损伤和血液生化指标的改变。

⑨聚酰胺(尼龙)。尼龙本身无毒，但尼龙6中含有未聚合的己内酰胺单体，后者长期摄入能引起神经衰弱。

此外，塑料助剂的安全卫生问题应引起重视，因为有些助剂可向食品中迁移而对人体有害。例如稳定剂大多数为金属盐类，如硬脂酸铅盐、钡盐及镉盐等，这些都对人体危害较大，不得用于食品容器和用具的塑料中。

2.3.10.2 橡胶制品的安全卫生问题

橡胶制品一般是以橡胶基料为主要原料，配以一定助剂，组成特定配方加工而成的高分子化合物，可分为天然橡胶与合成橡胶两类。橡胶中的毒性物质来源于橡胶基料和添加助剂。

(1)橡胶基料。天然橡胶是由橡胶树流出的乳胶，经过凝固、干燥等工艺加工而成的弹性固形物。它是以异戊二烯为主要成分的不饱和高分子化合物，其含烃量达90%以上。由于加工工艺的差异性，天然橡胶基料有乳胶、烟胶片、风干胶片、褐皱片等。天然橡胶因不受消化酶分解，也不被人体吸收，故一般认为本身无毒。但褐皱片杂质较多，质量较差；烟胶片经过烟熏可能含有多环芳烃，故一般不能用于食品用橡胶制品。

合成橡胶单体因橡胶种类不同而异，大多是由二烯类单体聚合而成，主要有硅橡胶、丁橡胶、乙丙橡胶、丁苯胶、丁腈胶、氯丁胶等。硅橡胶、丁橡胶、乙丙橡胶、丁苯胶毒性小且化学性质稳定，可用于食品工业。丁腈胶由丁二烯和丙烯腈共聚而成，虽然耐油性较强，但丙烯腈单体的毒性较大。氯丁胶由二氯-1，3-丁二烯聚合而成，一般不得用于制作食品用橡胶制品。

(2)橡胶助剂。橡胶加工成型时，需要加入大量加工助剂，食品用橡胶制品中加工助剂占50%以上。而添加的助剂一般都不是高分子化合物，有些没有结合到橡胶的高分子化合物结构中，有些则有较大的毒性。如硫化促进剂起促进橡胶硫化的作用，提高橡胶的硬度、耐热性和耐浸泡性。促进剂大多数为有机化合物，目前食品用橡胶制品中容许使用的促进剂有二硫化四甲基秋兰姆、二乙基二硫代氨基甲酸锌、*N*-氧二乙撑-2-苯并噻唑次磺酰胺。其他的促进剂毒性较大，如乌洛托品能产生甲醛而对肝脏有毒性，二苯胍对肝脏、肾脏有毒性。防老剂具有防止橡胶制品老化的作用，可提高橡胶制品的耐热、耐酸、耐曲折龟裂性。食品用橡胶制品中容许使用的防老剂有防老剂264、防老剂BLE。一般芳胺类衍生物有明显的毒性，如苯基β-

萘胺就禁止用于食品用橡胶制品中。填充剂是橡胶制品中使用量最多的助剂。食品用橡胶制品容许使用的填充剂有碳酸钙、重(轻)质碳酸钙、滑石粉等。一般橡胶制品常使用的炭黑中含有较多的苯并芘,炭黑的提取物有明显的致突变作用。

2.3.10.3 涂料的安全卫生问题

为防止食品对食品容器、包装材料内壁的腐蚀,以及食品容器、包装材料中的有害物质向食品中迁移,常常在有些食品容器、包装材料的内壁涂上一层耐酸、耐油、耐碱的防腐蚀涂料。此外,根据有些食品加工工艺的特殊要求,也需要在加工机械、设备上涂有特殊材料。根据涂料使用的对象以及成膜条件,可将之分为非高温成膜涂料和高温固化成膜涂料两大类。

(1)非高温成膜涂料。非高温成膜涂料一般用于储存酒、酱、酱油、醋等的大池(罐)的内壁。这类涂料经喷涂后,在自然环境条件下常温固化成膜,成膜后必须用清水冲洗干净后方可使用。常用涂料包括聚酰胺环氧树脂涂料、过氯乙烯涂料、漆酚涂料。聚酰胺环氧树脂涂料属于环氧树脂类涂料。环氧树脂涂料是一种加固化剂固化成膜的涂料,环氧树脂一般由双酚A与环氧氯丙烷聚合而成。聚酰胺环氧树脂涂料的主要卫生问题是环氧树脂的质量、与固化剂的配比、固化度及环氧树脂中未固化物质向食品的迁移等问题。过氯乙烯涂料以过氯乙烯树脂为原料,配以增塑剂、溶剂等助剂,经涂刷或喷涂后自然干燥成膜。过氯乙烯树脂中含有氯乙烯单体,而氯乙烯有致癌性,故成膜后的氯乙烯单体残留量必须加以控制。漆酚涂料是以我国传统天然生漆为主要原料,经精炼加工成清漆,或在清漆中加入一定量的环氧树脂,并以醇、酮为溶剂稀释而成。漆酚涂料含有游离酚、甲醛等杂质,成膜后会向食品迁移。成膜后的游离酚、甲醛的残留量也应加以控制。

(2)高温固化成膜涂料。高温固化成膜涂料一般喷涂在罐头、炊具的内壁和食品加工设备的表面,经高温烧结固化成膜。常用涂料包括环氧酚醛涂料、水基改性环氧涂料、氟涂料及有机硅防粘涂料。环氧酚醛涂料为环氧树脂与酚醛树脂的聚合物,常喷涂在食品罐头内壁,经高温烧结成膜,具有抗酸特性。成膜后的聚合物中含有游离酚和甲醛等未聚合的单体和低分子聚合物。水基改性环氧涂料以环氧树脂为主要原料,配以一定助剂,主要喷涂在啤酒、碳酸饮料的全铝易拉罐内壁,经高温烧结成膜。由于水基改性环氧涂料中含有环氧酚醛树脂,故也含有游离酚和甲醛等。氟涂料包括聚氟乙烯、聚四氟乙烯、聚六氟丙烯涂料等,这些涂料以氟乙烯、四氟乙烯、六氟丙烯为主要原料聚合而成,配以一定助剂,喷涂在铝材铁板等金属表面,经高温烧结成膜。具有防粘、耐腐蚀特性,主要用于不粘炊具等有防粘要求物表面,其中以聚四氟乙烯最常用。聚四氟乙烯是一种比较安全的食品容器内壁涂料。但聚四氟乙烯在280℃时会发生裂解,产生挥发性很强的有毒氟化物。因此,聚四氟乙烯涂料的使用温度不得超过250℃。有机硅防粘涂料是以含羟基的聚甲基硅氧烷或聚甲基苯基硅氧烷为主要原料,配以一定助剂喷涂在铝板、镀锡铁板等食品加工设备的金属表面,经高温烧结固化成膜,具有耐腐蚀、防粘等特性,主要用于面包糕点等具有防粘要求的食品模具表面,是一种较安全的食品容器内壁防粘涂料。

2.3.10.4 其他食品接触材料及制品的安全卫生问题

(1)陶器和瓷器。陶器和瓷器以黏土为主要原料,加入长石、石英,经过配料、细碎、除铁、炼泥、成型、干燥、上釉、烧结、彩饰、高温烧结而成。陶器的烧结温度为1 000～1 200℃,瓷器的为1 200～1 500℃。一般的陶瓷器本身无毒性,主要是釉彩的毒性。首先,陶瓷器釉彩均为金属性氧化颜料，如硫化镉、氧化铅等，釉彩中加入铅盐可降低釉彩的熔点，从而降低烧釉的温度。因此，应控制陶瓷器食具容器中铅和镉的含量。其次，根据陶瓷器彩饰工艺不同，分为釉上彩、釉下彩和粉彩，其中釉下彩最安全，金属迁移量最少，粉彩的金属迁移量最多。最后，瓷器的花饰一般采用花纸印花，应当采用无铅或低铅花纸，接触食品的部位不应有花饰。

(2)搪瓷。搪瓷是以铁皮冲压成铁坯、喷涂搪釉、在800～900℃高温烧结而成。搪瓷食品容器具有耐酸、耐高温、易于清洗等特性。搪瓷表面的釉彩成分复杂，为了降低釉彩熔融温度，多加入硼砂、氧化铝等物质，釉彩的颜料采用金属盐类，如氧化钛、硫化镉、氧化铅等。应尽量少用或者不用铅、砷、镉的金属氧化物。陶瓷类容器的上色颜料含有镉，因镉盐有鲜艳的颜色且耐高热，故常用作金属合金和镀层的成分。因此，这类食品容器和包装材料也可对食品造成镉污染。

(3)不锈钢。不锈钢具有耐腐蚀、外观洁净、易于清洗消毒的特性。不同型号的不锈钢组分和特性不同。例如，奥氏体型不锈钢含有铬、镍、钛等元素，其硬度和耐腐蚀性较好，适合于制作食品加工机械与容器等，但必须控制其中铅、铬、镍、镉、砷的迁移量。马氏体型不锈钢含有铬元素，其硬度和耐腐蚀性较差，俗称不锈铁，适合制作刀、叉等餐具，也要控制其中铅、镍、镉、砷的迁移量。

(4)铝制品。用于制造食品容器和包装材料的铝材分为精铝和回收铝。精铝纯度高，杂质少，但硬度较低，适合于制造各种铝制容器、餐具、铝箔。回收铝来源复杂，杂质含量高，不得用于制造食具和食品容器，只能用于制造菜铲、饭勺等炊具，但要注意回收铝的来源。要注意控制精铝制品和回收铝制品中铅、锌、砷、镉的溶出量。

(5)玻璃制品。玻璃是以二氧化硅为主要原料，配以一定的辅料，经高温熔融制成。二氧化硅的毒性很低，但有些辅料毒性很大，如红丹粉、三氧化二砷，其铅和砷的毒性都较大，是玻璃制品的主要安全卫生问题。

(6)包装纸。造纸的原料包括纸浆和辅料。纸浆有木浆、草浆、棉浆等；辅料有氢氧化钠、亚硫酸钠、次氯酸钠、防霉剂、漂白剂等。主要的卫生问题包括：①纸浆中的农药残留；②回收纸中油墨颜料中的铅、镉、多氯联苯等有害物质；③劣质纸浆漂白剂，有些漂白剂有一定的毒性，甚至有致癌作用；④造纸加工助剂的毒性。工业印刷用油墨及颜料中的铅、镉等有害金属和甲苯、二甲苯或多氯联苯等有机溶剂通常都有一定毒性。

(7)复合包装材料。复合包装材料品种很多，主要有：①供真空或低温消毒杀菌类，如聚乙烯层压赛璐玢或聚酰胺等；②供高温杀菌类，如高密度聚乙烯层压聚酯或压聚酰胺，以及三层材料(如聚酯-铝箔-高密度聚乙烯)等；③可充气类，如聚乙烯层压聚酯、压拉伸聚酰胺等。复合材料的卫生问题包括如下两个方面。首先是原料的卫生。复合包装材料的塑料薄膜、铝箔、纸等应当符合相应的卫生要求和标准。黏合剂中的聚氨酯型黏合剂，它的中间体(甲苯二异氰酸酯)水解后产生甲苯二胺，易在酸性和高温条件下水解，甲苯二胺是一种致癌物质并会向食品迁移。其次是复合包装袋的卫生。经复合的包装袋各层之间黏合牢固，不能发生剥离，彩色油墨应印刷在两层薄膜之间。复合时，必须待油墨和黏合剂中的溶剂充分干燥后再黏合，防止溶剂向食品迁移。

2.3.10.5 食品接触材料及制品的安全卫生管理

(1)生产食品接触材料及制品所用的原材料和助剂必须是国家标准中规定的品种，产品应当便于清洗和消毒。利用新原材料生产食品容器、包装材料和食品用工具、设备及用卫生标准规定的原材料生产新的品种，在投产前必须提供产品卫生评价所需的资料和样品，按照规定的审批程序报请审批，经审查同意后方可投产。

(2)生产的食品接触材料及制品必须符合 GB 4806.1—2016《食品安全国家标准 食品接触材料及制品通用安全要求》等相关国家标准，并按照安全卫生标准检验合格后方可出厂和销售，且在生产、运输、储存的过程中应防止受到污染。

(3)销售单位在采购时要索取检验合格证或检验证书，凡不符合安全卫生标准的产品不得销售。食品生产经营者不得使用不符合标准的产品。

2.4 物理性污染

食品中物理性污染物来源复杂，种类繁多，并且存在偶然性，以至于食品安全标准都无法规定全部物理性污染物。污染物不仅直接威胁消费者的健康，还会影响食品的感官性状，使营养价值下降。有些肉眼可见杂物易引起纠纷，损坏产品和企业形象。所以，食品的物理性污染同生物学污染和化学性污染一样，是威胁人类健康的重要食品安全问题之一。食品物理性污染根据污染物的性质可分为放射性污染(radioactive contaminant)和杂物(foreign material)污染两类。

2.4.1 食品放射性污染

2.4.1.1 放射性核素概述

核素(nuclein)是具有确定质子数和中子数的一类原子或原子核。质子数相同而中子数不同者称为同位素(isotope)。能放出射线的核素叫作放射性核素(radionuclide)或放射性同位素。放射性核素释放射线的现象称作核素的衰变(decay)或蜕变，衰变是一种原子核转变为另一种原子核的过程。特定能态核素的核数目减少一半所需的时间称作该核素的半衰期。不同的放射性核素半衰期不同，如^{209}Bi(铋)的半衰期长达 2.7×10^{17} 年，而^{135}Cs(铯)的半衰期只有 2.8×10^{-10} s。由于半衰期长的放射性核素在食物和人体内的存在时间长，因此，从安全性角度出发应关注半衰期长的放射性核素对食品的污染。

放射性核素释放出能使物质发生电离的射线称作电离辐射，电离辐射包括 α 射线、β 射线、γ 射线、X 射线等。α 射线带正电，电离能力强，穿透物质的能力差；β 射线带负电，其带电量比 α 射线少，电离能力亦小，穿透物质的能力强；γ 射线是高能光子，不带电荷，穿透物质的能力最强，比 β 射线大 50～100 倍，比 α 射线大 1 万倍。

表示电离辐射剂量的单位有吸收剂量、剂量当量、放射性活度和照射量(暴露剂量)之分，其中吸收剂量是指单位质量的被照射物质所吸收电离辐射的能量，单位是戈瑞(gray，Gy)。1 kg 的被照射物质(组织等)吸收了 1 J 的能量为 1 Gy。1 Gy 等于 100 rad(拉德，原辐射剂量单位)。剂量当量是指在被研究的组织中，某点处的吸收剂量(D)、品质因素(Q)和其他修正因数(N)的乘积，可用 DQN 表示。剂量当量的单位是希沃特(sievert，Sv)。放射性活度是指在单位时间内，处于特定能态的一定量放射性核素发生核跃迁(衰变)的数目，也叫作放射性强度，其单位是贝可勒尔(becquerel，Bq)，每秒发生一次核衰变为 1 Bq，1 Bq 等于 2.7×10^{-11} Ci(居里)。照射量是在单位质量的空气中释放出的全部电子(包括正、负电子)被空气所阻止时，在空气中所产生离子的总电荷值，其单位是库仑每千克(coulomb/kilogram，C/kg)。1 C/kg

等于 3 400 rad。

2.4.1.2 食品中的天然放射性核素

环境天然放射性本底是指自然界本身固有的,未受人类活动影响的电离辐射水平。它主要来源于宇宙线和环境中的放射性核素,后者主要有地壳(土壤、岩石等)中含有的^{40}K(钾)、^{226}Ra(镭)、^{87}Rb(铷)、^{232}Th(钍)、^{238}U(铀)及其衰变产物和扩散到大气中的氡(radon,Rn)和钍射气(thoron,Tn)。环境天然放射性本底辐射剂量平均为 1.05×10^{-3} Gy/年。

生物体与其生存的环境之间存在物质交换过程,因此,绝大多数的动物性、植物性食品中都含有不同量的天然放射性物质,即食品的天然放射性本底。但不同地区环境的放射性本底值不同,不同的动植物以及生物体的不同组织对某些放射性物质的亲和力有较大差异,因此,不同食品中的天然放射性本底值可能有很大差异。食品中的天然放射性核素主要是^{40}K 和少量^{226}Ra(镭)、^{228}Ra、^{210}Po(钋)以及天然钍和天然铀等。食品在吸附或吸收外来的放射性核素过程中,当其放射性高于自然界放射性本底时,就称作食品的放射性污染。

2.4.1.3 食品中的污染来源

食品中的放射性污染主要来源于环境受到放射性的污染,而环境中的放射性核素可通过水、土壤、空气等途径向植物性食品转移,通过与外环境接触和食物链向动物性食品转移。食品中的放射性污染来源主要包括:①原子弹和氢弹爆炸时可产生大量的放射性物质,对环境可造成严重的放射性核素污染;②核工业生产中的采矿、冶炼、燃料精制、浓缩、反应堆组件生产和核燃料再处理等过程均可通过“三废”排放等途径污染环境;③使用人工放射性同位素的科研、生产和医疗单位排放的废水中含有^{125}I、^{131}I、^{32}P、^{3}H 和^{14}C 等,也可造成水和环境的污染;④意外事故造成的放射性核素泄漏主要引起局部性环境污染,如英国温茨盖尔原子反应堆事故和苏联切尔诺贝利的核事故都造成了严重的环境污染。

此外,环境中存在的人工放射性核素,如^{131}I、^{90}Sr、^{89}Sr、^{137}Cs 等,也能通过各种途径,如空气、水、土壤等由食物链进入食品中而污染食品。

2.4.1.4 食品放射性污染对人体的危害

电离辐射对人体的影响可分为外照射和内照射两种形式。人体暴露于放射性污染的环境(主要指大气环境),电离辐射直接作用于人体体表,称为外照射。外照射主要引起皮肤损伤甚至导致皮肤癌。穿透性强的射线也可造成全身性的损伤,引起多器官和组织的疾病。由于摄入被放射性物质污染的食品和水,电离辐射作用于人体内部,对人体产生影响,称为内照射。由于放射性核素在体内分布不均一,致使内照射常以局部损害为主,呈进行性的发展和症状迁延。

食品放射性污染对人体的危害主要是由于摄入食品中放射性物质对体内各种组织、器官和细胞产生的低剂量长期内照射效应,主要表现为对免疫系统、生殖系统的损伤和致癌、致畸、致突变作用。

2.4.1.5 预防控制措施

预防食品放射性污染及其对人体危害的主要措施分为两方面:一方面防止食品受到放射性物质的污染,即加强对放射性污染源的管理;另一方面防止已经污染的食品进入体内,应加强对食品中放射性污染的监督。严格执行国家标准,如 GB 14882—1994《食品中放射性物质限制浓度标准》,加强监督,使食品中放射性核素的量控制在允许范围之内。

2.4.2　食品的杂物污染

2.4.2.1　概述

按照杂物污染食品的来源将污染食品的杂物分为来自食品产、储、运、销的污染物和食品的掺杂掺假污染。

食品在产、储、运、销过程中，由于管理的漏洞，可使食品受到杂物污染，主要污染途径包括：①生产时的污染，如粮食收割时混入的草籽，动物宰杀时的血污、毛发、粪便等的污染，以及加工设备陈旧或故障导致脱落的金属部件等对食品的污染；②食品储存过程中的污染，如苍蝇、昆虫尸体、鼠粪便等对食品的污染；③食品运输过程的污染，如车辆、装运工具、遮盖物等对食品的污染；④意外污染，如个人物品（如戒指、头发、指甲、烟头等）对食品的污染。

食品的掺杂掺假是一种人为故意向食品中加入杂物的过程，目的是非法获得更大利润。掺假所涉及食品种类繁杂，掺杂污染物众多。如粮食中掺入沙石、肉中注水、牛乳中加米汤等。掺杂掺假不仅损害消费者的利益，还会对其健康带来危害，必须加强监督管理。

2.4.2.2　预防控制措施

（1）加强产、储、运、销过程食品的监督管理，执行良好生产规范。

（2）改进加工工艺和检验方法，如清除有毒的杂草籽及泥沙等异物，定期清扫食品用的容器，防尘、防虫、防鼠，食品尽量采用小包装。

（3）制定食品安全卫生标准：如 GB/T 1355—2021《小麦粉》标准中规定小麦粉中含砂量≤0.02%，磁性金属物≤0.003 g/kg。

（4）严格执行《食品安全法》，加强食品“从农田到餐桌”的质量监督管理，严厉打击食品掺杂掺假行为。

思考题

1. 简述食品污染的概念和特点。

2. 食品污染如何分类？什么是内源性污染和外源性污染？

3. 什么是菌落总数？什么是大肠菌群？它们的食品卫生学意义是什么？

4. 食品中的真菌毒素有何特性？产毒真菌的产毒特点是什么？

5. 简述食品中农药残留的来源及常见的农药残留。如何采取措施控制食品中的农药残留？

6. 简述食品中兽药残留的来源及常见的兽药残留。如何采取措施控制食品中的兽药残留？

7. 影响有毒金属毒作用强度的因素有哪些？有毒金属污染食品的途径、毒作用特点和预防控制措施包括哪些方面？

8. 简述食品中亚硝基化合物的来源及其预防措施。

9. 简述食品中多环芳烃的来源及其预防措施。

10. 简述食品中杂环胺的来源及其预防措施。

11. 简述食品中丙烯酰胺的来源及其预防措施。

12. 简述食品中二噁英的污染来源、毒性及其预防措施。

13. 简述食品接触材料及制品的主要安全卫生问题包括哪些方面。

14. 简述食品添加剂的使用原则。

15. 控制食品中放射性污染的措施包含哪些方面?

参考文献

[1]谢明勇,陈绍军.食品安全导论[M].2版.北京:中国农业大学出版社,2016.

[2]丁晓雯,柳春红.食品安全学[M].2版.北京:中国农业大学出版社,2016.

[3]柳春红,刘烈刚.食品卫生学[M].北京:科学出版社,2016.

[4]张小莺,殷文政.食品安全学[M].2版.北京:科学出版社,2017.

[5]孙长颢.营养与食品卫生学[M].8版.北京:人民卫生出版社,2017.

[6]李诚,柳春红.城乡食品安全[M].北京:中国农业大学出版社,2018.

[7]孙长颢,刘金峰.现代食品卫生学[M].2版.北京:人民卫生出版社,2018.

[8]Sandeep K,Shiv P,Krishna K Y,et al. Hazardous heavy metals contamination of vegetables and food chain:Role of sustainable remediation approaches-A review. Environmental Research,2019,179:1-26.

[9]Thanushree M P,Sailendri D,Yoha K S,et al. Mycotoxin contamination in food:An exposition on spices. Trends in Food Science & Technology,2019,93:69-80.

[10]Dar M I,Green I D,Khan F A. Trace metal contamination:Transfer and fate in food chains of terrestrial invertebrates. Food Webs,2019,20:1-12.

[11]Bansal V,Kim K H. Review of PAH contamination in food products and their health hazards. Environment International,2015,84:26-38.

[12]Nerín C,Aznar M,Carrizo D. Food contamination during food process. Trends in Food Science & Technology,2016,48:63-68.

[13]Waring R H,Harris R M,Mitchell S C. Plastic contamination of the food chain:A threat to human health? Maturitas,2018,115:64-68.

[14]Masiá A,Suarez-Varela M M,Llopis-Gonzalez A,et al. Recent progress on nanomaterial-based biosensors for veterinary drug residues in animal-derived food. Analytica Chimica Acta,2016,83:95-101.

[15]Lei R R,Liu W B,Wu X L,et al. A review of levels and profiles of polychlorinated dibenzo-p-dioxins and dibenzofurans in different environmental media from China. Chemosphere,2020,239:1-9.

第3章

食源性疾病

学习目的与要求

认识食源性疾病的概念及分类;掌握食物中毒的特点及分类;了解各类食物中毒的预防措施;掌握常见的食物过敏原种类及食物过敏的预防。

3.1 概述

根据世界卫生组织(WHO)的定义,食源性疾病是指通过摄食而进入人体的致病因子(病原体)所造成的人体感染性或中毒性的疾病。我国2021年修正的新《食品安全法》则把食源性疾病概括为:食品中致病因素进入人体引起的感染性、中毒性等疾病。全世界已知的食源性疾病有250多种,其中绝大多数的病例是由细菌引起的,其次为病毒和寄生虫。食源性疾病既包括传统的食物中毒,也包括经由食物罹患的肠道传染病、食源性寄生虫病,以及由食物中有毒、有害污染物所引起的中毒性疾病;此外,由于营养不平衡所造成的某些慢性退行性疾病(心脑血管疾病、肿瘤、糖尿病等)、食源性变态反应性疾病等也属于食源性疾病的范畴。

食源性疾病包括三个基本要素:食物是携带和传播病原物质的媒介;导致人体罹患疾病的病原物质是食物中所含有的各种致病因子;临床特征为急性、亚急性中毒或感染。

食源性疾病在发达国家和发展中国家都是一个普遍和日益严重的公共卫生问题,其在全球的发病率难以精确估计。据WHO网站数据,每年发生的食源性疾病有6亿例。在美国,每年发生约7 600万例食源性疾病,造成325 000人次住院和5 000人死亡。2015年,WHO对全球食源性疾病负担的首次估算表明,每年10人中几乎有1人因吃被污染的食物而生病,导致42万人死亡。尽管五岁以下儿童仅占全球人口的9%,但他们处于特高风险,占食源性疾病死亡的30%。该报告是迄今为止被污染的食物影响健康和福祉的最全面报告。

虽然大多数食源性疾病为散发性,并且没有正式报告,但是在某些情况下,食源性疾病可出现极大规模暴发。如1994年,在美国发生了一次由污染的冰淇淋引起的沙门氏菌病暴发,估计影响224 000人。1998年,中国由食用污染的毛蚶引起的甲肝暴发影响了约30万人。为有效预防和控制食源性疾病的发生,世界卫生组织一直在努力制定政策以进一步促进食品安全,这些政策涵盖从生产到消费的整个食品链,并将利用不同类型的技术专长改善人类食品的食用环境。

3.1.1 食源性疾病的分类

按照致病因素的不同种类可将食源性疾病分为7类:①细菌性食源性疾病;②病毒性食源性疾病;③食源性寄生虫病;④化学性食物中毒;⑤食源性肠道传染病;⑥食源性变态反应性疾病;⑦食源性放射病。

化学性食物中毒根据中毒物质的不同又可分为3类:天然有毒物质中毒、天然植物毒素中毒、环境污染物中毒。

食源性肠道传染病包括霍乱、结核病、炭疽、牛海绵状脑病和口蹄疫等。

食源性变态反应性疾病即食物过敏。食物过敏主要表现为胃肠炎、皮炎,严重的可致休克。食源性变态反应性疾病包括食物过敏性胃肠炎或结肠炎、由于摄入食物引起的皮炎、有害食物反应引起的过敏性休克、其他有害食物反应如变态反应性眼炎、过敏性鼻炎、血管神经性水肿等。

食源性放射病包括由于放射线引起的胃肠炎和结肠炎以及辐射的未特指效应等。

3.1.2 食源性疾病的监测

近年来，各国政府及相关技术部门纷纷发展和运用高新技术，建立和完善各自的食源性致病菌及食源性疾病的监测系统和预警系统。

2000年，WHO创建了全球沙门氏菌监测网(GSS)，目的是加强对食源性疾病及食源性病原菌耐药性的监控能力。该网络目前有来自149个国家的将近1 000个成员(包括国家机构和个别专家)。GSS由WHO的感染性疾病监测与反应部(CSR)、食源性疾病监测合作中心、丹麦兽医实验室(DVL)共同负责，是对沙门氏菌及其耐药性以及沙门氏菌感染进行监测的全球性网络。GSS最初只监测沙门氏菌，但现在监测范围已扩大到包括大肠杆菌和弯曲杆菌等其他通过食物传播的病原体所引起的疾病。

在欧洲，由瑞典、挪威等32个国家负责的国际性监测系统——欧洲联盟肠感染监测网(Enter-Net)，主要进行沙门氏菌和产志贺氏毒素的大肠杆菌O157及其耐药性的监测。该网络通过对暴发事件的识别和调查，在不同国家的专家之间及时交换信息，使得欧洲及其他地方的公共卫生行动更为有效。

美国为了控制食源性疾病的发生，美国疾病预防控制中心(CDC)从1973年开始建立食源性疾病暴发监测网(FDOSS)，自1996年起在全国建立食源性疾病主动监测网(FoodNet)和国家食物病原菌分子分型网络(PulseNet)，监测10种食源性疾病和主要食源性病原菌(沙门氏菌、空肠弯曲杆菌、志贺菌、大肠杆菌O157:H7、耶尔森氏菌、李斯特菌和副溶血性弧菌等)。

我国早在20世纪50年代就建立了食物中毒报告制度。2001年中国疾病预防控制中心开始启动建立国家食源性疾病监测网，5年后(2006年)，网络监测点已由2002年的13个省扩大到19个省、自治区、直辖市，监测范围覆盖了全国8亿多人口。该监测网重点控制的生物性危害包括:生食水产品为副溶血性弧菌、寄生虫，熟肉制品为单核细胞增生李斯特菌、沙门氏菌，生食蔬菜为肠出血性大肠杆菌，乳制品为金黄色葡萄球菌，婴幼儿食品为阪崎肠杆菌、沙门氏菌，家庭自制发酵淀粉类食品为椰毒假单胞菌酵米面亚种。为了更全面地掌握我国食源性疾病的发生情况，从2010年始，国家开始分别建立以搜集信息为目的的全国食源性疾病(包括食物中毒)报告系统和用于预警的疑似食源性异常病例/异常健康事件报告系统。2013年国家食品安全评估中心又进一步构建了“国家食源性疾病分子溯源网络(TraNet)”，实现分子分型图谱的实时上报、在线分析和数据共享。TraNet网络是食源性疾病监测报告网络的重要组成部分，主要对食品中细菌、病毒等食源性疾病致病因素进行识别，不仅可对医院提供的患者标本进行识别，还可对包装食品污染引发的食品安全事件进行病原追踪。目前，我国的食源性疾病监测网已覆盖全国34个省、自治区、直辖市，其在食物病原菌主动监测、危险性评估及监测信息系统建设等方面取得的成效对中国食品安全保障和食源性疾病预警发挥了强大的技术支撑作用。

3.1.3 我国食源性疾病发生的特点

二维码3-1 全国食源性疾病暴发监测报告

根据卫生部公布的食源性疾病暴发报告(2006—2010年),5年间卫生部共收到食源性疾病暴发事件报告2 023起,累计发病62 920人,死亡967人。分析发病数据,我国食源性疾病的发生呈现如下特点。

(1)在病因分布上,与其他国家相似,微生物病原菌也是导致我国食源性疾病暴发的主要原因。5年的报告数据显示,微生物引起的食源性疾病暴发事件数和患者数最多,分别占40.09%和61.92%;有毒动植物引起的暴发事件数和患者数分别占30.70%和17.64%;化学物引起的暴发事件数和患者数分别占17.99%和9.90%。

(2)在时间分布上,第三季度是食源性疾病报告起数、中毒人数、死亡人数最多的季度,分别占全年总数的39.59%、39.83%和41.54%。其中9月份食源性疾病报告起数、中毒人数最多,分别占全年的15.62%和17.00%;7月份死亡人数最多,为165人,占全年死亡人数的17.06%。

(3)在场所分布上,发生在家庭的暴发起数最多,5年共报告811起,占总数的40.09%;发生在集体食堂的患者数最多,为22 853人,占总数的36.32%;发生在家庭中的死亡人数最多,为825人,占总数的85.32%。

(4)食源性疾病暴发事件漏报较高。根据WHO估计,发达国家食源性疾病的漏报率在90%以上,而发展中国家则在95%以上。美国2005—2007年平均每年报告食源性疾病暴发1 103起,平均每年报告22 340例患者,平均每起暴发有21例患者。我国2006—2010年卫生部突发公共卫生事件网络直报系统每年平均收到食源性疾病事件报告405起,平均每年有12 584例患者,平均每起暴发有31例患者。对比显示,我国食源性疾病暴发漏报较高。

(5)缺少病毒性和寄生虫导致的食源性疾病暴发数据。美国目前由病毒尤其是诺如病毒导致的食源性疾病暴发已经接近或超过细菌引起的食源性疾病暴发起数。我国目前尚缺少病毒和寄生虫导致的食源性疾病暴发数据。

3.2 食物中毒

3.2.1 食物中毒概论

3.2.1.1 食物中毒的概念

食物中毒是指摄入了含有生物性、化学性有毒有害物质后或把有毒有害物质当作食物摄入后所出现的非传染性急性或亚急性疾病,属于食源性疾病的范畴,是食源性疾病中最为常见的疾病。食物中毒既不包括因暴饮、暴食而引起的急性胃肠炎、食源性肠道传染病(如伤寒)和寄生虫病(如旋毛虫、猪囊尾蚴病),也不包括因一次大量或者长期少量摄入某些有毒有害物质而引起的以慢性毒性为主要特征(如致畸、致癌、致突变)的疾病。

3.2.1.2 食物中毒的特点

引发食物中毒的原因各不相同,但发病具有如下共同特点。

(1)发病呈暴发性,潜伏期短,来势急剧,短时间内可能有多数人发病,发病曲线呈突然上升的趋势。

(2)中毒病人一般具有相似的临床症状,主要出现恶心、呕吐、腹痛、腹泻等消化道症状。

（3）发病与食物有关，患者在近期内都食用过同样的食物，发病范围局限在食用该有毒食物的人群，停止食用该食物后流行即停止，因此，发病曲线在突然上升之后又呈突然下降趋势。

（4）食物中毒病人对健康人不具有传染性。

此外，有的食物中毒具有明显的季节性和地区性。食物中毒虽然全年皆可发生，但第二、第三季度是食物中毒的高发季节，特别是第三季度。如细菌性食物中毒主要发生在5～10月，化学性食物中毒则全年均可发生。我国肉毒梭菌毒素中毒90%以上发生在新疆地区；副溶血性弧菌食物中毒多发生在沿海各省；而霉变甘蔗和酵米面食物中毒多发生在北方。

动物性食品引起的食物中毒在我国较为常见，占50%以上，其中肉及肉制品引起的食物中毒居首位。含生物性、化学性有害物质引起的食物中毒的食物包括以下几类：致病菌或其毒素污染的食物；已达急性中毒剂量的有毒化学物质污染的食物；外形与食物相似而本身含有毒素的物质，如毒蕈；本身含有毒物质，而加工、烹调方法不当未能将其除去的食物，如河豚、木薯；由于储存条件不当，在储存过程中产生有毒物质的食物，如发芽土豆。

3.2.1.3　食物中毒分类

按病原物质可将食物中毒分为以下4类。

（1）细菌性食物中毒。细菌性食物中毒指因摄入被致病菌或其毒素污染的食物而引起的食物中毒，是食物中毒中最常见的一类。细菌性食物中毒发病率较高而病死率较低，有明显的季节性。如沙门菌属食物中毒、变形杆菌属食物中毒、副溶血性弧菌食物中毒、葡萄球菌肠毒素食物中毒、肉毒梭菌食物中毒、蜡样芽孢杆菌食物中毒、韦梭菌食物中毒、致病性大肠杆菌食物中毒、酵米面椰毒假单胞菌毒素食物中毒、结肠炎耶尔森菌食物中毒、链球菌食物中毒、志贺菌属食物中毒等。

（2）有毒动植物中毒。有毒动植物中毒指误食有毒动植物或摄入因加工、烹调不当未除去有毒成分的动植物食物而引起的中毒，其发病率较高，病死率因动植物种类而异。常见的有毒动物中毒如河豚中毒、有毒贝类中毒等；有毒植物中毒如毒蕈中毒、含氰苷果仁中毒、木薯中毒、四季豆中毒等。

（3）化学性食物中毒。化学性食物中毒指误食有毒化学物质或食入被其污染的食物而引起的中毒。化学性食物中毒发病率和病死率均比较高，但发病的季节性、地区性均不明显。如某些金属或类金属化合物、亚硝酸盐、有机磷农药、鼠药等引起的食物中毒。

（4）真菌性食品食物中毒。食用被产毒真菌及其毒素污染的食物而引起的食物中毒。该类中毒有较明显的季节性和地区性，发病率较高，死亡率因菌种及其毒素种类而异，如赤霉病麦、霉变甘蔗等中毒。

3.2.2　细菌性食物中毒

在各类食物中毒中，细菌性食物中毒最多见，占食物中毒总数的一半左右。由活菌引起的食物中毒称感染型，如沙门氏菌属、变形杆菌属食物中毒；由菌体产生的毒素引起的食物中毒称毒素型，包括体外毒素型和体内毒素型两种。体外毒素型指病原菌在食品内大量繁殖并产生毒素，如葡萄球菌肠毒素中毒、肉毒梭菌中毒。体内毒素型指病原体随食品进入人体肠道内产生毒素引起食物中毒，如产气荚膜梭状芽孢杆菌食物中毒、产肠毒素性大肠杆菌食物中毒等。有的食物中毒出现两种情况并存，既有感染型，又有毒素型，称为混合型。

细菌性食物中毒发生的基本条件是：①食物在宰杀或收割、运输、储存、销售等过程中受到病菌的污染；②被致病菌污染的食物在较高的温度下存放，食品中充足的水分、适宜的 pH 及营养条件使致病菌大量繁殖或产毒；③食品在食用前未烧熟煮透，或熟食受到生食交叉污染、食品用工具污染或食品从业人员中带菌者的污染。

细菌性食物中毒具有明显的季节性，多发生在气候炎热的季节。这是由于一方面气温高，适合于微生物生长繁殖；另一方面人体肠道的防御机能下降，易感性增强。引起细菌性食物中毒的食物主要为动物性食品，其中畜肉类及其制品最多见，植物性食品如剩饭、米粉、米糕等易出现由金黄色葡萄球菌、蜡样芽孢杆菌等引起的食物中毒。该类中毒一般病程短、恢复快、预后良好，但对抵抗力低的人群，如老人、儿童、病人和身体衰弱者，发病症状常常较为严重。该类中毒临床表现以急性胃肠炎为主，如恶心、呕吐、腹痛、腹泻等。

3.2.2.1 沙门菌属食物中毒

沙门氏菌广泛地存在于动物体内，特别是在禽类和猪体内更为常见。沙门菌属食物中毒是世界范围内一种最常见、多发、危害较大的细菌感染型疾病。沙门菌属有 2 500 多种血清型，引起食物中毒的主要有鼠伤寒沙门菌、猪霍乱沙门菌、肠炎沙门菌。食物中毒主要是由加工食品用具、容器或食品存储场所生熟不分、交叉污染，食前未加热处理或加热不彻底引起。

(1)流行病学特点。

①季节。本菌食物中毒的发病率较高，全年均有发生，夏、秋两季发生最多。

②中毒食品。主要为动物性食品，特别是畜肉及其制品，也可由禽、鱼、蛋、奶类食品引起。沙门菌属不分解蛋白质，不产生靛基质，因此被污染的食物常常不发生明显腐败。

③发病率及带菌率。沙门氏菌食物中毒发病率较高，占细菌性食物中毒发病率的首位，在总食物中毒中的比例可达 40%～60%。人体带菌率的高低与职业有关，一般在 1%以下，但肉食加工者带菌率可达 10%以上。

④易感人群。以婴幼儿、老人和体弱者多见，中毒症状也较严重。

(2)发病机制。沙门氏菌食物中毒主要是摄入含有大量活菌的食物而引起的感染型食物中毒。其侵入途径是通过消化道肠内壁进入小肠的上皮细胞，破坏肠黏膜，并经肠系膜淋巴结系统进入血液，出现菌血症，引起全身感染；同时，沙门氏菌释放出毒力较强的内毒素，内毒素和活菌共同作用于肠胃道，侵害肠黏膜继续引起炎症，出现体温升高和急性胃肠道症状。

(3)中毒表现。沙门菌属食物中毒有多种中毒表现，一般可分为 5 种类型，即胃肠炎型、类霍乱型、类伤寒型、类感冒型和败血症型。其共同特点如下：

①潜伏期一般为 6～48 h，最长可达 72 h。潜伏期短者，病情较重。

②中毒开始表现为头痛、恶心、食欲不振，以后出现呕吐、腹泻、腹痛、发热，严重者可产生烦躁不安、昏迷谵妄、抽搐等中枢神经症状，也可出现尿少、尿闭、呼吸困难、发绀、血压下降等循环衰竭症状，甚至休克，如不及时救治可致死亡。

③腹泻一日数次至十余次，或数十次不等，主要为水样便，间有黏液或血。

(4)预防措施。

①防止食品被沙门菌属污染。不食用病死牲畜肉，如动物的内脏及易被粪便污染的肉类。加工冷荤熟肉一定要生熟分开。要采取积极措施控制感染沙门菌属的病畜肉类流入市场。

②控制食品中沙门菌属的繁殖。沙门氏菌最适生长温度为 37℃，但在 20℃以上即能大量繁殖。因此，低温储存食品是防止沙门菌属繁殖的一项重要预防措施。储存食品最好控制在 5℃以下，并做到避光、隔氧。除降低储存温度外，还应尽可能缩短储存时间，加工后的熟肉制

品应尽快食用。

③彻底杀灭病原菌。加热杀死病原菌是防止感染的关键措施。沙门菌属在75℃经5 min即可被杀死，为彻底杀灭肉类中可能存在的各种沙门氏菌并灭活其毒素，应使肉块深部的温度至少达到80℃并持续12 min；蛋类煮沸8～10 min，即可杀灭沙门菌属；已制成的熟食品不要过久存放，以免被再次污染；若熟食品存放时间长后，食前要彻底加热处理。

3.2.2.2　葡萄球菌食物中毒

葡萄球菌在自然界中广泛存在，主要来源于动物及人的鼻腔、咽喉、皮肤、头发及化脓性病灶。葡萄球菌可产生多种肠毒素，根据肠毒素的血清型，可分为A、B、C、D、E 5型。引起食物中毒的主要是能产生肠毒素的葡萄球菌，其中以金黄色葡萄球菌致病力最强。此菌耐热性不强，最适生长温度为37℃，最适pH为7.4，大约50%以上的金黄色葡萄球菌菌株可在实验室条件下产生两种或两种以上的葡萄球菌肠毒素。食物中的肠毒素耐热性强，一般烹调温度不能将其破坏，218～248℃油温下经30 min才能被破坏。

(1)流行病学特点。

①季节。中毒多发生在夏、秋季节，其他季节亦可发生。

②中毒食品。中毒食品主要为乳及乳制品、禽蛋及制品、肉及肉制品，其次为含有乳制品的冷冻食品，个别也有含淀粉类食品，如金枪鱼、鸡、土豆等。

③中毒原因。中毒发生的原因主要是葡萄球菌产生的肠毒素。被葡萄球菌污染后的食品在较高温度下保存时间过长，如在25～30℃环境中放置5～10 h，就能产生足以引起食物中毒的葡萄球菌肠毒素。

(2)发病机制。食品被葡萄球菌污染后，如果没有在较高温度下保存较长时间，即没有形成肠毒素的合适条件，则不能引起中毒，只有摄入达到中毒剂量的肠毒素才会引起中毒。引起食物中毒的机制目前尚未全部阐明，有研究认为，葡萄球菌肠毒素对小肠黏膜细胞无直接破坏作用，而以完整的分子经消化道吸收入血，到达中枢神经后刺激呕吐中枢致病。

(3)中毒表现。

①起病急，潜伏期短，一般为2～3 h，多在4 h内发病，最短1 h，最长不超过10 h。

②主要表现为明显的胃肠道症状，如恶心、剧烈而频繁的呕吐、腹痛、腹泻，以呕吐最为显著，呕吐可呈喷射状，呕吐物中常有胆汁、黏液和血。体温一般正常或微热，腹泻次数不多，1 d 3～4次，为水样便或黏液便。

③儿童对肠毒素比成人更为敏感，因此，儿童发病率较成人高，病情也较成人严重。

④病程较短，一般在1～2 d内迅速恢复，很少死亡。

(4)预防措施。预防措施主要是防止葡萄球菌污染、防止肠毒素的形成。

①切断易污染的途径。防止带菌人群对各种食物的污染，定期对食品相关工作人员进行健康检查，对患有局部化脓性感染、上呼吸道感染、口腔疾病的人员应暂时调工作。要定期对奶牛的乳房进行检查，患化脓性乳腺炎时其奶不能食用。健康奶牛的奶在挤出后，应迅速冷却至10℃以下。此外，奶制品应以消毒奶为原料。感染的畜禽肉应将病变部位除去后，按条件可食肉经高温处理以熟制品出售。

②防止肠毒素形成。食物应冷藏或置于阴凉通风的地方，其放置时间亦不应超过6 h。气温较高的季节，食物在食用前还应彻底加热。

3.2.2.3 肉毒梭菌食物中毒

肉毒梭菌是一种厌氧性革兰氏阳性菌，棒状芽孢，食物中毒是由肉毒梭菌产生的外毒素即肉毒毒素所致，该类毒素是一种强烈的神经毒素，对人的致死量为 10^{-9} mg/kg。肉毒梭菌可产生 A、B、C_α、C_β、D、E、F、G 8 型肉毒毒素，引起人类中毒的有 A、B、E、F 4 型，其中 A、B 型最为常见。肉毒梭菌对热抵抗力不强，加热到 80℃经 10～15 min 即可死亡，但肉毒梭菌芽孢能耐高温，干热 180℃ 5～15 min 方能杀死芽孢。

(1)流行病学特点。

①季节。中毒多发生在冬、春季。

②中毒食品。中毒与不同区域的饮食习惯有很大的关系，国内多为家庭自制豆、谷类的发酵食品，如臭豆腐、豆酱、面酱等。在国外，如日本主要由鱼、鱼子制品引起，美国主要为家庭自制的水果、蔬菜罐头引起，欧洲各国则多见于火腿、腊肠及其他肉类制品。

③中毒原因。主要是被污染了肉毒毒素的食品在食用前未经充分加热处理。

④潜伏期及预后。潜伏期一般为 2～5 h，病死率较高。

(2)发病机制。进入肠道的肉毒毒素在小肠内被胰蛋白酶活化释放出神经毒素，又被小肠黏膜细胞吸收入血，作用于周围神经与肌肉接头处、自主神经末梢及颅神经核，可阻止胆碱能神经末梢释放乙酰胆碱，使神经冲动的传递受阻，导致肌肉麻痹和神经功能障碍。

(3)中毒表现。

①潜伏期一般 1～7 d，短者 6 h，长者 8～10 d，潜伏期越短，病死率越高。

②早期的中毒症状为明显疲倦、虚弱、眩晕、走路不稳，以后逐渐出现视力模糊、眼睑下垂、瞳孔散大等神经麻痹症状；严重时可致吞咽困难、呼吸衰竭而死亡。

③在得不到肉毒抗毒素治疗的情况下，病死率较高，死亡多发生在中毒后 4～8 d。病程超过 10 d 大多能生存，一般无后遗症。

(4)预防措施。

①注意加工卫生。自制发酵酱类时，原料应清洁新鲜，避免泥土污染，原料蒸煮应彻底，腌前必须充分冷却，盐量要达到 14%以上，并提高发酵温度。要经常日晒，充分搅拌，使氧气供应充足。

②防止毒素产生。加工后的食品应迅速冷却并低温储存，避免再污染以及在较高温度或缺氧条件下存放。不食用可疑食品。

③彻底加热。加热 80℃ 30 min 或 100℃ 10～20 min 即可破坏各型毒素，因此，食用前对可疑食品进行彻底加热是破坏毒素、预防中毒发生的有效措施。

3.2.2.4 副溶血性弧菌食物中毒

副溶血性弧菌中毒是沿海地区最常见的一种食物中毒。副溶血性弧菌存在于近岸海水、海底沉积物和鱼、贝类等海产品中，为革兰氏阴性菌，有鞭毛，兼性厌氧嗜盐菌，在含盐 3%～3.5%的培养基中生长良好，无盐则不能生长，但当 NaCl 浓度高于 8%时也不能生长；生长的 pH 范围为 7.4～9.6，最适为 7.5～8.5；温度范围为 15～40℃，最适为 37℃。副溶血弧菌不耐热，75℃加热 5 min 或 90℃加热 1 min 即可杀灭。

(1)流行病学特点。

①季节。副溶血性弧菌食物中毒多发生在海产品大量上市的夏、秋季节(6—9 月)。

②地区分布。食物中毒有区域性，尤以日本、东南亚、美国多见，主要发生在沿海区域。

③中毒食品。主要是海产品（鱼、虾、蟹、贝类等及其制品）和直接或间接被本菌污染的其他食品。

④中毒原因。主要是烹调时未烧熟、煮透或熟制品污染后未再彻底加热。

(2)发病机制。主要因大量副溶血性弧菌的活菌侵入肠道所致。人体摄入致病活菌 10^6 个以上，几小时后即可出现急性胃肠道症状。细菌在胃肠道繁殖，引起组织病变。副溶血弧菌产生的耐热溶血毒素也能引起食物中毒，但不是主要类型。

(3)中毒表现。

①潜伏期一般为 4～96 h，平均 15 h。

②食物中毒初期，多以剧烈腹痛开始，继之出现其他症状。典型的表现有腹痛、腹泻、恶心、呕吐、发热、脱水等。腹泻多为水样便，重者为黏液便和黏血便，失水过多者可引起虚脱并伴有血压下降。

③中毒引起的腹泻是自限性的，大部分病人发病后 2～3 d 恢复正常，预后一般良好，少数严重病人由于休克、昏迷而死亡。

(4)预防措施。

①防止污染。加工过程中生熟用具要分开，避免生熟交叉污染。

②控制繁殖。对烹调后的鱼虾和肉类等熟食品，应放在 10℃以下低温贮藏，存放时间最好不超过 2 d。

③杀灭病原菌。加工海产品，如鱼、虾、蟹、贝类等海产品一定要烧熟煮透，蒸煮时间需加热至 100℃ 30 min。海产品用 NaCl 浓度大于 8%的盐渍也可有效地杀死细菌。烹调或调制海产品生冷拼盘时也可加适量食醋。

3.2.2.5　志贺菌属食物中毒

志贺菌属是肠杆菌科中的一个重要菌属，通称痢疾杆菌。依志贺菌的 O 抗原性质分为 A（痢疾志贺菌）、B（福氏志贺菌）、C（鲍氏志贺菌）以及 D（宋内志贺菌）4 个血清群，其中 B、D 群是导致食物中毒的主要病原菌。

(1)流行病学特点。

①季节。中毒多发生在 7～10 月。

②污染源及中毒食品。污染源主要是食品加工、餐饮行业患有痢疾的从业人员或其他带菌者。引起中毒的食品主要有肉、奶及其制品等，食品污染大多数是由于被食品操作者或污染水源直接或间接污染引起。

③中毒原因。熟食品被志贺菌污染后存放在较高的温度下，志贺菌容易大量繁殖，食后会引起食物中毒。

(2)发病机制。志贺菌侵入、穿透小肠黏膜上皮细胞后，在细胞内大量繁殖，导致组织破坏。有些菌素还产生肠毒素，导致含血腹泻，有时伴有发烧。

(3)中毒表现。临床主要有 3 种类型：感染型、毒素型或混合型。

①潜伏期 12～50 h，患者突然出现剧烈腹痛、腹泻，水样、血样或黏液便，有里急后重，寒战、发热，体温高者可达 40℃。

②病程较短，多在 3 d 后痊愈。

(4)预防措施。

①加强食品从业人员的卫生管理，对感染志贺菌的人员应立即隔离。

②加强食品原材料的检测，防止污染的原材料间接污染食品。

③对可疑食物应停止食用。

④志贺菌一般不耐热，所以食物在食用前最好彻底加热。

3.2.2.6 O157:H7 大肠杆菌食物中毒

O157:H7 大肠杆菌是肠出血性大肠杆菌的一种最常见的血清型，是各类大肠杆菌中能产生一种或多种肠毒素的代表性致病杆菌。它可寄居于牛、猪、羊、鸡等家畜家禽的肠内，一旦侵入人的肠内，便依附肠壁，产生细胞毒素——VT 毒素(类志贺毒素)和肠溶血毒素，导致人发生出血性结肠炎和溶血性尿毒综合征。该菌不耐高温，60℃ 20 min 可灭活；耐酸不耐碱；对氯敏感。

(1)流行病学特点。

①季节。中毒多发生在夏、秋季，尤以 6—9 月更多见。

②地区分布。流行地区以欧、美、日等发达地区和国家多见，北方较南方多见，感染流行与饮食习惯有关。

③中毒食品。肉及肉制品、汉堡包、生牛奶、乳制品、生的甲壳类、新鲜的生蔬菜、未消毒的果汁等。

④易感人群。人类普遍易感，但以儿童和老人为主，且感染后症状较重。

(2)发病机制。O157:H7 毒力极强，感染剂量不详，但很少量的病菌即可使人致病，主要侵犯小肠远端和结肠，引起肠黏膜水肿出血，也可损害肾脏。

(3)中毒表现。

①潜伏期为 2～9 d，起病急，最快仅 5 h。

②中毒表现主要为突发性的腹部痉挛，有时为类似于阑尾炎的疼痛。有些病人仅为轻度腹泻，有些伴有低热，有些有呼吸道症状。可由水样便转为血性腹泻，腹泻次数每天甚至可达十余次。

③中毒严重者可导致溶血性尿毒综合征、血栓性血小板减少性紫癜、脑神经障碍等多器官损害，危及生命。

(4)预防措施。

①不进食生的或加热不彻底的牛奶、肉等动物性食品，不吃不干净的水果、蔬菜。

②加工过程中生熟用具要分开，防止食品生熟交叉污染。

③养成良好的个人卫生习惯，饭前便后洗手。对患者排泄物、家庭环境、餐饮具、食品、衣物、床上用品、蔬菜等应进行消毒。

④大力提倡体育锻炼，提高身体素质，增强机体免疫力。

⑤HACCP 系统是预防这种病原菌污染食品的有效手段，因此，可以通过对潜在的危险因素控制点的控制来达到预防疾病的目的。

3.2.2.7 变形杆菌食物中毒

变形杆菌为腐物寄生性细菌，为革兰氏染色阴性杆菌，需氧或兼性厌氧，无芽孢及荚膜。变形杆菌在自然界中分布较广泛，人和动物肠道内常带有此菌。变形杆菌属于低温菌，可在低温储存的食品中繁殖。食品中本菌带菌率的高低与食品的新鲜度、运输、储存的卫生条件有关。引起食物中毒的病原菌主要为普通变形杆菌、摩根变形杆菌。变形杆菌对食品的污染机会很多,是细菌性食物中毒中比较常见的一种食物中毒。

(1)流行病学特点。

①季节。中毒多发生于夏、秋季节,以7—9月多见。

②中毒食品。引起中毒的食品主要是动物性食品,特别是熟肉及动物内脏的熟制品,也有病死家畜肉等;其次是豆制品、凉拌菜、剩饭、水产品等。水产品中毒多由摩根变形杆菌引起。

③中毒原因。在较高温度下受污染的熟食存放时间较长,细菌大量繁殖,食用前没有回锅加热或加热不彻底,食用后会引起中毒。

(2)发病机制。变形杆菌食物中毒主要是由于大量活菌侵入肠道引起的感染型食物中毒。

(3)中毒表现。

①潜伏期10～12 h,以剧烈腹痛和急性腹泻为主,水样便有黏液、恶臭,有的伴以恶心、呕吐、头痛、发热、全身无力等。

②病程较短,很少死亡,预后一般良好。

(4)预防措施。

①生熟用具以及生熟食品分开,避免交叉污染。

②熟制品被变形杆菌污染,常常无感官性状的变化,极易被忽视而导致食物中毒,因此熟制品和剩饭在高温季节食用前一定要回锅彻底加热。

3.2.2.8　其他细菌性食物中毒

(1)空肠弯曲杆菌食物中毒。空肠弯曲杆菌是无芽孢、无荚膜、有鞭毛的革兰氏阳性菌,是引起肠炎和腹泻的病原菌。空肠弯曲杆菌是微需氧菌,最适宜的生长条件为氧浓度3%～5%,二氧化碳2%～10%。该菌抗热能力不强,58℃经5 min即可被杀灭。

畜禽动物是本菌主要的带菌体,可通过分泌物、乳汁、粪便直接或间接污染食品。因此,引起本菌中毒的食物主要是牛乳、畜禽肉等动物食品。本菌中毒大多在夏、秋季节发病,人被感染后会发热,腹疼,并伴有头疼、头晕、肌肉酸痛,腹泻,水样便,继为黏液便或血便。

本菌致病的机制部分是由于大量活菌侵入肠道引起的感染型食物中毒,部分与其产生的热敏性肠毒素有关。

(2)蜡样芽孢杆菌食物中毒。蜡样芽孢杆菌为需氧或兼性厌氧革兰氏阳性芽孢杆菌,有的菌体有鞭毛,是常见的致病菌。其适宜生长温度为28～35℃。

蜡样芽孢杆菌主要污染谷物,引起中毒的食物以剩米饭、牛奶、乳制品、肉类、鸡、鱼类、炒菜等多见。本菌中毒大多在夏、秋季节发病,中毒主要是大量活菌和其产生的肠毒素引起的。蜡状芽孢杆菌主要产生两种毒素,一种是耐热的呕吐肠毒素,另一种是不耐热的腹泻肠毒素,分别能引起以恶心、无力、呕吐、头晕为特征的呕吐型胃肠炎和以腹泻、胃肠痉挛,偶有呕吐和发热为特征的腹泻型胃肠炎。芽孢杆菌耐热,加工和蒸煮一般不能将其杀死,所以食物加热后不要在高温下存放过久。

3.2.3　有毒动物中毒

有毒动物中毒(或动物性食物中毒)主要是由某些动物(如有毒鱼、贝类)体内或本身的某些器官(内分泌腺器官、动物肝脏)中存在某种对人体健康有害的非营养性天然成分或本身无毒,因储存方法不当,在一定条件下产生的有毒成分引起的。

3.2.3.1 有毒鱼、贝类中毒

(1)河豚中毒。河豚中毒是指食用了含有河豚毒素的鱼类引起的食物中毒。在我国主要发生在沿海地区及长江、珠江等河流入海口处。河豚鱼的有毒成分为河豚毒素，是一种神经毒。引起中毒的河豚毒素可分为河豚素、河豚酸、河豚卵巢毒素及河豚肝脏毒素。河豚毒素对热稳定，一般加热不能被破坏，220℃以上加热 10 min 方可分解。毒素主要分布在河豚的卵巢和肝脏，其次分布在肾脏、血液、眼睛、鳃和皮肤中。新鲜洗净的鱼肉一般不含毒素，但死后一段时间，内脏毒素可渗入肌肉，使肌肉也含毒。

每年的 2—5 月为河豚卵巢发育期，此时毒性最强；6—7 月产卵后，卵巢萎缩，毒性减弱。因此春季是河豚中毒的高发期。河豚中毒的潜伏期一般 10～45 min，有的可达 3 h。中毒初期手指、口唇、舌尖麻木或有刺痛感，继而出现恶心、呕吐、腹痛、腹泻等胃肠道症状，四肢无力、口唇、舌尖及肢端麻痹，严重时四肢肌肉麻痹，甚至全身麻痹成瘫痪状，最后呼吸困难，呼吸衰竭而死亡。

目前尚无特效药物治疗河豚中毒，为防止中毒，有关部门应该加强宣传，严禁出售鲜河豚、严禁饭店自行加工河豚。

(2)贝类中毒。贝类中毒是因膝沟藻属的甲藻产生的一种藻原毒素而引起的中毒，贝类中毒与海水中的藻类有关。供食用的贝类摄食了有毒藻类后，即被毒化。毒化了的贝体，本身并不中毒，也无生态和外形上的变化，一旦被人食用，毒素可迅速从贝肉中释放出来，呈现毒性作用。根据人体中毒症状，可将贝类中毒分为麻痹性贝类中毒、腹泻性贝类中毒、健忘性贝类中毒、神经性贝类中毒等多种。引起中毒的贝类毒素主要是石房蛤毒素和腹泻性耐热毒素。

石房蛤毒素(存在于蚶子、花蛤、香螺、织纹螺等常食用的贝类)为神经毒，主要的毒性作用为阻断神经传导。中毒的潜伏期短，初起为唇、舌、指尖麻木，随后四肢末端和颈部麻木，运动失调，眩晕、发音困难、流涎，伴有头痛、恶心，最后出现呼吸困难，严重时可因呼吸衰竭窒息而死。

不能从外表区分贝类是否有毒，因此只能通过监测海藻生长情况进行监控，预警。此外要掌握正确的食用方式，贝类食前清洗漂养，去除内脏，食用时采取水煮捞肉弃汤等方法，使摄入的毒素降至最低程度。

3.2.3.2 内分泌腺中毒

(1)甲状腺中毒。甲状腺中毒一般是由牲畜屠宰时未摘除甲状腺而使其混在喉颈等部位碎肉中被人误食所致。甲状腺的有毒成分为甲状腺素，其毒理作用是使组织细胞的氧化率突然提高，分解代谢加速，产热量增加，并扰乱机体正常的分泌活动，使各系统、器官间的平衡失调。甲状腺中毒的潜伏期为 10～24 h，中毒症状表现为头晕、头痛、烦躁、乏力、抽搐、四肢肌肉痛、震颤、脱皮、脱发、多汗、心悸等，重者狂躁、昏迷。

甲状腺毒素耐高温，一般烧煮方法不能使之无害化，因此，预防甲状腺中毒的方法主要是在屠宰牲畜时严格摘除甲状腺，以免误食。

(2)肾上腺中毒。肾上腺中毒一般是由于牲畜屠宰时未摘除或未摘净含有肾上腺的肾脏，或是误认为是碎脏器而被人误食所致。食用肾上腺素后，机体肾上腺皮质激素浓度增高，从而干扰正常的肾上腺皮质素的分泌。肾上腺皮质能分泌多种重要的脂溶性激素，它们可引起机体的部分营养素代谢功能紊乱，出现类肾上腺皮质功能亢进症。肾上腺中毒潜伏期很短，食后

15～30 min 发病，中毒早期口感异常，舌干、麻木，继而出现头晕、头痛、恶心、呕吐、腹泻、上腹疼痛，严重者会出现血压升高、心率加快、四肢麻木等症状。

预防肾上腺中毒的方法，主要是在屠宰牲畜时严格摘除肾上腺，以免误食，并且禁止与碎肉混放出售。

3.2.3.3　动物肝脏中毒

动物肝脏营养丰富，但肝脏是最大的解毒器官，动物体内的有毒物质大多要经过肝脏，因此暗藏毒素。此外，肝脏内有很多细菌、寄生虫在此生长繁殖。动物肝脏中毒主要是由于维生素 A 过量引起。动物的肝脏（如犬肝、熊肝、鲨鱼肝、海豹肝等）含有丰富的维生素 A。一次摄入大量的维生素 A（成年人如一次摄入数百万 IU，婴儿 35 万 IU）可引起急性中毒。长时间连续食用小剂量维生素 A（成人数百万 IU，数月；婴儿 2 万～6 万 IU，1～3 个月），可引起慢性中毒。中毒后会有头痛、恶心、呕吐、腹部不适，皮肤潮红、瘙痒，继之脱皮等症状。一般可自愈。

预防措施主要是选择健康的肝脏，食用前彻底清洗，并且不过量食用含大量维生素 A 的动物肝脏。

3.2.3.4　鱼类引起的组胺中毒

引起此类中毒的鱼大多是含有较高量的组氨酸，主要是海产鱼中的青皮红肉鱼类，如刺巴鱼、金枪鱼、秋刀鱼、竹荚鱼、沙丁鱼、青鳞鱼、金线鱼、鲐鱼等。当鱼不新鲜或腐败时，鱼体中游离组氨酸经脱羧酶作用产生组胺。当鱼体中组胺含量超过 200 mg/100 g 时，便可引起中毒。

组胺中毒主要是由组胺使毛细血管扩张和平滑肌收缩引起。中毒发病快，潜伏期一般为 0.5～1 h，最短为 5 min，最长达 4 h；主要症状为脸红、头晕、头痛、心慌、脉速、胸闷和呼吸窘迫等，部分病人出现眼结膜充血、瞳孔散大、视物模糊、脸发胀、唇水肿、口和舌及四肢发麻、恶心、呕吐、腹痛、荨麻疹、全身潮红、血压下降等。多数症状轻，1～2 d 内可恢复健康，死亡较少。

预防措施是不吃腐败变质的鱼，特别是青皮红肉的鱼类。选购时要特别注意其鲜度，如发现鱼眼变红、色泽不新鲜、鱼体无弹性时，不应食用。选购后如果不能及时烹调，则要用 25% 以上的食盐腌制。烹调前应去内脏、洗净，切成 6 cm 小段，用水浸泡 4～6 h，可使组胺量下降 44%，不宜油煎或油炸。有过敏性疾患者，不宜吃此类鱼。

3.2.3.5　其他动物性食物中毒

（1）有毒蜂蜜中毒。当蜜源植物有毒时，蜂蜜会因此而含毒。蜜源植物主要是含生物碱的植物，常见的为雷公藤属植物、钩藤属植物等。国外报道山踯躅、附子、梫木花等也是毒蜜源植物。

蜂蜜中毒多在食后 1～2 d 出现症状，轻症病人有口干、口苦、唇舌发麻、头晕及胃肠炎症状；中毒严重者有肝损害（肝肿大、肝功能异常），肾损害（尿频或少尿、管型、蛋白尿），心率减慢、心律失常等症，可因循环中枢和呼吸中枢麻痹而死亡。预防措施主要是加强蜂蜜检验，以防有毒蜂蜜进入市场；向消费者宣传鉴别蜂蜜质量的知识，有毒蜂蜜一般色泽较深，呈棕色糖浆状，有苦味。

（2）鱼胆中毒。鱼胆的胆汁中含胆汁毒素，此毒素不能被热和乙醇所破坏，能严重损伤人体的肝、肾，使肝脏变性、坏死，肾脏肾小管受损、集合管阻塞、肾小球滤过减少，尿液排出受阻，在短时间内即导致肝、肾功能衰竭，也能损伤脑细胞和心肌。中毒大多因进食青鱼、草鱼、鲢鱼、鳙鱼、鲤鱼等淡水鱼的鱼胆而引起。

鱼胆中毒潜伏期一般为0.5～14 h。初期恶心、呕吐、腹痛、腹泻，随之出现黄疸、肝肿大、肝功能变化，尿少或无尿，肾功能衰竭；中毒严重者可引起死亡。鱼胆毒性大，无论什么烹调方法（蒸、煮、冲酒等）都不能去毒，因此，预防此类中毒应注意鱼前处理时将其鱼胆除净，并且不要滥用鱼胆治病，必须使用时，应遵医嘱。

（3）雪卡鱼中毒。雪卡鱼是指栖息于热带和亚热带海域珊瑚礁附近因食用有毒藻类而被毒化的鱼类的总称，其种类随海域不同而有所不同，有数十种，其中包括几种经济价值较重要的海洋鱼类如梭鱼、黑鲈和真鲷等。雪卡鱼中毒泛指食用热带和亚热带海域珊瑚礁周围的鱼类而引起的食鱼中毒现象。雪卡鱼中毒的毒素称雪卡毒素，雪卡毒素对人的毒性作用机理尚未明确。

雪卡鱼中毒症状可持续几小时到几周，甚至数月。主要表现为恶心、呕吐、口干、腹痉挛、腹泻、头痛、虚脱、寒战、口腔有金属味和广泛肌肉痛等，重症可发展到不能行走，在症状出现的几天后甚至会发生死亡。

预防雪卡鱼中毒的主要措施是不食用含毒鱼类和软体动物，尤其是热带地区的居民，更要慎重。

3.2.4 植物性食物中毒

3.2.4.1 毒蕈中毒

毒蕈中毒指因误食毒蕈所致。毒蕈俗称毒蘑菇，属于大型真菌。中国有可食蕈300多种，毒蕈约100种，危害较大者20～30种，剧毒者10多种，它们是褐鳞小伞、肉褐鳞小伞、白毒伞、褐柄白毒伞、毒伞、残托斑毒伞、毒粉褶蕈、秋生盔孢伞、包脚黑褶伞、鹿花蕈等。由于生长条件的差异，不同地区发现的毒蕈种类、大小、形态不同，所含毒素亦不一样。由于某些毒蕈的外形与无毒蕈相似，常因误食而引起中毒。毒蘑菇所含毒素非常复杂，经烹调加工或者晒干都不能消除。毒蕈中毒全国各地均有发生，多发生在高温多雨的夏、秋季节，以家庭散发为主，有时在一个地区连续发生多起。

毒蕈中毒其症状因毒蕈所含成分及其毒性作用而异，目前，一般将毒蕈中毒临床表现分为以下5种类型。

（1）胃肠炎型。主要是由红菇属、乳菇属、粉褶蕈属、黑伞蕈属、白菇属和牛肝蕈属的毒蕈引起，有毒物质可能为对胃肠道有刺激作用的类树脂、甲醛类化合物。表现为剧烈腹泻、恶心呕吐、腹痛等。潜伏期一般为0.5～6 h，最短仅10 min。病程较短，对症处理2～3 d可痊愈，死亡率低。

（2）神经精神型。引起此类中毒的毒蕈约有30种，潜伏期0.5～4 h，最短者仅10 min。除出现胃肠炎型症状外，还表现出副交感神经兴奋症状，如流涎、流泪、多汗、瞳孔缩小、脉搏缓慢、血压下降等。也可引起交感神经兴奋，如瞳孔散大、心跳加快、血压上升、颜面潮红。此型严重者可见呼吸抑制甚至昏迷死亡。病程较短，大多1～2 d，预后良好。

（3）溶血型。引起此类中毒的毒蕈主要是鹿花蕈（又为马鞍蕈、褐鹿花蕈、赭鹿花蕈）。潜伏期6～12 h，最长可达2 d。除胃肠炎表现外，还有溶血表现，可出现血红蛋白尿、黄疸、贫血等，严重者甚至出现急性肾功能衰竭。给予肾上腺皮质激素治疗可很快控制病情，病程2～6 d，死亡率不高。

（4）脏器损害型。引起此类中毒的毒蕈主要是毒伞属（如毒伞、白毒伞、鳞柄白毒伞）、褐鳞小伞及秋生盔孢伞蕈。此型中毒最为严重,死亡率高。按病情发展一般可分为6期:潜伏期、胃肠炎期、假愈期、脏器损害期、精神症状期、恢复期。有时分期并不明显。轻度中毒病人肝损害不严重时可由假愈期进入恢复期,部分患者在假愈期后出现以肝、脑、心、肾等多脏器损害的表现,但以肝脏损害最为严重。少数病例呈暴发型经过,出现多功能脏器衰竭,1～5 d内死亡。

①潜伏期。一般10～24 min,最短可为6～7 min。

②胃肠炎期。症状同胃肠炎型中毒,一般多在持续1～2 d后逐渐缓解,部分严重病人继胃肠炎后病情迅速恶化,甚至会在短时间内死亡。

③假愈期。表现为病人的症状暂时缓解或消失,这种症状持续1～2 d。此期毒素由肠道吸收,通过血液进入脏器与靶细胞结合,逐渐侵害实质脏器。

④脏器损害期。病人的肝、肾、心、脑等脏器损害,出现肝脏肿大、黄疸、肝功能异常,甚至发生急性肝坏死、肝昏迷。肾脏受损,尿中出现蛋白质、管型、红细胞,个别病人出现少尿、闭尿或血尿,甚至尿毒症、肾功能衰竭。也可出现弥漫性血管内凝血(DIC),表现有呕吐、咯血、鼻出血、皮下和黏膜下出血,还可出现内出血和血压下降。患者烦躁不安、淡漠、嗜睡,甚至惊厥、昏迷、死亡。部分病人出现精神障碍,少数病例有心律紊乱、少尿、闭尿等表现。病死率一般为60%～80%。

⑤精神症状期。部分病人呈现烦躁不安或淡漠、嗜睡,甚至昏迷、惊厥,可因呼吸、循环中枢抑制或肝昏迷而死亡。

⑥恢复期。经积极治疗的病例一般在2～3周后进入恢复期,各项症状、体征渐次消失而痊愈,也有病人6周以后方可痊愈。

(5)日光性皮炎型。引起该型中毒的毒蘑菇是胶陀螺(猪嘴蘑),潜伏期一般为24 h左右,此型很少伴有胃肠炎症状,开始多为面部肌肉震颤,随后手指和脚趾疼痛,有的上肢和面部出现皮疹。中毒时身体暴露部位如颜面可出现肿胀、疼痛,指甲部剧痛、指甲根部出血,病人的嘴唇肿胀外翻,形似猪嘴。

为预防毒蕈中毒,应制定食用蕈及毒蕈图谱,要普及鉴定知识,并教育群众不采食不认识的蘑菇,提高公众防范意识和自我保护能力。

3.2.4.2　含氰苷类植物中毒

含氰苷类植物一般包括核仁(苦杏仁、苦桃仁、枇杷仁、李子仁、樱桃仁)、亚麻籽和木薯。氰苷可在酶或酸的作用下释放出氢氰酸。含氰苷类植物中毒以散发为主。

此类中毒潜伏期为1～2 h。主要症状为口内苦涩、头晕、头痛、恶心、呕吐、心慌、四肢无力,继而出现胸闷、不同程度的呼吸困难,严重者意识不清、呼吸微弱、四肢冰冷、昏迷,继之意识丧失,瞳孔散大,对光反射消失,牙关紧闭,全身阵发性痉挛,最后因呼吸麻痹或心跳停止而死亡。空腹、年幼及体弱者中毒症状重,病死率高。

预防措施主要是加强宣传教育,不生吃各种苦味果仁,也不能食用炒过的苦杏仁。若食用果仁,必须用清水充分浸泡,再敞锅蒸煮,使氢氰酸挥发掉。若食用木薯,食用时必须将木薯去皮,加水浸泡,再敞锅蒸煮后食用。

3.2.4.3　发芽马铃薯中毒

马铃薯又名土豆、洋山芋、山药蛋等。马铃薯发芽后可产生较高含量的有毒物质龙葵素。

龙葵素是一种难溶于水而溶于薯汁的生物碱。龙葵素对胃肠道黏膜有较强的刺激作用,对呼吸中枢有麻痹作用,并能引起脑水肿、充血,此外对红细胞有溶血作用。龙葵素主要集中在马铃薯的芽眼、表皮和绿色部分,但这一含量一般不会使人中毒,含量会在储存过程中逐渐增加,尤其马铃薯发芽、表皮变青或储存不当出现黑斑和光照时可大大提高龙葵素的含量。若烹调时未能将其除去或破坏,则食后发生食物中毒。

中毒潜伏期数十分钟至数小时,先有咽喉抓痒感及烧灼感,上腹部烧灼感或疼痛,继而出现胃肠炎症状,重病者抽搐、意识丧失甚至死亡。

预防措施主要是将马铃薯储存于干燥阴凉处,食用前削皮去芽、挖去芽周围组织,烹调时加醋可加速毒素的破坏。发芽多者或皮肉变黑绿者不要食用。

3.2.4.4 其他植物性食物中毒

(1)菜豆中毒。菜豆因地区不同又称为豆角、芸豆、梅豆角、扁豆、四季豆等,是人们普遍食用的蔬菜。菜豆中的含毒成分目前尚未十分清楚,可能与其含有的皂苷及红细胞凝集素有关。菜豆中毒是因为烹调时贪图脆嫩或色泽,没有充分加热,豆内所含毒素未完全破坏造成。所以预防菜豆中毒的最好措施是,烹调时炒熟煮透,最好炖食,以破坏其中的毒素。

菜豆中毒无个体差异,中毒程度与食入量一致。菜豆中毒的潜伏期一般为 2~4 h,主要表现为恶心、呕吐、腹痛、腹泻、头晕、头痛,少数病人有胸闷、心慌、出冷汗等。其病程短,恢复快,愈后良好。

(2)鲜黄花菜中毒。黄花菜又名金针菜,为多年生草本植物。鲜黄花菜中含有秋水仙碱,这种物质本身并无毒性,但当它进入人体并在组织间被氧化后,会迅速生成类秋水仙碱,这是一种剧毒物质。类秋水仙碱主要对人体胃肠道、泌尿系统和呼吸系统具有毒性并产生强烈的刺激作用。

中毒主要以胃肠症状为主,症状主要是嗓子发干、心慌胸闷、头痛、呕吐、腹痛及腹泻,重者还可出现血尿、血便、昏迷等。

预防此类中毒,要尽量食用干制的黄花菜;食用鲜黄花菜前一定要先经过处理,去除秋水仙碱。由于秋水仙碱是水溶性的,所以可以将鲜黄花菜在开水中焯一下,然后用清水充分浸泡、冲洗,使秋水仙碱最大限度地溶于水中,此时再行烹调。

(3)曼陀罗中毒。曼陀罗别名洋金花,一年生草本。曼陀罗全株均有毒,以种子毒性最大,有毒成分是莨菪碱。莨菪碱可兴奋大脑和延髓,对末梢神经有对抗或麻痹副交感神经的功能。曼陀罗中毒多因曼陀罗种子混入豆类中制成豆制品,食后引起中毒。亦可因误食其浆果、种子或叶子引起中毒。

中毒的主要症状为口干,皮肤干燥呈猩红色,尤其是面部显著,偶见红斑疹;多语、谵妄、幻听、瞳孔散大、视力模糊;头晕、血压升高、极度躁动不安,甚至抽搐。严重者昏迷、血压下降、呼吸减弱,最后可死于呼吸衰竭。

预防此类中毒,应加强管理,防止曼陀罗种子混入粮食中,尤其是豆类中;同时做好宣传教育工作,教育群众不要食用曼陀罗的浆果、种子和叶子。

(4)白果中毒。白果又名银杏,味带香甜,可以煮或炒食,有祛痰、止咳、润肺、定喘等功效,但大量进食后可引起中毒。在白果的肉质外种皮、种仁及绿色的胚中含有有毒成分白果二酚、白果酚、白果酸等,其中尤以白果二酚毒性最大,遇热后毒性减小,故生食更易中毒。

白果的一般中毒剂量为 10~50 颗,潜伏期为 1~12 h。中毒轻重与食用量及个人体质有关,中毒一般多见于儿童。中毒表现有恶心、呕吐、腹痛、腹泻、食欲不振等消化道症状,也可出现烦躁不安、恐惧、惊厥、肢体强直、抽搐、四肢无力、瘫痪、呼吸困难等症状。严重者因呼吸衰竭、心脏衰竭而危及生命。

为预防白果中毒,不宜多吃更不宜生吃白果。生白果应去壳及果肉中绿色的胚,可用清水浸泡 1 h 以上,加水煮熟后弃水再食用。

(5)桐油中毒。桐油是由油桐树种子榨取的工业用油。桐油中的主要有毒成分是桐酸、异桐酸。桐酸对胃肠道有强烈的刺激作用,其经吸收后由肾脏排泄,可损害肾脏,亦可损害肝、心、神经等。因桐油色、味与一般植物油相似,故易误食中毒,误食油桐种子也可引起中毒。此外,用装过桐油的容器未经清洗干净即盛装食用油,食后也可引起中毒。

中毒轻者表现为呕吐、腹泻等肠胃道疾病,严重者引起肾脏损害,尿中出现蛋白质、管型及红细胞。如处理及时,多能迅速恢复,少有死亡。

预防此类中毒,需将桐油与食用油分别存放;严禁用盛装过桐油的容器盛装食用油。

3.2.5 化学性食物中毒

3.2.5.1 亚硝酸盐食物中毒

亚硝酸盐食物中毒又称肠原性青紫病、紫绀症、乌嘴病,是指食用了含硝酸盐及亚硝酸盐的蔬菜或误食亚硝酸盐后引起的一种高铁血红蛋白血症。

亚硝酸盐为强氧化剂,进入人体后,可使低铁血红蛋白氧化成高铁血红蛋白,失去运氧的能力,致使组织缺氧,出现青紫而中毒。

食物中亚硝酸盐的来源主要有:①食用新鲜的蔬菜(尤其是叶菜)过多时,如菠菜、芹菜、大白菜、小白菜、圆白菜、生菜、韭菜、甜菜、菜花、萝卜叶、灰菜、荠菜等,因其含有较多的硝酸盐,若肠道的消化功能不太好时,在肠道内硝酸盐还原菌的作用下硝酸盐可转化为亚硝酸盐;②新鲜蔬菜储存过久,腐烂蔬菜及放置过久的煮熟蔬菜,亚硝酸盐的含量会明显增高;③有些地区的饮用水含较多的硝酸盐,当用该水煮粥或食物,再在不洁的锅内放置过夜后,则硝酸盐会在细菌作用下还原成亚硝酸盐;④刚腌不久的蔬菜中含有大量亚硝酸盐,尤其是加盐量少于12%、气温高于 20℃的情况下,可使菜中亚硝酸盐含量增加,第 7~8 天达高峰,一般于腌后20 d 消失;⑤腌肉制品加入过量硝酸盐及亚硝酸盐;⑥误将亚硝酸盐当作食盐加入食品;⑦奶制品中含有枯草杆菌会使硝酸盐还原为亚硝酸盐。

亚硝酸盐食物中毒潜伏期长短随摄入量的多少而定,一般为 1~3 h,短者 10~15 min,长者可达 20 h。其症状主要是组织缺氧引起的紫绀现象,口唇、指甲及全身皮肤、黏膜青紫,头痛、头晕、乏力、胸闷、气短、嗜睡或烦躁、心悸、恶心、呕吐、腹痛、腹泻,严重者可有心率减慢,心律不齐,昏迷和惊厥,可因呼吸循环衰竭而死亡。

针对中毒原因可采取以下预防措施:①保持蔬菜新鲜,禁食腐烂变质蔬菜;②短时间不要进食大量含硝酸盐较多的蔬菜;③食剩的熟菜不可在高温下长时间存放后再食用;④勿食大量刚腌的菜,腌菜时盐应稍多,待腌制 15 d 以上再食用;⑤肉制品中硝酸盐和亚硝酸盐的用量应严格按国家卫生标准的规定,不可随意添加;⑥不喝苦井水,不用苦井水煮饭、煮粥,尤其勿存放过夜;⑦妥善保管好亚硝酸盐,防止错把其当成食盐或碱而误食中毒。

3.2.5.2 有机磷农药中毒

有机磷农药大多数属磷酸酯类或硫代磷酸酯类化合物,是目前应用最广泛的杀虫药。常用的有机磷农药有对硫磷、内吸磷、甲拌磷、敌敌畏、敌百虫、乐果、马拉硫磷等。有机磷农药多为油状液体，或结晶状，色泽由淡黄至棕色；难溶于水而易溶于脂肪和有机溶剂，具有大蒜样臭味并具有挥发性；在酸性溶液中较稳定，受碱性物质如肥皂、碱水、苏打水等作用则易分解破坏失去毒力。敌百虫例外，敌百虫可溶于水，遇碱会生成毒性更大的敌敌畏。

有机磷农药中毒的常见原因：①有机磷农药生产过程中防护不严，农药通过皮肤和呼吸道吸收引起中毒；②施药人员喷洒、接触有机磷农药时，由皮肤吸收及吸入空气中农药引起中毒；③由于误服、自服、误用或摄入被农药污染的水源和食物引起中毒。

有机磷农药能抑制许多酶，但对人畜的毒性主要表现在抑制胆碱酯酶，有机磷与乙酰胆碱酯酶结合后，不易水解，造成大量乙酰胆碱在体内堆积，导致以乙酰胆碱为传导介质的胆碱能神经处于过度兴奋状态，最后转入抑制和衰竭。有机磷农药经胃肠道、呼吸道、皮肤和黏膜吸收后迅速分布于全身各脏器，其中以肝内浓度最高，其次为肾。其一般分解后毒性降低，而氧化后毒性反而增强。有机磷农药排泄较快，24 h内通过肾由尿排泄，故体内并无蓄积。

胆碱酯酶活力降低程度不同，临床症状也不同，活力降低至正常值的70%～90%时无临床症状；当降至正常值的50%～70%时，表现为无力、头痛、头晕、恶心、呕吐、多汗、流涎、腹痛、视物模糊、瞳孔缩小、四肢麻木；当降至正常值的30%～50%时，表现为出肌束震颤、轻度呼吸困难等症状；当降至正常值的30%以下时，表现为昏迷、心跳加快、血压上升、发热、肺水肿、青紫、抽搐、大小便失禁、呼吸麻痹、瞳孔缩小、呼吸困难，常因呼吸衰竭而死亡。

预防措施：①加强有机磷农药的管理，专人看管，容器应专用，盛装有机磷农药的器具不得盛装食品；②喷洒农药须遵守安全间隔期，喷过有机磷农药的水果、谷物在1个月内不得食用；③在使用农药过程中，严禁吃东西、喝水、吸烟，使用后注意用肥皂彻底洗手、洗脸；④禁止食用因剧毒农药致死的各种畜禽。

3.2.5.3 砷化物中毒

砷和砷化物广泛应用于工业、农业、医药卫生业。砷本身毒性不大，而其化合物一般均有剧毒，常见的有三氧化二砷、砷酸钙、亚砷酸钠、砷酸铅等，其中三氧化二砷的毒性最强。三氧化二砷(As_2O_3)又名亚砷酐、砒霜、信石、白砷、白砒。

砷化物中毒的常见原因有：①食品工业中使用的原料或添加剂中含砷量过高；②误食含砷农药拌种的粮食及喷洒过含砷农药不久的蔬菜和水果；③食用盛过砷化合物的容器盛装的食品；④将三氧化二砷当作食盐、面碱、小苏打等使用。

砷化物中毒发病急，潜伏期仅十几分钟至数小时，中毒后患者口腔和咽喉部有烧灼感，口渴及吞咽困难，口中有金属味，继而剧烈恶心、呕吐、腹痛、腹泻。可出现严重脱水和电解质失衡，血压下降，严重者引起休克、昏迷和惊厥，并可发生中毒性心肌病，肾脏损伤，中毒性肝病，还可引起严重的皮肤黏膜损伤。

针对中毒原因可采取以下预防措施：①食品工业所用砷原料、添加剂等含砷量不得超过国家允许标准；②给蔬菜、水果喷洒农药时要注意间隔期，并且刚喷洒农药的蔬菜水果不得立即出售；③盛砷化合物的容器应有明显的标记，要和盛食物的容器区分存放，并不得再用于盛装食品；④健全管理制度，对含砷化合物和农药应实行专人专库、领用登记；拌过农药的粮种应专库保管，防止误食。

3.2.5.4 锌化合物中毒

金属锌本身无毒，而是人体必需的微量元素，但锌的盐类则可引起中毒。锌易溶于酸性溶液中，一般有机酸对锌的溶解度相当大。锌中毒的发生多是由于使用镀锌容器盛放酸性食物（果汁、醋酸、清凉饮料），或误食锌盐。为防止锌中毒发生，应禁止使用镀锌的容器盛放酸性食物，并防止误食硫酸锌或氯化锌等锌盐。

锌化合物的毒性作用主要是锌的盐类使蛋白质沉淀，对皮肤和黏膜有刺激和腐蚀作用。其中毒表现为喉头疼痛、脸色灰黑、恶心、持续性呕吐、呕出物为紫蓝色、腹部呈痉挛性疼痛、腹泻、有少量便血，也可出现神经系统症状，如四肢震颤、抽搐等，重者出现合并休克、穿孔性腹膜炎、肾脏损害等症状，甚至会死亡。

3.2.5.5　油脂酸败食物中毒

油脂酸败食物中毒是指食用酸败油脂或用其制作含油脂高的食品引起的中毒。含油脂高的食品主要是糕点、饼干、油炸方便面、油炸小食品等，这些食品储存时间过长或储存不当会引起油脂酸败，进而引起中毒。

此类中毒发生主要是油脂酸败后产生的低级脂肪酸、醛、酮及过氧化物等引起。中毒后发病急，潜伏期 30～50 min，临床表现以肠胃炎症状为主。这些有害物质或对胃肠道有刺激作用，中毒后出现胃肠炎症状如恶心、呕吐、腹痛、腹泻等；或具有神经毒，中毒后出现头痛、头晕、无力、周身酸痛、发热等全身症状。

预防油脂酸败食物中毒可采用以下措施：①加强油脂和含油脂高的食品的储存运输条件，避免酸败；②需要长期储存的油脂宜用密封、隔氧、避光的容器，低温储存并避免油脂接触金属离子如铁、铜、锰等，有需要可以在油脂中加入抗氧化剂；③长期盛装油脂的容器应当及时清洗；④有关部门应加强监管力度，禁止销售酸败油脂，严禁用酸败油脂加工制作食品；⑤对于发生油脂酸败的食物应停止食用。

3.2.6　真菌性食物中毒

3.2.6.1　赤霉病麦中毒

赤霉病麦中毒是指食用了被镰刀菌污染的麦类、玉米等谷物后引起的中毒。赤霉病麦中毒的病原菌主要是禾谷镰刀菌，其产生的毒素包括单端孢霉烯族化合物中的脱氧雪腐镰刀菌烯醇（DON）、雪腐镰刀菌烯醇（NIV）、T-2 毒素等。

（1）流行病学特点。多发生于多雨、气候潮湿地区。在全国各地均有发生，以淮河和长江中下游一带最为严重。

（2）中毒表现。潜伏期一般为 10～30 min，也可长至 2～4 h。中毒主要表现为消化系统和神经系统症状，如恶心、呕吐、腹痛、腹泻、头晕、头痛、嗜睡、流涎、乏力，少数病人有发烧、畏寒等。预后良好，一般在 1 d 左右症状自行消失，缓慢者持续 1 周左右。症状特别严重者，可能出现呼吸、脉搏、体温及血压等轻微波动，四肢酸软、步态不稳，形似醉酒，故有的地方称为“醉谷病”。一般患者不经治疗可自愈，呕吐严重者应进行补液。

（3）预防措施。①加强田间和贮藏期的防菌措施，包括选用抗霉品种；降低田间水位，改善田间小气候；使用高效、低毒、低残留的杀菌剂；及时脱粒、晾晒，降低谷物水分含量，使水分控制在 12%～14%；贮存的粮食要勤翻晒，注意通风；②去除或减少粮谷中的赤霉病粒及毒素；③制定粮食中毒素的限量标准，加强粮食的安全管理。

3.2.6.2　霉变甘蔗中毒

霉变甘蔗中毒是指由于食用了保存不当发生霉变的甘蔗而引起的食物中毒。霉变甘蔗的发生多由长期贮存,越冬出售,受冻后化冻,在适宜温度下真菌繁殖所致。从霉变甘蔗中分离出的产毒真菌为节菱孢霉菌,该菌为世界性分布的一种植物腐生菌,其产生的毒素为3-硝基丙酸。3-硝基丙酸为一种神经毒素,是引起霉变甘蔗中毒的主要毒性物质,进入人体后迅速被吸收,短时间内引起广泛性中枢神经系统损害。

(1)流行病学特点。一般发病高峰在每年的2—3月份。多见于儿童和青少年,病情常较严重,甚至危及生命。

(2)中毒表现。潜伏期短,多在食后15 min至8 h内发病,亦有长至48 h。中毒初期表现为一时性胃肠道功能紊乱如恶心、呕吐、腹痛、腹泻等,随后出现神经系统症状如头痛、头晕、眼前发黑、复视等,较重者可发生阵发性抽搐,抽搐发作后便呈昏迷状态,且眼球向上看,瞳孔散大。病人可死于呼吸衰竭,幸存者则留下严重的神经系统后遗症,导致终身残疾。

(3)预防措施。①加强宣传教育,不买、不吃霉变的甘蔗;②不成熟的甘蔗容易霉变,因此应成熟后再收割;③在收获、运输和贮存过程中防止甘薯受伤,在贮存过程中要保持较低的温度和湿度,储存时间不能太长;④加强监管力度,严禁出售霉变甘蔗及其甘蔗汁。

3.3 食物过敏

食物过敏是人们对食物产生的一种不良反应,属机体对外源物质产生的一种变态反应。人类对食物的不良反应的记载已有2 000多年的历史,早在1世纪时,古希腊的希波拉底就描述了人们对牛乳的不良反应;在16—17世纪,有关鸡蛋和鱼引起的食物过敏也有详细的记载;到20世纪,已有较多的关于食物过敏的文献,而且人们已经认识到部分人群在食用某些食物后会产生严重的过敏反应甚至丧命。但一直到近30年,食物过敏才被引起重视。

引起食物过敏的食物种类主要有8种,包括牛乳、鸡蛋、鱼、甲壳类水产动物、花生、大豆、坚果以及小麦。婴幼儿中最常见的过敏性食物是牛乳、鸡蛋和花生。大约有80%的婴幼儿患者在5~6岁时对牛乳、鸡蛋、花生、小麦、大豆产生免疫耐受,而花生、鱼以及甲壳类水产动物过敏患者中的较少数在5岁左右会消除,其余的往往是终生过敏。对于成年人,鱼和甲壳类水产动物是主要的食物过敏原之一,而且果蔬过敏的发病率呈快速增长的趋势,主要是因为存在果蔬-花粉的免疫交叉反应。

目前,食物过敏已被视为一种严重的公共营养卫生问题和食品安全问题,引起了全球广泛的关注。

3.3.1 食物过敏的危害

据国外的一些流行病学调查,有2.5%的成年人和6%~8%的儿童对某些食物产生过敏。美国每年有100~125例因食物过敏而致死的病例,英国近20年来过敏反应发病率成倍地增长,而其中主要是食物过敏。我国尚未进行大规模调查,但以前小范围的调查表明,在北京、广州及胜利油田,居民食物过敏的发生率3.4%~5.0%。食物过敏反应的临床表现包括呼吸系统、胃肠道系统、中枢神经系统、皮肤、肌肉和骨骼等不同形式的临床症状,如荨麻疹、疱疹样皮炎、口腔过敏综合征、肠病综合征、哮喘及过敏性鼻炎等。严重的食物过敏可导致过敏性休克,成为过敏反应中危及生命的主要原因。食物过敏症的发生始于婴幼儿期,而且对某些食物(如鱼)的过敏终生不变,因此,食物过敏会严重影响患者及其家庭的生活质量。表3-1为美国

2004年调查的食物过敏发生率的情况。

表3-1　美国的食物过敏发生率(2004年)　　%

食物种类	婴幼儿	成年人
牛乳	2.5	0.3
鸡蛋	1.3	0.2
花生	0.8	0.6
树源坚果	0.2	0.5
鱼	0.1	0.4
甲壳类水产动物	0.1	2.0
所有食品	6.0	3.7

3.3.2　食物过敏反应的免疫学机制

从免疫学变态反应机理而言，包括4型变态反应。Ⅰ型变态反应是IgE介导的超敏反应；Ⅱ型变态反应，即细胞毒性超敏反应，它是由抗细胞表面和组织表面抗原的抗体与补体途径的一些成分及各种效应细胞相互作用，造成这些细胞和组织的损伤；Ⅲ型超敏反应即免疫复合型超敏反应；Ⅳ型超敏反应，即T细胞介导的迟发性超敏反应。从理论而言，食物过敏都可能涉及这些机理，而且在食物过敏中可能同时存在。但目前从广义的角度，把食物过敏分为IgE介导和非IgE介导两大类。

3.3.2.1　IgE介导的食物过敏反应

(1)过敏机理。食物过敏引起的Ⅰ型变态反应包括食物过敏原的致敏阶段、激发阶段和效应阶段。在食物过敏的致敏阶段，机体接触过敏性食物后，产生反应性IgE抗体。在婴幼儿时期，由于胃肠道尚不健全，通透性高，食物中的过敏原进入到体液中，可以选择性诱导抗原特异性B细胞产生IgE抗体应答，然后IgE抗体的Fc段与肥大细胞或嗜碱性粒细胞表面的IgE受体结合，完成致敏过程。在正常状态下的人群，对从呼吸道吸入和通过胃肠道摄入的过敏原可以产生免疫耐受；对于过敏体质的人群，通过这些途径进入的过敏原则可使机体处于致敏阶段。在激发阶段，相同的抗原再次进入机体时，通过与致敏肥大细胞或嗜碱性粒细胞表面IgE抗体特异性结合，使之脱颗粒，释放出组胺、5-羟色胺、白三烯、前列腺素以及嗜酸性粒细胞趋化因子等大量生物活性介质。活性物质一旦释放出后，便作用于效应组织和器官，引起局部或全身过敏反应。Ⅰ型超敏反应的发生机制如图3-1所示。

(2)IgE介导的食物过敏反应中的免疫细胞。目前，在IgE介导的食物过敏反应机理的研究中涉及胃肠道黏膜与食物蛋白的相互作用、食物过敏原的结构特征、各种动物模型以及各种免疫细胞。下面将重点介绍各种免疫细胞。

①M细胞。M细胞是一种从消化道运送大分子物质和微生物到肠壁Peyer结的一种肠道上皮细胞，M细胞可以将食物过敏原很容易转移到抗原递呈细胞，然后递呈给Peyer结中T细胞和肠系膜淋巴结中。M细胞被称为食物过敏原的港口，但近年来的一些实验表明，M细胞参与的一些免疫实验可使Th2细胞朝Th1细胞反应。因此，M细胞在食物过敏反应中的作用还有待研究。

②肠上皮细胞。肠上皮细胞与食物免疫耐受和食物过敏密切相关。肠上皮细胞可以在细

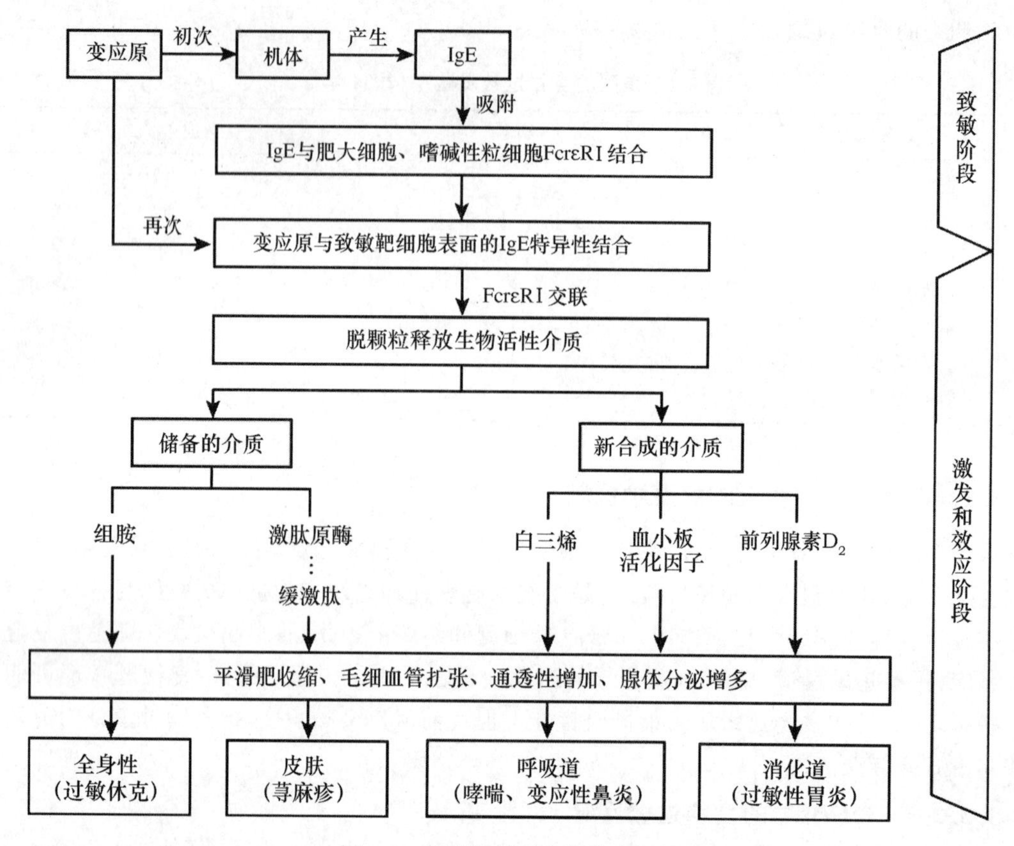

图 3-1　Ⅰ型超敏反应的发生机制

胞表面表达Ⅱ类主要组织相容性复合体（MHCⅡ），起到抗原递呈作用。肠上皮细胞可以运载、加工和递呈食物过敏原至调节T细胞。另外，据研究表明，食物过敏患者的肠上皮细胞具有一个特殊功能，它在IL-4作用下，可通过CD23耐受的肠上皮细胞将IgE与过敏原的复合物快速传递给肠黏膜肥大细胞，这条途径可以保护食物过敏原不降解并使IgE穿过肠上皮细胞。

③抗原递呈细胞。专职的抗原递呈细胞，比如激活的树突状细胞、巨噬细胞和B细胞表达共刺激分子，这些递呈细胞不单接触抗原而且激活T细胞。没有共刺激潜能的抗原递呈细胞，通过T细胞效应因子和辅助因子的作用，可导致免疫耐受。抗原递呈细胞除了直接作用于T细胞以外，另一个显著特点是通过其细胞表面表达Toll样受体并识别抗原，进一步激发过敏反应的级联反应信号，促进各种细胞因子的表达，比如IL-9，IL-13。其中IL-13与生成IgE的类别转换密切相关，IL-9可以促进Th细胞的生长，增强特异性IgE的反应。

④γδT细胞。γδT细胞在口腔耐受中发挥重要作用，它还是Th2的细胞因子IL-13的重要来源。在食物过敏患者患病期的小肠黏膜中，γδT细胞明显增多。实验研究表明，在没有MHC限制的情况下，通过TCR1作用，γδT细胞能够识别完整的蛋白质。因此，γδT细胞与构象性表位导致的食物过敏关系密切。

⑤肥大细胞。肥大细胞具有免疫调节和宿主防御能力。在胃肠道中，肥大细胞广泛存在于黏膜层和黏膜下层。IL-4在干细胞因子的作用下，可以促进肥大细胞的扩增并保持其活力

以及增强肥大细胞依赖 IgE 释放介质的能力。通过肥大细胞表面的受体交联 IgE,导致肥大细胞中大量已经存在或新合成的介质释放出来,并作用于邻近的细胞执行过敏反应功能。这些激活的肥大细胞产生的 Th2 型细胞因子 IL-3、IL-5 和 IL-13,可刺激嗜酸性粒细胞以及其他相关炎症细胞的积累。另外,据研究表明,非 IgE 依赖的肥大细胞刺激物,如神经递质、细菌毒素和补体系统对组织炎症发挥着重要作用。

⑥嗜酸性粒细胞。在食物过敏反应中,嗜酸性粒细胞可作为抗原递呈细胞促进 Th2 细胞在发炎组织中的生长并增强 Th2 的免疫反应。在健康的人群中,嗜酸性粒细胞分布在胃肠道黏膜的固有层。但是在过敏患者中,嗜酸性粒细胞的形态、分布、数目、功能均不同,以便使其很容易通过 IgE 受体被激活,从而介导皮肤以及黏膜Ⅰ型超敏反应。嗜酸性粒细胞趋化蛋白和 IL-5 是激活嗜酸性粒细胞的主要细胞因子,对嗜酸性粒细胞的炎症反应起重要作用。IL-5 可促进骨髓中嗜酸性粒细胞的产生以及调控嗜酸性粒细胞进入炎症组织中,而嗜酸性粒细胞趋化蛋白则可以在过敏炎症位置选择积累。

3.3.2.2 非 IgE 介导的食物过敏

食物过敏的临床表现中,一系列胃肠道紊乱,包括食物蛋白刺激的结肠炎、过敏性嗜酸性粒细胞的胃肠炎、乳糜泻等主要是非 IgE 介导。在这类过敏反应中,释放 Th2 细胞因子以及缺乏 T 细胞调节细胞因子是导致食物过敏的重要因素。目前,非 IgE 介导的免疫反应机理并不很清楚,但也有不少个案的研究进展,如食物导致的特应性皮炎是过敏食物激发 T 细胞,通过 T 细胞表达皮肤归巢淋巴抗原而形成;牛乳对 T 细胞刺激反应导致的 α-肿瘤坏死因子的升高,可导致肠炎综合征;一些动物实验表明,只有食物过敏原同时出现在呼吸道和胃肠道时,才能引起嗜酸性粒细胞的食管炎,这一致病过程主要受趋化因子 IL-5 和嗜酸性粒细胞趋化蛋白的影响,它们主要提供一种嗜酸性粒细胞的归巢信号。目前,对非 IgE 介导的免疫反应研究最多的是乳糜泻,这种紊乱是由于小麦面筋激发 T 细胞免疫应答所致,脱酰胺的麦醇溶蛋白会加强这种免疫反应。另外,体内一些化学组胺释放剂以及含有组胺的食物(巧克力、番茄、草莓)都会直接作用于肥大细胞,引起过敏反应。

3.3.3 食物过敏原

食物过敏是由食物过敏原激发的一种变态反应。通常情况下,食物过敏原是食物中的蛋白质成分,分子质量为 10～70 ku 的水溶性或盐溶性的糖蛋白,等电点大都在酸性范围,没有一致的生物化学和免疫化学特性,也没有统一的保守氨基酸序列,但倾向于耐热、耐酸、耐酶解(果蔬中过敏原例外)。食物中过敏原按来源可以划分为植物性食物过敏原和动物性食物过敏原两类。

3.3.3.1 植物性食物过敏原

(1)植物性食物过敏原的分类。根据 Pfam 蛋白质家族数据库,植物性食物过敏原分为 3 个家族,它们分别是醇溶谷蛋白超家族、Cupin 超家族以及 Bet V1 家族。

①醇溶谷蛋白超家族。醇溶谷蛋白超家族中有 3 类主要的植物性食物过敏原,分别是 2S 白蛋白类、非特异的磷脂转移蛋白类、谷物 α-淀粉酶或胰蛋白酶抑制物。它们都是富含半胱氨酸的小分子蛋白,三维空间结构相似,α-折叠较多,对热加工和酶解比较稳定。2S 白蛋白类在双叶子植物中是主要的储藏蛋白,它包括很多坚果类和种子,如花生、胡桃、芝麻以及芥末。

非特异的磷脂转移蛋白在植物防御真菌和细菌感染中起重要作用，它们广泛存在于水果、坚果、种子以及蔬菜中。谷物α-淀粉酶或胰蛋白酶抑制物对防御昆虫虫害发挥了较大的作用，它们主要在小麦、大麦、水稻以及玉米中。

②Cupin 超家族。Cupin 超家族是由一组功能多样化的超家族蛋白组成，它们都有一个β-桶状样的中心结构域，主要存在于植物球状储藏蛋白中，包括豆类和坚果类。这种球状蛋白分为 7S 豌豆球蛋白和 11S 豆球蛋白样两种球蛋白，这些球状蛋白与食物过敏高度相关。花生、大豆、胡桃、芝麻、榛子等含有大量储藏蛋白，但它们的氨基酸系列相似性很低（＜40％）。因此，免疫交叉反应很少。

③Bet V1 家族。Bet V1 是桦树花粉的主要过敏原，在蔷薇科的水果（如苹果、草莓、杏、梨等）、伞状花科蔬菜（如芹菜、萝卜）中含有 Bet V1 家族。这一家族对热和酶消化极不稳定，其高度保守的氨基酸表面残基形成了与 IgE 结合的表位，因此常常导致患者出现水果-蔬菜-花粉交叉综合征。

(2)几种常见的植物性过敏食物。

①花生。花生过敏是食物过敏导致死亡的首要原因，而且患者往往是终生的，只有10％～20％的过敏儿童会随年龄的增长产生耐受。食物过敏人群中有 10％～47％的人对花生过敏，其发病率高低与饮食习惯关系密切，如美国人喜欢食用焙烤的花生及其制品，发病率较高。花生过敏原包括多种高度糖基化的蛋白质组分，分子质量介于 0.7～100 ku。目前发现有 11 种蛋白成分能够与花生过敏患者血清 IgE 结合，分别是 Ara h1、Ara h2、Ara h3、Ara h4、Ara h5、Ara h6、Ara h7、Ara h8、Ara h9、Ara h10 和 Ara h11。Ara h1、Ara h2 及 Ara h3 是最主要的过敏成分，其分子质量分别是 63.5 ku、17 ku、14～45 ku。

②大豆。大豆过敏比花生过敏的发生率要低，但少量的大豆过敏原仍然可以激发食物过敏。大豆中的主要过敏原包括种子储存蛋白 P34、大豆球蛋白、β-伴大豆球蛋白、抑制蛋白、孔尼兹抑制蛋白，其分子质量大小分别为 30 ku、320～360 ku、140～180 ku、14 ku、20 ku，其中大豆球蛋白由 6 个亚基组成，β-伴大豆球蛋白由 3 个亚基组成。另外，有两个吸入过敏原蛋白，它们分别是 Gly m1（有两个同系物，分子质量分别为 7 ku、7.5 ku）、Gly m2(8 ku)。由于大豆配料广泛存在于各种食品中，这些隐蔽的过敏原将给过敏患者带来严重的危害。

③谷物类。谷物中的大麦、小麦和燕麦通过饮食和吸入的途径均可以导致食物过敏，尤其是与乳糜泻有关，欧洲人发病率为 0.5％，美国人为 0.4％。谷物中过敏原包括一个 40 ku 的黑麦蛋白、26 ku 和 46 ku 的大麦蛋白以及 60 ku 的燕麦蛋白，在这些麦类中共发现有 16 个与患者血清 IgE 结合的蛋白。另外，小麦是成年人中食物依赖运动激发性过敏反应（food-dependent exercise-induced anaphylaxis）的主要过敏食物，其主要过敏原是小麦中的储藏蛋白、抗氧化蛋白、可溶性蛋白等，大多数具有酸性等电点，其分子质量为 10～80 ku。

④果蔬类。蔷薇科水果中的苹果、水蜜桃、草莓、李子和杏都存在食物过敏原，这些过敏原可以分为 4 组：a. 与花粉过敏原 Bet V1 具同源性的过敏原成分，分子质量约 18 ku；b. 分子质量范围在 30～70 ku 的糖蛋白；c. 肌动蛋白调节的抑制蛋白，分子质量约 14 ku；d. 磷脂转移蛋白，分子质量 9～10 ku。另外，胶乳-水果过敏综合征常发生在一些水果中，如鳄梨、香蕉、木瓜、西番莲、无花果、甜瓜、芒果、猕猴桃、菠萝等，这是因为在这些水果过敏原中都有一个分子质量大小为 4.7 ku 的保守的橡胶蛋白域。

在蔬菜中，芥末是一种很好的食物调料，但现在越来越多的人食用它后会出现过敏。芥末中过敏原属于2S球蛋白，其中黄芥末和东方芥末中的过敏原分子质量分别为14 ku和16 ku。

芹菜是口腔过敏综合征的主要过敏食物。芹菜、桦树及艾蒿存在免疫交叉反应，在临床上体现为桦树-艾蒿-芹菜过敏综合征。芹菜中主要过敏原是一个16 ku大小的蛋白质，它与桦树的主要过敏原成分同源。另外，在30～70 ku范围内有数个过敏原成分，包括2个耐热的肌动蛋白。

3.3.3.2 常见的动物性食物过敏原

与植物性食物过敏原相比，动物性食物过敏原还没有按结构与进化关系分类的方法，但可以按照食物种类划分动物性过敏食物，包括牛乳、鸡蛋、鱼以及甲壳类水产动物。

(1)牛乳。牛乳是儿童中常见的一种过敏性食物。儿童牛乳过敏的发生率为0.1%～7.5%，且主要见于较小的婴幼儿，一般是暂时性的，随着年龄的增长会自动消失，但它严重危害婴幼儿的健康。

绝大多数牛乳蛋白都具有潜在的致敏性，其中的酪蛋白、β-乳球蛋白、α-乳白蛋白被认为是主要的过敏原，牛血清蛋白、免疫球蛋白、乳铁蛋白在过敏反应中也起着非常重要的作用，有30%～50%的牛乳过敏患者对这些微量蛋白过敏。牛乳、驴乳、水牛乳以及山羊乳等哺乳动物乳均存在免疫交叉反应，从理论而言，对牛乳过敏的患者也可能对其他乳过敏。

酪蛋白由αS1-、αS2-、β-、κ-酪蛋白4种蛋白组成，在牛奶中它们以相对恒定的比率37%、37%、13%、13%聚合成微粒悬浮于乳清中。这4种酪蛋白初级结构的相似性很小，但是它们还是有一些结构上的共同特征，使它们明显地区别于其他蛋白，即它们都是磷酸化的蛋白，且三级结构松散易变。

β-乳球蛋白是一种Lipocalin蛋白。Lipocalin蛋白结构上的重要特征就是在分子的N-端有不易被破坏的相似序列，且19位总是色氨酸。Lipocalin蛋白具有相同的由重复排列的8或10个反向平行的β-片层组成的β-桶状结构。这一类蛋白被认为具有强的致敏性，许多动物源性过敏原，如马的主要过敏原Equ c1、主要的鼠蛋白等都属于这类蛋白。

α-乳白蛋白是一个非常紧密的、接近球状的单体球蛋白。α-乳白蛋白是钙结合蛋白，与钙的结合对分子的折叠及二硫键的形成有影响。尽管α-乳白蛋白有74%的氨基酸残基与人α-乳白蛋白相同，另有6%的残基化学性质相似，但α-乳白蛋白仍被认为是一种主要的牛乳过敏原。

(2)鸡蛋。鸡蛋过敏的发生率占婴幼儿和儿童食物过敏的35%，占成年人的食物过敏的12%。鸡蛋中的过敏成分主要在蛋清中，包括卵类黏蛋白、卵清蛋白、卵运铁蛋白以及溶菌酶，它们均是一种糖蛋白。在蛋黄中，α-卵黄蛋白也是一种重要的过敏原，分子质量为70 ku，主要通过呼吸道吸入导致食物过敏。其他的过敏原还包括卵清中的卵黏蛋白以及卵黄中的卵黄高磷蛋白。

卵类黏蛋白分子质量为28 ku，等电点4.1，它由3个结构域组成，每个结构域中约60个氨基酸，其中2个结构域各含2个糖基化位点，另一个只有1个。卵清蛋白占整个蛋清的50%，分子质量大小为42.8 ku，等电点在酸性范围，有3个异构体。卵运铁蛋白分子质量为77 ku，等电点在5.6～6.2，具有抗菌和与铁结合能力。溶菌酶是14.3 ku的糖蛋白，等电点为11。目前关于这4种过敏原在食物过敏中的作用，不同的研究报道相差较大，尚未有一个明确的结论。

(3)鱼。鱼是一种主要的过敏性食物，它不容易随年龄的增长而消失。人们不单通过饮食,而且通过呼吸也可以导致对鱼的过敏。婴幼儿的发病率为0.1%,成年人为2%。鱼类最重要的食物过敏原蛋白被命名为Gad c1,最初是从鳕中发现,当时被称为过敏原M,它存在于很多鱼类中。该蛋白属于肌肉蛋白组中的小白蛋白,具有控制钙离子进出细胞的作用。Gad c1分子质量为12 ku,等电点在酸性范围,其三级结构显示了3个结构域,至少有5个IgE结合位点,这种钙结合蛋白耐热和酶解,超过95%的鱼过敏患者的血清IgE与该过敏原结合。另外,在鳕鱼中还分离出了其他15个过敏原蛋白,它们的分子质量在15~200 ku。

(4)甲壳类水产动物。可食用甲壳类水产动物的过敏发生率,婴儿为0.2%,成年人为2%。原肌球蛋白是甲壳类水产动物的主要过敏原成分,分子质量为36 ku,耐热,在该类动物中的蛋白质同源性非常高,是河虾、蟹、鱿鱼、鲍鱼等存在免疫交叉反应的物质基础。尽管在硬骨鱼、牛肉、猪肉以及鸡肉中也存在原肌球蛋白,但却很少导致食物过敏,这是因为与甲壳类水产动物结合的IgE表位的肽段不呈现在这些肉类的原肌球蛋白中。

3.3.4 加工对食物过敏原的影响

通过食品加工生产出无过敏或低过敏的食物是保护食物过敏患者的有效途径。在食品加工过程中,过敏食物的过敏原性会随着加工参数变化而改变,过敏原性可能增加、减少或者不变。这种变化可能是由于过敏原表位结构的降解、失活,新的表位形成或者原来隐蔽表位的暴露。目前,人们对食品加工与过敏性关系做了一些探索,但由于食品种类非常丰富,加工的方式也很多,对加工影响食物过敏原性影响的认知程度很有限,现有的研究结果可以归纳为热加工和非热加工对食物过敏原的影响。

3.3.4.1 热加工对食物过敏原的影响

热加工可以分为干热和湿热两种处理,前者包括焙烤、油炸、远红外加热和欧姆加热,湿热包括蒸煮、微波、挤压以及沸水烫漂等。

(1)干热加工。食物干热加工过程中,美拉德反应与食物过敏原性的变化关系十分密切。最典型的代表是花生。与生花生相比,焙烤花生提取物与过敏患者IgE的结合能力要高90倍。其原因在于焙烤过程中美拉德反应形成的产物能够增强花生过敏原与IgE的结合能力。另外,花生过敏原Ara h1可形成不可逆的多聚物,溶解性差,对消化酶抵抗能力强,而Ara h2本身就有胰蛋白酶抑制活性,在焙烤后酶抑制能力加强。因此,花生焙烤后,其过敏原性会增强。另一方面,草莓的构象型过敏原表位Prua v1会因为美拉德反应和酶促褐变而破坏;胡桃焙烤后其过敏原性也会降低。由此可见,针对不同的食物,干热对食物过敏原性的影响是不一致的。

(2)湿热加工。湿热加工是牛乳加工的一个重要工艺,普通的巴氏消毒奶和巴氏消毒均质奶的过敏原性不会有明显变化,而牛乳煮沸10 min后,其过敏原性会显著降低,但酪蛋白仍保持较强的过敏原性。另外,β-乳球蛋白本身是热不稳定性蛋白,在热处理过程中易发生不可逆的变性,可是在加热过程中会与酪蛋白结合,抗热性增强。

通过罐藏来延长鱼的保质期是常用的方法。一些鱼类如金枪鱼、大马哈鱼经罐藏后,其蛋白质提取物与特异性IgE结合能力急剧下降,这与通常研究报道的鱼类主要过敏原蛋白耐热的结果完全不同,也说明了食物过敏原的复杂性。

果蔬在湿热加工中,大部分过敏成分都会失去过敏原性。如绝大部分蔬菜烹饪后,其过敏原性会消失,但芹菜在烹饪后由于形成新的表位,导致部分人群对其过敏。果品在热加工中也存在一些例外，如桃的过敏原成分非常耐热，121℃经过 30 min 才能够消除其过敏原性。另外，一些患者对生的、冷冻干燥的鸡蛋过敏，但对烹饪好的鸡蛋不过敏。

3.3.4.2　非热加工对食物过敏原的影响

非热加工主要包括发芽、发酵、高压、研磨、浸泡以及脱壳等。

(1)发芽。很多种子在发芽过程中，由于蛋白酶和麦芽糖酶的作用，可以使储藏蛋白和碳水化合物发生变化。在这个过程中可以使一些储藏蛋白过敏原表位消除，从而使其失去过敏原性。当然也有些例外，如棉花种子就比较稳定。通过发芽制备花生芽、大豆芽可能是一种制备低过敏或无过敏食物的良好途径。

(2)发酵。乳、大豆、小麦是发酵食品的主要原料。牛乳经过发酵后，其过敏原性会大大降低，甚至消失，其原因在于酶解及酸引起蛋白质降解。另外，发酵后的酸奶能够调整肠道菌群，调节黏膜免疫，对抗食物过敏有很好的作用。酱油是豆制品和小麦发酵的典型产品，研究结果表明，它却保留了过敏原性。

(3)酶解。相对于构象性表位而言，食品加工对线性表位影响较小，但酶解对线性表位影响较大。深度酶解的婴幼儿配方乳粉已经上市，它降低了乳品的过敏原性，但对极少数人群仍然存在致敏的危险性。鳕肉肌浆蛋白用胰蛋白酶、胃蛋白酶、枯草杆菌蛋白酶以及链酶蛋白酶联合酶解(37℃，48 h)后，其过敏原性消失，而单独用弹性过氧化酶酶解，则保留有 50%的过敏原性。另外，大豆蛋白经酶解后，其免疫原性会大大降低。酶解降低食物过敏原性的效果显示了低过敏食品加工的一种很好的方式，但酶解带来的食品风味以及质构的变化也是一个不可忽视的问题。

(4)储藏。粮食、果蔬在采后储藏的过程中，实际上仍然保持了呼吸作用，其储藏蛋白和碳水化合物由于酶的作用会发生变化，一些过敏原表位可能会消失，也可能会形成新的过敏原表位。如山核桃储藏 2 周后，会产生新的过敏原表位，原来对其不过敏的人食用后会发生食物过敏。苹果储藏 3 周后，其主要过敏原 Mal d1 的浓度会增加。

3.3.5　食物过敏的防治

3.3.5.1　食物过敏的治疗

迄今为止，食物过敏尚无特效疗法，严格避免食用过敏食物是患者的最佳选择。但由于食物配料的多样化，使得食物的组成变得十分复杂，食物过敏患者很难避免遭受危害。因此，食物过敏的治疗具有重要的价值。目前，食物过敏的治疗包括传统的特异性的免疫治疗、非特异性的免疫治疗以及自然疗法。

(1)特异性的免疫治疗。这种方法实际上就是脱敏疗法，其原理是基于在相当长的一段时间内对过敏患者注射小剂量的过敏原，通过调节 Th2 与 Th1 平衡关系，提高 IFN-γ 以及 IL-10 的水平达到治疗目的。这种治疗方法对于吸入性食物过敏有很好的疗效。但由于一些副作用的高风险性以及有限的效果，该方法对食物过敏不能进行有效治疗。当然，在该领域内，围绕安全性与治疗效果还在进行很多探索，比如抗原、佐剂以及免疫途径的传递系统(如抗原的微囊化、DNA 疫苗)等。

(2)非特异性的免疫治疗。变态反应疾病的非特异免疫治疗包括抗-IgE 的治疗和细胞因子的治疗。食物过敏大都由 IgE 介导，抗-IgE 抗体的应用可以阻止 IgE 的介导作用。目前，临床第Ⅱ期的研究表明，人源化的抗-IgE抗体对治疗花生过敏有明显疗效。另外，抗肥大细胞IgE受体的抗体也在临床实验阶段。总之，抗-IgE的治疗方法显示了诱人的前景。在食物过敏反应中，细胞因子起着非常重要的信号传导作用，采用抗体中和细胞因子以切断其信号传导也是具有良好应用前景的治疗方法。

(3)自然疗法。自然疗法主要包括传统中草药疗法、针灸以及益生菌疗法。在动物实验中，发现中草药具有下调Th2和IgE的作用。在治疗人的花生过敏和牛乳过敏方面，中草药显示了较好的作用。益生菌疗法主要是通过调整肠道菌群、黏膜免疫并纠正肠道的渗透性达到治疗目的。益生菌在食物过敏治疗中显示的优势越来越受到人们的重视，很多工作值得进一步探讨。

3.3.5.2 食物过敏的预防

食物过敏与遗传因素关系非常密切。对于那些父母双亲或单亲是食物过敏患者的婴幼儿，其患病的概率比其他婴幼儿要高。因此，对这些高危婴幼儿必须采取相应的措施。早在2000年美国儿科学会营养委员会(American Academy of Pediatrics Committee on Nutrition)对这些高危婴幼儿提出了如下建议：母乳喂养的母亲应该哺乳1年甚至更长时间；在哺乳期间，可以选择食用低过敏的配方食品作为高危婴幼儿的母乳补充剂；母亲在哺乳期间应该避免食用花生以及其他坚果，而且视情况避免食用鸡蛋、牛乳、鱼；小孩出生半年后才喂固体食物，1年后喂乳制品，2年后食鸡蛋，3年后吃花生等坚果；在怀孕期间除花生外，可以考虑不忌口，忌口的母亲应该考虑补充矿物质和维生素。

对于儿童和成年人的食物过敏患者，严格避免过敏食物是最好的预防措施。大量的临床研究表明，在食物过敏患者长期乃至终生的斗争过程中，对他们的教育是非常至关重要的一个环节。要让患者学习食物过敏的基本知识、了解食物过敏原的种类以及食品存在的各种免疫交叉反应，学会正确阅读食品标签从而选择安全的食物，比如，乳清中就含有过敏原成分。对于严重的食物过敏患者，从4岁起就可以接受注射肾上腺素的教育，为了防止意外，平时外出需携带肾上腺素和急救卡，一旦误食过敏食物，马上注射肾上腺素自救，注意将针头在肌肉内保持10 s，如果15～20 min后没有明显减轻症状，可以注射第二针，一般注射一次后就不会有生命危险。

总之，食物过敏是客观存在的自然现象，它严重影响了部分人群的生活质量甚至危及生命，值得我们去关注和研究。

党的二十大报告提出，增进民生福祉，提高人民生活品质。加强食源性疾病的预防控制，把保障人民健康放在优先发展的战略位置。依据《中华人民共和国食品安全法》，国家建立食品安全风险监测制度，对食源性疾病、食品污染以及食品中的有害因素进行监测，及时防止食源性疾病的发生、发展，推进健康中国建设。

思考题

1.什么是食源性疾病？

2.食源性疾病包括哪几类？

3.目前国内、国外已建立了哪些食源性疾病监测网络？各举一例说明其监测范围。

4.什么是食物中毒？

5.食物中毒有什么特点？

6.食物中毒有哪些类型?

7.食物中毒与食源性疾病的区别与联系是什么?

8.细菌性食物中毒发生的条件是什么?

9.引起细菌性食物中毒的食品有哪些?

10.如何预防金黄色葡萄球菌食物中毒?

11.副溶血弧菌食物中毒的流行病学特点及预防措施是什么?

12.O157:H7大肠杆菌食物中毒的流行病学特点有哪些?

13.引起食物中毒的亚硝酸盐来源有哪些?

14.试述有机磷农药中毒的机制及预防措施。

15.结合你所学的食物中毒的相关知识,就你曾经历过或你周围的人曾经历过的一次食物中毒的发生情况作一个书面报道。

参考文献

[1]林洪. 水产品安全性[M].2版.北京:中国轻工业出版社,2010.

[2]孙锡斌,栗绍文. 动物性食品卫生学[M].2版. 北京:高等教育出版社,2016.

[3]孟凡乔. 食品安全性[M].北京:中国农业大学出版社,2005.

[4]李勇. 营养与食品卫生学[M]. 北京:北京大学出版社,2005.

[5]杨洁彬,王晶,王柏琴,等. 食品安全性[M].北京:中国轻工业出版社,2006.

[6]李咏梅,黄中夯,张立实. 食源性疾病ICD-10分类系统的建立[J]. 现代预防医学,2007,34(5):902-905.

[7]宋钰. 美国食源性疾病指南[M]. 沈阳:沈阳出版社,2003.

[8]葛可佑. 中国营养师培训教材[M]. 北京:人民卫生出版社,2005.

[9]肖颖,李勇,译. 欧洲食品安全:食物和膳食中化学物的危险性评估[M]. 北京:北京医科大学出版社,2005.

[10]朱江辉,李凤琴,李宁,等. 构建全国食源性疾病主动报告系统初探.[J] 卫生研究,2013,42(5):836-839.

[11]庞璐,张哲,徐进.2006—2010年我国食源性疾病暴发简介[J]. 中国食品卫生杂志,2011,23(6):560-563.

[12]陈艳,刘秀梅. 食源性致病菌定量风险评估的实例中国食品卫生杂志[J],2008,20(4):336-340.

[13]Sicherer S H,Sampson H A. Food allergy. Journal of Allergy and Clinical Immunology,2006,117 (2Suppl):S470-475.

[14] Nieuwenhuizen N E, Lopata A L. Fighting food allergy: current approaches. AnnNYAcadSci,2005,1056:30-45.

[15]Sathe S K,Teuber S S,Roux K H. Effects of food processing on the stability of food allergens. BiotechnolAdv,2005,23 (6):423-429.

[16]陈红兵,高金燕. 食物过敏反应及其机制[J]. 营养学报,2007,29 (2):105-109.

[17]孙长颢.营养与食品卫生学[M].8版.北京:人民卫生出版社,2017.

[18]白莉,刘继开,李薇薇,等.中美食源性疾病监测体系比较研究[J].首都公共卫生,2018,12(2):62-67.

第 4 章

食品的安全评价

学习目的与要求

掌握食品毒理学相关的基本概念;掌握食品安全风险性评价的内容、方法与步骤;熟悉食品安全风险性评价的基本框架;了解毒物作用机理及影响因素,认识食品安全风险性分析及应用。

4.1　食品毒理学评价

随着社会的发展,人类生存环境中化学物质的种类和数量正大量增加。这些物质可能通过各种途径进入食品,被人类食用后,有的可能会对机体造成伤害,因此有必要对食物及食物中的特定物质进行科学、客观的安全性评价,确定其产生危害的水平,并以此制定该物质在食品中的限量标准,以保证人体健康。食品毒理学是食品安全性评价的基础,食品安全性评价是运用毒理学动物试验结果,并结合流行病学的调查资料来阐明食品中某种特定物质的毒性及潜在的危害、对人体健康的影响性质和强度,预测人类接触后的安全程度。

毒理学(toxicology)的传统定义是研究外源化学物质对生物体的损害作用。现代意义上的毒理学概念则更加广泛,是研究有毒有害物质对生物机体(包括人体)的损害作用、作用机制、危险度评估及其安全性评价与管理的一门学科。

食品毒理学是大毒理学的一个分支学科,是研究食品中的有毒有害化学物质的性质、来源及对人体的损害作用和机制,评价其安全性,并确定其安全限值,以及提出预防管理措施的一门学科。

4.1.1　食品毒理学基本原理

4.1.1.1　毒理学基本概念

(1)毒物。在一定条件下,较小剂量即能够对机体产生损害作用或使机体出现异常反应的外源化学物称为毒物(toxicant)。

“毒物”一词的概念实际上很模糊,因为毒物与非毒物之间并无绝对界限,二者之间常常可以互相转化。例如,人体对硒的安全摄入量为每日 50～200 μg,当摄入量低于 50 μg 时可能会导致心肌炎、克山病等疾病;但是,当摄入量超过 200 μg 时,却可能会导致中毒,若每日摄入量超过 1 mg 则可能导致死亡。正如毒理学之父 Paracelsus 所描述的,“所有物质都是毒物,不存在任何非毒物质,剂量决定了一种物质是毒物还是药物。”因此,对食品中外源化学物来说,毒性大小在很大程度上取决于摄入的剂量。另外,一个物质是否成为毒物与接触方式也有关系,例如蛇毒,在蛇咬人后经伤口接触则为毒物,但若经口饮下则不会中毒(除非消化道有损伤)。

(2)毒性。毒性(toxicity)是指外源化学物与机体接触或进入体内的易感部位后,能引起直接或间接损害作用的相对能力。毒性是物质的一种内在的、不变的性质,它取决于物质本身的特性,尤其是化学结构。毒性反映的是毒物的剂量与机体反应之间的关系。因此,毒理学的一个基本原则和首要目的就是要对毒性进行定量。

(3)毒效应。毒效应(toxic effect),也称为毒性作用或毒作用,是指外源化学物对生物体的损害作用。其最主要的影响因素是剂量,与剂量相联系的是接触时间、持续时间、接触频率、间隔时间等,这些都是影响毒效应的因素。毒效应可根据其发生的特点、时间和部位的不同分为以下几种。

①速发性和迟发性毒效应。速发性毒效应(immediate toxic effect):机体与外源化学物质接触后在短时间内所引起的即刻毒效应。迟发性毒效应(delayed toxic effect):机体与外源化学物质接触后,中毒症状缺少或虽有中毒症状但似已恢复,经过一定时间间隔才表现出来的毒效应。

②局部与全身毒效应。局部毒效应(local toxic effect):某些外源化学物在机体接触部位直接造成的损害作用。如接触具有腐蚀性的酸碱所造成的皮肤损伤,吸入刺激性气体引起的呼吸道损伤等。全身毒效应(systemic toxic effect):外源化学物被机体吸收并分布至靶器官或全身后所产生的损害作用。例如一氧化碳引起机体的全身性缺氧。

③可逆或不可逆毒效应。可逆毒效应(reversible toxic effect):是指停止接触外源化学物后可逐渐消失的毒性作用。一般情况下,机体接触外源化学物的浓度越低,时间越短,造成的损伤越轻,则脱离接触后其毒性作用消失得越快。不可逆毒效应(irreversible toxic effect):是指在停止接触外源化学物后其毒性作用继续存在,甚至对机体造成的损害作用可进一步加深。对于多数外源化学物来说,往往是短期低剂量造成的损伤轻微,因而可逆;长期低剂量或短期高剂量则损伤严重,因而不可逆。

④超敏性反应。超敏性反应(hypersensitivity)也称为变态反应(allergic reaction),是机体对外源化学物产生的一种病理性免疫反应,有Ⅰ型(速发型)、Ⅱ型(细胞毒型)、Ⅲ型(免疫复合物型)、Ⅳ型(迟发型)四类。引起这种超敏反应的外源化学物称为致敏原,当其进入机体后,首先与内源性蛋白质结合形成抗原,然后再进一步激发抗体的产生。当再次与该外源化学物接触后,即可引发抗原-抗体反应,产生典型的变态反应症状。变态反应是机体不需要的一种有害反应,从毒性学的角度也可视为是一种损害作用。

⑤特异体质反应。特异体质反应(idiosyncratic reaction)通常是指机体对外源化学物的一种遗传性异常反应。如肌肉松弛剂丁二酰胆碱,一般情况下其所引起的肌肉松弛时间较短,因为它能被血清胆碱酯酶分解。但有些病人由于这种酶的缺乏,在接受一个标准治疗剂量后,可出现较长时间的肌肉松弛甚至呼吸暂停。又如胰脏功能障碍缺乏胰岛素的人,摄食含糖量偏高的食物后,出现持续的高血糖甚至尿糖。

(4)毒效应谱。毒效应随着剂量的增加而产生一系列的性质与强度的变化,称之为毒效应谱(spectrum of toxic effects)。外源化学物与机体接触后引起毒效应,效应的范围可从微小的生理生化正常值的异常改变到明显的临床中毒表现,直至死亡。

(5)选择毒性、靶器官。不同外源化学物对机体产生的损害作用可能是不同的,这就是选择毒性(selective toxicity)。外源化学物可以直接发挥毒效应的器官或组织称为该物质的靶器官(target organ)。

如甲基汞的靶器官是脑,镉的靶器官是肾。毒作用的强弱主要取决于该物质在靶器官中的浓度。但靶器官不一定是浓度最高的场所。如铅在骨中沉积,骨中铅含量最高,但铅对骨头不产生毒效应,而会缓慢释放对造血系统、神经系统等产生毒作用。

(6)生物学标志。生物学标志(biomarker)是指外源化学物通过生物学屏障并进入组织或体液后,对该外源化学物或其生物学后果的测定指标。生物学标志可分为:接触(暴露)生物学标志、效应生物学标志和易感性生物学标志三类。

①接触(暴露)生物学标志(biomarker of exposure)是测定组织、体液或排泄物中吸收的外源化学物、其代谢物或与内源性物质的反应产物,作为吸收剂量或靶剂量的指标,提供关于暴露于外源化学物的信息。接触(暴露)生物学标志包括反映内剂量和生物效应剂量两类标志物(如化学物原型、代谢物、血红蛋白加合物、DNA加合物等),用以反映机体生物材料中外源性化学物或其代谢物或外源性化学物与某些靶细胞或靶分子相互作用产物的含量。这些接触(暴露)生物学标志如与外剂量相关或与毒效应相关,则可评价接触(暴露)水平或建立生物阈

限值。

②效应生物学标志(biomarker of effect)指机体中可测出的生化、生理、行为或其他改变的指标,包括反映早期生物效应、结构和/或功能改变及疾病三类标志物,提示与不同靶剂量的外源化学物或其代谢物有关联的对健康有害效应的信息,如血压指标。

③易感性生物学标志(biomarker of susceptibility)是关于个体对外源化学物的生物易感性的指标,即反映机体先天具有或后天获得的对接触(暴露)外源化学物产生反应能力的指标。如外源化学物在接触者体内代谢酶及靶分子的基因多态性,属遗传易感性标志物。环境因素作为应激原时,机体的神经、内分泌和免疫系统的反应及适应性,亦可反映机体的易感性。易感性生物学标志可用于筛检易感人群,保护高危人群。

4.1.1.2　剂量-效应关系和剂量-反应关系

(1)剂量。剂量(dose)是决定外源化学物对机体造成损害作用的最主要因素。它的概念较为广泛,可指给予机体的数量、与机体接触的数量、吸收进入机体的数量、在体液或靶器官中的含量或浓度。虽然外源化学物对机体的损害作用主要取决于吸收进入体内的数量、在体液或靶器官中的浓度或含量,但要准确测定体内这些外源化学物的含量十分复杂。一般情况下,给予机体或机体接触外源化学物的数量越大,则吸收进入体内或在靶器官中的数量也越大。因此,一般多以给予机体的外源化学物数量或与机体接触的数量作为剂量的概念。剂量的单位通常是以单位体重接触的外源化学物数量(每千克体重中 mg)或环境中的浓度(每立方米空气中 mg,每升水中 mg)来表示。

(2)效应与反应。效应(effect)为量反应(grade response),表示一定剂量外源化学物与机体接触后可引起的生物学变化,如条件反射、心电、脑电、酶活等。变化程度常用计量单位来表示,例如 mg、个等。

反应(response)为质反应(quantal response),是一定剂量的外源化学物与机体接触后,呈现某种效应并达到一定程度的比例,或者产生效应的个体数在某一群体中所占的比例,一般以百分数或比值表示。

(3)剂量-效应关系和剂量-反应关系。剂量-效应关系(dose-effect relationship)是指不同剂量的外源化学物与其在个体或群体中所表现的量效大小之间的关系。剂量-反应关系(dose-response relationship)是指不同剂量的外源化学物与其引起的质效应发生率之间的关系。

剂量-效应关系和剂量-反应关系是毒理学的重要概念。机体内出现的某种损害作用,如果肯定是由某种外源化学物所引起,一般来说就应存在明确的剂量-效应关系或剂量-反应关系。值得注意的是,机体的超敏性反应虽然也是外源化学物引起的损害作用,但这是另外一类反应,它与一般中毒效应不同,涉及机体的免疫系统。小剂量即可引起剧烈的甚至是致死性的全身症状或反应,往往不存在明显的剂量-反应关系。

(4)剂量-效应关系和剂量-反应关系曲线。剂量-效应关系和剂量-反应关系都可用曲线表示,即以剂量为横坐标,以表示效应强度的计量单位或表示反应的百分率或比值为纵坐标,绘制散点图所得到的曲线。不同外源化学物在不同具体条件下,引起的效应或反应类型是不同的,这主要是由于剂量与效应或反应的相关关系不一致。因此,在用曲线进行描述时会呈现不同类型的曲线,主要包括下列基本类型。

①直线型。效应或反应强度与剂量呈直线关系,即随着剂量的增加,效应或反应的强度也

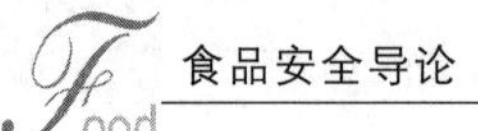

随着增强，并成正比关系。但在生物体内，此种直线型关系较少出现，仅在某些体外实验中，在一定的剂量范围内存在。如采用修复的细菌或细胞试验系统进行致突变试验时，常常在较低剂量下（即曲线的起始部分）观察到线性的剂量-反应关系，在这种情况下，剂量与反应率完全成正比。

②抛物线型。剂量与效应或反应是非线性关系，即随着剂量的增加，效应或反应的强度也增高，且最初增高急速，随后变得缓慢，以致曲线先陡峭后平缓，呈抛物线。如将此剂量换成对数值则成一直线。将剂量与效应或反应关系曲线转换成直线，可便于在低剂量与高剂量或低反应强度与高反应强度之间进行互相推算。

③“全或无”反应。在毒性试验中有时可见到“全或无”的剂量-反应关系现象，这种现象仅在一个狭窄的剂量范围内才能观察到，为坡度极陡的线性剂量-反应关系。例如，致畸试验中的剂量-反应关系，在低剂量时，由于只有极个别的动物易感，致畸率的增长并不明显，当剂量增加到一定程度时，致畸率迅速增高，随后剂量稍有增加，即可引起胎仔或母鼠的死亡，因此在高剂量范围内致畸率增高的曲线就无法观察和描述。产生“全或无”反应的原因应根据具体情况进行分析和解释。

④S形曲线。S形曲线在外源化学物的剂量与反应关系中较为常见，部分剂量与效应关系中也有出现。此种曲线的特点是在低剂量范围内，随着剂量增加，反应或效应强度增高较为缓慢；然后剂量较高时，反应或效应强度也随之急速增加；但当剂量继续增加时，反应或效应强度的增高又趋于缓慢。曲线开始平缓继之陡峭，然后又趋平缓，呈“S”形状。S形曲线可分为对称与非对称两种，如图4-1所示。非对称S形曲线两端不对称，一端较长，另一端较短。S形曲线反映了个体对外源化学物毒作用易感性的不一致，少数个体对毒物特别易感或特别不易感，整个群体的易感性呈正态分布。实际上，非对称S形曲线更为常见，反映个体对此外源化学物的毒作用易感性呈偏态分布。

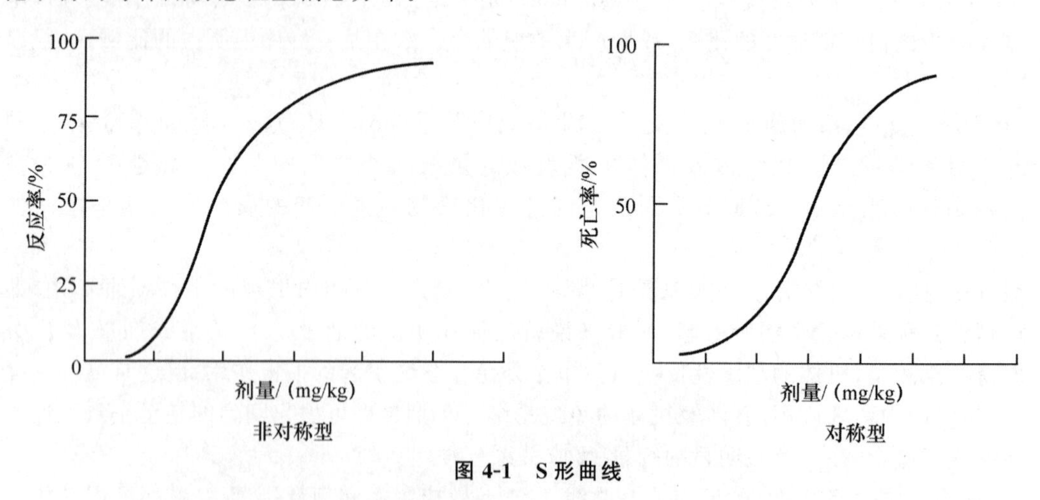

图4-1 S形曲线

4.1.1.3 表示毒性大小的常用指标

由于外源化学物具有选择毒性，因此不同化学物质之间毒性大小的比较只能是相对的。为了定量描述或比较外源化学物的毒性大小，根据实验动物体内试验得到的毒性参数分为两类：一类为毒性上限参数，是在急性毒性试验中以死亡为终点的各项毒性参数，即致死剂量；另一类为毒性下限参数，即观察到有害作用最低水平及最大无作用剂量，可以从急性、亚急性、亚慢性、慢性毒性试验中得到。

(1)致死剂量或浓度。致死剂量或浓度(lethal dose,LD;lethal concentration,LC)是指某种外源化学物能引起机体死亡的剂量。常以引起机体不同死亡率所需要的剂量来表示。

①绝对致死剂量或浓度(LD_{100} 或 LC_{100})。绝对致死量是指能引起一个群体全部死亡的最低剂量。由于在一个群体中,不同个体之间对外源化学物的耐受性存在差异,可能有某些个体耐受性过高或过低,并因此造成100%死亡的剂量出现过多的增高或减小。所以表示一种外源化学物的毒性高低或比较不同外源化学物的毒性时,一般不用 LD_{100} 而采用半数致死量(LD_{50}),因为 LD_{50} 较少受到个体耐受性差异的影响,较为稳定。

②半数致死剂量或浓度(LD_{50} 或 LC_{50})。大多数外源化学物的剂量-反应关系曲线是S形,如图4-1所示。该曲线的中间部分,即在反应率50%左右,斜率最大,此时剂量略有变动,反应即有较大的增减。因此,常用引起50%反应率的剂量来表示外源化学物的毒性大小。如半数致死剂量(LD_{50})、半数中毒剂量(TD_{50})、半数效应剂量(ED_{50})。

半数致死量是指能引起一群个体50%死亡所需要的剂量(浓度)。LD_{50} 一般以mg/kg体重表示,LC_{50} 一般以 mg/m^3 表示空气中的外源化学物浓度,以mg/L表示水中的外源化学物浓度。

LD_{50} 是一个经过统计处理计算得到的数字,它代表受试群体感受性的平均情况,位于剂量-反应关系S形曲线的中央。因此,它不受两端个别动物感受性特别高或特别低的影响。由于此处曲线的坡度最大,因而灵敏性高;其附近的线段又几乎成直线,所以稳定性好。由于死亡比非致死的许多效应都便于准确观察,因而 LD_{50} 是最早和最常用的毒性参数,特别常用于急性致死毒性试验的结果评价,常用以表示急性毒性的大小。LD_{50} 数值越小,表示外源化学物的毒性越强;反之,则毒性越弱,反映在食品方面,则表明其安全性越高。例如,已知毒性较高的肉毒梭菌毒素的 LD_{50} 约为每千克体重100 ng,而NaCl的 LD_{50} 约为每千克体重40 g,可见需要大量的NaCl才可以产生毒性。

GB 15193.3—2014《食品安全国家标准　急性经口毒性试验》将各种物质按其对大鼠经口 LD_{50} 的大小分5个等级,参见表4-1。

表4-1　急性毒性剂量(LD_{50})剂量分级表

级别	大鼠经口 LD_{50}/(mg/kg体重)	相当于人的致死剂量	
		mg/kg体重	g/人
极毒	<1	稍尝	0.05
剧毒	1～50	50～4 000	0.5
中等毒	51～500	4 000～30 000	5
低毒	501～5 000	30 000～250 000	50
实际无毒	>5 000	250 000～500 000	500

但这种表示方法并不能反映动物在中毒现场接受毒物的真实剂量,它既不能反映动物接触毒物的持续时间,也不能反映机体对毒物产生反应的各种因素。因为在动物和毒物固定不变时,动物所呈现的毒效应可因条件不同而异。例如空腹服下毒物时,往往毒效应表现较剧烈;相反,当胃较饱满时,毒效应则相对较小。

同时,由于不同动物物种品系、外源化学物与机体接触的途径和方式都可能影响外源化学物的 LD_{50},所以表示 LD_{50} 时,必须注明试验动物的种类和接触途径,如果其毒性存在性别差异,还应该说明试验动物的性别。例如,2-甲基-1-丙醇的 LD_{50} 为每千克体重 2 650 mg(雄性大鼠,经口),每千克体重 3 100 mg(雌性大鼠,经口)。此外,还应该注明 95%的置信区间,一般以 $\lg^{-1}(\lg LD_{50} \pm 1.96 \times S\lg LD_{50})$ 来表示其可信区间,$S\lg LD_{50}$ 为标准误差。例如,西维因的 LD_{50} 为每千克体重 363 mg(小鼠,经口),其 95%的可信区间为每千克体重 294~432 mg。

③最小致死剂量或浓度(MLD、LD_{01} 或 MLC,LC_{01})。最小致死剂量或浓度是指化学物质引起受试实验对象中的个别成员出现死亡的剂量或浓度。

④最大耐受剂量或浓度(MTD、LD_0 或 MTC、LC_0)。最大耐受剂量或浓度也称为最大非致死剂量或浓度,是指一组受试试验动物中,不引起动物死亡的外源化学物的最大剂量或浓度。

(2)最小有作用剂量和最大无作用剂量。最小有作用剂量(minimal effect level,MEL)也称中毒阈剂量或中毒阈值,是指在一定时间内,一种外源化学物按一定方式或途径与机体接触,并使某项灵敏的观察指标开始出现异常变化或使机体开始出现损害作用所需的最低剂量。MEL 对机体造成的损害作用有一定的相对性。严格的概念不是"有作用"剂量,而是"观察到作用"的剂量,所以 MEL 应该确切称为最低观察到作用剂量(lowest observed effect level,LOEL)或最低观察到有害作用剂量(lowest observed adverse effect level,LOAEL)。

最大无作用剂量(maximal no-effect level,MNEL)也称为未观察到作用剂量(no observed effect level,NOEL),是指某种外源化学物在一定时间内按一定方式或途径与机体接触后,根据目前现有认识水平,用最为灵敏的试验方法和观察指标,未能观察到对机体造成任何损害作用或使机体出现异常反应的最高剂量,文献中也称为未观察到损害作用剂量(no observed adverse effect level,NOAEL)。

一般来说,略高于最大无作用剂量,即为最小有作用剂量。在理论上,最大无作用剂量与最小有作用剂量应该相差极微,任何微小甚至无限小的剂量增加,对机体造成的损害作用也应该说有相应的增强。但由于受到对损害作用观察指标和检测方法灵敏度的限制,不能对机体任何细微的异常变化进行检测,而只有当两种剂量的差别达到一定数量时,才能明显观察到损害作用程度的不同,所以 MNEL 和 MEL 之间实际上存在有一定的剂量差距。当外源化学物与机体接触的时间、方式或途径以及观察对机体造成损害作用的指标发生改变时,最大无作用剂量或最小有作用剂量也将随之改变。所以表示一种外源化学物的 MNEL 和 MEL 时,必须说明试验动物的物种品系、接触方式或途径、接触持续时间和观察指标等。

最大无作用剂量(MNEL)是根据亚慢性毒性试验或慢性毒性试验的结果来确定的,是评定外源化学物对机体造成损害作用的主要依据。

(3)阈值。阈值(threshold)为一种物质使机体(人或试验动物)开始发生效应的剂量或浓度,即低于阈值时效应不发生,而达到阈值时效应发生。在安全性毒理学评价时,常假设 NO-AEL 为阈值(个体)的近似值,特别是在食品安全性毒理学评价时。

(4)基准剂量。由于 NOAEL 和 LOAEL 都是实验中的两个具体剂量值,易受每组样本含量和组间剂量差异等因素影响,因此 Crump(1984)提出用基准剂量(benchmark dose,BMD)代替。BMD 是指 LC_1、LC_5 和 LC_{10} 的 95%可信限下限。因此,这是用实验中全部剂量组的数据经统计处理而得。BMD 已成功应用于发育毒性和生殖毒性的危险评价。也许,在其他有害效应的安全评价中也有可能使用BMD。为推广其应用,美国环保局已制成软件(网址http://www.epa.gov/ncea/bmds.htm)和颁布了指导文件。

4.1.1.4 安全限值

食品中有毒物质的毒理学数据主要从动物毒理学试验中获得,动物试验外推到人通常有三种基本的方法:利用不确定系数(安全系数);利用药动学外推(广泛用于药品安全性评价并考虑到受体易感性的差别);利用数学模型。毒理学家对于"最好"的模型及模型的生物学意义尚无统一的意见。

对毒效应有阈值的化学物安全限值(safety limit)是指为保护人群健康,对生活和生产环境及各种介质(空气、水、食物、土壤等)中与人群身体健康有关的各种因素(物理、化学和生物)所规定的浓度和暴露时间的限制性量值,在低于此种浓度和暴露时间内,根据现有的知识,不会观察到任何直接和/或间接的有害作用。也就是说,在低于此种浓度和暴露时间内,对个体或群体健康的危险是可忽略的。制定安全限值的前提是必须从动物实验或人群调查得到LOAEL或NOAEL。安全限值可以是每日容许摄入量、参考剂量、可耐受摄入量、参考浓度和最高容许浓度等。

对无阈值的外源化学物在零以上的任何剂量,都存在某种程度的危险度。这样,对于遗传毒性致癌物和致突变物就不能利用安全限值的概念,只能引入实际安全剂量(virtual safety dose,VSD)的概念。化学致癌物的VSD,是指低于此剂量能以99%可信限的水平使超额癌症发生率低于10^{-6},即100万人中癌症超额发生低于1人。

制定安全限值或VSD是毒理学的一项重大任务,对某一种外源化学物来说,上述各种毒性参数和安全限值的剂量大小顺序如图4-2所示。

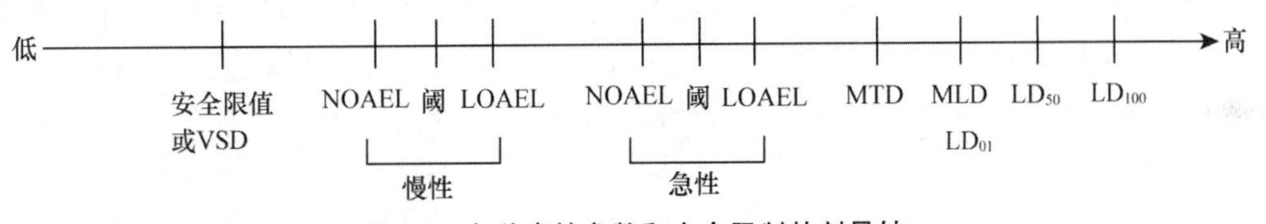

图4-2 各种毒性参数和安全限制的剂量轴

(1)每日容许摄入量。每日容许摄入量(acceptable daily intake,ADI)是指人类终生每日随同食物、饮水和空气摄入的某一外源化学物不致引起任何损害作用的剂量。ADI的单位,常以每千克体重mg/d表示。

$$ADI=\frac{NOEL}{安全系数}$$

安全系数(safety factor):是为解决由动物实验资料外推至人的不确定因素及人群毒性资料本身所包含的不确定因素而设置的转换系数,对非致癌物一般取值为100。

(2)最高允许残留量。最高允许残留量(maximal permissible residual limit,MRL),简称容许量,也称最高残留限量,是指允许在食物表面或内部残留药物或化学物质的最高含量(浓度)。最高容许残留量是根据ADI来计算:

$$MRL=\frac{ADI\times 人群平均体重}{人每日食物摄入量\times 食物系数}$$

式中,食物系数是指待制定食物占食物总量的百分率。

(3)参考剂量。参考剂量(reference dose,RfD)为环境介质(空气、水、土壤、食品等)中化学物质的日平均接触量的估计值,即人群(包括敏感亚群)终生接触该剂量水平化学物质条件下,预期在一生中发生有害效应的危险度可低至不能检出的程度。

4.1.1.5 毒理学的主要研究方法

(1)体内试验。体内试验也称为整体动物试验,可严格控制接触条件,测定多种类型的毒作用。其实验对象采用哺乳动物,例如大鼠、小鼠、豚鼠、家兔、仓鼠、犬和猴等;在特殊需要的情况下,也可采用鱼类或其他水生生物、鸟类、昆虫等。检测外源化学物的一般毒性,多在整体动物进行,例如急性毒性试验、亚急性毒性试验、亚慢性毒性试验和慢性毒性试验等。哺乳动物体内试验是毒理学的基本研究方法,其结果原则上可外推到人;但体内试验影响因素较多,难以进行代谢和机制研究。

(2)体外试验。体外试验利用游离器官、培养的细胞或细胞器进行研究,多用于外源化学物对机体急性毒作用的初步筛检、作用机制和代谢转化过程的深入观察研究。体外试验系统缺乏整体毒物动力学过程,并且难以研究外源化学物的慢性毒作用。

①游离器官。利用器官灌流技术将特定的液体通过血管流经某一离体的脏器(肝脏、肾脏、肺、脑等),借此可使离体脏器在一定时间内保持生活状态,与受试化学物接触,观察在该脏器出现有害作用,以及受试化学物在该脏器中的代谢情况。

②细胞。利用从动物或人的脏器新分离的细胞(原代细胞)或经传代培养的细胞如细胞株及细胞系。

③细胞器。将细胞制作匀浆,进一步离心分离成为不同的细胞器或组分,例如线粒体、微粒体、核等,用于实验。

体内试验和体外试验各有其优点和局限性,应主要根据实验研究的目的要求,采用最适当的方法,并且互相验证。最后,还必须将体内和体外实验的结果外推到人,并与人体观察和流行病学研究的结果综合起来,以对所研究的外源化学物进行危险度评价。

(3)人体观察。通过中毒事故的处理或治疗,可以直接获得关于人体的毒理学资料,这是临床毒理学的主要研究内容。有时可设计一些不损害人体健康的受控实验,但仅限于低浓度、短时间的接触,并且毒作用应有可逆性。

(4)流行病学研究。对于在环境中已存在的外源化学物,可以用流行病学方法,将动物实验的结果进一步在人群调查中验证,可从对人群的直接观察中,取得动物实验所不能获得的资料。流行病学研究的优点是接触条件真实,观察对象包括全部个体,可获得制定和修订卫生标准的资料,以及制订预防措施的依据。利用流行病学方法不仅可以研究已知环境因素(外源化学物)对人群健康的影响(从因到果),而且还可对已知疾病的环境病因进行探索(从果到因)。但流行病学研究干扰因素多,测定的毒效应还不够深入,有关的生物学标志还有待于发展。

各种研究方法的优缺点比较参见表4-2。食品中有毒物质的毒理学数据主要从动物毒理学试验中获得。毒理学研究并不意味着就能直接应用于人。从实验动物获得的毒理学数据外推到人群进行定量的风险性评价时,常常需要三个重要的假设:①实验动物和人群的反应性要相似;②实验接触的反应与人的健康有关,并可外推到环境接触(包括食品摄入)水平;③动物试验能够表现出被检物的所有反应特性,这种物质对人有潜在的毒副作用。通常在进行定量风险性评价时可能有很大程度的不确定性。从毒理试验获得的数据有限时,就需要运用流行病学方法进行分析。和毒理学相比,流行病学是一门观察科学,它存在接触和反应的时间差问题,有可能当人们已经接触某一危害物时流行病学还未能观察出结果。因此,对于新出现的化学物质,通过流行病学观察常常是没有用的,还需要依靠毒理学方法进行研究。

表4-2　食品毒理学研究方法的比较

研究方法	流行病学研究	受控的临床研究	毒理学体内试验	毒理学体外试验
优点	真实的暴露条件,在各化学物之间发生相互作用,测定在人群的作用,表示全部的人敏感性	规定的限定暴露条件,在人群中测定反应,对某组人群(如哮喘)的研究是有力的,能测定效应的强度	易于控制暴露条件,能测定多种效应,能评价宿主特征的作用(如性别、年龄、遗传特征和其他调控因素饮食等),能评价机制	影响因素少,易于控制,可进行某些深入的研究(如机制、代谢),人力、物力花费较少
缺点	耗资、耗时多,(多为回顾性),无健康保护,难以确定暴露,有混杂暴露问题,可检测的危险性增加必须达到2倍以上,测定指标较粗(发病率、死亡率)	耗资多,较低浓度和较短时间暴露,限于较少量的人群(一般<50),限于暂时、微小、可逆的效应,一般不适于研究最敏感的人群	动物暴露与人暴露相关的不确定性,受控的饲养条件与人的实际情况不一致,暴露的浓度和时间的模式显著地不同于人群的暴露	不能全面反映毒作用,不能作为毒性评价和危险性评价的最后依据,难以观察慢性毒作用

4.1.1.6　外源化学物的一般毒性作用

(1)急性毒性。急性毒性(acute toxicity)是指机体(人或试验动物)一次接触或24 h内多次接触化学物后在短期(最长到14 d)内所发生的毒性效应,包括一般行为、外观改变、大体形态变化以及死亡效应。

急性毒性试验的目的如下:

①测试和求出化学毒物对一种或几种试验动物的致死量(以 LD_{50} 表示)以及其他的急性毒性参数,了解急性毒作用强度。

②通过观察动物中毒表现和死亡的情况,了解急性毒作用性质、可能的靶器官和致死原因,提供化学毒物的急性中毒资料,初步评价其对人体产生损害的危险性。

③探求化学毒物急性毒性的剂量-反应关系与中毒特征。

④为亚慢性、慢性毒性作用试验的染毒剂量设计提供参考依据。

⑤研究化学毒物急性中毒的预防和急救治疗措施。

⑥为毒理学机制研究提供线索。

(2)蓄积毒性作用。化学毒物进入机体后,经过生物转化以代谢产物或化学物原型排出体外。但是,当化学毒物反复多次给动物染毒,化学毒物进入机体的速度(或总量)超过代谢转化的速度和排泄的速度(或总量)时,化学毒物或其代谢产物就有可能在机体内逐渐增加并贮留,这种现象称为化学毒物的蓄积作用。

化学毒物的蓄积作用是发生慢性中毒的物质基础,因此研究化学毒物在机体内的蓄积是评价化学毒物能否引起潜在慢性毒性的依据之一,也是卫生标准制定过程选择安全系数的主要依据。蓄积毒性试验是研究化学毒物基础毒性的重要内容之一,目的是通过试验求出蓄积系数 K,了解化学毒物蓄积毒性的强弱,并为慢性毒性试验及其他有关毒性试验的剂量选择提供参考。

(3)亚慢性毒性。亚慢性毒性(subchronic toxicity)是指人或实验动物连续接触较长时间(一般 3 个月)、较大剂量(小于急性中毒的致死剂量)的外源化学物所引起的毒性效应。

也有学者主张先做亚急性毒性(subacute toxicity)试验,必要时再做亚慢性毒性研究。亚急性毒性研究连续染毒时间一般在 15～30 d。

亚慢性毒性研究的目的如下:

①为慢性毒性研究作剂量选择准备,即求出亚慢性毒性的阈剂量或 NOAEL。

②为慢性毒性研究毒性反应观察指标作筛选(观察和化验指标选择应依化学物的结构特征,依循有关国家安全性评价程序要求而定)。

③根据化学物中毒症状和化验检查分析该化学物可能的靶部位。

④研究急救治疗措施和治疗药物筛选。

(4)慢性毒性。慢性毒性(chronic toxicity)是指人或实验动物长期(半年以上,甚至终生)反复接触低剂量的化学毒物所产生的毒性效应。

同一外来化学物急性和慢性毒性损伤的器官、系统和作用机制可能一致,也可能不一致。有些外来化学物只有急性毒性而没有慢性毒性或其慢性毒性不明显,这存在争议。有的外来化学物常见慢性毒性,而罕有急性毒性的发生。

在毒理学实验中,按照染毒次数或期限可分为急性或慢性(长期)染毒试验、亚急性染毒试验、亚慢性染毒试验。亚急性染毒的期限常为数天至 1 个月,亚慢性染毒常为 1～3 个月,慢性染毒在半年以上直至终生。不同国家和地区对亚急性、亚慢性和慢性染毒的染毒期限要求不同,在应用不同化学物的情况下,考虑也不同。

慢性毒性研究的目的是研究确定受试化学物的毒性下限,即当长期接触该化学物之后引起可察觉的中毒最轻微症状(或反应)的剂量——阈剂量和无作用剂量(NOAEL),依此进行受试化学物的危险度评估和为制定人接触该化学物的安全限量(卫生标准)提供毒理学依据。

4.1.1.7 食品中的"三致物"

"三致物"指致突变物、致癌物、致畸物。

(1)致突变物。致突变物(mutagen)是指对机体遗传物质具有致突变作用或称诱变作用的一些物质。致突变作用就是损害机体遗传物质(DNA)使之发生改变的一种现象。

DNA 是染色体的主要组成成分,称为脱氧核糖核酸。染色体上排列有大量的基因,决定着生物的遗传。这种遗传现象既具有稳定性,又具有可变性(诱变性)。稳定性是绝对的,具有主导意义;而可变性是相对的,在诱变因素作用下才有可能表现出来。遗传物质发生变化引起遗传信息的改变,并产生新的表型效应称为突变(mutation)。突变可在自然条件下发生,称为自发突变(spontaneous mutation);也可人为或受各种因素诱发产生,称为诱发突变(induced mutation)。自发突变的发生率很低,它提供了生物进化的基础。而人为诱发的突变可能有益,也可能有害。虽然人为的诱发突变也常用于培养和开发新种和良种,但是在毒理学中把突变作为一种损害作用。对于人类而言,诱变的结果表现在生物体的体细胞和性细胞都有可能发生突变。体细胞突变后,只影响到个体,而性细胞突变后,则具有遗传性,可影响子代,更具有严重性。

化学物致突变和致癌、致畸是紧密联系的,人体肿瘤的发生、先天性出生缺陷、自发流产、死亡、糖尿病等都可能与遗传物质 DNA 分子的改变和染色体畸变有关系。现在医学所发现的致癌性强的化学物质,70%都有比较强的致突变性。由于致突变性的测试较致癌性容易,所以常常用测试致突变性来预估物质的致癌性。

常见的致突变物有:黄曲霉毒素、岛青霉毒素、多环芳香烃、亚硝胺类、卤代烃类、多氯联苯、丙烯腈、环氧化物、甲基磺酸酯类、铬盐、有机汞、氮氧化物、环磷酰胺、氨甲喋啶等。

(2)致癌物。致癌物(carcinogen)是指能引起人体组织器官产生癌变的物质,这种作用称致癌作用(carcinogenesis)。食品中的致癌物常见来源是动植物在生长过程中人为使用了某种药物或化学物质,这些物质以原型或其代谢产物存在于食品中,具有潜在的致癌性和致癌作用。致癌作用的病因和机理很复杂,这正是癌症难以征服的主要原因。

鉴于致癌物质的潜伏期可能很长,一种物质在呈现致癌迹象的若干时期,往往可能已被广泛应用,等发现有致癌作用以后,影响面已经很大,影响已很深远。因此,立法机关认为,在人类食品中,不允许加入任何已知的或可疑致癌物。同样,有些曾用致癌物治疗或饲喂过致癌物的动物,在屠宰后不允许其在食用组织有任何残留量存在,要达到零允许量。

食品中常见致癌物如下。

①多环芳烃类(多为5～6环物质)。如苯并芘、3-甲基胆蒽、二苯蒽及二甲基苯蒽等。

②芳香胺类。如β-萘胺、联苯胺、4-硝基联苯胺等。

③N-亚硝胺类。如二甲基亚硝胺、二乙基亚硝胺、乙基丁基亚硝胺、甲基苄基亚硝胺、甲基亚硝基脲、亚硝基吗啉、亚硝基吡咯烷等。

④一些霉菌毒素。如黄曲霉毒素、赭曲霉毒素、杂色曲霉毒素、展青霉素、环氯素、黄天精等。

⑤一些重金属。如Pb,Hg,As,Ni,Cd,Cr等。

关于具有致癌作用的物质在使用时要权衡利弊。如果一食品添加剂有致癌可能性的资料,仅此一点就可以禁用;但在医疗上,如果它是拯救生命的药物,即使有证据证明有致癌性,在临床上也允许使用。

(3)致畸物。致畸物(teratogen)是指能引起子代产生先天性畸形的一些物质。致畸作用(teratogenicity)是致畸物在妊娠的关键阶段(胚胎的器官分化阶段),通过母体作用于胚胎或胎儿,产生毒性作用,扰乱正常的分化,造成先天畸形。

20世纪三四十年代,人们发现外界因素可诱发哺乳动物产生畸胎。最先发现母体营养缺乏(维生素A和维生素B_2缺乏)是致畸因素,以后陆续发现氮芥、台盼蓝、激素、烷化剂、缺氧和X射线等化学和物理因素,均可诱发哺乳动物产生畸胎。但外源化学物诱发人类产生畸胎这一问题,直到1961年出现大量短肢畸形证实是孕妇服用沙利度胺(thalidomide,反应停,酞胺哌啶酮)所致,才得到重视。现已证实,与食品卫生有关的致畸物有:醋酸苯汞、2,4-滴、2,4,5-涕、狄氏剂、DDT、氯丹、七氯及五氯硝基苯中的杂质六氯苯等,驱虫药如丁苯咪唑、氯羟吡啶等都具有致畸作用。

4.1.2　毒物作用机理及影响因素

外源化学物对生物体的毒性作用主要取决于化学物的固有毒性以及机体暴露的程度与途径,定性和定量的描述外源化学物引起的毒作用及其特征,深入研究毒物作用的机理,对于评价外源化学物的安全性具有重要意义。毒物作用机理研究内容包括:毒物如何进入机体,怎样与靶分子相互作用,怎样表现其有害作用及机体对损害作用的反应等。

由于毒物种类繁多,可能受影响的生物体的结构和功能复杂,因此毒物作用的机制也复杂多样,尽管对某些外源化学物毒作用机制进行了深入的研究,但大多数毒物的毒作用机制尚未完全阐明。这里重点介绍通过对人类和实验动物的研究已经确认或比较肯定的毒作用机理。

毒物最直接的作用途径是可以通过不同代谢反应而作用于机体重要部位,例如,当化学物沉积在肾小管时阻断尿的形成,其毒性就主要是通过传递这一途径引起的。稍微复杂的途径是通过操作细胞的功能而引起毒性。例如,河豚毒素进入生物体后,直接作用于运动神经元的钠离子通道,阻断信号传递,抵制运动神经元的活动,最终导致骨骼肌麻痹,细胞所具备的修复功能一般难以阻止这类毒物的作用。

多数毒物发挥其对机体的毒性作用至少经历几个过程:首先,经吸收进入机体的毒物通过多种屏障转运至一个或多个靶部位,进入靶部位的终毒物与内源靶分子发生交互作用;然后,毒物引起机体分子、细胞和组织水平功能和结构的紊乱;最后,机体启动不同水平的修复机制应对毒物对机体的作用,但机体修复功能低下或毒物引起的功能和结构紊乱超过机体修复能力或修复本身发生障碍时,机体即产生毒性效应,如组织坏死、癌症或纤维化等。

4.1.2.1　机体对外源化学物的处置

毒物与机体接触后,一般都经过吸收(absorption)、分布(distribution)、代谢(metabolism)和排泄(excretion)四个处置(disposition)过程(又称 ADME 过程)。毒物经由与机体接触部位进入血液和体液循环的过程为吸收;然后由血液和体液分散到全身组织细胞的过程即为分布;在组织细胞内经酶类催化发生化学结构与性质变化,并形成新的衍生物或分解产物的过程称为生物转化或代谢转化,所形成的衍生物或分解产物称为代谢物;最后毒物及其代谢物向机体外转运的过程称为排泄。吸收、分布和排泄过程具有共性,即都是毒物穿过生物膜的过程,以物理学过程为主且具有类似的机理,故通称为生物转运(bio-transportation);代谢过程则称为生物转化(bio-transformation)。

机体对毒物的处置是毒性作用发展的第一阶段,研究毒物的 ADME 过程是毒理学的重要内容,有助于阐明毒作用的机理。

(1)生物膜和生物转运。外源化学物的吸收、分布和排泄过程是其通过生物膜构成的屏障的过程。生物膜是一种半透膜,它是细胞膜和细胞器膜(如核膜、线粒体膜、内质网膜和溶酶体膜等)的总称。一方面,生物膜对毒物转运的影响,主要是阻留和屏障作用。但另一方面,在化学物通过生物膜的过程中,可能对膜的结构和功能产生一定的毒作用,从而破坏细胞正常生理功能和信息传递。

①生物膜的结构特点。生物膜是一种可塑的、具有流动性的脂质与蛋白质镶嵌而成的双层结构,即流动镶嵌模型。不同组织的生物膜存在差异,但所有的生物膜都是由双层类脂分子和嵌入其间的蛋白质构成。脂类占组成的一半,并以磷脂为主。磷脂排列成双分子层,构成膜的骨架。磷脂的磷脂酰胆碱基,是亲水性基团,排列在双分子层的两表面,通过静电引力与氢键对水产生亲和力;磷脂的脂肪酸氢链为疏水性基团,排列在膜的中间,是极性化合物通透的屏障,保证了细胞内环境的稳定。镶嵌在脂质层中的膜蛋白肽链氨基酸的亲水基也排列于表层,疏水基也是排列在双层中间的非极性区。这些蛋白在细胞膜中起着转运载体、毒物受体、能量转运和“泵”的作用。

②生物膜的功能。生物膜主要有三个功能:一是隔离功能,包绕和分隔内环境;二是进行很多重要生化反应和生命现象的场所;三是作为内外环境物质交换的屏障。

③毒物的跨膜转运。外源化学物通过生物膜是一种跨膜转运，可分为被动转运、主动转运和膜动转运三大类。被动转运包括简单扩散、滤过和易化扩散。

简单扩散（simple diffusion）又称脂溶扩散或顺流扩散，即在膜两侧的外源化学物从高浓度向低浓度扩散，此过程不消耗能量，也不与膜起反应。当膜两侧的浓度差逐渐减小，以至达到动态平衡时，这种转运方式即停止。

滤过（filtration）是化学物通过生物膜上的亲水性孔道的过程。在渗透压梯度和液体静压作用下，大量水可经这些膜孔道通过，同时还可以作为载体携带小分子化合物或离子从膜孔滤过，从而完成生物转运过程。凡分子直径小于孔道的化学物都可通过。一般情况下，相对分子质量小于 100～200 的化学物，可通过直径为 4 nm 的孔道；相对分子质量小于白蛋白分子（约 60 000）的化学物可通过直径为 7 nm 的孔道。例如，水由肾小球滤过时，除血中蛋白质及血液中有形成分被阻留下来外，其余所有溶于血浆中的溶质，均能被水携带通过肾小球毛细血管内皮生物膜孔，从而进入肾小管腔。

易化扩散（facilitated diffusion）又称促进扩散。其基本特点与主动转运相同，但化学物不能逆浓度梯度转运，因而也不会消耗能量，但由于有载体的参与，存在对底物的特异选择性、饱和性和竞争性抑制。一些水溶性大分子如葡萄糖、氨基酸和核苷酸等到体内即通过浓度梯度的易化扩散而转运。

主动转运（active transport）是水溶性大分子化学物的主要转运方式。其特点是：①需要蛋白载体参加；②化学毒物可逆浓度梯度转运；③该系统需消耗能量，因此代谢抑制剂可阻止此转运过程；④载体对转运的化学毒物有特异选择性；⑤转运量有一定极限，当化学毒物达到一定浓度时，载体可达饱和状态；由同一载体转运的两种化学毒物间可出现竞争性抑制。在毒理学上，主动转运方式对于被吸收后化学物的不均匀分布及从肾和肝排泄的过程特别重要，而与吸收的关系较小。

膜动转运指细胞与外界环境之间进行的某些颗粒物或大分子物质的交换过程，以转运时生物膜的形态发生变化为特征，表现出主动选择性和消耗能量。膜动转运包括吞噬作用、胞饮作用和胞吐作用。由于生物膜具有可塑性和流动性，因此对颗粒状物质和液滴，细胞可通过生物膜的变形移动和收缩，把它们包围起来最后摄入细胞内，这就是吞噬或胞饮作用。如肝和脾的单核吞噬细胞系统清除血液中的有害化学物。某些颗粒物或大分子物质也可以通过膜动转运从细胞内转运到细胞外，称为胞吐作用。

（2）吸收。吸收（absorption）是外源化学物在多种因素下，自接触部位透过生物膜进入血液循环的过程。化学物主要是通过呼吸道、消化道和皮肤等途径吸收。在毒理学实验研究中有时还采用特殊的染毒途径，如腹腔注射、静脉注射、肌肉注射和皮下注射等。

①经呼吸道吸收。空气中的化学物是以气体、蒸气和气溶胶等形式存在，因而呼吸道是空气中化学物进入机体的主要途径。气态物质极容易经肺吸收，这是由肺的解剖生理特点所决定的。如肺泡数量多（约 3 亿个），表面积大，可高达 50～100 m^2，相当于皮肤表面面积的 50 倍。由肺泡上皮细胞和毛细血管内皮细胞组成的肺泡壁膜极薄，且遍布毛细血管，血管丰富，便于化学物经肺迅速吸收进入血液。肺泡壁膜对脂溶性分子、水溶性分子及离子都具有高度通透性。

②经消化道（胃肠道）吸收。食品中有害物质主要是通过消化道吸收，毒物的吸收可发生于整个胃肠道，甚至是在口腔和直肠中，但主要是在小肠，因肠绒毛可增加 200～300 m^2 的小

肠吸收面积。从呼吸道进入的化学物有一部分也在消化道吸收。

外源化学物在胃肠道吸收的主要方式是简单扩散，但在一定条件下，滤过和某些特殊转运系统也起一定的作用。哺乳动物胃肠道具有特殊的转运系统，以吸收营养物质和电解质。有些化学物可竞争性作用于这些主动转运系统而被吸收，如铅及其他二价重金属元素可利用钙转运系统，铊、钴、锰等可利用铁蛋白转运系统进入体内。

影响胃肠道吸收的最主要因素是胃肠道的 pH、化学物的脂溶性和化学物的解离常数的负对数（pK_a 和 pK_b）。此外，其他因素（如胃内容物的多少和胃排空时间、肠蠕动和肠排空时间、肠道菌群等）在一定程度上也影响外源化学物经消化道的吸收。某些物质（如胆酸、高脂肪酸的盐类）具有助溶性，可将不溶性化学物转化成溶解性较大的物质。因此，在毒理学研究中，应特别注意控制各种因素，使其尽可能小地影响外源化学物的吸收及毒性反应。

③经皮吸收。皮肤是防止有害物质进入机体的天然屏障。一般认为相对分子质量大于300 的物质以及高脂溶性或高水溶性物质不易通过无损的皮肤；但却有一些有害物质可经完整皮肤吸收，且足以引起中毒。如多数有机磷农药，可透过完整皮肤引起中毒或死亡；CCl_4 可经皮吸收而引起肝损害等。

④其他途径。外源化学物也可经其他途径吸收，有时也有实际意义。如一滴焦磷酸四乙酯滴入眼中，可致大鼠死亡，也可使人致死。外源化学物经眼吸收与经胃肠道吸收情况相似，差别是眼内浓度比进入全身的浓度大，于是局部作用先于全身作用。

此外，在药物治疗和毒理学动物实验中，有时采用静脉、腹腔、皮下和肌肉注射等途径将化学物注入体内。静脉注射可使化学物不经任何吸收过程，即能迅速分布于全身，且保证剂量准确。腹腔注射时，因吸收面积大和血流丰富，化学物吸收快而完全，吸收后主要进入门脉循环而先抵达肝脏。在这一点上，腹腔注射的作用类似于从胃肠道吸收。皮下及肌肉注射时，吸收稍慢，且易受局部供血情况和剂型的影响。

(3)食品毒物的分布。外源化学物通过吸收进入血液或其他体液后，转运到全身组织细胞的过程称为分布(distribution)。化学物在机体各部位的分布不是均匀的。吸收进入血循环的外源化学物，往往攻击某一特定器官发挥其毒作用。这种对靶器官的选择性决定于：①血流供应的多少；②器官的位置与功能；③代谢转化能力及其活化-解毒系统平衡；④存在特定的酶或生化过程；⑤存在特殊的摄入系统；⑥对损伤的脆弱性与特化程度；⑦能否与大分子结合；⑧修复能力。

在分布的开始阶段，器官和组织内化学物的分布主要取决于器官和组织的血液供应量。体内的骨髓与肾和肝相比，血流供应少得多，因此不易受到外源化学物作用。胃肠道、呼吸道处于外源化学物的进入途径，肾和肝则是排泄途径，因此易受外源化学物的损伤。肝脏的代谢能力强，其活化能力也高，因此对特定外源化学物的活化-解毒能力不平衡时，即可受损。但随着时间的延长，化学物在器官中的分布则越来越受组织本身的“吸收”特性的影响，也就是说，按化学物与器官的亲和力大小，选择性地分布在某些器官，这就是毒理学中常提到的再分布过程。例如，铅吸收入血液后，先在血浆与红细胞之间取得平衡，随即有部分转移到肝、肾等组织，但 1 个月后，体内的铅又重新分布，约 90%转移到骨骼并沉积其中。

(4)食品毒物的排泄。排泄(excretion)是化学物及其代谢产物向机体外转运的过程，是生物转运的最后一个环节。毒物经过转化和排泄，可使机体内部的毒物浓度降低。毒物及其代谢产物从机体排出的主要途径是经肾脏随尿排出和通过肠道随粪便排出；其次，可随各种分泌液如汗液、乳汁和唾液排出。挥发性物质还可经呼吸道排出。

①经肾脏排出。肾脏是排出化学物效率极高的器官，也是最重要的排泄器官。外源化学物经肾脏排泄机制涉及肾小球滤过和肾小管主动分泌两种方式。肾脏血液供应丰富，约为心搏出量的25%，其中约80%通过肾小球滤过。肾小球过滤属于膜孔扩散。因肾小球的膜孔较大(40 nm)，除与蛋白质牢固结合的毒物不可滤过外，几乎所有的毒物(相对分子质量小于200)都可滤过。滤入肾小管腔的毒物可随尿液排出体外或经肾小管重吸收。

肾小管分泌为主动转运过程，每一种毒物都有其相应的主动运输系统。例如，有机酸毒物主要通过尿酸的分泌系统排出，有机碱则经分泌胆碱和组胺的系统排出。由于细胞膜上这种主动运输的载体有限，所以，不同化合物会竞争分泌过程。例如，经有机酸转运体系转运的物质可与尿酸竞争，结果使尿酸在血浆中浓度上升而引起痛风。

②经粪便排泄。经粪便排泄是毒物排出体外的另一个主要途径，其过程比较复杂。混入食物中的毒物，经口摄入，但未被胃肠道吸收的可直接随粪便排出。

部分毒物吸收后经过肝脏生物转化形成的代谢产物及其毒物原型可以直接排入胆汁，最终随粪便排出体外。一般来说，低分子质量的物质很少经胆汁排出。但也有部分毒物及其代谢产物经由胆汁排泄入肠道后，可重新被吸收入肝，进而进入胆汁，这种由肠入肝，再入肠的周而复始的过程，称为肝肠循环，凡是能参与肝肠循环的物质，其生物半衰期都较长。

毒物可经被动扩散从血液直接转运到小肠腔内，也可在小肠黏膜经生物转化后排入肠腔，小肠细胞的快速脱落则是毒物进入肠腔的另一种方式。

另外，肠道菌群可以摄取外源化学物并对其进行生物转化，菌群及其代谢产物是粪便的主要成分，菌群占粪便干重的30%～42%。

③经肺排出。在体温条件下主要以气态存在的物质，基本上由肺排出，排出速度与吸收速度成反比。乙醇二乙基乙醚这类强挥发性物质未经生物转化的部分几乎全部由肺排出。个别物质可在体内转化成挥发性物质，如硒在体内可转化成二甲硒，从而经肺排出。一些不溶解的颗粒化学物进入呼吸道后，可通过肺泡及细支气管、支气管等系统，从肺组织移至咽部，随痰咳出或吞入消化道。

④其他排泄途径。化学物在体内还可以经乳汁等途径排出。乳汁虽非排泄毒物的主要途径，但具有特殊的意义。因有些化学毒物可经乳汁由母体转运给婴儿，也可由牛乳转运至人。此外，有些化学物可通过汗腺、唾液、脑脊液、毛发等排泄。

(5)外源化学物在体内的生物转化。外源化学物在体内经过一系列化学反应并形成衍生物以及分解产物的过程称为生物转化或者代谢转化(bio-transformation)。一般情况下，外源化学物经过生物转化后，极性增强，形成水溶性更强的化合物，使其易于排出体外。同时也形成一些毒性较低的代谢物，使毒性降低。但也有些化学物的代谢产物毒性反而增强，例如对硫磷可在体内代谢为毒性更大的对氧磷，苯并(a)芘本身不致癌，但其代谢物具有致癌性。

虽然在肺、胃肠道、肾、胎盘、血液以及皮肤中，也有一些较弱的代谢反应，但肝脏是最重要的代谢器官，外源化学物的代谢转化主要发生在肝脏，由特定的酶类催化而进行。

代谢反应过程主要包括氧化、还原、水解和结合四种反应。外来化合物在氧化、还原和水解反应中，往往分子上出现一个极性反应基团，增加了水溶性，并可进行结合反应。大多数化学物，无论是先经过氧化、还原或水解反应，最后都必须经过结合反应，再排出体外。因此，氧化、还原和水解反应是生物转化的第一阶段反应，称为Ⅰ相反应；结合反应是第二阶段反应，称为Ⅱ相反应。

①Ⅰ相反应。Ⅰ相反应包括羟基化、环氧化、脱氨基和脱硫基反应等，使外源化学物暴露或产生极性基团，如—OH、—NH_2、—SH、—COOH 等，水溶性增高，直接排出体外，或成为适合于Ⅱ相反应的底物。

如乙醇在人体内的代谢主要靠乙醇脱氢酶和乙醛脱氢酶。乙醇脱氢酶能把乙醇分子中的两个氢原子脱掉，使乙醇分解变成乙醛。而乙醛脱氢酶则能把乙醛中的两个氢原子脱掉，使乙醛被分解为二氧化碳和水。人体内若是具备这两种酶，就能较快地分解酒精，中枢神经就较少受到酒精的作用。在一般人体中，都存在乙醇脱氢酶，而且数量基本是相等的。但缺少乙醛脱氢酶的人就比较多，我国汉民族中，约有 44％的人属乙醛脱氢酶缺陷型。这种乙醛脱氢酶的缺少，使酒精不能被完全分解为水和二氧化碳，而是以乙醛继续留在体内，使人喝酒后产生恶心欲吐、昏迷不适等醉酒症状。

②Ⅱ相反应。绝大多数外源化学物在Ⅰ相反应中无论发生氧化、还原或水解反应，最后都必须进行结合反应以排出体外。结合反应首先通过提供极性基团的结合剂或提供能量 ATP 而被活化，然后由不同种类的转移酶进行催化，将具有极性功能基团的结合剂转移到外源化学物或将外源化学物转移到结合剂形成结合产物。结合物一般将随同尿液或胆汁由体内排泄。

生物体内至少有五种类型的Ⅱ相反应：葡萄糖醛酸化反应、硫酸盐化反应、与还原性谷胱甘肽结合反应、乙酰化反应和甲基化反应。在Ⅰ相反应中产生的已经被氧化或还原的活性代谢物，在Ⅱ相反应中与一个具有高度极性的化合物结合，产生一个具有更高极性的分子，从而易于排出(通常通过尿和胆汁排出)。葡萄糖醛酸化和硫酸盐化是最主要的Ⅱ相反应。葡萄糖醛酸转移酶和硫酸基转移酶分别催化尿二磷葡萄糖醛酸(UDPG)、活性硫酸盐(PAPS)与仲醇类、酚类、胺类、羧酸类、巯基类化合物结合，使之成为易于排出的葡萄糖苷酸和硫酸结合物。葡萄糖醛酸转移酶主要存在于肝脏的内质网膜和细胞液中。由于Ⅰ相反应酶类的细胞定位直接影响其脱毒反应的效能，这种结合性可使Ⅰ相反应和Ⅱ相反应的脱毒系统协同作用，快速活化和除去外源毒物。

4.1.2.2　终毒物与靶分子的反应

毒效应的强度主要取决于终毒物在其作用位点的浓度及持续时间。终毒物(ultermate toxicant)是指与内源靶分子(如受体、酶、DNA、微丝蛋白、脂质)相互作用，使整体性的结构或功能改变，从而导致毒性作用的物质。终毒物可能与靶分子发生非共价和共价结合，也可能通过去氢化反应、电子转移或酶促反应而改变靶分子，引起靶分子结构和功能的失调。

最常见的是损害蛋白质的功能和干扰 DNA 的合成。例如砷、汞及其他重金属与蛋白质的巯基共价结合后，常抑制在细胞内可能具有关键性作用的酶类，这些酶参与调节离子浓度、主动转运或线粒体代谢。

4.1.2.3　细胞调节功能障碍

毒物与靶分子反应并导致细胞功能损害，是毒性发展过程的第三个阶段。毒物对细胞的损伤可能是可逆或不可逆的。由可逆发展成为不可逆的转折临界点尚不完全清楚。

毒物所引起的最初细胞功能障碍主要取决于受影响靶分子在细胞中的功能，如果受影响的靶分子参与细胞信号通路的调节过程，那么基因表达的调节障碍和细胞瞬息活动调节障碍就会首先发生；如果受影响的靶分子主要参与维持细胞自身的功能，则可能威胁到细胞的存活；毒物与行使外部功能的靶分子反应，则可能影响其他细胞和整个器官系统的功能。

4.1.2.4 修复障碍及其引起的毒性

生物体的修复机制发生在分子、细胞和组织水平，但有时不能对损伤起保护作用。首先修复机制保证度并非绝对，某些损伤的修复可能被遗漏；其次，损伤程度超过机体修复能力时，修复失效；再次，修复所必需的酶或辅因子被消耗时，修复能力耗竭；最后，某些毒性损害不能被有效地修复，例如当出现外源化学物共价地结合于蛋白质时，机体不能有效地修复。当修复机制被破坏、被耗尽时，即产生对机体的毒性作用。

修复过程也可能引起毒性，这种情况通常是被动发生的。例如，因DNA损伤修复过程消耗过量的NAD^+，机体抗氧化过程消耗过量NAD(P)H时均可危及氧化磷酸化过程，导致或加剧ATP耗竭，从而引发细胞损害。修复过程也可能主动产生毒性作用，慢性组织损伤后，当修复过程偏离正确轨道，导致不可控制的增生而不是组织的重建时，即可形成肿瘤，而细胞外间质的过度产生导致组织纤维化。

4.1.2.5 毒物作用的影响因素

各种化学物对一种实验动物产生的毒性和毒效应有很大差异，一种化学物对不同的实验动物的毒作用也不尽相同，既有量的变化，也有质的差异，究其原因十分复杂。概括起来主要有四个方面的因素：化学物因素、机体因素、外源化学物与机体所处的环境条件、化学物的联合作用。

了解毒性作用的各种影响因素，一方面在评价化学物的毒性时，可设法加以控制以避免其干扰，使实验结果更准确，重现性更好；另一方面人类接触化学物时，这些因素并不能完全控制，因此以动物实验结果外推于人时，特别在制定预防措施时，可针对各种影响因素予以综合考虑。

(1)化学物因素。理化特性是毒物毒性的基础。物理特性可决定毒物的化学活性，而化学结构既可决定其化学反应特点，又可决定其物理特性。化学物的物理特性则可能影响吸收与剂量，从而影响毒性大小或靶器官的选择。

①化学物的化学结构与活性。化学物的化学结构是决定毒性的重要物质基础，因而找出化学结构与活性关系的规律，有利于对化学物毒性作用的估计和预测。同时，还可按照人们的要求去生产高效低毒的化学物。化学物的化学结构决定它在体内可能参与和干扰的生化过程，因而决定其毒作用性质。例如，苯具有麻醉作用和抑制造血功能的作用，当苯环中的氢被甲基取代成甲苯或二甲苯时，抑制造血功能的作用就不明显；当苯环中的氢被氨基或硝基取代时，则其作用性质有很大的改变，此时具有形成高铁血红蛋白的作用，而且对肝脏具有不同程度的毒性；当苯环的氢基被卤素所取代时，则以肝毒性为其特征。又如，环氧化物仅当环氧基团处于分子末端时才有致敏作用。一些物质，化学结构虽不同，却表现出某些共同的作用。如脂肪族烃类、醇类、醚类，在高浓度下均有麻醉作用。

化学结构对毒性大小的影响是一个相当复杂的问题。人们虽然已做了大量的研究，但目前仅找到一些相对而有限的规律，现举例说明如下。

a. 同系物的碳原子数：烷、醇、酮等碳氢化合物按同系物相比，碳原子数越多，则毒性越大(甲醇与甲醛除外)。但当碳原子数超过一定限度时(7～9)，毒性反而迅速下降。例如，烷烃毒性大小为：戊烷＜己烷＜庚烷，但辛烷毒性迅速降低。而ω-氟羧酸[$F(CH_2)_nCOOH$]系列的比较毒性研究，则发现分子为偶数碳原子的毒性大，奇数碳原子的毒性小。同系物当碳原子数相同时，直链的毒性比支链的大，如庚烷的毒性大于异庚烷；成环的毒性大于不成环的，如环戊烷的毒性大于戊烷。

b. 基团的位置：基团的位置不同也可能影响毒性。例如带两个基团的苯环，大多数情况下是邻位的毒性大于对位，如 *o*-氨基酚的毒性大于 *p*-氨基酚。

c. 卤代烃类卤素数：此类物质对肝脏的毒性可因卤素的增多而增强。例如氯甲烷的肝毒性大小依次是 $CCl_4 > CHCl_3 > CH_2Cl_2 > CH_3Cl$。其原因是，卤素取代后，可使分子极性增加，容易与酶系统结合而使其毒性增强。

d. 手征性：化学物的同分异构体存在着手征性，即对映体构型的右旋和左旋（相应以 *R* 和 *S* 表示，对于氨基酸、糖类等少数物质以 *D* 和 *L* 表示），以及其中一部分显示出的旋光性的偏振平面顺时针向右偏转或逆时针向左偏转[相应以（+）和（－）表示，部分也以 *d* 和 *l* 表示]，对于生物转化和生物转运都有一定影响，从而影响其毒性。例如最近发现 *S*（－）-沙利度胺（thalidomide，反应停）的致畸性要比 *R*（+）构型的强烈。

e. 分子饱和度：分子中不饱和键增加时，其毒性也增加。例如，二碳烃类的麻醉作用是：乙炔＞乙烯＞乙烷。

②化学物的物理特性对毒作用的影响。化学物的物理特性在一定程度上影响其毒作用特性。例如，化学物的溶解度影响其吸收部位和在体内的分布，因而影响其靶器官，但化学物的物理特性更多的是因影响吸收、分布、蓄积而影响毒性大小。

a. 溶解度。化学物在水中的溶解度直接影响其毒性大小，溶解度越大，毒性越大。如 As_2O_3（砒霜）在水中的溶解度比 As_2S_3（雄黄）大 3 万倍，因而其毒性远大于后者。另一方面，化学物的水溶性还影响其毒作用部位。如水溶性气体氯化氢、氨等主要作用于上呼吸道，引起强烈的刺激性。脂溶性物质易在脂肪中蓄积，侵犯神经系统。如 DDT 易在脂肪中蓄积；四乙基铅因其具有亲脂性，故而对神经系统的毒性大。

b. 分散度。分散度不仅和化学物进入呼吸道的深度和溶解度有关，而且还影响它的化学活性。例如，一些金属烟（锌烟和铜烟），因其表面活性大，可与呼吸道上皮细胞或细菌等蛋白作用，产生异性蛋白，引起发烧。而锌尘和铜尘则无此种作用（烟是气体，尘是分散在大气中微小颗粒，是固体）。

c. 挥发度。液态物质的挥发度以在空气中饱和蒸汽浓度来表示。液态化学物的挥发度越大，在空气中可能达到的浓度越大，于是通过呼吸道吸收引起中毒的可能性越大。如苯与苯乙烯的 LC_{50} 为 0.045 mg/m³ 左右，但苯的挥发度较苯乙烯约大 11 倍，故其危险性远较苯乙烯大。

③化学物进入机体的途径。

a. 接触途径。由于接触外源化学物质的途径不同，故吸收、分布、首先到达的组织器官也不同，其生物转化、毒性反应性质和程度亦会不同。各种接触途径的吸收速度和毒性大小的顺序依次为：静脉注射、呼吸道、腹腔注射、皮下注射、经口和经皮。同时，染毒途径不同，有时可出现不同的毒作用，如硝酸铋经口染毒后，在肠道细菌作用下可还原成亚硝酸而引起高铁血红蛋白症，但若经静脉注射则无此毒效应。

b. 接触剂量。接触剂量又称染毒剂量（administrated dose）或外剂量（external dose），是指化学物与机体的接触剂量。吸收剂量（absorbed dose）又称内剂量，是指化学物穿过一种或多种生物屏障,吸收进入体内的剂量。到达剂量(delivered dose)又称靶剂量或生物有效剂量,是指吸收后到达靶器官(或组织、细胞)的外源化学物和其代谢产物的剂量。化学物对机体的损害作用的性质和强度,直接取决于其在靶器官中的剂量。

c. 接触频率。接触频率也会影响化学物对机体毒作用的性质和程度。一般而言,多次接触使毒性损伤连续,有可能出现累积效应。

因此,对外源化学物特别是食品这一特殊物质的安全性评价需要着重考虑多次、长期以及终生接触所引起的相关毒性作用。

(2)机体因素。毒性效应的出现是外源化学物与机体相互作用的结果,因此生物体内环境的许多因素都可能影响化学物的毒性。

①物种、品系与个体感受性差异。生物体的差异表现在动物种属间和个体间两方面。毒物的毒性在不同动物种属间(包括动物与人之间)常有较大差异。如人对阿托品的敏感性要比兔大15倍,而士的宁对兔的毒性却比人大得多。比较动物与人之间的这种差异,对于将动物实验结果外推到人是极为重要的。一般来说,非近亲繁殖的种系动物之间的差异性比近亲繁殖种系间的要大。

一种毒物对同一种属的不同品系甚至不同个体的毒性往往也有所不同。这是由于代谢途径和生化机理不同而导致不同的毒性。例如,苯乙酸在人体内与谷氨酰胺结合,在鸡体内与鸟氨酸结合,而在其他动物体内则与甘氨酸及葡萄糖醛酸结合。苯异丙胺在人、猴、豚鼠体内的代谢是脱氨基作用,而在大鼠体内则是对位羟化作用。兔体内有一种酯酶能水解阿托品,所以兔食入颠茄叶不会中毒,而其他动物体内则因缺少这种酶而易中毒。

个体差异还表现在不同免疫状态对毒物的影响。如个别个体遇微量青霉素就发生过敏反应。还有些毒物能抑制体内的免疫功能,使机体对毒物的毒性反应增强。

遗传性个体差异有时表现在先天性代谢性疾病以及原因不明的特异体质,可对某种化学物质产生异常反应。如患遗传性红细胞葡萄糖-6-磷酸脱氢酶缺乏症时,对一些氧化物质(如苯胺)有高敏性,接触后容易发生溶血。

②性别、激素和妊娠。有些毒物的毒性作用有明显的性别差异。如一定剂量的氯仿,雌鼠可以耐受,而雄鼠可引起死亡。若将雄鼠去势,或给予雌激素,或给雌鼠以雄激素则可消除此种差异。

③病理状况。毒性作用的个体差异往往与病理状况有密切关系。如患贫血病时对铅,患肝脏病时对四氯化碳,患肾脏病时对砷都更易中毒。

④年龄。年龄对毒物的敏感性也有影响,如新生动物的中枢神经系统对兴奋剂不敏感,而对抑制剂却很敏感。幼龄和老龄动物对毒物代谢较慢而易中毒。

⑤营养。由种种原因造成的营养不良,可加剧毒物的毒性反应。如缺乏蛋白质可加剧黄曲霉毒素对肝脏的损害,这可能是由于肝脏的解毒能力降低所致。维生素A缺乏会增加呼吸道对致癌物的感受性。再如丙烯基化合物的短缺将减少细胞色素P450的产生,因而降低肝微粒体对一些毒物的代谢能力。此外,各种类固醇激素在体内的代谢与某些毒物的生物转化也有很大影响。如雄激素可加强肝微粒体上葡萄糖醛酸与毒物结合的能力。所以,合理地平衡膳食是至关重要的。

(3)环境因素。环境温度、湿度、气压、噪声和动物的笼养形式等物理因素与毒物有联合作用。如高温环境可增强氯酚的毒性;氯化氢、氟化氢等在高湿环境中,其刺激性明显增强;氮在常压下只有单纯的窒息作用，而在高压下则具有麻醉作用。此外，有时即使是同一化学物质和同一机体，在不同环境下也表现不同作用。如吗啡镇痛效力在上半夜最强，而下午最弱；戊巴比妥的麻醉效力在下午最强，而下半夜最弱，但其致死毒性则相反，一般下午最弱，下半夜最强。

(4)化学物的联合作用。任何化学物都是在一定条件下才显示其毒性。生活与劳动环境中存在的化学因素与物理因素都可能使化学物的作用条件发生改变，机体所受损害亦可能有差异。

环境污染物中同时(或在极短时间内先后)存在两种或多种化学物，其对机体的毒作用统称为联合作用。联合作用的结果可表现为相加作用、协同作用或增强作用、拮抗作用。

上述因素都是影响毒物作用的重要条件。但是，决定一种毒物所产生的危害性大小的是毒物的剂量和染毒方式。有些毒物毒性虽大，若剂量很小，实际危害性不大；有些毒物的急性毒性虽然不强，但污染环境的范围广，如食品中残留的农药、添加剂或混入水和大气中的毒物，其危害性将更严重。

4.1.3 食品安全性毒理学评价程序

对一种外源化学物进行安全性评价时，须按一定的顺序进行，以达到在最短的时间内，以最经济的办法，取得最可靠的结果。在实际工作中，一般采取分阶段进行的原则，即试验周期短、费用低、预测价值高的试验先安排。

对一种外源化学物的安全性评价还需根据受试物质的种类来选择相应的程序，不同的化学物质所选取的程序不同，一般根据化学物质的种类和用途来选择国家标准、部门和各级政府发布的法规、规定和行业规范中的相应程序。我国食品安全性毒理学评价需根据卫生部 2014 年颁布的 GB 15193.1—2014《食品安全国家标准　食品安全性毒理学评价程序》来开展。它适用于评价食品生产、加工、保藏、运输和销售过程中所涉及的可能对健康造成危害的化学、生物和物理因素的安全性，评价对象包括食品添加剂(含营养强化剂)、食品新资源及其成分、新资源食品、辐照食品、食品容器和包装材料、食品工具、设备、洗涤剂、消毒剂、农药残留、兽药残留、食品工业用微生物等。

4.1.3.1 食品安全性毒理学评价程序对受试物的要求

(1)对单一的化学物质，应提供受试物(必要时包括杂质)的物理、化学性质(包括化学结构、纯度、稳定性等)。对于配方产品，应提供受试物的配方，必要时应提供受试物各组成成分的物理、化学性质(包括化学名称、结构、纯度、稳定性、溶解度等)有关资料。

(2)提供原料来源、生产工艺、人体可能的摄入量等有关资料。

(3)受试物必须是符合既定配方的规格化产品，其组成成分、比例及纯度应与实际应用的相同，在需要检测高纯度受试物及其可能存在的杂质的毒性或进行特殊试验时可选用纯品，或以纯品及杂质分别进行毒性检测。

4.1.3.2 食品安全性毒理学评价试验的内容和目的

食品安全性毒理学评价试验包括 4 个阶段。

(1)第一阶段。急性毒性试验，包括经口急性毒性(LD_{50})试验，联合急性毒性试验和一次最大耐受剂量法。

目的:测定 LD_{50},了解受试物的毒性强度、性质和可能的靶器官,为进一步进行毒性试验的剂量和毒性判定指标的选择提供依据,并根据 LD_{50} 进行毒性分级。

(2)第二阶段。遗传毒性试验,传统致畸试验,30 d 喂养试验。

①遗传毒性试验。遗传毒性试验的组合必须考虑原核细胞和真核细胞、体内和体外试验相结合的原则。Ames 试验或 V79/HGPRT 基因突变试验、骨髓细胞微核试验或哺乳动物骨髓细胞染色体畸变试验、c 或 d 试验中任选 1 项。

a. 鼠伤寒沙门氏菌/哺乳动物微粒体酶试验(Ames 试验)或 V79/HGPRT 基因突变试验,Ames 试验为首选,必要时可另选其他试验。

b. 骨髓细胞微核试验或哺乳动物骨髓细胞染色体畸变试验。

c. TK 基因突变试验。

d. 小鼠精子畸形分析和睾丸染色体畸变分析。

e. 其他备选遗传毒性试验:显性致死试验、果蝇伴性隐性致死试验,非程序 DNA 合成试验。

②传统致畸试验。了解受试物对胎崽是否有致畸作用。

③30 d 喂养试验。对只需进行第一、第二阶段毒性试验的受试物,在急性毒性试验的基础上,通过 30 d 喂养试验,进一步了解其毒性作用,并可初步估计最大未观察到有害作用剂量。如受试物需进行第三、第四阶段毒性试验者,可不进行本试验。

(3)第三阶段。亚慢性毒性试验,包括 90 d 喂养试验、繁殖试验、代谢试验。

目的:通过 90 d 喂养试验,繁殖试验观察受试物以不同剂量水平经较长期喂养后对动物的毒性作用性质和靶器官,并初步确定最大未观察到有害作用剂量;了解受试物对动物繁殖及对子代的致畸作用,为慢性毒性和致癌试验的剂量选择提供依据。通过代谢试验了解受试物在体内的吸收、分布和排泄速度以及蓄积性,寻找可能的靶器官;为选择慢性毒性试验的合适动物种系提供依据;了解有无毒性代谢产物的形成。

(4)第四阶段。慢性毒性试验(包括致癌试验)。

了解经长期接触受试物出现的毒性作用,尤其是进行性或不可逆的毒性作用以及致癌作用;最后确定最大未观察到有害作用剂量,为受试物能否应用于食品的最终评价提供依据。

4.1.3.3 对不同受试物选择毒性试验的 4 个原则

(1)凡属我国创新的物质一般要求进行四个阶段的试验。特别是对其中化学结构提示有慢性毒性、遗传毒性或致癌性可能者或产量大、使用范围广、摄入机会多者,必须进行全部四个阶段的毒性试验。

(2)凡属与已知物质(指经过安全性评价并允许使用者)的化学结构基本相同的衍生物或类似物,则根据第一、第二、第三阶段毒性试验结果判断是否需进行第四阶段的毒性试验。

(3)凡属已知的化学物质,世界卫生组织已公布每人每日容许摄入量(ADI,以下简称日许量)者,同时申请单位又有资料证明我国产品的质量规格与国外产品一致,则可先进行第一、第二阶段毒性试验,若试验结果与国外产品的结果一致,一般不要求进行进一步的毒性试验,否则应进行第三阶段毒性试验。

(4)食品添加剂(包括营养强化剂)、食品新资源和新资源食品、食品容器和包装材料、辐照食品、食品及食品工具与设备用洗涤消毒剂、农药残留及兽药残留的安全性毒理学评价试验的选择。

①食品添加剂。

香料：

鉴于食品中使用的香料品种很多，化学结构很不相同，而用量则很少，在评价时可参考国际组织和国外的资料和规定，分别决定需要进行的试验。

a. 凡属世界卫生组织已建议批准使用或已制定日许量者，以及香料生产者协会(FEMA)、欧洲理事会(COE)和国际香料工业组织(IOFI)四个国际组织中的两个或两个以上允许使用的，参照国外资料或规定进行评价。

b. 凡属资料不全或只有一个国际组织批准的，先进行急性毒性试验和本程序所规定的致突变试验中的一项，经初步评价后，再决定是否需进行进一步试验。

c. 凡属尚无资料可查、国际组织未允许使用的，先进行第一、第二阶段毒性试验，经初步评价后，决定是否需进行进一步试验。

d. 从食用动植物可食部分提取的单一高纯度天然香料，如其化学结构及有关资料并未提示具有安全性的，一般不要求进行毒性试验。

其他食品添加剂：

a. 凡属毒理学资料比较完整，世界卫生组织已公布日许量或不需规定日许量者，要求进行急性毒性试验和两项致突变试验，首选 Ames 试验和骨髓细胞微核试验。但生产工艺、成品的纯度和杂质来源不同者，进行第一、第二阶段毒性试验后，根据试验结果考虑是否进行下一阶段试验。

b. 凡属有一个国际组织或国家批准使用，但世界卫生组织未公布日许量，或资料不完整者，在进行第一、第二阶段毒性试验后作初步评价，以决定是否需进行进一步的毒性试验。

c. 对于由天然植物制取的单一组分、高纯度的添加剂，凡属新品种需先进行第一、第二、第三阶段毒性试验，凡属国外已批准使用的，则进行第一、第二阶段毒性试验。

d. 进口食品添加剂：要求进口单位提供毒理学资料及出口国批准使用的资料，由国务院卫生行政主管部门指定的单位审查后决定是否需要进行毒性试验。

②食品新资源和新资源食品。食品新资源及其食品原则上应进行第一、第二、第三阶段毒性试验，以及必要的人群流行病学调查。必要时应进行第四阶段试验。若根据有关文献资料及成分分析，未发现有毒或毒性甚微不至构成对健康损害的物质，以及较大数量人群有长期食用历史而未发现有害作用的动、植物及微生物等(包括作为调料的动、植物及微生物的粗提制品)可以先进行第一、第二阶段毒性试验，经初步评价后，再决定是否需要进行进一步的毒性试验。

③食品容器与包装材料。对个别成分(单体)和成品(聚合物)分别评价。对个别成分应进行第一、第二阶段试验。对成品则根据其成型品在百分之四醋酸溶出试验(方法见中华人民共和国国家标准食品卫生检验方法理化部分 GB/T 5009.60—2003《食品包装用聚乙烯、聚苯乙烯、聚丙烯成型品卫生标准的分析方法》)中所得残渣的多少来决定需要进行的试验。

④辐照食品。按《辐照食品卫生管理办法》要求提供毒理学试验资料。

⑤食品及食品工具与设备用清洗消毒剂。按卫生部颁发的《消毒管理办法》进行，重点考虑残留毒性。

⑥农药残留。按 GB/T 15670—2017《农药登记毒理学试验方法》进行。

⑦兽药残留。参照 GB/T 15670—2017《农药登记毒理学试验方法》进行。

4.1.3.4 食品安全性毒理学评价试验的结果判定

(1)急性毒性试验。若 LD_{50} 剂量小于人的可能摄入量的10倍,则放弃该受试物用于食品,不再继续其他毒理学试验。如大于10倍者,可进入下一阶段毒理学试验。为慎重起见,凡 LD_{50} 在10倍左右时,应进行重复试验,或用另一种方法进行验证。

(2)遗传毒性试验,传统致畸试验,30 d喂养试验。

①如三项试验(Ames试验或V79/HGPRT基因突变试验、骨髓细胞微核试验或哺乳动物骨髓细胞染色体畸变试验、本书4.1.3.2(2)中所列c或d的任一项)中,体内、体外各有一项或以上试验阳性,则表示该受试物很可能具有遗传毒性和致癌作用,一般应放弃该受试物应用于食品。

②如三项试验中一项体内试验为阳性或两项体外试验阳性,则再选两项备选试验(至少一项为体内试验)。如再选的试验均为阴性,则可进行下一步的毒性试验;如其中有一项试验阳性,则结合其他试验结果,经专家讨论决定,再作其他备选试验或进行下一步的毒性试验。

③如三项试验均为阴性,则可继续进行下一步的毒性试验。

(3)30 d喂养试验。对只要求进行第一、第二阶段毒理学试验的受试物,若短期喂养试验未发现有明显毒性作用,综合其他各项试验即可作出初步评价;若试验中发现有明显毒性作用,尤其是有剂量-反应关系时,则考虑进行进一步的毒性试验。

(4)90 d喂养试验、繁殖试验、传统致畸试验。根据这三项试验中的最敏感指标所得最大未观察到有害作用剂量进行评价,原则如下。

①最大未观察到有害作用剂量小于或等于人的可能摄入量的100倍者表示毒性较强,应放弃该受试物用于食品。

②最大未观察到有害作用剂量大于100倍而小于300倍者,应进行慢性毒性试验。

③最大未观察到有害作用剂量大于或等于300倍者则不必进行慢性毒性试验,可进行安全性评价。

(5)慢性毒性(包括致癌)试验。根据慢性毒性试验所得的最大未观察到有害作用剂量进行评价,原则如下。

①最大未观察到有害作用剂量小于或等于人的可能摄入量的50倍者,表示毒性较强,应放弃该受试物用于食品。

②最大未观察到有害作用剂量大于50倍而小于100倍者,经安全性评价后,决定该受试物可否用于食品。

③最大未观察到有害作用剂量大于或等于100倍者,可考虑允许使用于食品。

根据致癌试验所得的肿瘤发生率、潜伏期和多发性等进行致癌试验结果判定的原则是:凡符合下列情况之一,并经统计学处理有显著性差异者,可认为致癌试验结果阳性。若存在剂量-反应关系,则判断阳性更可靠。

①肿瘤只发生在试验组动物,对照组中无肿瘤发生。

②试验组与对照组动物均发生肿瘤,但试验组发生率高。

③试验组动物中多发性肿瘤明显,对照组中无多发性肿瘤,或只是少数动物有多发性肿瘤。

④试验组与对照组动物肿瘤发生率虽无明显差异,但试验组中发生时间较早。

(6)新资源食品等受试物在进行试验时,若受试物掺入饲料的最大加入量(超过5%时应补充蛋白质等到与对照组相当的含量,添加的受试物原则上最高不超过饲料的10%)或液体受试物经浓缩后仍达不到最大未观察到有害作用剂量为人的可能摄入量的规定倍数时,则可以综合其他的毒性试验结果和实际食用或饮用量进行安全性评价。

4.1.3.5 进行食品安全性评价时需要考虑的因素

(1)试验指标的统计学意义和生物学意义。在分析试验组与对照组指标统计学上差异的显著性时,应根据其有无剂量-反应关系、同类指标横向比较及与本实验室的历史性对照值范围比较的原则等来综合考虑指标差异有无生物学意义。此外,如在受试物组发现某种肿瘤发生率增高,即使在统计学上与对照组比较差异无显著性,仍要给以关注。

(2)生理作用与毒性作用。对实验中某些指标的异常改变,在结果分析评价时要注意区分是生理学表现还是受试物的毒性作用。

(3)人的可能摄入量较大的受试物。应考虑给予受试物量过大时,可能影响营养素摄入量及其生物利用率,从而导致动物某些毒理学表现,而非受试物的毒性作用所致。

(4)时间-毒性效应关系。对由受试物引起的毒性效应进行分析评价时,要考虑在同一剂量水平下毒性效应随时间的变化情况。

(5)人的可能摄入量。除一般人群的摄入量外,还应考虑特殊和敏感人群(如儿童、孕妇及高摄入量人群)。对孕妇、乳母或儿童食用的食品,应特别注意其胚胎毒性或生殖发育毒性、神经毒性和免疫毒性。

(6)人体资料。由于存在着动物与人之间的种属差异,在评价食品的安全性时,应尽可能收集人群接触受试物后的反应资料,如职业性接触和意外事故接触等。志愿受试者的体内代谢资料对于将动物试验结果推论到人具有很重要的意义。在确保安全的条件下,可以考虑遵照有关规定进行人体试食试验。

(7)动物毒性试验和体外试验资料。本程序所列的各项动物毒性试验和体外试验系统虽然仍有待完善,却是目前水平下所得到的最重要的资料,也是进行评价的主要依据。在试验得到阳性结果,而且结果的判定涉及受试物能否应用于食品时,需要考虑结果的重复性和剂量-反应关系。

(8)安全系数。由动物毒性试验结果推论到人时,鉴于动物、人的种属和个体之间的生物学差异,一般采用安全系数的方法,以确保对人的安全性。安全系数通常为100倍,但可根据受试物的理化性质、毒性大小、代谢特点、接触的人群范围和人的可能摄入量、食品中的使用量及使用范围等因素,综合考虑增大或减小安全系数。

(9)代谢试验的资料。代谢研究是对化学物质进行毒理学评价的一个重要方面,因为不同化学物质、剂量大小,在代谢方面的差别往往对毒性作用影响很大。在毒性试验中,原则上应尽量使用与人具有相同代谢途径和模式的动物种系来进行试验。研究受试物在实验动物和人体内吸收、分布、排泄和生物转化方面的差别,对于将动物试验结果比较正确地推论到人具有重要意义。

(10)综合评价。在进行最后评价时,必须综合考虑受试物的理化性质、毒性大小、代谢特点、蓄积性、接触的人群范围、食品中的使用量与使用范围、人的可能摄入量等因素,在受试物可能对人体健康造成的危害以及其可能的有益作用之间进行权衡。评价的依据不仅是科学试验的结果,而且与当时的科学水平、技术条件以及社会因素有关。因此,随着时间的推移,很可能结论也不同。随着情况的不断改变，科学技术的进步和研究工作的不断进展，有必要对已通过评价的化学物质进行重新评价，作出新的结论。

对于已在食品中应用了相当长时间的物质，对接触人群进行流行病学调查具有重大意义，但往往难以获得剂量-反应关系方面的可靠资料；对于新的受试物质，则只能依靠动物试验和其他试验研究资料。然而，即使有了完整和详尽的动物试验资料和一部分人类接触者的流行病学研究资料，由于人类的种族和个体差异，也很难作出能保证每个人都安全的评价。所谓绝对的安全实际上是不存在的。根据上述材料，进行最终评价时，应全面权衡和考虑实际可能，从确保发挥该受试物的最大效益，以及对人体健康和环境造成最小危害的前提下作出结论。

4.2　食品安全的风险性分析

风险分析是保证食品安全的一种新模式，它是制定食品安全标准和解决国际食品贸易争端的依据，在食品安全管理中处于基础地位。风险分析的根本目的在于保护消费者的健康和促进食品贸易的公平。

食品中的风险主要来自于化学毒物、微生物、食品中营养/功能性成分或食品自身。广义上，食品的营养缺乏和不均衡也属于食品风险范畴。

4.2.1　风险评价的基本概念

与食品安全有关的风险分析术语的定义如下。由于风险分析是一个正在发展中的理论体系，因此有关术语及其定义也在不断地修改和完善。

危害(hazard)：是指当机体、系统或(亚)人群暴露时可能产生有害作用的某一种因子或场景的固有性质。在食品安全中指可能导致一种健康不良效果的生物、化学或者物理因素或状态。

风险(risk)：也称危险度或风险性，是指在具体的暴露条件下，某一种因素对机体、系统或(亚)人群产生有害作用的概率。在食品安全中指食品中的危害因素所引起的一种健康不良效果的可能性以及这种效果严重程度的函数。

可接受的危险度(acceptable risk)：是指公众和社会在精神、心理等各方面均能承受的危险度。

人类的各种活动都会伴随着一定的危险度存在，化学物质在一定条件下可以成为毒物，只要接触就存在中毒的可能性。只有接触剂量低于特定物质的阈剂量才没有危险。但实际上，在多数情况下，某些化学毒物的阈值难以精确测定，或是虽然能确定，但因为经济原因无法限制到绝对无危险的程度。尤其是诱变剂和致癌物可能没有阈值，除了剂量为零外，其他剂量均有引起损害的可能性，对于这样的化学毒物要求绝对安全是不可能的，由此提出了可接受的危险度这个概念。如美国把 10^{-6} 的肿瘤发生率和 10^{-3} 的畸胎发生率分别作为致癌物和致畸物作用的可接受的危险度。

风险分析(risk analysis)：风险分析是指对可能存在的危害的预测，并在此基础上采取的规避或降低危害影响的措施。它包含了风险评估、风险管理和风险交流三个部分。风险评估为风险分析提供科学依据，风险管理为风险分析提供政策基础，风险交流是通过风险分析过程进行广泛的信息沟通和意见交流。三者之间相互联系、互为前提。

4.2.2 风险评价的内容与方法

食品安全风险分析包括风险评估、风险管理和风险交流三部分，它旨在通过风险评估选择适合的风险管理以降低风险，同时通过风险交流达到社会各界的认同或使得风险管理更加完善。具体来说就是通过使用毒理数据、污染物残留数据分析、统计手段、摄入量及相关参数的评估等系统科学的步骤，以决定某种食品危害物的风险，并建议其安全限量以供风险管理者综合社会、经济、政治及法规等各方面因素，在科学基础上决策以制定管理法规。

4.2.2.1 风险评估

(1)风险评估的技术体系。风险评估(risk assessment)是对人类由于接触了食源性危险物而对健康具有已知或可能的严重不良作用的科学的评估，为风险分析提供科学依据。风险评估是一种系统地组织科学技术信息及其不确定度的方法，用以回答有关健康风险的特定问题。它要求对相关信息进行评价，并且选择模型，根据信息作出推论。风险评估是整个风险分析体系的核心和基础。整个评估过程由四部分组成：危害识别、危害描述、暴露评估、风险描述。

①危害识别。危害识别(hazard identification)主要是指要确定某种物质的毒性(即产生的不良效果)，在可能时对这种物质导致不良效果的固有性质进行鉴定。通常进行危害识别的方法是证据加权法。需要对相关数据库、专业文献以及其他可能的来源中得到的科学信息进行充分的评议。对不同资料的重视程度通常按照以下的顺序：流行病学研究、动物毒理学研究、体外试验和定量的结构-活性关系。

②危害描述。危害特征描述(hazard characterization)一般是由毒理学试验获得的数据外推到人，计算人体的每日容许摄入量(ADI 值)。严格来说，对于食品添加剂、农药和兽药残留，制定 ADI 值；对于污染物，针对蓄积性污染物如铅、镉、汞，制定暂定每周耐受摄入量(PTWI 值)；针对非蓄积性污染物如砷等，制定暂定每日耐受摄入量(PTDI 值)；对于营养素，制定每日推荐摄入量(RDI 值)。

③暴露评估。暴露评估(exposure assessment)主要是根据膳食调查和各种食品中化学物质暴露水平调查的数据进行的。通过计算，可以得到人体对于该种化学物质的暴露量。进行暴露评估需要有关食品的消费量和这些食品中相关化学物质浓度两方面的资料，一般可以采用总膳食研究、个别食品的选择性研究和双份饭研究进行。因此，进行膳食调查和国家食品污染监测计划是准确进行暴露评估的基础。

④风险描述。风险特征描述(risk characterization)是就暴露对人群产生健康不良效果的可能性进行估计，是危害识别、危害描述和暴露评估的综合结果。对于有阈值的化学物质，就是比较暴露和 ADI 值(或者其他测量值)，暴露小于 ADI 值时，健康不良效果的可能性理论上为零；对于无阈值物质，人群的风险是暴露和效力的综合结果。同时，风险描述需要说明风险评估过程中每一步所涉及的不确定性。

(2)风险评估的方法。通常食品对人体的危害主要有 3 种：即生物性危害、化学性危害和物理性危害。物理性危害可通过一般性措施进行控制，如良好操作规范(good manufacturing practice，GMP)等。对于化学性危害，有关的国际组织也已做了大量的研究，形成了一些相对成熟的控制方法。如 FAO/WHO 的食品添加剂专家委员会就已经评估了大量的化学物质(1 300～1 400 种)，包括食品添加剂、兽药、农药等。风险评估面临的主要难点是对生物性危害的作用和结果的评估，主要是因为生物性危害的复杂性和多变性。对生物性危害的评估方法分为定性风险评估和定量风险评估两类。定量风险评估，是根据危害的毒理学特征和其他有用的资料，确定污染物的摄入量和对人体产生不利作用概率之间的关系，它是风险评估最理想的方式，因为它的结果大大方便了风险管理的确定。定性风险评估是根据风险的大小，人为地将风险分为低风险、中风险、高风险等类别，以衡量危害对人类影响的大小。当风险定量化不可能或没有必要时，定性的风险分析也被经常用到。

4.2.2.2　风险管理

风险管理(risk management)是根据风险评估的结果，对备选政策进行权衡，并且在需要时选择和实施适当的控制措施，包括制定法规等措施。风险管理包括三个要素：风险评定(risk evaluation)、扩散和暴露控制(emission and exposure control)、风险监测(risk monitoring)。

(1)食品风险管理的相关内容。食品风险管理的首要目标是通过选择和实施适当的措施，尽可能有效地控制食品风险，从而保障公众健康。措施包括制定最高限量，制定食品标签标准，实施公众教育计划，通过使用其他物质或者改善农业或生产规范以减少某些化学物质的使用等。风险管理可以分为四个部分：风险评价、管理选择评估、执行管理决定以及监控审查。但在某些情况下，并不是所有这些方面都必须包括在风险管理活动当中。

食品风险评价的基本内容包括确认食品安全问题、描述风险概况、就风险评估和风险管理的优先性对危害进行排序、为进行风险评估制定风险评估政策、决定进行风险评估以及风险评估结果的审议。管理选择评估的程序包括确定现有的管理选项、选择最佳的管理选项(包括考虑一个合适的安全标准)以及最终的管理决定。监控和审查指的是对实施措施的有效性进行评估以及在必要时对风险管理和/或评估进行审查。

为了作出风险管理决定，风险评价过程的结果应当与现有风险管理选项的评价相结合。保护人体健康应当是首先考虑的因素，同时，可适当考虑其他因素(如经济费用、效益、技术可行性、对风险的认知程度等)，可以进行费用-效益分析。执行管理决定之后，应当对控制措施的有效性以及对暴露消费者人群的风险的影响进行监控，以确保食品安全目标的实现。

(2)食品风险管理的手段。食品加工企业进行风险管理的手段主要有良好操作规范(good manufacturing practice，GMP)、良好卫生规范(good hygiene practice，GHP)和危害分析关键控制点(hazard analysis critical control points，HACCP)。其中，GMP 和 GHP 是 HACCP 应用的前提条件。HACCP 系统是一个确认、分析、控制生产过程中可能发生的生物、化学、物理危害的系统，由 7 个步骤组成，即进行危害分析、确定关键控制点、确定每个关键控制点的关键限值、确定每个关键控制点的控制系统监控、建立纠偏措施、建立审核程序和确定有效的文件记录的保存程序，其中前 3 个步骤是建立在科学的风险评估的基础上。因此说，HACCP 融合了风险评估和风险管理两个阶段，既是生产企业安全控制的方法，又成为政府进行监管的有效方法。

4.2.2.3　风险交流

风险交流(risk communication)是指在风险评估人员、风险管理人员、消费者和其他有关的团体之间就与风险有关的信息和意见进行相互交流。为了确保风险管理政策能够将食源性风险减少到最低限度，风险交流应贯穿风险分析的各个阶段。通过风险交流所提供的一种综合考虑所有相关信息和数据的方法，为风险评估过程中应用某项决定及相应的政策措施提供指导，在风险管理者和风险评估者之间，以及他们与其他有关各方之间保持公开的交流，以改善决策的透明度，提高对各种产生结果的可能的接受能力。进行有效的风险交流的要素包括：风险的性质、利益的性质、风险评估的不确定性、风险管理的选择。

风险信息的交流应当包括下列组织和人员：国际组织（包括 CAC、FAO 和 WHO、WTO）、政府机构、企业、消费者和消费者组织、学术界和研究机构以及大众传播媒介（媒体）。风险交流的原则包括了解听众和观众、科学专家的参与、建立交流的专门技能、成为信息的可靠来源、分担责任、区分科学与价值判断、保证透明度以及全面认识风险。需要指出的是，在进行一个风险分析的实际项目时，并非风险分析三个部分的所有具体步骤都必须包括在内，但是某些步骤的省略必须建立在合理的前提下，而且整个风险分析的总体框架结构应当是完整的。

通过以上的分析可以看出，风险分析是一个由风险评估、风险管理、风险交流组成的连续的过程，有一个完整的框架结构，如图 4-3 所示。

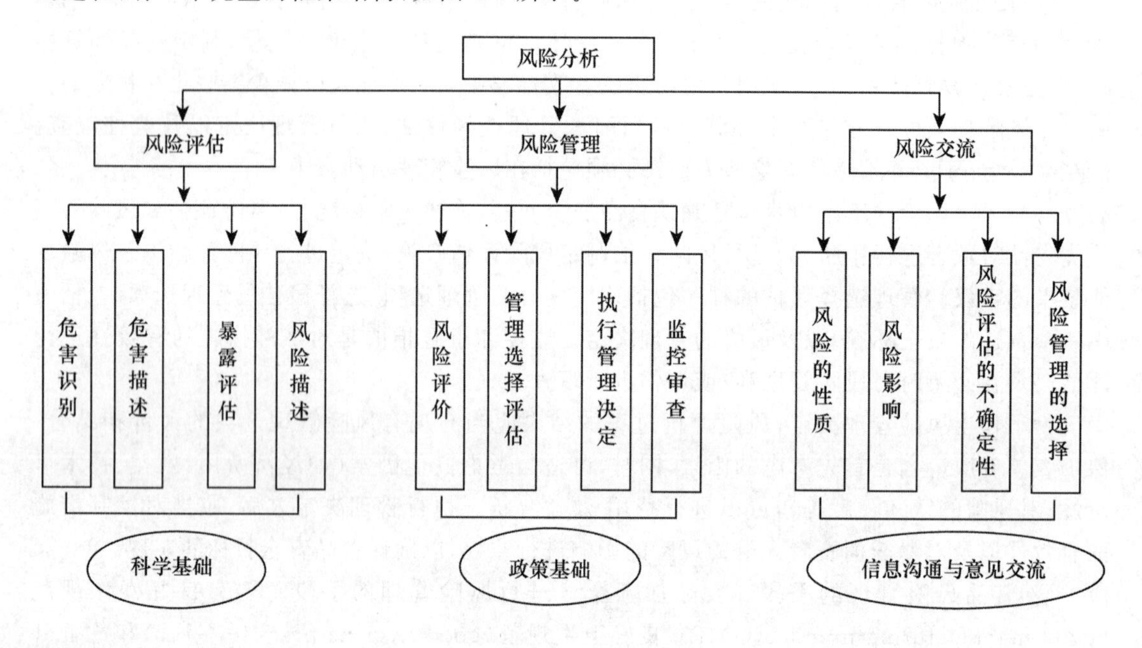

图 4-3　风险分析的框架结构

4.2.3　风险评价的应用

目前风险评价已经运用到社会活动的各个领域，对食品安全性的风险分析是一个重要应用领域。食品风险分析代表了现代科学技术最新成果在食品安全性管理方面实际应用的发展方向，它是制定食品安全标准和解决国际食品贸易争端的依据，将成为制定食品安全政策，解决一切食品安全事件的总模式。因此，引入食品安全风险分析理念，有利于更好地对食品安全进行科学化管理。目前，风险评价在食品安全中的应用主要有：SPS 的风险评估；FAO/WHO 以及 CAC 的风险分析；欧盟关于预防性原则的措施；HACCP、GMP 等安全卫生质量保证措施。

4.2.3.1 SPS的风险评估

世界贸易组织(WTO)在1986—1994年的乌拉圭回合多边贸易谈判中通过的《实施卫生和动植物检疫措施协议》(SPS),确定了成员国政府有权采取适当的措施来保护人类与动植物的健康,确保人畜食物免遭污染物、毒素、添加剂影响,确保人类健康免遭进口动植物携带疾病而造成的伤害。SPS提出的卫生和动植物检疫措施包括所有与之有关的法律、法令、规定、要求和程序,特别包括:①最终产品标准;②加工和生产方法;③检测、检验、出证和批准程序;④检疫处理,包括与动物或植物运输有关或与在运输途中为维持其动植物生存所需物质有关的要求在内的检疫处理;⑤有关统计方法、抽样程序和风险评估方法的规定;⑥与食品安全直接相关的包装和标签要求。

SPS所描述的风险评估就是评价食品中存在的添加剂、污染物、毒素或致病有机体对人类、动物或植物的生命或健康产生的潜在不利影响。SPS认为在进行风险评估前应考虑由有关国际组织制定的风险评估技术,考虑现有的科学依据,有关的工序和生产方法,有关的检验、抽样和测试方法,有关的生态和环境条件,以及检疫或其他处理方法。SPS协定第一次以国际贸易协定的形式明确承认:为了在国际贸易中建立合理的、协调的食品规则和标准,需要有一个严格的科学方法。

4.2.3.2 FAO/WHO以及CAC的风险分析

在SPS制定期间,有关食品风险分析的问题已经引起了有关国际组织的注意。1991—1998年,联合国粮农组织(FAO)、世界卫生组织(WHO)以及所属的食品法典委员会(CAC)对风险分析进行了不断地研究和磋商,根据SPS协定中的基本精神提出了一个科学的框架,将有关的术语进行了重新的界定;研究将风险分析的概念应用到具体的工作程序;就风险管理和风险交流问题继续进行咨询;完成的“风险管理与食品安全”报告中规定了风险管理的框架和基本原理;对风险交流的要素和原则进行了规定,同时对进行有效风险交流的障碍和策略进行了讨论。CAC提出的风险分析与SPS的风险评估基本上是同一概念。区别在于:在应用范围方面,CAC的风险分析主要是针对食品,SPS的风险评估覆盖范围较大,适用于所有人类和动植物的卫生措施和检疫措施;在名词术语的使用方面,CAC把SPS的风险评估改为风险分析,而CAC中定义的风险评估则是整个风险分析三个组成部分中的第一部分,比SPS协定中的风险评估概念范围窄。

4.2.3.3 欧盟关于预防性原则的措施

2000年,欧盟委员会采纳了一篇关于预防性原则的论文,这是依据一个基于风险分析而提出的与预防性原则基本要素相关的一般科学、法律和政治方针,并制定了其应用方面的用途、局限性及指南。该文一共提出了9个基本要素,它们包括适用范围、保护水平、预防性原则、行动的决定、风险分析、科学评估、透明度、风险评估中的预防性、应用指导等。预防性原则的采用并不是一种超越WTO规定的手段,也不能是对减少使用风险管理中可行性的普遍原则的一种借口,如比例性、非歧视性、一致性和成本效益。

4.2.3.4 HACCP、GMP等安全卫生质量保证措施

危害分析和关键控制点(HACCP)和良好操作规范(GMP)是一种用于食品生产过程中的预防性的食品安全性质量控制措施,也就是风险管理的实际应用。HACCP是一套通过对整个食品链,包括原辅材料的生产、食品加工、流通乃至消费的每一环节中的物理性、化学性和生

物性危害进行分析、控制以及控制效果验证的完整系统。HACCP实际上就是一种包含风险评估和风险管理的控制程序。CAC认为HACCP是迄今为止控制食源性危害的最经济、最有效的手段。

GMP是1969年由美国FDA发布的,GMP规定了在食品的加工、贮藏和分配等各个工序中所要求的操作、管理和控制规范。后来经有关国际组织和有关专家的发展,GMP逐渐形成了以基础条件,实施,加工、贮藏、分配操作,卫生和食品安全,管理职责共五项内容为一般结构和应用准则。GMP实际上也是一种风险管理的措施。

思考题

1.为什么选用半数致死剂量(LD_{50})作为外源化学物毒性分级的依据?

2.试述毒理学的主要研究方法及其优缺点。

3.为什么食品安全性评价主要依靠动物试验和体外试验?

4.多数毒物发挥其对机体的毒性作用的机理是什么?

5.如何制定食品中外源化学物的安全限值?

6.外源化学物进入人体的主要途径有哪些?

7.食品安全性毒理学评价试验的四个阶段是什么?

8.进行食品安全性评价时需要考虑的因素有哪些?

9.试述可接受的危险度的概念及意义。

10.食品安全的风险评价包括哪些内容?

参考文献

[1] 周志俊. 基础毒理学[M].2版. 上海:复旦大学出版社,2014.

[2] 单毓娟. 食品毒理学[M].2版. 北京:科学出版社,2019.

[3] 刘宁,沈明浩. 食品毒理学[M]. 北京:中国轻工业出版社,2017.

[4] 食品安全国家标准　食品安全性毒理学评价程序:GB 15193.1—2014[S]. 北京:中国标准出版社,2014.

[5] 王心如. 毒理学实验方法与技术[M].3版. 北京:人民卫生出版社,2012.

[6] 金泰廙. 毒理学原理和方法[M]. 上海:复旦大学出版社,2012.

[7] E.霍奇森.现代毒理学[M].江桂斌,等译. 北京:科学出版社,2011.

[8] 杨小敏. 食品安全风险评估法律制度研究[M]. 北京:北京大学出版社,2015.

[9] 石阶平. 食品安全风险评估[M]. 北京:人民出版社,2010.

[10] 国家食品安全风险评估中心. 国内外食品安全法规标准对比分析[M]. 北京:中国标准出版社,2014.

[11] 魏益民,魏帅,郭波莉,等. 食品安全风险交流的主要观点和方法[J]. 中国食品学报,2014,14(12):1-5.

[12] 孙娟娟.风险分析在欧盟的应用[J].中国食品药品监管,2014,12:46-49.

[13] 彭力立.我国的食品安全风险评估及监管体系现状[J].食品安全导刊,2014,18:72-73.

[14] 雷健,李晓明,梁宇斌,等. 我国食品安全及风险分析的现状与探讨[J]. 食品研究与

开发,2014,35(2):125-127.

[15] 杨晓光,刘海军. 转基因食品安全评估[J]. 华中农业大学学报,2014,33(6):110-111.

[16] 钱和. HACCP原理与实施[M]. 北京:中国轻工业出版社,2006.

第5章 食品安全检测技术

学习目的与要求

了解食品中有毒、有害物质的基本概念；掌握各类有毒、有害物质分析的样品前处理技术；熟悉食品中有毒、有害物质的分析方法。

5.1 食品中农药残留检测技术

5.1.1 概论

农药是指在农业生产中用于防治农作物病虫害、消除杂草、促进或控制植物生长的各种药剂的总称。事实上，农药不仅应用于农业，也广泛应用于畜牧业和公共卫生事业中。特别是第二次世界大战以来，人工合成的化学农药的陆续出现，更加显示了农药的巨大威力。

农药的使用无疑对消除病虫害、铲除杂草、增加农业产量、增加农民收入做出了巨大的贡献。但是，随着农药使用量的不断增大，它的一些缺点也逐渐暴露出来，其中最主要的就是农药残留超标问题日益严重。美国食品药物管理局1993年农药残留的调查结果表明，在各种食物中大约有60%的食品含有可检测量的农药，只有相当微小比例的植物、乳品、肉品及养殖品等产品含有超过规定的农药残留量。2000年我国农业部农药检定所组织北京、上海、重庆、山东和浙江5省市的农药检定所对50个蔬菜品种1 293个样品的农药残留进行抽样检测，农药残留量超标率达30%，残留浓度高者为最高农药残留限量的几倍甚至几十倍。

一直以来，人们对农药的公害未引起足够的重视。直到20世纪60年代，Rachel Carson从环境保护的角度阐述了DDT的危害，农药的危害才慢慢为人们所了解。党的二十大报告强调，必须坚定不移地贯彻总体国家安全观。农药使用对我国食品增产起着重要作用，但如果使用不当或滥用，将对人类健康和生存环境造成重要威胁，甚至危及社会稳定和国家安全。因此，必须加强食品中农药残留有效监测及监管，确保国家食物安全和社会稳定。

5.1.2 样品前处理技术

样品前处理技术包括样品提取、分离、纯化、浓缩等技术，其目的就是最大限度地提取目标物，把干扰降到最低，误差降到最小。在农药残留检测分析中，近50%误差是来源于样品的准备和处理，而真正来源于分析的还不到30%，而且大部分样品前处理所占用的工作量超过整个分析的70%。样品前处理是目前农产品中农药检测工作的瓶颈和国内外研究的薄弱环节。随着科技的进步，一些新的样品前处理技术被应用到这个领域，样品前处理技术也正向着省时、省力、廉价、减少溶剂、减少对环境的污染、微型化和自动化方向发展。

5.1.2.1 液-液萃取

液-液萃取是最常用的经典萃取方法之一，是利用样品中农药组分在两种不混溶的溶剂中溶解度或分配系数的差异进行分离、提取并消除基体干扰。液-液萃取常用于以水为基质的样品中非极性或弱极性组分的提取，在提取的过程中，需要考虑的影响因素很多，如有机溶剂的性质、水相pH等都是要重点考虑的参数。在液-液萃取中经常发生乳化现象，特别是那些含有表面活性剂和脂肪的样品。通常用于消除乳化现象的技术有：①加盐；②使用玻璃棉塞过滤乳化样品；③使用加热-冷却萃取装置；④过滤纸过滤；⑤离心；⑥加少量不同的有机溶剂。

虽然当前样品前处理技术不断推陈出新，但液-液萃取由于本身的优点，在农药残留检测中有着不可替代的作用，且液-液萃取技术本身也在不断发展更新。逆流分步萃取、自动化液-液萃取、连续液-液萃取等都是在液-液萃取基础上发展而来的，具有提取效率高、萃取周期短、自动化程度高等特点。

5.1.2.2 液-固萃取

液-固萃取就是将待测固体样品放入萃取溶剂中，振荡一定时间，同时也可以加热，然后离心或过滤，使液、固分离，待测组分进入溶剂。常见的有索氏提取、振荡提取等。其中索氏提取被称为经典提取法，也叫完全提取法，为国际上的标准方法，操作简便，不需要转移样品，不受样品基质影响，提取效果好。但采用索氏提取法应考虑组分的热稳定性，保证组分在长时间回流过程中不分解。此外，该方法提取时间过长，需耗用较多溶剂，干扰物质较多。

5.1.2.3 超声波提取

超声波提取是由 Johnson 等在 1967 年提出的。超声波提取的作用有两个方面：通过空化作用使分子运动加快；将超声波的能量传递给样品，使组分脱附和溶解加快。在超声波提取过程中，需要考虑的因素主要是超声波的强度和频率以及提取时间，不同样品选择不同的参数会出现不同的结果，即使是同一样品，参数设置的差异也会导致结果的不同。此外，提取溶剂的选择也是一个需考虑的因素，一般来说提取极性较小的农药，可以选择非极性溶剂，也可选择极性溶剂；而对于极性较强的农药，则通常采用极性溶剂。

5.1.2.4 固相萃取

固相萃取技术是 20 世纪 70 年代发展起来的一种样品前处理技术，其原理是利用固体吸附剂将液体样品中的目标化合物吸附，与样品中的基体和干扰化合物分离，然后再利用洗脱液洗脱或加热解吸附，达到分离和富集目标化合物的目的。固相萃取可分为以下几种类型。

①正相固相萃取。萃取所用的吸附剂都是极性的，如氨基、氰基、双醇基键合硅胶、氧化铝、硅镁吸附剂等，用来萃取（保留）极性化合物。

②反相固相萃取。萃取所用的吸附剂通常是非极性的或是弱极性的，如 C8、C18、苯基柱等，所萃取的目标化合物通常是中等极性到非极性的化合物。

③离子交换型固相萃取。萃取所用的吸附剂主要包括阳离子和阴离子交换树脂，所萃取的目标化合物是带电荷的化合物。

固相萃取克服了液-液萃取技术的缺点，萃取过程简单快速、省溶剂、重现性好、回收率高，一般只需 5～10 min，所需时间是液-液萃取的 1/10，所需溶剂也只有液-液萃取的 1/10，并减少了杂质的引入，减轻了有机溶剂对人体和环境的影响。目前已商品化的固相填料种类丰富，基本能够满足农药残留分析检测的需求。

5.1.2.5 固相微萃取

固相微萃取是 20 世纪 80 年代末由加拿大 Waterloo 大学 Pawliszyn 和 Arhturhe 教授等开发研制的一种非溶剂的分析萃取技术，已广泛应用于食品中农药残留萃取分离。其萃取原理与气相色谱类似，是在固相萃取基础上发展起来的一种新型、高效的样品预处理技术。它集采集、浓缩于一体，简单、方便、无溶剂，不会造成二次污染，是一种有利于环保的很有应用前景的预处理方法。与液-液萃取和固相萃取相比，固相微萃取具有操作简便、成本低、选择性好及与其他的一些分离方法有良好兼容性等优点。常用的固定相为聚二甲基硅氧烷，涂布厚度 100 μm，用于提取非极性有机物；聚丙烯酸酯涂布厚度 85 μm，用于提取极性有机物。

5.1.2.6 基质固相分散萃取

基质固相分散萃取是由 Barker 于 1989 年首次提出，这项技术的优点是不需要进行组织匀浆、沉淀、离心、pH调节和样品转移等操作的步骤。吸附剂(一般为C18、Al_2O_3、Florisil、硅胶等固相萃取填料)与样品一起研磨,使样品均匀分散于吸附剂固定相颗粒表面,并将其作为填料装柱,然后用不同的溶液淋洗柱子,将各种待测物洗脱下来。基质固相分散萃取具有处理样品快,样品及溶剂用量少等特点,在农药残留检测中发展较快,广泛应用于水果、蔬菜中氨基甲酸酯、有机磷、有机氯及拟除虫菊酯类农药残留的检测。

5.1.2.7　微波辅助提取

微波辅助提取技术的原理是对样品进行微波加热,利用极性分子可迅速吸收微波能量的特性来加热一些具有极性的溶剂,达到提取样品中农药、分离杂质的目的。由于非极性溶剂介电常数小,对微波透明或部分透明,无法进行萃取分离,因此在微波辅助提取时,要求溶剂必须具有一定的极性,对待测组分有较强的溶解能力,对后续测定的干扰较少,此外,还应考虑溶剂的沸点因素。常用的提取溶剂有甲醇、乙醇、异丙醇、丙酮、乙酸、甲苯、二氯甲烷、乙腈等。用苯、正己烷等非极性溶剂萃取时,必须加入一定比例的极性有机溶剂。另外,萃取时还要考虑萃取时间、微波的辐照功率、萃取温度、溶剂pH、介质物料中的水分等因素。微波辅助提取基本不受农药极性大小的影响,具有选择性好、应用范围广、萃取效率高、节省时间、污染少、回收率高、设备简单等特点。

5.1.2.8　超临界流体萃取

超临界流体萃取是利用某些物质(或溶剂)在高于临界温度和临界压力下具有高密度、低黏度、渗透力强等特点,从样品中萃取农药。虽然用于超临界流体的溶剂有多种,但因CO_2具有无毒、安全、临界温度和压力低、对热敏性物质破坏少等特点,因此将其作为首选的萃取剂。由于CO_2的极性较低,适宜于非极性和极性小的物质提取,对极性较大的物质萃取能力差,故在萃取极性较大的物质时,可以加入适宜的改性剂如甲醇、乙醇、异丙醇等以提高其萃取能力。与传统的其他萃取方法相比,超临界流体萃取技术具有萃取时间短、萃取效率高、避免使用大量有机溶剂、前处理简单等优点,已广泛应用于植物样品、动物组织、果实、土壤、水等样品中多种杀虫剂、杀菌剂和除草剂的萃取。

5.1.2.9　凝胶渗透色谱

凝胶渗透色谱是20世纪60年代初发展起来的一种快速而又简单的分离技术,化合物中各组分分子大小不同,淋出顺序先后也不同,淋洗溶剂的极性对分离的影响并不起决定作用。凝胶渗透色谱最初的填料为水溶性的凝胶,主要是用来分离蛋白质,但随着脂溶性凝胶填料的研发,其在农药残留检测方面的应用日益增多。与其他样品处理技术相比,凝胶渗透色谱具有设备简单、操作方便、填料可重复使用、适用范围广、易于自动化等特点,在处理富含脂肪、色素等大分子的样品方面具有明显的优势。

5.1.2.10　其他样品处理技术

除了上述的样品处理技术外,一些新兴的样品处理技术正不断地被应用于农药残留分析中,如吹扫-捕集技术是利用惰性气体将液体样品或样品提取液中的农药组分驱赶到气相中,再带入一个收集阱收集后进行分析;免疫亲和色谱则根据抗体对特定农药的选择性吸附能力,达到富集和净化的目的。

5.1.3 农药残留检测技术

5.1.3.1 薄层色谱法

薄层色谱法无须特殊设备,简单易行,可同时分析多个样品,多用于复杂混合物的分离和筛选。薄层色谱除用特殊的显色剂观察、斑点颜色和 R_f 值定性外,与其他技术的联用不仅可以定性,而且可对样品中被分离的一种或多种农药进行定量分析。20 世纪 80 年代发展起来的高效薄层色谱与扫描技术的结合,是一种易于建立和掌握的半定量技术。欧盟国家采用自动化多通道展开技术,用高效薄层色谱定量筛选了饮用水中 256 种农药。国内也有相关的研究报道。

5.1.3.2 液相色谱法

对于受热易分解或失去活性的物质,不能直接或不适合用气相色谱分析,而正是由于许多有机化合物的强极性、热不稳定性、高分子和低挥发等原因,推动了高效液相色谱技术的发展。在农药多残留分析中,高效液相色谱已成为一种主要的检测手段之一,主要应用于氨基甲酸酯类杀虫剂、三嗪类除草剂等的检测。起步于 20 世纪 70 年代的高效液相色谱与质谱联用技术,具有良好的灵敏度和选择性、几乎通用的多残留检测能力等优点,已应用于各种食品中多种农药残留同时分析。但高效液相色谱法使用的仪器相对昂贵,而且与常规分析方法相比较,需要更高的专业技术。

5.1.3.3 气相色谱法

气相色谱法是以惰性气体为流动相的柱色谱法,是一种物理化学分离方法。它是基于物质溶解度、蒸汽压、吸附能力、立体化学等物理化学性质微小差异,从而使其在流动相和固定相之间的分配系数有所不同,组分在载气的推动下,在两相间进行连续多次分配,最终达到彼此分离的目的。气相色谱法用于挥发性农药的检测,具有高选择性、高分离效能、高灵敏度、快速等特点,是农药残留量检测最常用的方法之一。目前用于农药残留检测的检测器主要有电子捕获检测器、微池电子捕获检测器、火焰光度检测器、脉冲火焰光度检测器、氮磷检测器等。虽然气相色谱的分离效能非常高,但人们目前所认识的化合物就已超过 1 000 万种,相同保留时间的峰不一定就是相同的化合物,这就有可能出现检测结果的“假阳性”问题。质谱对未知化合物具有独特的鉴定能力,将气相色谱与质谱联用,彼此扬长避短,无疑是复杂混合物分离和检测的有力工具。

5.1.3.4 免疫分析技术

应用于农药残留分析的免疫分析技术主要有放射性免疫分析和酶联免疫分析。由于放射性免疫分析在仪器设备要求上的局限性,使得酶联免疫分析成为农药残留分析中应用最为广泛的技术之一。免疫分析是根据抗原抗体特异性识别和结合反应为基础的分析方法。目前已研制成功了多达 100 种农用药物检测试剂盒,其中常见的农药残留监测试剂盒有近 30 种。欧洲、美国、日本、巴西、印度等 10 多个国家和地区,运用这一技术开展了对农产品中有毒物质残留的生物技术监测研究,粗筛检测水产品、肉类产品、果蔬产品中农药残留量。最近,英国研制的通用型有机磷杀虫剂免疫检测药盒可对一些样品中 8 种以上的有机磷农药进行同时检测。近年来,我国也开始大规模地应用这一快速检测技术来对食品中的农药残留进行检测。

5.1.3.5　其他检测方法

生物传感器法是指由一种生物敏感部件与转换器紧密配合，对特定种类化学物质或生物活性物质具有选择性和可逆响应的分析装置。该法简便快捷，灵敏度高，适用于大批量样品的初级检测。

超临界流体色谱法是农药残留检测最具潜力、发展最快的技术之一，它是以超临界流体作为流动相的色谱体系，兼有气相色谱和液相色谱的优点。同时它还有高效、快捷、灵敏度高、操作温度低的特点。许多在气相色谱和高效液相色谱上需要衍生化才能分析的农药都可用超临界流体色谱法直接测定。

5.2　食品中兽药残留检测技术

5.2.1　概论

兽药是用于预防、治疗、诊断畜禽等动物疾病，有目的地调节其生理机能并规定作用、用途、用法、用量的物质。

兽药种类繁多，按其用途主要可分为抗微生物类药物、驱虫类药物、抗球虫和抗原虫药物、抗生素类生长促进剂、合成代谢激素类生长促进剂等。兽药按药物的化学官能团及结构来分，主要有以下几类。

(1)磺胺类药物。磺胺类药物是人工合成的具有对氨基苯磺酰胺结构的一类抗菌类药物的总称，自从 1932 年发现磺胺基本结构后，已合成过数千种该类化合物，常用的疗效好、毒副作用小的有几十种，代表物有磺胺二甲基嘧啶、磺胺嘧啶、磺胺甲基异噁唑、磺胺间甲氧嘧啶、磺胺-2,6-二甲氧嘧啶等。

(2)四环素类抗生素。四环素类抗生素在化学结构上具有共同的基本母核——氢化并四苯环，仅取代基不同。四环素类药物为广谱抗生素，是抑菌性抗生素，对多种 α-溶血性链球菌、非溶血性链球菌、革兰氏阴性杆菌、立克次体、螺旋体、支原体属和衣原体属均有效。常见的四环素类药物包括四环素、土霉素、金霉素、强力霉素、二甲胺四环素、甲烯土霉素、去甲基金霉素和吡甲四环素等。

(3)大环内酯类抗生素。大环内酯类抗生素作为抗生素的一个重要类别，被广泛应用于医学与兽医学上对细菌感染的治疗或预防。到目前，天然或半合成的产品超过 100 种，相当多品种的大环内酯类抗生素能够同时作为人用和兽医用药，还有一些品种已作为禽畜专用抗生素。大环内酯类药物绝大多数由链霉菌属产生，还有少数由小单孢杆菌属产生，在最常见的抗革兰氏阳性菌和支原体的种类中，可以按照内酯环的大小分成十四元和十六元两个大类，前者以红霉素作为代表，后者以柱晶白霉素为代表。

(4)阿维菌素类杀虫剂。阿维菌素类药物是由放线菌产生的一组大环内酯类抗生素，对线虫和体外节肢动物有较强的驱杀作用，是目前应用最为广泛的抗寄生虫药物。阿维菌素类药物的化学结构新颖，作用机制独特，杀虫活性强和杀虫谱广，开辟了寄生虫药物的新里程碑，使抗蠕虫药物作用剂量由 mg/kg 级下降到 μg/kg 级。

(5)β-内酰胺类抗生素。以青霉素为代表的 β-内酰胺类抗生素是医学与兽医学上细菌感染治疗药物中极为重要和被广泛应用的一个大类，均含有 β-内酰胺结构的四元环母体，这种结构在天然产物中较为罕见，是这类抗生素的代表性特征。根据和β-内酰胺四元环相连接的环状结构间的差异，β-内酰胺类抗生素又可分为青霉素类、头孢菌素类、头霉素类、碳青霉烯类和单环β-内酰胺类等5大类，使用较为普遍的为青霉素类和头孢菌素类等。

(6)喹诺酮类药物。喹诺酮类药物的基本结构包括喹啉、萘啶、吡啶并嘧啶或噌啉等母核，4位的酮基以及3位的羧基。我国目前使用的喹诺酮类药物除萘啶酸为萘啶类外，其他像麻保沙星、诺氟沙星、氧氟沙星、恩诺沙星、环丙沙星、洛美沙星、培氟沙星、噁喹酸等均属于喹啉类。喹诺酮类药物目前已发展到第三代产品，具有6-氟-7-哌嗪-4-喹诺酮环结构，又称氟喹诺酮类药物，具有抗菌谱广、抗菌活性强、吸收快、体内分布广、与其他抗菌类药物不易产生交叉耐药性以及价格便宜等优点，应用非常广泛。

(7)硝基呋喃类药物。硝基呋喃是一类人工合成的广谱抗菌药，主要包括呋喃唑酮、呋喃西林、呋喃它酮和呋喃妥因等，对大多数革兰氏阳性菌、革兰氏阴性菌、某些真菌和原虫有杀灭作用，曾经广泛应用于治疗和预防由埃希菌和沙门菌引起的哺乳动物消化道疾病。近年来，发现硝基呋喃类药物具有慢性毒性，可引起消化道反应，出于安全考虑，我国于2002年颁布了禁止使用该类药的禁令。

(8)其他。除了上述介绍的几类外，常用的兽药还包括氨基糖苷类抗生素、氯霉素类药物、β-受体激动剂、玉米赤霉醇、苯并咪唑类药物、硝基咪唑类药物、三嗪类药物、抗真菌药、β-阻断剂和镇静剂类药物、喹噁啉类药物、甲状腺抑制剂等。

随着集约化和规模化养殖业的大力发展，使得动物性食品的产量大大增加，人们生活中肉、奶、蛋的消费比例也日益增加。生活水平的不断提高，使人们对食品质量和食品安全也日益关注。出于治疗、预防和促进动物生长的目的，兽药和饲料添加剂应用很广泛，使得动物性食品中兽药的残留发生率很高，也将引起多种危害。

5.2.2 样品前处理技术

动物性食品中兽药残留的特点是样品中残留物水平很低，样品基质复杂，干扰物质多，不易从样品中分离、纯化残留物。因此，兽药残留分析是复杂生物样品基质中痕量组分的分析技术，样品的分离纯化是兽药残留分析中最费时和劳动强度最大的步骤。传统的样品制备技术如液-液分配等仍在广泛使用，同时一些新的样品分离纯化技术也不断被引入兽药残留分析中。

5.2.2.1 液-液分配

液-液分配法属于经典的样品处理手段。多数兽药属有机酸或有机碱类化合物，故离子对萃取法在兽药残留分析中具有重要价值。通过调节溶液的pH、极性、离子对形成等手段选择性地改变兽药在溶剂中的溶解度，可有效除去样品基体中的大部分脂肪、蛋白质等干扰物，如动物组织中磺胺类药物的样品前处理可采用该方法。

5.2.2.2 固相萃取

固相萃取处理速度快，分离效能高，操作简便，溶剂用量少，回收率高，在兽药残留分析中被广泛应用。兽药残留分析中固相填料主要为C18、C8硅胶填料，洗脱时水溶性有机溶剂提取液中大量的极性内源性杂质流出，非常适用于净化动物样品，如动物组织中磺胺、四环素等药物的样品前处理。

5.2.2.3　免疫亲和色谱

免疫亲和色谱技术是把抗体固定在适当的支持物上，制备出用于药物残留检测的样品分离纯化免疫亲和色谱柱，利用抗体与抗原或半抗原可逆的生物专一性相互作用来净化和富集分析物。它的特点是具有高度的选择性和特异性，特别适用于复杂样品基质中痕量组分的分离。该技术的关键是选择合适的支持物、合适的抗体和合适的淋洗缓冲液。该技术的发展方向是使生物样品中多个药物同时得到高效分离纯化。将免疫亲和色谱作为理化测定技术的样本净化手段，避免了免疫分析直接测定样本的诸多不足，使样本前处理大大简化，通常一次层析即可使待测物得到高度净化和富集，并提供了待测物的定性信息。使用多种抗体制备的免疫亲和色谱柱使免疫分析实际具备了处理多残留组分的能力。

5.2.2.4　分子印迹技术

分子印迹技术在药物残留分析领域的应用研究国内外才刚刚起步，是残留分析研究领域的一个新的发展方向。分子印迹技术是利用高分子合成手段，制备出能选择性吸附待测物的功能材料，将此种分子印迹聚合物作为固定相，利用色谱柱技术制备出药物残留检测的样品分离纯化柱。与生物抗体相比，分子印迹聚合物兼具了免疫吸附材料的高度选择性和常规理化分离材料的理化稳定性，制备简便省时，易于实现工业化生产。分子印迹技术既可以用于单个药物残留分析，也可以建立和实现生物样品中药物的多残留分析，具有广阔的发展前景。

分子印迹的原理是首先使拟被印迹的分子与聚合物单体键合，键合方式有共价结合和非共价结合两种；然后将聚合物单体交联，再将印迹分子从聚合物中提取出来，聚合物内部就留下了被印迹分子的印迹。分子印迹技术可以用于药物、激素、蛋白质、兽药、氨基酸、多肽、碳水化合物、辅酶、核酸碱基、甾醇、染料、金属离子等各种化合物的分离工作。除分离作用外，此项技术还可用于制备人工抗体和受体、生物传感器类似物等。

5.2.2.5　其他样品处理技术

薄层色谱作为样品前处理手段具有直观、速度快、样本容量大和分离效能高(颗粒直径30～50 μm)等优点。但对紫外-可见区无吸收的待测物却难以定位，有些待测物可通过标准品显色来解决。近几年，超临界流体萃取技术发展很快，这种分离手段已经应用于兽药残留分析中。一般常用的萃取剂是超临界 CO_2，也可以加入适量极性调节剂，如甲醇等来调节其极性，据此可最大限度地提取不同极性的兽药残留而最低限度地减少杂质的提取。

5.2.3　兽药残留检测技术

5.2.3.1　气相色谱法

气相色谱有许多高灵敏、通用性或专一性强的检测器供选用，如氢焰离子化检测器、电子捕获检测器、氮磷检测器、质谱检测器等，检测限一般为 μg/kg 级。但是大多数兽药极性或沸点偏高，需烦琐的衍生化步骤，从而限制了气相色谱的应用。如样品提取液通过 N,O 双(三甲基硅烷基)三氟乙酰胺-三甲基氯硅烷(BSTFA-TMCS，99:1)衍生化试剂进行衍生，可采用电子捕获检测器测定动物性食品中的氯霉素残留量；通过 N,O 双(三甲基硅烷基)三氟乙酰胺-三甲基氯硅烷(BSTFA-TMCS，99:1)衍生化法，可用质谱检测器测定动物性食品中的克伦特罗、沙丁胺醇、妥布特罗、特布它林、喷布特罗、心得安、倍他索洛尔、非诺特罗等8种 β-受体激动剂等。

5.2.3.2 高效薄层色谱

高效薄层色谱现已成为仅次于高效液相色谱的残留分析法。高效薄层色谱的斑点原位扫描定量、定性和高效分离材料(ϕ3～10 μm)弥补了常规薄层色谱在灵敏度和重现性方面的不足,保持了常规薄层色谱的简便、快速和样品容量大的优点,可使用正相或反相板,分辨率几乎与高效液相色谱相当,在兽药残留的快速筛选检测方面应用广泛。

5.2.3.3 高效液相色谱法

目前大多数兽药残留分析都采用反相高效液相色谱法,但至今仍缺少可满足兽药残留分析要求的通用型检测器。在兽药残留分析中,紫外检测器应用最广,其次是荧光检测器和电化学检测器。随着二极管阵列检测器的出现,可同时接收整个光谱区的信息,在色谱峰流出时能同时进行瞬间的动态光谱扫描并快速采集信号,经计算机处理后得到色谱-光谱的三维图谱,信息量大大增加,一次进样可得到每个组分峰的定量、定性和纯度信息,灵敏度亦明显提高。如采用二极管阵列检测器可测定动物性食品中磺胺、喹乙醇、磺胺嘧啶、磺胺噻唑、磺胺甲嘧啶、甲氧苄啶、磺胺二甲嘧啶、呋喃唑酮、磺胺甲基异噁唑、磺胺(二甲)异噁唑、磺胺喹噁啉等磺胺类药物。

5.2.3.4 高效液相色谱-质谱联用技术

药物残留研究中,利用高效液相色谱高效的分离能力和高灵敏度的定量检测能力,再结合质谱的结构鉴定能力,是生物样品复杂混合物中痕量组分定性和定量分析的最有效手段之一。国内外将高效液相色谱-质谱联用技术用于兽药残留尤其是多残留分析才刚刚开始。高效液相色谱-质谱联用主要有4种接口技术:热喷雾、粒子束、电喷雾电离、大气压化学电离。高效液相色谱-大气压电离质谱联用主要用来分析低浓度(μg/L)、难挥发、热不稳定和强极性兽药。高效液相色谱-串联质谱联用技术在兽药残留分析中应用日益增多。另外,高效液相色谱-质谱联用对待测残留物纯度的要求极为严格。

5.2.3.5 免疫分析法

免疫分析技术是以抗原与抗体的特异性、可逆性结合反应为基础的分析技术。小分子质量的兽药一般不具备免疫原性,不能刺激动物产生免疫反应。将兽药小分子以半抗原的形式,通过一定碳链长度的连接分子,与分子质量大的载体(一般为蛋白质)以共价键相偶联制备成人工抗原,以人工抗原免疫动物,使动物的免疫系统发生应答反应,产生对该兽药具特异性的活性物质(免疫球蛋白或称抗体)来识别该兽药分子并与之结合。这样结合反应不仅可在体内进行,也可在体外进行,符合质量作用定律,这就是兽药免疫分析的基础。

5.2.3.6 微生物法

微生物学检测方法成本低,操作简便,具有一定的灵敏度,在大批样品同时分析中具有一定优势,但此方法分析速度慢,专一性差,并且只能测定有生物活性的残留物。可用微生物法检测的兽药主要包括四环素类、大环内酯类、氯霉素类、β-内酰胺类、氨基糖苷类、喹诺酮类等。

5.2.3.7 其他检测方法

毛细管区域电泳兼有高压电泳的高速、高分辨和高效液相色谱的灵活、高效等特点,在简化样品前处理、多残留分析和分析自动化方面发挥重要作用。目前,毛细管区域电泳的主要问题是样品用量太少,限制了检测的灵敏度,对于食品中低含量的兽药残留难以检出。

超临界流体色谱最大优点是可以方便地连接各种灵敏的检测器(质谱检测器、电化学检测器等),可弥补气相色谱和高效液相色谱某些不足,也应用于食品中一些兽药残留的检测,如猪组织中磺胺类药物等抗生素残留的超临界流体色谱-质谱分析。

5.3　食品添加剂与加工助剂检测技术

5.3.1　概论

食品添加剂是为改善食品品质和色、香、味,以及为防腐和加工工艺的需要而加入食品中的化学合成或者天然物质。营养强化剂、食品香料、胶基糖果中基础剂物质、食品工业用加工助剂等也包括在食品添加剂内。

食品添加剂种类繁多,各国允许使用的食品添加剂种类各不相同。食品添加剂按来源分,通常分为天然食品添加剂和化学合成食品添加剂;根据其安全性通常分为A、B、C三大类;按照用途(功能)分,《食品添加剂使用标准》(GB 2760—2024),将食品添加剂分为22类和其他。

(1)酸度调节剂。用以维持或改变食品酸碱度的物质。我国规定允许使用的酸度调节剂有柠檬酸、柠檬酸钾、乳酸、酒石酸等,其中柠檬酸为广泛应用的一种酸味剂。柠檬酸、乳酸、酒石酸、苹果酸、柠檬酸钠、柠檬酸钾等均可按正常需要用于各类食品。碳酸钠、碳酸钾可用于面制食品中,盐酸、氢氧化钾属于强酸、强碱性物质,对人体具有腐蚀性,只能用作加工助剂,要在食品完成加工前予以中和。

(2)抗结剂。用于防止颗粒或粉末状食品聚集结块,保持其松散或自由流动的物质。我国允许使用的有亚铁氰化钾、磷酸三钙、二氧化硅、硅酸钙、滑石粉、柠檬酸铁铵等,其中亚铁氰化钾只能在盐及代盐制品中使用,其加入量限为0.01 g/kg。

(3)消泡剂。在食品加工过程中降低表面张力,消除泡沫的物质。我国允许使用的消泡剂有丙二醇、吐温-20、吐温-40、吐温-60、吐温-80等。

(4)抗氧化剂。能防止或延缓油脂或食品成分氧化分解、变质,提高食品稳定性的物质。但抗氧化剂不能改变已经酸败的食品,应在食品尚未发生氧化之前加入。抗氧化剂包括油溶性抗氧化剂和水溶性抗氧化剂,我国允许使用的有丁基羟基茴香醚、二丁基羟基甲苯、没食子酸丙酯、特丁基对苯二酚、*D*-异抗坏血酸钠、茶多酚(维多酚)等。

(5)漂白剂。能够破坏、抑制食品的发色因素,使其褪色或使食品免于褐变的物质。我国允许使用的漂白剂有二氧化硫、亚硫酸钠、硫黄等,其中硫黄仅限于蜜饯、干果、干菜、经表面处理的鲜食用菌和藻类、食糖、魔芋粉的熏蒸。

(6)膨松剂。在食品加工过程中加入的、能使产品发起形成致密的多孔组织,从而使制品具有膨松、柔软或酥脆的物质。如碳酸氢钠加入食品中,经烘烤加热产生二氧化碳,在食品内部形成均匀、致密的孔性组织,体积增大,使面包、蛋糕等食品柔软富有弹性,使饼干酥松,口感好。我国规定使用的膨松剂有碳酸氢钠(钾)、碳酸氢铵、轻质碳酸钙、硫酸铝钾等。

(7)胶基糖果中基础剂物质。它是赋予胶基糖果起泡、增塑、耐咀嚼等作用的物质。我国允许使用的胶基糖果中基础剂有紫胶、硬脂酸、松香季戊四醇酯等。

(8)着色剂。赋予食品色泽和改善食品色泽的物质。按来源分为化学合成色素和天然色素两类。我国允许使用的化学合成色素有苋菜红、胭脂红、赤藓红、新红、柠檬黄、日落黄、靛黄、亮蓝以及为增强上述水溶性酸性色素在油脂中分散性的各种色素。我国允许使用的天然色素有甜菜红、紫胶红、越橘红、辣椒红、红米红等。

(9)护色剂。能与肉及肉制品中呈色物质作用,使之在食品加工、保藏等过程中不致分解、破坏,呈现良好色泽的物质。我国规定的护色剂有硝酸钠(钾)、亚硝酸钠(钾)、*D*-异抗坏血酸及其钠盐、葡萄糖酸亚铁等。

(10)乳化剂。能改善乳化体中各种构成相之间的表面张力,形成均匀分散体或乳化体的物质。我国已批准使用的有酪蛋白酸钠(酪朊酸钠)、蔗糖脂肪酸酯、司盘系列、吐温系列、改性大豆磷脂等。

(11)酶制剂。由动物或植物的可食或非可食部分直接提取,或由传统或通过基因修饰的微生物(包括但不限于细菌、放线菌、真菌菌种)发酵、提取制得,用于食品加工,具有特殊催化功能的生物制品。我国已批准的有木瓜蛋白酶、α-淀粉酶制剂、精制果胶酶、β-葡聚糖酶等。酶制剂来源于生物,一般来说较为安全,可按生产需要适量使用。

(12)增味剂。补充或增强食品原有风味的物质。我国允许使用的氨基酸类型和核苷酸类型增味剂有谷氨酸钠、5′-鸟苷酸二钠、5′-肌苷酸二钠、5′-呈味核苷酸二钠等。

(13)面粉处理剂。促进面粉的熟化、增白和提高制品质量的物质。我国批准使用的有 *L*-半胱氨酸盐酸盐、偶氮甲酰胺、碳酸钙等。

(14)被膜剂。涂抹于食品外表,起保质、保鲜、上光、防止水分蒸发等作用的物质。现允许使用的被膜剂有紫胶、白油(液体石蜡)、蜂蜡、吗啉脂肪酸盐(果蜡)、松香季戊四醇酯等,主要应用于水果、蔬菜、软糖、鸡蛋等食品的保鲜。

(15)水分保持剂。有助于保持食品中水分而加入的物质。现允许使用的水分保持剂有乳酸钾、甘油、三聚磷酸钠、六偏磷酸钠、焦磷酸钠、磷酸氢二钠、磷酸二氢钠等 28 种。

(16)营养强化剂。其定义符合《食品安全国家标准　食品营养强化剂使用标准》(GB 14880)中的定义。

(17)防腐剂。防止食品腐败变质,延长食品储存期的物质。我国规定使用的防腐剂有苯甲酸、苯甲酸钠、山梨酸、山梨酸钾、丙酸钙等。

(18)稳定和凝固剂。使食品结构稳定或使食品组织结构不变,增强黏性固形物的物质。我国允许使用的凝固和稳定剂有硫酸钙(石膏)、氯化钙、氯化镁(盐卤)、丙二醇、葡萄糖酸-δ-内酯等。

(19)甜味剂。赋予食品以甜味的物质。我国允许使用的甜味剂有甜菊糖苷、糖精钠、环已基氨基磺酸钠(甜蜜素)、天门冬酰苯丙氨酸甲酯(甜味素)、乙酰磺胺酸钾(安赛蜜)、甘草酸铵、木糖醇、麦芽糖醇等。

(20)增稠剂。可以提高食品的黏稠度或形成凝胶,从而改变食品的物理性状、赋予食品黏润、适宜的口感,并兼有乳化、稳定或使呈悬浮状态作用的物质。我国允许使用的增稠剂有琼脂、明胶、羧甲基纤维素钠等。

(21)食品用香料。能够用于调配食品香精,并使食品增香的物质。我国允许使用的食用香料有 1 892 种,其中天然香料 388 种,合成香料 1 504 种。

(22)食品加工助剂。有助于食品加工顺利进行的各种物质,与食品本身无关,如助滤、澄清、吸附、润滑、脱模、脱色、脱皮、提取溶剂、发酵用营养物质等。

其他:上述功能类别中不能涵盖的其他食品添加剂。

目前使用的食品添加剂绝大部分是用化学合成的方法生产出来的，化学合成品在分子结构上与天然物质没有差别，但生产过程中纯度达不到 100%，总会产生某些副产物，且生产工艺不同，产生的副产物也不相同，其中有些副产物具有潜在的危害性。因此，食品添加剂给食品带来了好处的同时，由于化学合成添加剂的滥用，历史上也给人类带来了灾难。如 1955 年，日本婴儿食用混有砷的磷酸盐奶粉，造成 130 名婴儿死亡；第二次世界大战后日本使用对硝基苯基甲苯作为甜味剂，引起大批人中毒；国外酱油厂使用含砷的浓盐酸水解豆饼制作氨基酸，添加到酱油中，造成酱油中毒事件等。这些事件的发生给人们对食品添加剂的安全性敲响了警钟，美国国会于 20 世纪 60 年代通过了 Deneley 条款，加强对食品添加剂的严格管理。世界卫生组织和联合国粮农组织联合组建了食品添加剂专家委员会(JECFA)，于 1957 年制定《使用食品添加剂的一般原则》，20 世纪 60 年代发展成为《国际食品法典》，规定了各种食品添加剂使用量。我国涉及食品添加剂的法律法规主要有《中华人民共和国食品安全法》和《食品添加剂卫生管理办法》。党的二十大报告提出，坚持全面依法治国，推进法治中国建设。要进一步加强食品安全法的宣传教育，加强各类食品中食品添加剂使用监管及分析监测，确保食品安全性。

5.3.2　样品前处理技术

与食品中农药残留量或兽药残留量不同，食品添加剂和食品加工助剂在食品中的含量相对较多，因此，大部分食品添加剂的检测过程中，样品处理过程相对来说比较简单。液-液萃取是大部分食品添加剂和食品添加助剂检测中最常用的前处理技术，通过调节提取液的盐度、pH 等参数，使待测物进入提取液，再经过简单的膜过滤或透析，即可完成对样品的前处理。水蒸气蒸馏适用于一些易挥发性的食品添加剂的样品前处理；对于一些基体比较复杂或食品添加剂含量较低的样品，一般可采用固相萃取技术，填料可根据食品添加剂的性质选择离子交换树脂、C18 或硅藻土等。

5.3.3　食品添加剂检测技术

国际上使用的食品添加剂和食品加工助剂种类达 14 000 种，直接使用的约为 4 000 种，常用的有 1 000 多种。目前对食品添加剂和食品加工助剂的检测主要集中在抗氧化剂、防腐剂、漂白剂、着色剂、护色剂、面粉处理剂、甜味剂、营养强化剂以及香精香料等方面，使用的检测方法主要有比色法、色谱法、电化学分析法等。

5.3.3.1　比色法

应用某些食品添加剂组分与一些物质发生化学反应生成有颜色的化合物的特点，可通过比色法对这些组分进行定量分析。如食品中的亚硫酸盐的检测，可利用亚硫酸盐与四氯汞钠反应生成稳定的络合物，再与甲醛及盐酸副玫瑰苯胺作用生成紫红色络合物，与标准系列比较定量。又如防腐剂山梨酸在硫酸和重铬酸钾的作用下生成丙二醛，丙二醛再与硫代巴比妥酸作用产生红色化合物，与标准系列比较定量。甘氨酸与乙酰丙酮-甲醛试剂可发生显色反应，故也可用比色法测定。

5.3.3.2　气相色谱法

气相色谱法因其具有检测速度快、分离效能高、检测灵敏度高等特点，在食品添加剂的检测中应用非常广泛。对于易挥发的食品添加剂，经过简单的样品处理，可以直接用气相色谱测定，如部分抗氧化剂、香精、香料等。对于一些不易挥发的添加剂，可以经过衍生化过程，再用气相色谱法检测，如一些漂白剂、甜味剂、防腐剂、护色剂、着色剂、面粉处理剂等。

5.3.3.3 高效液相色谱法

由于大多数食品添加剂的挥发性都较差，虽然可以通过衍生化法后再用气相色谱检测，但样品处理过程较为繁琐，且给检测结果带来了不确定性，因此，高效液相色谱法是食品添加剂检测最常用的方法，广泛应用于食品中酸度调节剂、营养强化剂、防腐剂、抗氧化剂、着色剂、增稠剂、面粉处理剂、增味剂、甜味剂以及香精香料等项目的日常检测。如采用紫外检测器测定食品中安赛蜜、甜味素、糖精钠、苯甲酸、山梨酸含量；采用无水乙醇溶解，碘化钾还原，紫外检测器测定面粉中的过氧化苯甲酰含量。随着高效液相色谱-质谱联用技术的日益成熟，测定结果的可靠性和准确性也将大大增加，在检测食品添加剂方面应用也越来越多。如采用高效液相色谱-电喷雾质谱可同时测定苯甲酸、山梨酸、对羟基苯甲酸甲酯、对羟基苯甲酸乙酯、对羟基苯甲酸丙酯、对羟基苯甲酸丁酯、2,4-二氯苯甲醇等防腐剂；采用高效液相色谱-质谱还可同时检测日落黄、柠檬黄、胭脂红、苋菜红和亮蓝等 5 种人工合成色素。

5.3.3.4 离子色谱法

离子色谱是 20 世纪 70 年代发展起来的一种新型液相色谱分析技术，由传统的离子交换液相色谱发展而来，具有快速、简便、灵敏、选择性好等特点，被认为是测定阴离子的首选方法。离子色谱主要包括离子交换色谱、离子排斥色谱和离子对色谱。近年来，随着离子色谱柱填料、淋洗液种类以及检测器的不断发展，离子色谱的应用领域不断拓宽，在食品添加剂检测中的应用也在不断增加，已被用来检测食品中的硝酸盐和亚硝酸盐、有机酸、氨基酸、糖类、胺盐、有机碱、维生素、糖精、环磺酸钠等。

5.3.3.5 毛细管电泳

由于毛细管电泳适用范围非常广泛，而且毛细管电泳具有多种不同的分离模式，故可以满足许多基质复杂的食品分析要求。在 1997 年的第 48 届分析化学与应用光谱学会议上，高效毛细管电泳被列为食品分析、饮食安全检查等方面重点发展内容之一。从目前的研究来看，毛细管电泳主要应用于食品中防腐剂、甜味剂、营养强化剂以及色素等检测方面。

5.3.3.6 其他

在食品添加剂检测方法中，还包括化学分析法、电化学分析法、薄层色谱法等。对于食品中含量较多的食品添加剂可采用化学分析法检测，如质量法测定维生素 B_2 的含量；滴定法测定葡萄糖酸锌的含量；滴定法测定膨松剂碳酸氢钠、碳酸氢铵的含量。电化学分析法具有仪器简单、操作方便、分析速度快等特点，近年来，在食品添加剂检测方面越来越受到重视，如极谱法测定胭脂红、苋菜红、赤藓红、新红、诱惑红等。

5.3.4 食品加工助剂检测技术

我国允许在食品中使用的加工助剂有 1,2-丙二醇、丙酮、己烷、石油醚、丙三醇、1,2-二氯乙烷、1-丙醇等 104 种，其中相当一部分尚无有效的检测方法，从目前食品中加工助剂检测研究来看，多是经过溶解、萃取、过滤等简单的样品处理。对于挥发性和半挥发性的加工助剂，如丙酮、己烷、1-丙醇、1-丁醇等，均可采用气相色谱法测定。对于一些盐类的加工助剂，如磷酸、硫酸、氯化钙、氯化钾等，一般可采用化学分析法、电化学分析法、离子色谱法等。

5.4　食品中有害金属检测技术

5.4.1　概论

环境中存在多种金属元素，人体可以通过食物、饮水等生活方式接触和摄入这些元素。在这些金属元素中，有相当一部分是维持人体新陈代谢所必需的，称为人体的必需元素，包括宏量元素（如 K、Na、Ca、Mg 等）和微量元素（如 Fe、Zn、Cr、Co、Cu、Mn、Mo、Se 等），在一般膳食情况下不会对人体造成危害；而有些元素未见有正常的生理功能，且少量摄入即呈现出毒性作用，因此称之为有害金属，其中，最受人们关注的有害金属是汞、砷、铅、镉等。

5.4.2　样品前处理技术

在食品中的有害金属元素分析中，一般都要求对样品进行前处理，将其转变为适于分析的溶液。在预处理过程中，要求待测组分不损失，不引入干扰物质，同时注意操作安全，尽量使操作过程简便，减少污染。不同金属元素的理化性质存在较大差异，因此在分析前必须根据其性质和测定方法的特点选择合适的前处理方法，以破坏有机质，提取分离出待测元素进行测定。常用的前处理方法有干灰化法、湿灰化法、密闭罐消化法等。

5.4.2.1　干灰化法

干灰化法是在一定气氛和温度范围内加热，使有机物分解，剩余残渣再用酸溶解。用干灰化法处理样品相对而言较为简便，适合大批量的样品的处理，无须加入大量试剂，所以玷污少，试剂空白值较低。但是干灰化法不适宜于易挥发元素的测定，如汞、砷、硒等。在干灰化法中，采用硅质坩埚和瓷坩埚，会造成待测元素与坩埚壁融附，引起所谓的壁沾滞，这也是导致测定回收率低的一个原因。消除这类误差首先是选择适当的坩埚，干灰化法中常用铂金坩埚。根据灰化的方式不同，又可分为高温干灰化法和低温干灰化法。

高温干灰化法的灰化步骤为：称取一定量的粉碎或匀浆样品低温干燥并炭化，再放入高温炉中，在 400～600℃的温度下灰化数小时，残渣用适当的酸溶解后即可得到待测溶液。

灰化过程中一般不需要加入试剂，但为了加速分解或抑制挥发损失，有时也加入灰化助剂。灰化助剂大致有 3 种作用：①氧化作用，即加速有机物的氧化分解，如硝酸、硝酸钠、硝酸钾、硝酸铵等；②固定作用，即与易挥发的元素生成难挥发的物质，如硝酸镁与砷生成难挥发的焦砷酸镁；③稀释疏松作用，即加入灰化助剂后，灰分比不加时大得多，因此可减少待测元素与皿壁的接触，从而减少壁沾滞损失，同时起到分散疏松的作用，有利于样品灰化，常用的有氧化钙和氧化镁。灰化助剂的纯度是值得注意的，否则带来的杂质会提高试剂空白值，干扰测定。

为了避免易挥发元素的损失，可采用低温干灰化法，即利用低温灰化装置，在温度低于150℃、压力小于 133.322 Pa 的条件下，借助射频激发的低压氧等离子体的作用对样品进行氧化分解。氧等离子体是氧分子以及由高频振荡产生的激发态氧分子、氧离子、氧原子、电子等的混合气氛的总称，具有极强的氧化能力，能使大多数样品在低温下迅速灰化。由于这种方法降低了灰化温度，所以不会引起 Sb、As、Cs、Co、Cr、Fe、Pb、Mn、Mo、Se、Na 和 Zn 的损失，但 Au、Ag、Hg、Pt 等有明显损失。当样品中含有 Hg、As 和 Se 等挥发性元素以及 Cr 时，灰化装置需带有冷阱以防止这些元素的损失。低温干灰化法解决了高温干灰化法灰化时间长、易挥发元素损失的缺点，但需要特殊的低温灰化装置，仪器设备比较昂贵。

5.4.2.2 湿灰化法

湿灰化法又叫湿法消化法，主要是利用不同酸或混酸与样品一起煮沸，将有机物氧化生成二氧化碳和水除去。常用的混酸有 $HNO_3—HClO_4$、$HNO_3—H_2O_2$、$HNO_3—H_2SO_4—H_2O_2$、$HNO_3—HClO_4—H_2SO_4$、$HNO_3—H_2SO_4$ 和 $H_2SO_4—H_2O_2$。其中沸点 120℃的硝酸氧化性强，是使用最广泛的预氧化剂，但反应温度较低；热的高氯酸是最强的氧化剂和脱水剂，而且沸点为 203℃，可在除去硝酸后继续氧化样品，但高氯酸与含—OH 的有机物反应易发生爆炸，所以一般是用硝酸将样品预氧化后再加入高氯酸反应；硫酸沸点高达 340℃，所以可以有效地提高反应温度，获得好的消解效果，但 Hg、As、Se 等有一定程度的损失。

湿灰化法具有处理样品量较大、有机物分解快、回收率高等优点。但同时该法往往需要加入大量酸，所以空白值高，而且在消解过程中往往产生爆沸现象，时刻不能离人，耗时较长，反应产生的大量有害气体易污染环境。

5.4.2.3 密闭罐消化法

密封罐消化法主要有电烘箱加热-高压密封罐消解法和微波加热-密封罐消解法等。电烘箱加热-高压密封罐消解技术是我国国家标准中规定使用的方法之一，是一种在高温、高压下进行的湿法消解过程，即将样品和混酸或混酸＋氧化剂置于合适的容器中，再将容器装于保护套中，放进电烘箱，在 110～250℃加热数小时或十几个小时分解。所用的容器多为 PTFE、玻璃碳或石英材料做成，这些材料易于用酸清洗，因而器壁玷污小，保护套为不锈钢材料。解决了常规湿法消解样品时酸用量大、空白值高、污染严重、操作费时费力、待测元素易损失等缺点。微波加热-密封罐消解法是一种新兴的样品前处理技术，它的原理是在 24.5 GHz 微波电磁场作用下，极性分子随着微波的频率而快速地变换取向，产生每秒 24.5 亿超高频振荡，并与样品相互碰撞、摩擦、挤压，因而产生高热，即所谓的“内加热”，摒弃了传统的先加热物体表面，然后热能由表及里的“外加热”技术。样品在消解过程中，表面层和内部在不断搅动下破裂、溶解，不断产生新的表面与酸作用，使样品在数分钟内分解完全。

与常规的高温灰化及湿法消化比较，密闭罐消化法具有试剂用量少、空白值低、损失少、污染小等优点，其中微波消解更是具有分解速度快、易实现自动监控等独特优点，从而受到了分析工作者的青睐。例如食用油的消解一直是食品分析的难点，无论是用湿法消解还是干灰法消解，都需要很长时间，而且易引起玷污，而用微波消解油脂类样品则有显著优点。但是密闭容器消解容易产生高压而有爆炸的危险，所以样品处理量最多不超过 1 g，对于含有机质较多的样品，可先在敞口体系中加酸预消化，以除去部分有机质，再用密闭消解法进行样品处理。

5.4.3 有害金属检测技术

食品中的有害金属检测方法很多，目前应用广泛的有原子吸收光谱法(AAS)、电感耦合等离子体原子发射光谱法(ICP-OES)、电感耦合等离子体质谱法(ICP-MS)和氢化物原子荧光光谱法等(HG-AFS)。

5.4.3.1 原子吸收光谱法

原子吸收光谱(AAS)自从 1955 年作为一种仪器分析手段问世以来，如今已成为测定痕量和超痕量元素的最有效方法之一。它是测量被测元素蒸气基态原子对其原子共振辐射的吸收强度的一种仪器分析方法。原子吸收光谱仪是由光源、原子化器、光学系统、检测系统和显示装置5大部分组成,其中原子化器的作用是将待测元素转化为基态原子,在整个装置中具有至关重要的作用,其原子化效率的高低直接影响到测量的准确度和灵敏度。常用的原子化法有火焰法、石墨炉法和氢化物发生法。

火焰原子化法是开发得最早、应用最广泛的原子化方法。它是利用化学火焰产生的热能蒸发溶剂、解离分析物分子和产生被测元素的原子蒸气。实验室应用最多的空气-乙炔火焰,可以很好地用于35种元素的测定。但因火焰温度不够高,不能用于高温元素原子化。1965年Willis引入N_2O—C_2H_2火焰,将火焰温度由2 500 K提高到2 990 K,成功地测定了高温元素,将可测定元素扩大到70多个。火焰原子化法原子化条件稳定,测定的重现性好,相对标准偏差(RSD)可以达到0.2%,而且分析速度快,操作方法简便。其缺点是使用气动雾化器时样品利用率低,为10%～15%,其余作为废液排出,同时气相原子浓度受到大量火焰气体的强烈稀释,大约每10^8个原子中只有一个原子参与吸收,火焰中自由原子在测量光路中的平均停留时间很短,约为10^{-4} s,这些都成为其提高灵敏度的障碍。

石墨炉原子化法是将试样注入石墨管中间位置,用大电流通过石墨管以产生高达2 000～3 000℃的高温使试样干燥、灰化和原子化。与火焰原子化法相比,石墨炉原子化法具有以下特点。①灵敏度高,检测限低。因为在石墨炉原子化过程中,样品几乎全部蒸发并参与吸收;试样原子化是在惰性气体保护下、还原性气氛的石墨管内进行的,有利于难熔氧化物的分解和自由原子的形成;自由原子在石墨管内平均滞留时间长,因此管内自由原子密度高。一般来说,石墨炉法的分析灵敏度要比火焰法高3～4个数量级。②能在线处理样品。在石墨炉升温程序中的灰化阶段,可以通过升温模式、温度和时间等条件的设置,尽可能地将样品中的共存物全部或大部分除去,以减少原子化过程中产生的干扰,这是火焰原子吸收法及其他分析方法都没有的特点。③用样量少,特别适合微量样品的测定,但由于非特征背景吸收的限制,取样量少,相对灵敏度低,样品不均匀性的影响比较严重,方法精密度比火焰原子化法差,通常为2%～5%。④试样直接注入原子化器,从而减少溶液一些物理性质对测定的影响,也可直接分析固体样品。⑤排除了火焰原子化法中存在的火焰组分与被测组分之间的相互作用,减少了由此引起的化学干扰。

氢化物发生原子化法属于低温原子化法。某些易形成氢化物的元素,如Hg、As、Pb、Ge、Sn、Sb、Bi、Se和Te等,用火焰原子化法测定时灵敏度很低,如果在一定的酸度下,用硼氢化钠还原成极易挥发与分解的氢化物,如AsH_3、SnH_4、BiH_3等,这些氢化物经载气送入石英管后,进行原子化与测定,可将检测限降低到ng/mL的浓度。氢化物发生原子吸收光谱法的特点是:被测组分与基体分离并得到富集;氢化物发生进样效率高,与气动雾化进样相比,灵敏度提高3个数量级以上;在氩氢火焰内实现原子化,背景吸收低;与流动注射结合在线分离基体,试剂用量少,分析速度快,易于实现自动化。

AAS作为测定痕量和超痕量元素的有效方法之一,具有检出限低、选择性好、精密度高、抗干扰能力强等优点。通过选择合适的原子化方法,可以对某一元素实现准确的测定。其主要的缺点就是它在本质上是一种单元素分析技术,不能进行多元素同时分析或顺序分析,分析速度不快,无法与ICP-OES相比。

5.4.3.2 电感耦合等离子体原子发射光谱法

电感耦合等离子体原子发射光谱(ICP-OES)是以高频电磁感应产生的高温电感耦合等离

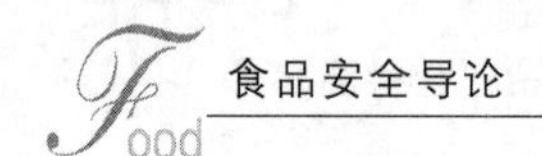

子火焰(ICP)为激发光源,样品在高温下气化、原子化并被激发,不同的元素具有不同的特征谱线,根据元素的特征谱线和谱线的强度进行定性和定量分析的一种仪器分析技术。ICP-OES具有快速、简便、检出限低、灵敏度和精密度高、线性范围宽、稳定性好、选择性高、基体效应小且可以有效校正、可同时进行多元素分析、易于实现分析自动化等特点。

对于食品中大多数元素分析,ICP-OES的检出限可以达到每升几微克,完全可以满足实际分析要求,但对于一些有害元素,如Hg、As、Pb、Se、Sn等,由于其本身在食品中的含量很少,ICP-OES则显得有些力不从心,需要借助于其他的分析手段。

5.4.3.3 电感耦合等离子体质谱法

如果从分析灵敏度和检出限来看,石墨炉原子吸收光谱与ICP-OES还有相比较的能力,并有优越的地方,但如果从分析速度来相比,则石墨炉原子吸收光谱大为逊色。而自从原子光谱分析领域出现了电感耦合等离子体质谱(ICP-MS)以后,无论是分析灵敏度、检出限,还是分析速度,原子吸收光谱都显得相形见绌了。

ICP-MS是以ICP作为离子源,样品在高温下气化、原子化、离子化,然后使形成的离子按质荷比(m/e)进行分离。不同的元素有不同的质荷比,根据元素的分子离子峰进行定性和定量分析。

ICP-MS的元素分析能力很强,而且用于分析的质谱线约为260条,与ICP-OES数以万计的谱线相比,显然简单多了,谱线干扰相应也少了许多。但因为ICP-MS使用的质谱是四极杆质谱系统,仍属于低分辨率范畴,故会遇到一些多原子离子的干扰(目前也已出现高分辨质谱,比如高分辨扇形磁场等离子体质谱、等离子体飞行时间质谱和等离子体离子阱质谱,不过价格相当昂贵,一般实验室难以配置)。在ICP中,多原子分子离子主要来源于Ar等离子体、水和试剂,在食品分析中还要加上因有机物带入的C、S等元素所形成的多原子离子。这些离子的质谱峰如果与被分析元素的同位素离子质谱峰重叠就会产生质谱干扰,如$^{40}Ar^{35}Cl^{+}$干扰$^{75}As^{+}$,$^{40}Ar^{16}O^{+}$干扰$^{56}Fe^{+}$,$^{40}Ar^{40}Ar^{+}$干扰$^{80}Se^{+}$等。1999年碰撞反应池技术作为一种抗干扰技术出现在ICP-MS商品仪器中,它是将碰撞反应气体引入高真空的离子光路中,撞碎多原子干扰离子或者碰撞多原子离子后反应成另一种非干扰性的离子来排除干扰。碰撞反应池池体中发生的离子-分子反应大致可以分为电荷转移、氢原子转移、质子转移、缔合反应、缩合反应、碰撞诱导解离反应等。食品样品分析中,应用碰撞反应池技术可以抑制在食品的消化过程中引入的HCl、$HClO_4$等试剂和有机物本身的碳所引起的多原子离子干扰。

众所周知,元素的毒性与其形态、价态有密切关系,所以仅仅测定元素的总量是不够的,对食品中有害元素的化学形态进行分析正成为研究热点。目前用于形态分析的技术主要是各种色谱仪器与原子光谱仪器联用,其中用高灵敏度的ICP-MS作为检测器,用HPLC作为分离系统的HPLC-ICP-MS联用技术是最为常用的元素形态分析手段,占形态分析研究的70%以上。

5.4.3.4 氢化物原子荧光光谱法

原子荧光光谱(AFS)是20世纪60年代中期提出并发展起来的光谱分析技术。1974年,Tsujii和Kuga首次将氢化物进样技术与无色散原子荧光分析技术相结合,开创了氢化物发生-无色散原子荧光光谱(HG-AFS)分析,并应用于As的测定。但真正将HG-AFS技术发展成为实用性很强的高效低消耗的分析技术的应当是我国的仪器分析工作者,因此可以说

HG-AFS技术是具有中国特色的分析技术。

HG-AFS分析很有特色：①灵敏度高、检出限低，对于被测定的As、Sb、Bi、Hg、Se、Te、Pb、Sn、Ge、Zn和Cd元素的检出限可达到$10^{-13}\sim10^{-10}$水平；②分析元素通过生成氢化物的方式与基体有效地分离，因此光谱和化学干扰少；③可以进行多元素同时测定；④易于和HPLC、GC等技术联用，实现形态、价态分析；⑤仪器结构简单，仪器成本及运行费用低。目前HG-AFS技术在多个分析领域均已形成了完整的分析体系，并使这项技术成为食品、环境、医药、农业产品、轻工产品及矿产品中As、Pb、Hg、Se、Cd等元素分析的国家标准方法。

HG-AFS分析技术之所以受到食品分析工作者的青睐，还因为在分析As、Hg、Se、Ge、Sb等这些食品分析中感兴趣的元素时，HG-AFS法显示出独特的优势。这些元素无论是用AAS还是用ICP-OES分析时，灵敏度都不高，即使是用ICP-MS分析，也因为多原子离子的干扰不太理想，比如$^{75}As^{+}$受到$^{40}Ar^{35}Cl^{+}$的干扰，$^{80}Se^{+}$受到$^{40}Ar^{40}Ar^{+}$干扰等。而用HG-AFS分析技术，由于这些元素的主要荧光谱线介于200～290 nm，正好是日盲光电倍增管的灵敏度最好阶段；另外，这些元素可以形成气态的氢化物，不但可以与基体相分离从而降低基体干扰，而且因为是气体进样方式，极大地提高了进样效率。因此，HGAFS法测定上述元素具有很高的灵敏度，能够满足食品中痕量的甚至超痕量有害元素分析的要求。

5.5　食品中真菌毒素检测技术

5.5.1　概论

真菌广泛存在于自然界中，是一类有细胞壁，不含叶绿素，无根、叶、茎，以腐生或寄生方式生存，能进行有性或无性繁殖的微生物。有些真菌污染食品或在农作物上生长繁殖后，一方面会使食品发霉变质或使农作物发生病害；另一方面有些真菌会产生具有毒性的二级代谢产物——真菌毒素，对食品的安全性产生极大的危害。

在目前发现的300多种真菌毒素中，与食品安全相关的真菌毒素主要包括黄曲霉毒素、赭曲霉毒素、展青霉素、玉米赤霉烯酮、伏马菌素、脱氧雪腐镰刀菌烯醇、T-2毒素、杂色曲霉素、环匹阿尼酸、麦角胺、细交链孢菌酮酸等，其中黄曲霉毒素是到目前为止所发现的毒性和致癌性最强的天然污染物。为此，美国联邦政府有关法律规定，人类消费食品和奶牛饲料中的黄曲霉毒素含量不能超过20 μg/kg，人类消费的牛奶中的含量不能超过0.5 μg/kg，其他动物饲料中的含量不能超过300 μg/kg。而欧共体国家规定更加严格，要求人类生活消费品中的黄曲霉毒素的含量不能超过2 μg/kg。

真菌毒素不同于细菌毒素，真菌毒素是小分子物质，极耐热，毒性不因通常的加热而被破坏，可引起多器官的损害，而且有些还具有致癌、致畸、致突变作用，对健康产生极大的威胁。更重要的是，被真菌毒素污染的粮食在外观上是正常的，不易被人们注意。随着检测方法和分析技术的发展，人们发现真菌毒素几乎广泛存在于所有的食品和饲料中，所以，食品中的真菌污染尤其应引起重视。

在我国，研究较多、较深入的真菌毒素有黄曲霉毒素、单端孢霉烯族化合物中的脱氧雪腐镰刀菌烯醇和T-2毒素、玉米赤霉烯酮、赭曲霉毒素A、伏马菌素B_1、展青霉素、杂色曲霉素等。对以上真菌毒素从分析方法、毒理、防霉去毒、污染调查、制定限量标准等方面进行了比较广泛的研究。

5.5.2 样品前处理技术

与大多数残留分析类似,在进行食品中真菌毒素的检测之前,都要建立合适的前处理方法。

真菌毒素的前处理步骤主要包括提取和净化。从食品中提取真菌毒素,溶剂的选择取决于待测毒素种类、毒素性质、毒素在溶剂中的溶解度、杂质在溶剂中的分配系数、溶剂的毒性和价格等。一般选用毒性小、极性大、价格低廉的溶剂系统。常用的毒素提取溶剂有甲醇、三氯甲烷、乙酸乙酯、丙酮、己烷、乙腈和水中的一种或多种溶剂不同配比的混合物。一般固体食品多采取浸渍、机械振荡、高速搅拌、索氏回流等提取方法,液体样品则多采用液-液分配的方法。近年来,发展起来的用 CO_2 提取真菌毒素的超临界流体提取法,是一种提取和纯化同步进行的快速方法,具有不使用有机溶剂、所用气体无毒、不可燃、提取速率和效率高等特点,特别适合于非极性毒素的提取净化。对于极性毒素的提取,则可以通过加入改性剂,改变温度、压力等方法进行。

由于样品基质中的蛋白质、脂类、色素也往往一起被提取剂提取出来,干扰测定,所以一般需要对提取液进行处理,在确保不损失待测真菌毒素的前提下除去干扰物质,这个过程称为净化。净化是食品中真菌毒素诸多分析方法(酶联免疫吸附分析法除外)必不可少的步骤。净化的方法很多,广泛采用的有液-液分配、色谱技术、沉淀法、吸附法、液-固萃取以及超临界流体萃取等。其中色谱技术是应用最多也是最有效的一类方法,包括柱层析法、薄层层析法,又以柱层析法最为常用。根据层析柱中填充物性质的不同又可分为吸附色谱柱和分配色谱柱。吸附色谱柱常用的吸附剂有硅胶、中性氧化铝、活性炭、弗罗里硅土、矾土等;分配色谱柱常用的填料有硅藻土、纤维素等。传统的柱色谱通常采用较长的柱子,既耗时又浪费溶剂,目前越来越多地被微柱代替。典型的微柱长 20 cm,内径一般 6 mm,内部填充一种或几种吸附剂,例如 1988 年被定为 AOAC 法定方法的 Holaday-Velasco 微柱法,微柱的填充材料为硅镁吸附剂、硅胶、中性氧化铝、无水硫酸钙,适用于检测白玉米、黄玉米、生的去壳花生中的≥10 μg/kg 的总黄曲霉毒素。

免疫亲和层析柱方法是近几年快速发展起来的一项技术,它是把大剂量的毒素单克隆抗体固化在水不溶性载体上,然后装柱而成。由于免疫亲和层析柱中的抗体具有特异地与某一种或一组结构类似的真菌毒素相结合的特性,所以对样品净化效果好,特异性强。由于它的高特异性,一般免疫亲和柱仅用于单一毒素的检测。为了能同时检测两种或多种毒素,固化有两种毒素单克隆抗体的免疫亲和柱也有面世(如美国 VICAM 公司生产的可同时检测食品和饲料中黄曲霉毒素和赭曲霉毒素 A 的 Afla Ochra TM 免疫亲和柱),这大大简化了操作步骤,提高了工作效率。最近又有公司推出了多功能净化柱,柱内含有极性、非极性与离子交换等几类基团,可选择性吸附样液中的脂类、蛋白质、糖类等杂质,净化效果理想,可用于多种毒素同时检测的净化,操作简便快速,配合 HPLC 和 GC 使用,可大大提高加收率。

5.5.3 真菌毒素检测技术

真菌毒素的检测技术有多种,概括起来有生物鉴定法、物理及化学方法、免疫分析法等。

5.5.3.1 生物鉴定法

生物鉴定法是一种传统、普遍使用、检测结果最直观的方法。其特点是待检样品不需很纯，主要用于定性。寄主大至整株植物、离体器官、某一组织，小至单个细胞、原生质体、细胞器或亚细胞器，都可作为检测材料。前一类检测材料要求真菌毒素量大，才有可能表现出明显的毒害症状，但方法简单，不需大型的仪器和设备；后一类检测材料则适用于那些不易大量制备毒素的检测，灵敏度高，效果也好，包括皮肤毒性试验、致呕吐试验、种子发芽试验等。

5.5.3.2 物理及化学方法

一些已知物理及化学性质的真菌毒素可用此法检测。该法建立在色谱基础上，主要用于毒素定量分析，常用的有薄层色谱法、高效液相色谱法和气相色谱法等。

(1)薄层色谱法。薄层色谱法(TLC)作为一种平面色谱技术用于真菌毒素检测已有多年，该法最大的优点是操作简单、成本低、对设备和检验人员要求不高。缺点是特异性不强，干扰因素较多，准确性较差；灵敏度较低，检出限较高，只能半定量分析；操作人员要直接接触毒素和大量有机试剂，安全性较差；操作步骤多，试剂用量大，不适于大批量样品的快速检测。高效薄层色谱法以及薄层扫描仪的发展和应用，提高了 TLC 的分离效率和检测精确度，由此也拓宽了 TLC 技术在检测真菌毒素领域中的应用。目前该法仍然是除北美和欧洲以外其他国家，尤其是发展中国家检测食品和饲料中真菌毒素，特别是检测某些本身能够发荧光的毒素如黄曲霉毒素和赭曲霉毒素 A 的常规方法，也是目前我国检测粮油食品中的黄曲霉毒素 B_1、黄曲霉毒素 M_1、赭曲霉毒素 A 和玉米赤霉烯酮的国标方法。在 AOAC 官方方法中，TLC 也是分析花生及其制品中的总黄曲霉毒素，可可豆、椰子汁、椰子肉、玉米、棉籽、鲜咖啡豆和鸡蛋中的黄曲霉毒素 B_1，奶制品中的黄曲霉毒素 M_1，谷物中的玉米赤霉烯酮和杂色曲霉素，苹果汁中的展青霉素等的法定方法。

(2)高效液相色谱法。高效液相色谱法(HPLC)是一种以液体为流动相的新型色谱技术。随着色谱理论的丰富和色谱技术的发展，HPLC 已成为现代仪器分析中应用最广泛的一种方法。HPLC 的高分离检测效能，为同时测定多种毒素提供了条件，可同时实现对食品中多种毒素的定性、定量和确证分析。

由于真菌毒素性质不同，加上分析条件之间相互影响、相互制约，为达到理想的分离效果，分析时要综合考虑流动相、色谱柱、柱温和检测器等因素，找出最佳分析条件。某些自身产生荧光的真菌毒素如赭曲霉毒素 A 和麦角碱可直接用配有荧光检测器的 HPLC 分析。而其他一些分子中不含发色基团(如伏马菌素)或本身可产生荧光但强度较弱(如黄曲霉毒素 B_1 和黄曲霉毒素 G_1)的毒素进行 HPLC 分析时，需经柱前或柱后衍生，改变流动相条件(如使用离子对试剂、改变流动相 pH 等)，以增强荧光信号方能定量检测。还有些真菌毒素可直接用紫外检测器检测，如展青霉素和黄绿青霉素的测定。液相色谱分析结果可用 HPLC-MS-MS 确证。

用于增强黄曲霉毒素 B_1 和黄曲霉毒素 G_1 荧光强度的试剂，包括柱前衍生剂三氟乙酸、亚硫酸氢钠和柱后衍生剂 β-环状糊精及一些光化学衍生剂。净化后的样品提取液经三氟乙酸柱前衍生后，用 RP-HPLC 配有荧光检测器分析黄曲霉毒素，这一直是过去 10 年最常用且简单的方法。但由于黄曲霉毒素 B_1 和黄曲霉毒素 G_1 经三氟乙酸柱前衍生形成的衍生物性质不稳定，且分析过程额外增加了一步反应，加大了操作误差，因此三氟乙酸柱前衍生近来逐渐被碘试剂、溴试剂、电化学及光化学柱后衍生技术所取代。虽然碘试剂柱后衍生检测黄曲霉毒素的方法已被 AOAC 采纳，但由于存在衍生剂对色谱系统的腐蚀破坏，碘试剂不稳定，需现用现配，增加了工作量等一系列问题，现许多实验室以溴试剂（如溴氢化吡啶嗡）或电化学法产生的溴代替碘试剂进行柱后在线衍生检测玉米、花生、干果中的黄曲霉毒素 B_1 和尿中的黄曲霉毒素 B_1、黄曲霉毒素 B_2、黄曲霉毒素 G_1、黄曲霉毒素 G_2、黄曲霉毒素 M_1 和黄曲霉毒素 Q_1。电化学衍生装置 Kobra Cell 是利用电化学原理，以在线产生的溴为衍生剂，具有操作简便、易于安装维护、无须控制反应温度和流速比例、免去每日制备饱和碘试剂等优点，与柱前衍生方法相比，极大地提高了分析灵敏度，但缺点是衍生所需装置昂贵，不适于广泛推广。光化学衍生器使用时置于色谱柱和检测器之间，通过紫外光源产生的光子作为衍生剂，进行连续的柱后光化学衍生反应。与化学衍生相比，光化学衍生不需要任何化学试剂，非常方便简单。用配有荧光检测器的 RP-HPLC 系统定量检测玉米中的伏马菌素时，亦需先对毒素进行衍生化。邻苯二甲双醛/2-巯基乙醇是最常用的对伏马菌素 B_1 和 B_2 及相关化合物分子中的氨基进行柱前衍生化的试剂，其他可用的衍生剂包括 4-氟-7-硝基苯呋喃、萘四磺酸-2,3-二甲醛/氰化钾和荧光胺等。B 类单端孢霉烯族化合物（如脱氧雪腐镰刀菌烯醇）本身也不产生荧光，但分子中 C-8 位置上有酮基，虽不能用 HPLC 配荧光检测器检测，但可配紫外检测器检测。离子对试剂可用于检测某些酸性真菌毒素如赭曲霉毒素 A、橘青霉素、镰刀菌素、交链孢菌酮酸和一些碱性麦角肽碱等。AOAC 官方方法中 HPLC 法被用于检测食品中的黄曲霉毒素 B_1、黄曲霉毒素 M_1 和伏马菌素，诸多国家用该法检测谷物中的赭曲霉毒素 A、玉米赤霉烯酮、脱氧雪腐镰刀菌烯醇、展青霉素、链格孢毒素等。

(3)气相色谱法。有些不含发色基团和荧光基团，或具有弱荧光或弱吸收的真菌毒素，可用气相色谱法进行测定。例如 A 类单端孢霉烯族化合物分子中游离的羟基基团较少，并且在 C-8 位置上缺少酮基，既不发荧光也没有紫外吸收，因此 GC 法成为分析该类毒素的最佳选择。而 B 类单端孢霉烯族化合物分子中 C-8 位置上含有酮基，决定了其三甲基硅烷衍生物易产生电子捕获信号，因此 GC-ECD 或 GC-MS 是分析镰刀菌毒素，特别是单端孢霉烯族化合物的三甲基硅烷、七氟丁酰和三氟乙酸酐衍生物最常用、最理想的方法。此外，GC 也是分析展青霉素、玉米赤霉烯酮和链格孢毒素的常用方法，赭曲霉毒素 A 转化成 *O*-甲基甲酯后也可用 GC 方法定量检测。GC 分析结果常用质谱法进行确证。

5.5.3.3 免疫分析法

免疫分析法是近年来快速发展起来的一项实用新技术，在微量毒物的检测中已得到广泛应用。它是利用抗原抗体之间高选择性反应的原理进行真菌毒素的检测，包括放射免疫法(RIA)、酶联免疫法(ELISA)和免疫亲和柱法。与物理及化学方法相比，免疫化学方法具有特异性高、敏感性强、快速方便、不需要昂贵仪器设备等优点。与薄层色谱法相比，免疫分析方法的灵敏度提高了 500 倍，样品前处理也得到了一定程度的简化，易于普及推广。

(1)放射免疫法。放射免疫检测技术的原理类似于直接竞争酶联免疫法，是用放射性同位素标记抗原，由非标记毒素（非标记抗原）与定量的标记毒素（标记抗原）对限量的特异性抗体的竞争性抑制反应，标记抗原与非标记抗原之和多于特异性抗体的结合位点，当反应达到平衡点时，标记毒素抗原抗体复合物的生成量受非标记抗原数量的制约，标记毒素和非标记毒素的数量关系可以用抑制曲线来表示（剂量-反应曲线），通过特殊的仪器对抗原抗体复合物的放射活性进行测定，即可计算出毒素的含量。放射免疫法测定具有灵敏度高、特异性强的优点，已用该法测定了黄曲霉毒素 B_1、M_1 等。但由于本法使用了对人体有害的放射性物质，对仪器设备和操作人员都有较高的要求，所以放射免疫法的推广使用受到限制。

(2)酶联免疫法。酶联免疫法是将抗体吸附于固相载体上，加入已经用酶标记的抗原与样品中的待测物混合物进行特异性的免疫反应，然后再加入酶的底物进行显色反应，通过颜色的深浅来判断样品中待测物的(抗原)含量。酶联免疫法是分析真菌毒素的重要方法，具有特异性强、灵敏度高、操作简便、样品前处理无须净化(或只需最小限度的净化)、成本低、适于批量检测的优点，目前已建立多种分析各类农产品和食品中真菌毒素的 ELISA 方法。AOAC 颁布了供内部机构使用的检测粮食及其他农产品中橘青霉素、圆弧偶氮酸和麦角碱的 ELISA 方法。国际上检测粮油食品中多种真菌毒素(包括黄曲霉毒素总量、黄曲霉毒素 B_1、黄曲霉毒素 M_1、赭曲霉毒素 A、伏马菌素、T-2 毒素、脱氧雪腐镰刀菌烯醇、玉米赤霉烯酮、橘青霉素等)商品化的 ELISA 试剂盒已被广泛用于实际工作中。

由于 ELISA 法中酶本身的活性较敏感，对于一些复杂样品，如葡萄酒类、含盐量高的酱油、含脂量高的食用油等，在提取时要进行调 pH、脱盐、脱脂处理，以免影响酶的活性，从而提高测定的准确性。

(3)免疫亲和柱法。近年来发展起来的免疫亲和层析技术对真菌毒素的快速检测起了很大的推动作用，这种技术在国外已被广泛引入官方分析方法之中。

免疫亲和柱法是利用免疫化学反应原理，采用大剂量的单克隆抗体选择性吸附提取液中的抗原物质，由于抗原-抗体反应具有高灵敏、高选择、高特异性等特点，从而大大提高了样品的净化效果和检测灵敏度，同时也显著减少了有毒有害试剂的使用，十分有利于操作人员的健康和环境保护。经过免疫亲和柱净化以后，可以直接用荧光计或紫外灯检测，也可用 HPLC 测定。目前免疫亲和柱法已被广泛应用于黄曲霉毒素、赭曲霉毒素、玉米赤霉烯酮、脱氧雪腐镰刀菌烯醇、伏马毒素等真菌毒素的检测，但其主要缺点是免疫亲和柱价格较高，目前还只有几种真菌毒素有商用免疫亲和柱，有的样品上柱前还需先净化，有时还存在回收率较低的问题。

5.6 食品微生物检测技术

食品在生产、运输、销售过程中易受微生物污染，因此病原微生物检测是食品卫生检验中一项重要指标。传统的微生物检测方法一般都涉及对病原微生物的培养、形态及生理生化特性的分析等程序。经长期的实践证明，这些传统方法是有效的，而且检测病原微生物的特异性也高。但传统的方法存在不少问题，例如检测成本高、速度慢、效率低，而且有些病原体生长速度慢，很难用传统方法检测。近年来，融合了生理学、生物化学、免疫学、材料学、分子生物学等多种学科知识和电子技术的发展，新的先进的检测技术得以创立，如分子生物学技术、免疫学技术、代谢学技术等。这些方法具有快速、简便和微量等优点，克服了传统检测方法操作繁琐、检测时间较长等缺点，具有广阔的应用前景。

5.6.1 分子生物学技术

5.6.1.1 聚合酶链式反应

聚合酶链式反应(PCR)是由 Kleppe 等在 1971 年首先提出的，到 20 世纪 80 年代后期，

PCR 作为生物技术的一个里程碑受到了科研人员的青睐。该方法是依据 DNA 模板的特性，模仿体内的复制过程，在体外适合条件下以单链 DNA 为模板，以人工合成的寡核苷酸为引物，利用热稳定的 DNA 聚合酶 5′→3′方向掺入单核苷酸来特异性地扩增 DNA 片段，通过检测扩增产物含量，从而快速对食品中致病菌含量进行检测。

整个反应过程通常由高温变性-低温复性-适温延伸 3 个步骤组成。高温时 DNA 变性，氢键打开，双键变成单键，作为 DNA 扩增的模板；低温时，寡核苷酸引物与单链 DNA 模板特异性地互补结合即复性；然后在适宜的温度下，DNA 聚合酶以单链 DNA 为模板，沿 5′→3′方向掺入核苷酸，使引物延伸合成模板的互补链，经过一套扩增循环(21～31 次)，能将 1 个单分子 DNA 扩增到 10^7 分子。整个过程可以在 1 h 内通过自动热量循环器完成。理论上，只要样品中含有一分子沙门氏菌的 DNA，通过 PCR 技术完全可以在短时间内检测到。

由于 PCR 技术具有特异性强、灵敏度高和快速准确的特点，因而发展迅速，已经成功地对沙门氏菌、大肠杆菌 O157:H7、产单核细胞李斯特菌、脊灰、柯萨奇、埃可、肉毒梭菌、变形弧菌等微生物进行了有效测定。这些都表明 PCR 法是一种很有前途的食品微生物检测技术，在食品安全领域发挥着极其重要的作用。

但是 PCR 技术的使用也有其局限性，其最大的问题在于 PCR 产品的污染。例如前一次检测的呈阳性沙门氏菌的样品可能会进入下一次的检测体系，从而得出错误的分析结果。其次，理论上只要检测样品中含有一个 DNA 片段，使用 PCR 技术就可以检测出来，但到目前，只有当样品中含有 200 个 DNA 片段时才能检测到。因此，被检测样品需要经过 8 h 的富集才可达到检测水平。

5.6.1.2 定量 PCR

常规的 PCR 方法只能用于定性检测，因而限制了它的应用。随后发展起来了定量 PCR 技术，包括和稀释培养测数法(MPN)相结合的非直接定量 PCR 和直接定量 PCR。MPN-PCR 方法是将传统的 MPN 计数方法和 PCR 方法相结合，对样品中的靶细菌进行半定量。由于该方法在样品稀释、DNA 提取过程中目的 DNA 的丢失和 PCR 扩增过程中抑制物存在的限制，只能给出保守的估计，也可以说是一种半定量方法。非直接定量 PCR 还包括非竞争性定量 PCR，它是通过对同一反应管中的靶基因和另一段无关的内标序列(如管家基因)同步扩增进行的，通过内标产物对靶序列产物进行校正，从而得出相对的定量值。这种方法往往是检测靶基因在处理前后的含量变化。

直接定量 PCR 包括内部(定量竞争 PCR)和外部(定量动力 PCR)两种方法，前者往往通过加入一个和靶基因含有相同的引物结合位点和同样的扩增效率仅探针结合位点不同的内标或竞争基因，在同一个反应管中，靶基因和内标与引物竞争性结合，同步扩增，如果靶基因和竞争基因的扩增效率相等，那么这两种扩增产物的比值和起始状态时两种模板分子数的比值是一致的，从而可通过靶基因扩增片段和竞争基因扩增片段的比率，结合已知量的竞争基因模板，得出样品中靶基因的量。定量竞争 PCR 是 PCR 定量方法中比较准确的方法，但如何构建内标和竞争基因是关键。

与定量竞争 PCR 不同，定量动力 PCR 应用的是外部标准。PCR 产物随着循环数的增加而增加，根据比较标准和靶基因反应动力学斜率，进而获得试样中靶基因的数量。这方面应用比较多的是实时荧光定量 PCR，即在 PCR 反应体系中加入荧光染料或荧光探针，利用荧光信号积累实时监测整个 PCR 进程，最后通过校正曲线对未知模板进行定量分析。该技术不仅实现了 PCR 从定性到定量的飞跃，而且与常规 PCR 相比，具有特异性更强、有效解决 PCR 污染问题、自动化程度高等特点，目前已得到广泛应用。

5.6.1.3 基因探针技术

基因探针技术或 DNA 探针技术检测微生物的依据是核酸杂交，其工作原理是两条碱基互补的 DNA 链，在适当条件下可以按碱基配对原则，形成杂交 DAN 分子。已知每个生物体的各种性质和特征都是由其所含的遗传基因所决定的，例如一种微生物病原性就是由于这种微生物含有并表达了某个或某些有害的基因而产生的。从理论上讲，任何一个决定生物体特定生物学特性的 DNA 序列都应该是独特的。如果将某一种微生物的特征基因 DNA 双链中的一条进行标记，即可制成 DNA 探针。由于 DNA 分子杂交时严格遵守碱基配对的原则，故通过考察待测样品与标记性 DNA 探针能否形成杂交分子，即可判断样品中是否含有此种微生物，并且还可以通过测定放射性强度考察样品中微生物数量。

建立在 DNA 杂交基础上的基因探针技术，是现代分子生物学中的一种常规技术。用基因探针技术检测食品中的致病菌具有特异性强、灵敏度高、操作简便、省时等优点，近年来，在食品微生物检测中的应用研究十分活跃，目前已可以用 DNA 探针检测食品中的大肠杆菌、沙门氏菌、志贺菌、耶希氏菌、李斯特菌、金黄色葡萄球菌等。美国的 Gene Trak 公司(Gene Trak Inc，Framinham，Massachusetts，USA)已开发出检测大肠杆菌的商品化 DNA 探针系统，以 PCR 扩增大肠杆菌的目标 DNA，再用 DNA 探针杂交检测，不需要进行微生物分离培养，最快可以在 1 h 内完成检测操作，在食品样品中，大肠杆菌细胞检测灵敏度为 10^3/g 或 10^3/mL。美国环保署早在 1990 年就已正式使用 DNA 探针杂交技术检测饮用水中大肠杆菌总数。

5.6.1.4 PCR 与 DNA 探针检测技术

通过聚合酶链式反应技术，可以特异性扩增微生物的某一特定的 DNA 序列，因此 PCR 技术常与 DNA 探针技术联合使用，用于检测样品中微量的病原微生物，这大大提高了 DNA 探针技术的灵敏度。由于利用 PCR 进行 DNA 序列扩增时，对模板的要求量很少，也无须进行病原菌分离培养。

PCR 技术与 DNA 探针技术结合使用检测样品中致病微生物的一般程序是：首先对待检样品中的目标 DNA 进行 PCR 特异性扩增，然后用上述的各种 DNA 探针检测 PCR 扩增产物。

5.6.1.5 基因芯片技术

基因芯片技术是近年来分子生物学的重要进展，该技术将各种基因寡核苷酸点样于芯片表面，微生物样品 DNA 经 PCR 扩增后制备荧光标记探针，然后再与芯片上寡核苷酸点杂交，最后通过扫描仪定量和分析荧光分布模式来确定检测样品是否存在某些特异微生物。

基因芯片技术理论上可以在一次实验中同时检出所有潜在的致病微生物，也可以用同一张芯片检测某一致病微生物的各种遗传学指标，检测的灵敏度、特异性和快速便捷性都很高，因此基因芯片可广泛地应用于各种导致食品腐败的致病微生物的检测，如沙门氏菌、李斯特菌属、致泻性大肠杆菌 O157：H7、金黄色葡萄球菌、弯曲杆菌属等。

5.6.1.6 生物传感器

生物传感器是以生物学组件作为主要功能性组件，能够感受规定的被测量并按照一定规律将其转换为可识别信号的器件或装置。它一般是由生物识别组件、转换组件、机械组件和电气组件组成。生物传感器具有结构紧凑、操作方便、检测迅速、选择性好、灵敏度高等特点，能够从微量的试样中测定其痕量物质，现已有用于鼠疫菌、弗朗西斯氏菌、布鲁士菌、奈瑟氏菌、沙门氏菌、大肠杆菌等检测的报道。生物传感器用于微生物检测最主要的优点是它的现场检测能力。传统的酶联免疫吸附实验需要专业人员在几个小时内才能完成，而传感器可以在10～20 min内得出结果。生物传感器还可以做到小型化和自动化，使没有经过培训的人员在很短的时间内完成检测。

5.6.2 免疫学技术

5.6.2.1 免疫荧光技术

免疫荧光技术就是将不影响抗原抗体活性的荧光色素标记在抗体(或抗原)上，与其相应的抗原(或抗体)结合后，在荧光显微镜下呈现一种特异性荧光反应。免疫荧光技术在实际应用上主要有直接法和间接法。直接法是在检测样品上直接滴加已知特异性荧光标记的抗血清，经洗涤后在荧光显微镜下观察结果。免疫荧光直接法可清楚地观察抗原并用于定位标记观察。间接法是在检测样品上滴加已知的细菌特异性抗体，待作用以后经洗涤，再加入荧光标记的第二抗体。目前免疫荧光技术可用来对食品中的沙门氏菌、李斯特菌、葡萄球菌毒素、炭疽杆菌、大肠杆菌O157和单核细胞增生李斯特菌等进行快速检测。此技术的主要特点有特异性强、敏感性高、快速经济。但此技术还存在不足，如非特异性染色问题尚未完全解决，结果判定的客观性不足，技术程序也还比较复杂。

5.6.2.2 酶联免疫吸附技术

酶联免疫吸附技术(ELISA)是将酶分子与抗体(或抗原)分子连接成酶标记分子，当它与固相免疫吸附剂中相应抗原或抗体相遇时，形成酶-抗原-抗体复合物，再加入酶的相应底物，在酶的催化作用下发生水解、氧化或其他反应，生成有色物质，根据颜色的深浅，即可测定溶液抗原或抗体的量。

ELISA具有可定量、反应灵敏准确、特异性高、标记物稳定、适用范围宽、结果判断客观、简便完全、检测速度快以及费用低等特点，且同时可进行上千份样品的分析，与常规检测法的相关系数在0.95以上，广泛用于细菌、霉菌的检测及其他许多领域，如用于大肠菌群的快速测定，在4 h之内即可获得结果。

5.6.2.3 免疫扩散技术

在免疫扩散技术中，抗原抗体在凝胶内扩散，特异性的抗原抗体相遇后，在凝胶内的电解质参与下发生沉淀，形成可见的沉淀线。免疫扩散使用的凝胶种类很多，除琼脂外还有明胶、果胶、聚丙烯酰胺等。免疫扩散技术操作简单、快速、特异性强，不需要复杂的仪器，目前广泛应用于酵母和真菌的检测中。

5.6.2.4 酶联荧光免疫分析技术

酶联荧光免疫分析技术是在酶联免疫吸附分析的基础上发展起来的一种快速检测微生物

的方法，该方法将酶系统与荧光免疫分析结合起来，在普通酶免疫分析的基础上用理想的荧光底物代替生色底物，就可提高分析的灵敏度和增宽测量范围，减少试剂的用量。该法操作简便，检测速度快，灵敏度高，而且无传染危险，适合快速检出食品中的微生物，目前已逐步应用到食品中大肠杆菌、沙门氏菌、金黄色葡萄球菌、弯曲菌属等的检测。

5.6.2.5　免疫电泳技术

免疫电泳技术是将电泳和琼脂扩散沉淀反应相结合的一种方法，即先将血清核蛋白质抗原在琼脂凝胶上进行电泳，带电的蛋白质抗原向负极移动，加入血清后，不同区点的抗原再与抗体进行沉淀，当相应抗原抗体接触，在适当比例下形成弧形沉淀带，根据沉淀带的位置对蛋白质的各组分进行检测，如免疫球蛋白含量的测定。

5.6.2.6　PCR-ELISA 技术

PCR-ELISA 技术是在常规 PCR 技术基础上发展起来的一种新型病毒 DNA 检测技术。杂交过程采用了较为简单的液相杂交，即直接将标记有生物素的 PCR 扩增产物，与特异探针呈液相混合并进行杂交，通过 ELISA 技术使得探针结合在微孔板上，用酶标记的抗体与杂交分子反应，经过显色反应由酶标仪读数。该技术对阳性标本检测时阳性率、灵敏度很高。它综合了 PCR、分子杂交和 ELISA 3 种技术的优点，具有特异性强、灵敏度高和操作简单等特点。对在食品中肠炎沙门氏菌、致病性大肠埃希氏菌、金黄色葡萄球菌、变形杆菌、副溶血性弧菌、单核细胞增生性李斯特菌、霍乱弧菌、致病性链球菌等的鉴定筛选和准确的定量方法的标准化和普及率，加强对转基因食品的检测以及强化我国对这些食源性疾病暴发的准确诊断和快速溯源能力均有重要意义。

5.6.3　代谢学技术

5.6.3.1　电阻抗技术

电阻抗技术是指微生物在培养基内生长繁殖的过程中，会使培养基中的大分子电惰性物质如碳水化合物、蛋白质和脂类等，代谢为具有电活性的小分子物质如乳酸盐、醋酸盐等，这些离子态物质能增加培养基的导电性，使培养基的阻抗发生变化，通过检测培养基的电阻抗或电导变化情况，即可估计微生物的数量并鉴别其属种。该法已用于食品中细菌总数、大肠杆菌、沙门氏菌、酵母菌、霉菌和支原体等的检测和鉴定，具有高敏感性、特异性、快反应性和高度重复性等优点。目前市售商品有英国 Malthus Microbiol Analyser 系统，它是用来测定电导率的变化；另一种是美国 Bactometer 微生物监控系统，它是用来测定阻抗的变化。

5.6.3.2　微热量计技术

微热量计技术是通过测定细菌生长时热量的变化进行细菌的检出和鉴别。微生物在生长过程中产生热量，用微热量计测量产热量等数据，均存储于计算机中，经过适当信号上的数字模拟界面，在记录器上绘制成以产热量对比时间组成的热曲线图。根据这些实验所得的热曲线图，和已知细菌热曲线图直观比较，即对细菌进行鉴别。

5.6.3.3　放射测量技术

放射测量技术是根据细菌在生长繁殖过程中代谢碳水化合物会产生 CO_2 的原理，把微量的放射性 ^{14}C 标记引入碳水化合物或盐类等底物分子中进行检测的。在细菌生长时，这些底物被利用并释放出含放射性的$^{14}CO_2$,然后通过自动化放射测定仪 Bactec 测量$^{14}CO_2$ 的含量,从而根据$^{14}CO_2$ 含量的多少来判断细菌的数量。这一方法已用于测定食品中的细菌,具有速度快、准确度高和自动化等优点。

5.6.3.4 接触酶测定技术

接触酶测定技术是通过计算一个含有接触酶的纸盘(如来自某细菌样品)在盛有 H_2O_2 的试管中的漂浮时间来估计菌数。接触酶与 H_2O_2 之间发生生化反应,放出氧气,使纸盘由试管底部浮到表面。当样品中接触酶含量高时(表明接触酶阳性细菌含量高),纸盘上浮的时间短,反之,纸盘上浮的时间长。由于大多数商品化食品都是在好气条件下冷藏的,所以主要的腐败微生物都是嗜冷性细菌。而大多数嗜冷细菌接触酶呈阳性,故可以用接触酶反应来估计食品中的嗜冷型菌群。

5.7 食品加工中形成的污染物检测技术

5.7.1 概论

烟熏、油炸、焙烤、腌制等加工技术,在改善食品的外观和质地、增加风味、延长保存期、钝化有毒物质(如酶抑制剂、红细胞凝集素)以及提高食品的可利用度等方面发挥了很大作用,但随之也产生了一些有害物质,即食品加工过程中形成的有害污染物,造成相应的食品安全隐患,对人体健康产生很大的危害。

食品加工过程中形成的有害污染物主要可分为 3 类:*N*-亚硝基化合物、多环芳烃和杂环胺。

5.7.2 食品中 *N*-亚硝基化合物检测技术

N-亚硝基化合物是一类具有 $\rangle N—N═O$ 结构的有机化合物,对动物有致癌作用。人们研究的 300 多种化合物中,有 90%以上对所试动物有致癌性。根据分子结构不同,*N*-亚硝基化合物又可分为 *N*-亚硝胺和 *N*-亚硝酰胺。*N*-亚硝胺化合物在中性和碱性条件下比较稳定,酸性条件下缓慢分解;*N*-亚硝酰胺的化学性质更加活泼,在酸性和碱性条件下均不稳定,容易转化成具有致癌作用的重氮化合物。*N*-亚硝基化合物主要经过肠道吸收进入人体,大部分经代谢排出体外。由于此类化合物可通过胎盘进入胎儿体内,也可通过乳汁排出,因而对后代可造成间接危害。

N-亚硝基化合物在新鲜食物中含量较低,但其前体物硝酸盐、亚硝酸盐和胺类在食物中含量丰富且来源广泛,在某些贮藏加工条件下或在人体消化道中,可以通过化学和生物学途径合成各种 *N*-亚硝基化合物而对人体造成危害。

5.7.2.1 样品前处理技术

食品中 *N*-亚硝基化合物分析的前处理方法包括蒸馏、溶剂萃取、超声波萃取、超临界流体萃取、固相萃取、固相微萃取、液相微萃取等许多分离富集手段。

大量的实验室采用蒸馏技术从食品基质中分离挥发性亚硝胺，再用二氯甲烷等有机溶剂提取进行简单净化（可以再加上简单的水洗或盐酸洗或碱洗等），即可用气相色谱-热能分析仪法测定。蒸馏可以采用矿物油蒸馏和水蒸气蒸馏。所谓矿物油蒸馏是在碱性条件下含有矿物油的真空蒸馏技术。加入矿物油的目的是为了缩短蒸馏时间，同时增加仅用常规蒸馏技术不够满意的某些亚硝胺的回收率。水蒸气蒸馏技术对于啤酒分析十分常用，缺点是耗时。对于水蒸气蒸馏，无论是常压还是真空条件下，要蒸馏的量相对要大得多，意味着需要更多的能量和溶剂，但并没有提高灵敏度和重现性。

对于水/矿物油密闭真空蒸馏的替代方法可以用合适的有机溶剂（主要是二氯甲烷）进行直接提取，这一技术被用于啤酒和麦芽的分析中。在硫酸-氨基磺酸铵体系中匀质的样品，可以直接提取；富含脂肪的样品，可以先经过真空蒸馏后再用二氯甲烷提取。但对某些样品，溶剂萃取达不到痕量分析的要求，而且费时，更主要的是样品处理过程会产生大量乳化现象，导致分析结果的重复性差。

由于蒸馏过程十分耗时，且提取时仍需要大量的二氯甲烷，二氯甲烷的浓缩也是耗时的过程，为了节省人力和时间，提高分析效率，发展新的样品前处理方法十分重要。Pensa-bene 等发展了一种将样品直接与无水硫酸钠和硅藻土研磨，再转移到盐酸-硅藻土柱的顶部，采用正己烷-二氯甲烷洗去杂质，最后用二氯甲烷提取的方法。Hotchkiss 等对于液体和干样品中挥发性亚硝胺的分析开发了相似技术，主要应用于麦芽饮料和无脂奶粉。商品化的硅藻土提取柱也可以用于蒸馏出来的水馏液的提取或样品的直接提取。

在样品直接提取过程中，由于提取物比蒸馏加提取所获得的提取物有更多的杂质，所以需要采取进一步净化步骤。常用的净化手段有固相萃取和液-液萃取等技术。

此外，一些新兴的样品前处理技术也被应用到 *N*-亚硝基化合物的提取当中，如固相微萃取、液相微萃取、超临界流体萃取等。和传统的提取方法相比，它们拥有明显的优点，如不使用有机溶剂或用量很少，仅为微升级，把对环境产生的污染控制在最低限度；方法操作简单，处理时间短，大大提高了分析效率；萃取速度快，易于自动化；可以与色谱仪器直接联用，提高方法的灵敏度等，因此很值得进一步深入研究。

5.7.2.2　检测技术

（1）气相色谱-热能分析仪联用检测技术。很长一段时间以来，对于痕量挥发性亚硝胺的测定是一项困难而又耗时的工作。其净化方法冗长，通常需要一系列的富集和纯化步骤使浓缩液适合最终的检测技术。由 Fine 等首先发明了化学发光检测器（热能分析仪，thermal energy analysis，TEA）用于亚硝胺的测定，由于其对 *N*-亚硝基结构的特异性高而使得净化步骤主要强调简便和快速，而不是有效清除干扰物质。

热能分析仪的原理是经过色谱分离的亚硝胺在热解室中经特异性催化裂解产生 NO 基团，后者与臭氧反应生成激发态 N，当激发态 N 返回基态时发射出近红外区光线，辐射强度与 N-亚硝基化合物量成正比。

热能分析仪已成功地与 GC 和 HPLC 联用，其中比较成功的为 GC-TEA 的连接，根据 GB 5009.26—2016《食品安全国家标准　食品中 *N*-亚硝胺类化合物的测定》，测定食品中 *N*-二甲基亚硝胺的第二法就是 GC-TEA 法。目前除了 *N*-亚硝基化合物外，仅发现 *N*-硝基化合物、有机亚硝酸酯、某些硝酸酯、*C*-亚硝基化合物和 *S*-亚硝基化合物有响应。但 *N*-亚硝基化合物在 500℃以下的响应远高于其他化合物，而且在 GC 和 HPLC 的分离下相同保留时间的机会也少得多。由于 TEA 的高度选择性,使得 *N*-亚硝基化合物即使在共色谱洗脱峰存在情况下,也可以采用很少的净化步骤同时仍具有高度选择性。

(2)气相色谱-质谱检测技术。尽管 GC-TEA 在亚硝胺的检测上非常灵敏和相当具有选择性,仍然需要其他技术进行确证。特别是在第一次报道存在 *N*-亚硝基化合物的食品基质或行政部门在对于超标样品采取查处行动时,由不同检测系统进行的确证由于提供不同的物理特性和结构特征而使可信度水平更高。质谱技术被认为是亚硝胺分析的最可靠确证方法,因此也是最常用并被广泛接受的技术,包括高分辨 MS 和低分辨 MS。GB 5009.26-2016 中规定的第一法即为 GC-MS 法,适用于肉及肉制品、水产动物及其制品中 *N*-二甲基亚硝胺的确认和定量。

5.7.3 食品中多环芳烃检测技术

多环芳烃(ploycyclic aromatic hydrocarbons,PAHs)是由包括两个及两个以上镶嵌在一起的芳香环组成的一类有机化合物。多环芳烃是最早发现且数量最多的致癌物,目前已经发现的致癌性多环芳烃及其衍生物已超过 400 种。

食品中的 PAHs 污染有不同的来源,其中最主要的是环境和食品加工过程的污染。加工过程又被认为是造成食品 PAHs 污染的最主要方式,包括食品的烟熏、烘干、烹饪。

苯并(a)芘是 PAHs 中最重要的一种致癌物,早期的测定主要限于苯并(a)芘。但苯并(a)芘可用来指示样品中 PAHs 的存在,却不能度量其致癌活性,故以苯并(a)芘作为整个 PAHs 的指标是不恰当的。首先,PAHs 在环境中以混合物形式存在,其化合物种类繁多,有致癌的,有非致癌的,且活性也大不相同;其次,苯并(a)芘浓度的高低并不代表 PAHs 水平,通常苯并(a)芘的含量只占 PAHs 总量的 1%~20%。对食品中 PAHs 的致癌性进行评价,不能仅以苯并(a)芘为指标,特别是在各个 PAHs 的协同作用尚不清楚的情况下,应对食品中 PAHs 的整个轮廓进行研究。

5.7.3.1 样品前处理技术

通常多环芳烃在食品中以 μg/kg 的水平存在,因此,其样品前处理过程一般包括提取、分离(富集、净化)。

(1)提取。食品中的多环芳烃的提取主要有皂化法、索氏提取法、超声波提取法、超临界流体萃取法、固相萃取、固相微萃取、微波辅助萃取以及适用于均化的动、植物油的液-液萃取法。索氏提取法比较经典,但使用溶剂量大,耗时;超声波提取法速度较快,操作简单,回收率高,应用越来越广泛;固相萃取、固相微萃取、微波辅助萃取、超临界流体萃取法和快速溶剂萃取系统是新出现的提取方法,速度快,回收率也很高。

(2)分离(富集、净化)。食品样品提取物中欲测定的目标物含量极低,且不可避免地含有一定量的杂质,这些杂质可能干扰 PAHs 的定量分析,因此提取后均需要经过富集、净化,制备成浓度较高、较纯的溶液以备分析。PAHs 的富集和净化是根据其脂溶性和芳香性来进行,一般采用液-液分配、吸附柱层析和葡聚糖凝胶柱层析 3 个步骤。经此 3 个步骤处理,在大多数情况下能分离、富集 PAHs 组分,然后用各种方法去测定。

5.7.3.2 检测技术

富集、净化后的样品液中 PAHs 的定性、定量测定主要采用薄层色谱和纸色谱、气相色谱和高效液相色谱等技术。

(1)薄层色谱和纸色谱法。在HPLC和GC-MS技术出现之前,薄层色谱和纸色谱是分离PAHs的常用方法,与紫外和荧光检测技术相配合,就能有效地分析PAHs。即使采用现代化的分析仪器,这些技术仍是极为重要的纯化分离方法,尤其是样品成分比较复杂时,必须先用这些方法对样品进行分离后方可进行仪器分析。

(2)气相色谱法。GC特别是毛细管气相色谱的出现,使填充柱色谱法难以分离的"难分物质对"问题得到了解决。使用商业上嵌硅的中空毛细管柱使其具有出色的分离效率,这使得分析非常复杂的混合物包括超过100个PAHs成为可能。

在多环芳烃的检测中广泛采用氢火焰离子化检测器(FID),因为FID对于所有化合物的响应是相同的,而且响应信号与化合物的碳数量线性相关,线性范围宽。但由于FID没有选择性,所以测定时要求净化程度高,这样会伴随样品严重流失和物质定性错误的危险。将毛细管色谱与质谱联用,能够根据保留时间和特征碎片离子双重定性,有效地避免了干扰物的影响,可以在多种有机物共存的情况下进行分析,使得简化复杂费时的样品净化过程成为可能。在一些发达国家,GC-MS已成为常规的多环芳烃分析监测手段,成为定性及定量分析最得力的工具。

气相色谱适用于低沸点、易汽化、热稳定性好的化合物的分析,而熔点高、极性大、不易挥发、对热不稳定的多环芳烃则峰形差,保留时间长,有时甚至不易出峰。对于这类物质一般需先进行衍生化,以增加挥发性和热稳定性,减少吸附,提高检测灵敏度。

(3)高效液相色谱法。近几年来,越来越多的高效液相色谱方法应用于食品中多环芳烃的分析。一开始应用的氧化铝和硅胶固定相已逐步被化学键合固定相所取代,最适合分离PAHs的填料是硅胶通过化学键合C18链的填料。

在多环芳烃的测定上,HPLC拥有以下优势:①对同分异构体表现出很好的分离度,通过色谱材料的选择,那些不能在普通毛细管气相色谱上得到有效分离的不同的同分异构体却可以在HPLC上得到基线分离和鉴定;②紫外和荧光检测器表现出足够的灵敏度和选择性;③使用反相色谱可以通过保留时间估计多环芳烃的分子大小;④对于大环、高分子质量的多环芳烃可以进行检测;⑤分析通常在常温下进行,被分析物没有热分解的危险。HPLC的优势来自于它所使用的检测器的性能。由于多环芳烃一般都有强紫外吸收和强荧光,故使用最广泛的是紫外检测器和荧光检测器,一般将它们串联使用,这两者尤其是后者具有很高的选择性和灵敏度,荧光检测器所获得的检测限比紫外检测器至少低一个数量级。荧光检测器的选择性使其可以在无其他荧光物质存在的情况下测定多环芳烃。近年来,液相色谱质谱联用,解决了大分子、热不稳定的物质的表征,如苯并[a]芘代谢产物的确证及测定。

5.7.4　食品中杂环胺检测技术

杂环胺是在食品加工、烹调过程中,由于蛋白质、氨基酸热解产生的一类化合物。从化学结构上,杂环胺化合物包括氨基咪唑氮杂芳烃(AIA)和氨基咔啉(ACC)两大类。AIA又包括喹啉类(IQ)、喹喔啉类和吡啶类。最近几年又发现了苯并噻噁嗪类,陆续鉴定出的新的化合物大多数为这类化合物。AIA均含有咪唑环,其上的α位置有一个氨基,在体内可转化成N-羟基化合物而具有致癌、致突变活性。因为AIA上的氨基能耐受2 mmol/L的亚硝酸钠的重氮化处理,与最早发现的AIA类化合物IQ的性质类似,故又被称为IQ型杂环胺。

氨基咔啉包括 α-咔啉、γ-咔啉和 δ-咔啉。氨基咔啉类环上的氨基不能耐受 2 mmol/L 的亚硝酸钠的重氮化处理，在处理时氨基会脱落转变成为 C-羟基而失去致癌、致突变活性，称为非 IQ 杂环胺。

所有的杂环胺都是前致突变物(或致癌物)。但是，杂环胺只有被机体吸收，经过一系列代谢活化后，才具有致癌和致突变作用。随食品进入机体的杂环胺可很快经肠道吸收，并随血液分布至身体的大部分组织，主要在肝脏代谢。

5.7.4.1 样品前处理技术

食品中杂环胺的浓度很低，故采用适当的提取富集方法显得至关重要。由于杂环胺属于有机碱类，一般在碱化后用有机溶剂(甲醇或丙酮)提取或酸化后用水提取的方法，可以将其从大量肉类基质中分离出来。杂环胺存在于食物的碱性组分中，因此提取后需要进行极大限度的浓缩和纯化。一系列的分离纯化技术被采用，包括硅胶、XAD-2 树脂、丙基磺酸(PRS)柱、蓝棉、C18 等柱色谱方法，现在也有报道采用固相微萃取和超临界流体萃取，通过改变流动相或固定相进行几次纯化可增加杂环胺分离的选择性。对未知杂环胺，通过用污染物致突变性检测试验(Ames 试验)来检测收集馏分的致突变活性来指导纯化。

5.7.4.2 检测技术

由于所有的杂环胺都有特征性紫外吸收并且具有高消光系数，所以 HPLC-UV 检测是其最常用的方法。此外，气相色谱技术、毛细管电泳技术和免疫亲和色谱也被应用到杂环胺的检测当中。

(1)高效液相色谱法。在所报道的定量分析食品中杂环胺的方法中，绝大部分是使用 HPLC-UV 检测。样品经过提取纯化后进样，获得较为复杂的色谱图，通过比较样品和参照物的二极管阵列检测器所产生的紫外吸收光谱进行峰确证。

液相色谱法通常用荧光检测器来定量，同时配合紫外检测器进行峰定性。在反相色谱条件下，IQ 型化合物没有荧光信号，必须用紫外检测器来检测。荧光检测器由于其高选择性和高灵敏度会使色谱图显得更干净，但荧光检测器不能只设定固定的吸收和激发波长，因为特定杂环胺化合物的最佳吸收和激发波长是不同的，因而要应用可编程的荧光检测程序。荧光检测器是紫外检测器灵敏度的 100～400 倍，但荧光检测器不能进行峰确证工作，因此应配备二极管阵列检测器。峰确证单靠保留时间是不够的，必须同参照标准进行全面的匹配确证。

由于电化学检测器拥有更高的选择性和灵敏度，所以安培检测器和库仑检测器均已应用于食品中杂环胺的检测。尽管荧光检测器和电化学检测器拥有高灵敏度和选择性，但是往往不能进行峰确证，从而必须引入其他技术。当然质谱是首选的仪器，而且通过串联质谱和 SIM 模式可获得更高的灵敏度。

(2)气相色谱法。应用气相色谱分析杂环胺主要集中在气质联用的使用上，将毛细管气相色谱的高分离效率和质谱高灵敏度和高选择性较好地结合起来。气质联用在获得较好检测限的同时还能获得被分析物的结构信息。绝大部分测定食品中杂环胺的气质联用方法使用的都是 EI 源，这个方法可生成很多的碎片信息，辅助使用软电离方式的化学电离源，其可产生较少的碎片和分子离子峰，帮助解析被检测物的分子结构信息，对于电子捕获化合物负离子化学电离具有高灵敏度和选择性。也有利用杂环胺中的氮原子而应用氮磷检测器的。

绝大部分的杂环胺是极性且不挥发的，在气相色谱分析中，由于这一类化合物对进样器和色谱柱有较强的吸附作用，从而产生宽峰和拖尾峰，因此需要对目标化合物进行衍生。通过衍生降低极性，提高挥发性、选择性和灵敏度，使之能应用于气相色谱分析。目前已应用到的衍生化试剂有3,5-二(三氟甲基)-苯甲酰氯、3,5-二(三氟甲基)-苯甲溴、七氟丁酸酐、乙酸酐、三氟乙酸酐、七氟苯酰氯和*N*,*N*-二甲基甲酰胺二甲基乙缩醛。

应用气质联用定量大多通过同位素稀释的方法来实现。该方法的好处是减少了样品的提取次数，因为同次分析的提取效率通过样品的不同的质荷比计算得到；不利之处在于，对于杂环胺同位素标记的标准品很难得到。尽管它们属于同一类的化合物，但如果仅仅使用单一标准则会因为杂环胺回收率的不同而导致测定结果的系统误差变大。

5.8　激素检测技术

5.8.1　概论

激素也称“荷尔蒙”，希腊文原意为“奋起活动”，它对肌体的代谢、生长、发育和繁殖等起重要的调节作用。

现在把凡是通过血液循环或组织液起传递信息作用的化学物质，都称为激素。激素的分泌均极微量，为纳克(十亿分之一克)水平，但其调节作用均极明显。激素作用甚广，但不参加具体的代谢过程，只对特定的代谢和生理过程起调节作用，调节代谢及生理过程的进行速度和方向，从而使机体的活动更适应于内外环境的变化。激素的作用机制是通过与细胞膜上或细胞质中的专一性受体蛋白结合而将信息传入细胞，引起细胞内发生一系列相应的连锁变化，最后表达出激素的生理效应。激素的生理作用主要是：通过调节蛋白质、糖和脂肪等物质的代谢与水盐代谢，维持代谢的平衡，为生理活动提供能量；促进细胞的分裂与分化，确保各组织、器官的正常生长、发育及成熟，并影响衰老过程；影响神经系统的发育及其活动；促进生殖器官的发育与成熟，调节生殖过程；与神经系统密切配合，使机体能更好地适应环境变化。研究激素不仅可了解某些激素对动物和人体的生长、发育、生殖的影响及致病的机理，还可利用测定激素来诊断疾病。

激素的种类繁多，来源复杂，按化学结构大体分为4类：第一类为类固醇，如肾上腺皮质激素、性激素；第二类为氨基酸衍生物，有甲状腺素、肾上腺髓质激素、松果体激素等；第三类为肽与蛋白质，如下丘脑激素、垂体激素、胃肠激素、降钙素等；第四类为脂肪酸衍生物，如前列腺素。

目前，许多激素制剂及其人工合成的产物已广泛应用于临床治疗及农业生产中。由于使用不当，使得一些食品也被激素污染。因此，加强食品中这些物质的检测很有必要。

5.8.2　样品前处理

由于食品中激素残留水平较低，内源性干扰物质较多，所以激素分析中样品的前处理是分析工作中至关重要的环节。方法的检出限、回收率、准确度与样品的萃取净化分离效果密切相关，但是目前常用的一些样品处理技术已经难以满足高灵敏度、高选择性、快速自动化的分析要求。如何获得高的萃取净化效果成为激素残留分析中的重要课题，因此许多分析工作者在这一领域内进行了积极的探索，并取得了一些新的进展。

5.8.2.1 液-液萃取

液-液萃取(LLE)是激素残留检测中最常用的一种分离萃取技术。常用的萃取剂中,三氯甲烷应用最为广泛。激素具有两性基团,碱性条件下溶于水。在碱性条件下提取后,调节溶液为中性或酸性萃取至有机相,样品中激素提取率可达90%以上。LLE法样品处理简单,设备要求条件较低,但是该方法萃取率相对较低,干扰成分较多,特别是在色谱分析中常常导致组分不能完全分离,色谱峰相互重叠,检测周期过长,甚至污染色谱柱,造成使用寿命降低。近年来,发展起来的微波辅助萃取、超声波萃取以及涡旋振荡萃取等有关LLE萃取技术,极大地提高了萃取分离效果。例如以甲醇-丙酮萃取动物组织中雌三醇、雌二醇、雌酮、睾酮和孕酮5种激素,回收率在79.0%~106.3%;采用乙醚和石油醚萃取畜禽肉、肝和肾中激素残留量,当加入样品中1.0 mL 10 μg/L激素混合标准溶液后,回收率在76.7%~96.4%,方法的检出限为0.05 ng;以0.1 mol/L高氯酸溶液超声辅助萃取猪肉组织中的克伦特罗,加标回收率可达90%。

5.8.2.2 固相萃取

固相萃取(SPE)是一种固体吸附剂吸附萃取技术,其原理与液相色谱相似,根据样品在吸附剂与溶液中的溶解度的差异及功能团的相互作用的最佳化而达到分离的目的。与LLE相比,SPE具有分离效率高、回收率高、不需要使用超纯溶剂、有机溶剂的使用量少、减少了对环境的危害、能处理小体积试样、无相分离操作、容易收集分离物组分、操作简单、省时省力、易于自动化等特点。但是部分分析物可能穿透SPE柱,也有可能不被完全洗脱,仍有部分残留在柱上而造成损失。近年来,新型的薄膜SPE具有截面积大、不易堵塞、可用高流量、处理时间短等优点,正逐步取代柱型SPE。利用SPE方法萃取羊肉中盐酸克伦特罗,样品经C18和离子交换固相萃取净化,用双三甲基硅基三氟乙酰氨(BSTFA)衍生后用气相色谱-质谱联用技术测定,萃取回收率在75%~95%,加标回收率在70%~85%,相对标准偏差在4.95%~13.4%,最低检出限为1 μg/kg;用C18固相萃取柱萃取,七氟丁酸酐衍生后GC-MS测定了动物组织中人工合成性激素19-去甲睾酮,检出限为1 μg/kg,回收率为61%~101%;利用GC-MS法同时测定甾体类激素和合成激素,样品在超声萃取后,再经过C8-SPE柱萃取,回收率在95%~106%,然后经硅胶萃取柱萃取,回收率在96%~103%,总回收率经测定在90%以上;采用LC-MS法测定动物组织中的17γ-雌二醇、雌三醇、雌酮等11种激素,样品经HLB-SPE柱萃取后,再经氨基丙烷键合萃取柱萃取后测定,11种激素平均回收率在64%~104%。SPE既可用于复杂样品中微量或痕量目标化合物的提取,又可用于净化、浓缩或富集,是目前样品前处理中的主流技术之一。

5.8.2.3 超临界流体萃取技术

超临界流体萃取技术(SFE)是20世纪80年代后期发展起来的一种分离净化技术,近年来,该技术成为分离科学中发展较快的一个领域。超临界流体是一种理想的萃取剂,在实际工作中,常用的萃取剂要求是临界温度和压力较低的物质,用得最多的是CO_2,主要用于处理固体样品,特别适合萃取非极性脂溶性化合物。SFE与其他技术如溶剂萃取、蒸馏、常规柱色谱等相比,显示了许多特点,如速度快、效率高、选择性强、几乎不消耗溶剂等,故广泛应用于动物组织样品前处理中。甾类同化激素包括性激素和肾上腺皮质激素,具有较高的脂溶性,即便在温和的条件下,超临界CO_2对甾类同化激素仍有相当好的溶解性,已有不少SFE在甾类同化激素净化中的应用报道。其操作方法是首先将组织冻干、研碎，与适量的助滤剂混匀后装入SFE萃取池中萃取。多数苯乙胺类药物为中等极性的疏水物质，样品处理用SFE也较合适，采取HPLC法测定了硅藻土、饲料、冻干牛乳和冻干肝中的克伦特罗，样品经离子对型SFE，以CO_2为萃取剂，在38.3 MPa和80℃下萃取30 min，回收率达87%。

5.8.2.4　免疫亲和色谱

免疫亲和色谱(IAC)是极为有效的样品前处理方法，它是以抗原抗体的特异性、可逆性免疫结合反应为原理从样品基质中分离出待测组分的色谱技术。IAC的最显著优点在于对待测物的高效、高选择性保留能力、耗时少、节省溶剂、操作简便，特别适用于复杂样品痕量组分的净化与富集。IAC作为一项颇具发展潜力的技术开始应用于激素分析中样品前处理过程，它的高选择性的净化和富集能力使得很多烦琐的样品处理难题迎刃而解。IAC在激素残留样品的净化中应用广泛，已有不少商品柱出售。许多分析方法中，IAC是激素分析的关键净化步骤，有时是唯一的净化方法，并且可以将两种以上的抗体混合偶联成固定相或将两种以上免疫抗体固定相混合使用，可同时分离多种激素。曾有报道采用7种免疫固定相装填IAC柱来净化样品中的甾类同化激素；有将自制多抗体IAC柱，萃取10 mL猪血清中的激素，LC-MS测定，检出限为10 ng/mL。在测定动物组织样品中激素时，经酶解后，用IAC柱萃取，洗脱液再经衍生、浓缩后GC-MS测定，3种β-受体激动剂、5种类固醇激素的回收率在82%～96%。但是一般IAC商品柱价格昂贵，分析成本比较高，从而限制了它的一些应用。

除上述之外，还有一些高效的样品提取净化分离技术，如固相微萃取(SPME)、膜分离技术(渗析、超滤)、分子印迹技术(MIP)、吹扫捕集(SCD)、制备色谱法等也在激素残留分析中得到应用。

5.8.3　检测技术

由于食品中激素残留量相对较低，过去一些常用的检测方法相对滞后，分辨率和灵敏度低的检测技术已经不能满足当前高分辨、高灵敏度、低检测限的激素分析发展的要求。所以近年来国内外食品分析工作者都十分关注激素残留的检测技术，发展了一些新的检出限更低、分辨率和灵敏度更高的测定方法。

5.8.3.1　气相色谱法

气相色谱法(GC)具有很高的灵敏度和选择性，可用于所有激素的分析。但由于激素是高沸点、低挥发性物质，故一般不适宜采用气相色谱法直接进行测定，而是需衍生化处理生成易挥发的甲基化和三甲基硅烷化等衍生物才可进行分析。1974年美国分析化学协会(AOAC)年会上有人提出，用乙酸乙酯提取动物组织中的抗生素，用含4% NaCl的正丁烷去除脂类，通过硅藻土色谱柱提纯净化，加入四甲基硅烷(TMS)衍生化，电子捕获检测器(ECD)测定，回收率80%，检出限<1 μg/kg。采用气相色谱衍生测定盐酸克伦特罗，样品固相萃取后，用40 μL BSTFA衍生，该方法相关系数0.999 6，回收率70%～80%，检出限为1.0 μg/kg；环境样品中有机氯农药的测定，检测方法以GC法为主，用丙酮溶解，石油醚提取，经液-液分配及层析净化除去干扰物质后进样，用GC-ECD检测。用弗罗里硅土和样品混合研磨后，装柱，用乙酸乙酯-正己烷(4∶6)洗脱，洗脱液浓缩、定容后，应用GC/ECD同时检测水果、蔬菜、油脂中20种有机氯类农药，回收率为81.2%～117.2%，相对标准偏差小于10%，检出限在0.000 1～

0.001 μg/g。

5.8.3.2 高效液相色谱法

高效液相色谱法(HPLC)是目前应用最广泛的测定激素的方法,它是20世纪70年代迅速发展起来的一种高效分离测试技术,可分析热稳定性差、沸点高、摩尔质量大的有机物,具有选择性高、操作相对比较简单等特点,所以它是国内一般实验室激素检测中常用的分析方法。例如利用HPLC测定动物组织中己烯雌酚,样品以甲醇提取,ZorbaxSB-C18柱为固定相,甲醇-水(70∶30)为流动相进行分离测定,回收率大于85%,己烯雌酚浓度在0~200 μg/kg范围内线性关系良好,相关系数大于0.999,灵敏度达0.15 mg/kg;采用HPLC测定猪组织中盐酸克伦特罗,以60% 甲醇超声提取,用Dianon sil C18柱为固定相,甲醇-0.01 mol/L磷酸二氢钠(33∶67)为流动相,回收率大于86%;利用固相萃取-HPLC法同时测定畜禽组织中雌雄性激素残留,固相萃取柱为Alltech Extract-clean columns C18,以甲醇为洗脱液,SUPELCO Discovery C18柱为固定相,流动相为甲醇-水(85∶15),该法线性关系良好,己烯雌酚的相关系数为0.999,检出限为9.5 μg/kg,丙酸睾酮的相关系数为0.999 94,最低检出限为8.4 μg/kg,回收率在92%~98%;利用HPLC法同时测定肉与肉制品中沙丁醇和8种雌性激素残留量,样品经甲醇超声萃取,离心、浓缩后,0.45 μm FH膜过滤,利用高效液相色谱分析,相关系数大于0.999,变异系数CV≤1.1%,检出限≤6 ng,回收率在84.5%~101%;采用HPLC法同时测定鸡蛋中4种激素残留量,最低检出限为0.01 μg/mL,方法回收率在75.8%~104.3%;利用1.7 μm C18超高效液相色谱柱分离,二极管阵列检测器检测类固醇激素和苯乙胺类药物,乙腈-磷酸盐缓冲溶液(pH=1.7)为流动相,脱氢睾酮、氟羟甲基睾酮、苯丙酸诺龙等15种激素在2.5 min内得到分离,比普通液相色谱和毛细管电泳分别快12倍和3倍。使用HPLC法对水环境中痕量邻苯二甲酸酯进行分析,其应用多微孔碳粒填充柱进行固相萃取,用乙腈洗脱,经过HPLC-DAD检测,检出限为0.18~0.86 ng/mL。建立HPLC法测定肉与肉制品中β-雌已醇、炔雌醇、己烯雌酚、双烯雌酚、己雌酚、戊酸雌二醇、苯甲酸雌二醇、炔雌醚残留量的方法。样品经甲醇超声萃取、离心,提取液浓缩后过滤,进行高效液相色谱分析。用HPLC方法检验肉制品中残留雌激素检出限≤ 6 ng,具有灵敏、准确、精密、样品处理简单、无杂质干扰等优点,并且已应用这个方法对深圳市售肉与肉制品中的雌激素残留状况进行了监测。

GC和HPLC方法分析激素,灵敏度和选择性高,重复性好,但对前处理要求较高,又因保留时间的分辨有一定限制,若达不到所需纯度要求可能会出现多种化合物的保留时间相同或接近而影响测定结果。

5.8.3.3 免疫分析法

免疫分析法实际上是一种以抗体或抗原为分析试剂的特殊分析方法,包括酶联免疫分析法(ELISA)、放射免疫分析法(RIA)和荧光免疫分析法(FIA)。这3种方法特异性强,灵敏度高(可达10~12 g),操作简单易行,条件要求不高,然而抗体缺乏高灵敏试剂所具有的分析信号反差,其假阳性很高。免疫分析法正逐渐成为激素残留分析初筛时常用的方法。ELISA法一般使用ELISA试剂盒,该法检测灵敏度较高、特异性强、操作简便,但因特异性很强,故不能进行多残留检测,且假阳性率高。上海赛群生物科技有限公司生产的丁胺醇残留酶联免疫试剂盒平均检测下限为0.1 ng/g,回收率在75%~105%。RIA法灵敏度高,适于批量测定,但有同位素半衰期短、存在放射性污染等缺点。利用RIA试剂盒测定牛肝中的盐酸克伦特罗，盐酸克伦特罗在1 ng/g和2.5 ng/g两个添加水平时平均回收率分别为95%±15%和89%±9%。FIA是由Coons等首创的一种免疫标记，其基本原理是利用抗原和抗体的特异性竞争结合。它结合了免疫学反应的特异性以及在黑暗背景中发光易被发现的敏感性的优点，同放射免疫相比，克服了放射免疫分析法中的核辐射等缺点；同色谱法相比，样品处理简单，并且一次能测定多个样品，但是FIA存在对温度依赖性强，荧光强度取决于激发波长的缺点。采用时间分辨FIA技术测定鱼中的生长激素，检出限为0.2 ng/mL，回收率大于90%。

5.8.3.4　毛细管电泳检测技术

1981年Jorgenson和Lukace阐明了CE的有关理论，为CE的发展奠定了基础，从此，CE的研究与应用迅速发展，各种分离模式相继建立，各种操作技术日益完善，成为分析化学领域中发展最快的分离技术之一。与其他检测技术相比，CE的灵敏度较高，常用的紫外检测器的检测限可达10^{-15}～10^{-13} mol，激光诱导荧光检测器高达10^{-21} mol；分辨率较高，理论塔板数为几十万，几百万甚至千万；速度快，最快可在60 s内完成；样品用量少，1～10 nL就可分析；试剂无毒且用量少，消耗费用低，只需几毫升的流动相；自动化程度较高。但是其存在着设备过于昂贵，不能成为实验室常用仪器设备的缺陷。运用胶束电动毛细管色谱法同时分离测定了环境水中5种邻苯二甲酸酯的标准混合物，建立了对实际工业废水样中邻苯二甲酸丁苄酯的定量测定方法。结果表明，30 min内5种邻苯二甲酸酯得到了较好的分离。以峰面积定量，在4～50 mg/L的浓度范围内，邻苯二甲酸丁苄酯的标准曲线具有良好的线性相关性，相关系数较好。相对标准偏差<21.6%，工业废水加标测定，回收率可达104%～109%；采用液-液萃取分离，毛细管电泳-电化学检测器(CE-ED)检测，测定肉制品中盐酸克伦特罗、沙丁胺醇，检测下限分别为1.11×10^{-7} mol/L和9.80×10^{-8} mol/L，回收率为79%～103%；利用毛细管电泳免疫法分析血清中雌三醇，雌三醇的检测限为31.6 ng/L，线性范围50～500 ng/L，回收率大于91%。

5.8.3.5　色谱-质谱联用法

由于质谱检测仪的高选择性和灵敏性，近年来，色谱-质谱联用法也得到了重视。这一方法主要包括液相色谱-质谱联用(LC-MS)和气相色谱-质谱联用(GC-MS)等。LC-MS法比HPLC法选择性更高，定性能力更强，但仪器成本较高，曾有报道采用液相色谱-大气压光离子质谱(LC-APPI-MS)法测定鱼肉中氯霉素，对于加入量为0.1～0.2 μg/kg的样品，小鲱鱼和比目鱼肉中氯霉素的检测限分别为0.27 μg/kg和0.10 μg/kg；利用HPLC-MS法检测动物组织中的盐酸克伦特罗，其中质谱检出限为0.01～5 μg/kg，美国FDA协同WHO对动物组织中的盐酸克伦特罗的检出限为0.2～0.6 μg/kg，可见，HPLC-MS法能够达到出口检测的要求。GC-MS法专属性强，灵敏度和准确度较高。使用气相色谱-质谱(GC-MS)方法测定尿及河底泥中环境雌激素(壬基酚、双酚A、己烯雌酚、17α-乙炔基雌二醇)和内源性雌激素(17α-雌二醇、17β-雌二醇、雌三醇、雌酮)的含量。尿样经盐酸溶液水解后用固相萃取(SPE)柱浓缩净化，河底泥样品用甲醇-乙酸乙酯萃取。被测组分经五氟丙酸酐(PFPA)衍生化后用GC-MS进行定性定量检测。发现雌激素的气相色谱-质谱测定法具有灵敏度高、准确度好和简便快速等特点，可同时测定多种雌激素，适合于尿样和河底泥样品中双酚A和4-壬基酚等环境雌激素以及雌二醇等内源性雌激素的测定。采用GC-MS检测肉、牛奶和蛋中的氯霉素，运用Sep-

Pak 柱对样品进行净化，检测限可达 0.1 μg/L。美国、日本、欧盟等许多国家和地区严格禁止将氯霉素用于食品动物(特别蛋鸡和奶牛)，规定氯霉素的 MRL 为 0～10 μg/kg。有报道采用 GC-MS 法测定畜禽肉中及动物内脏中雌二醇、己烯雌酚和睾酮的残留量，检测限可低于 0.1 μg/kg。而我国的国标(GB/T 5009.192—2003)对动物组织中的盐酸克伦特罗的检出限为 0.5 μg/kg，采用的是 GC-MS 法和 HPLC 法。

综上所述，对残留量在 mg/kg 以下的激素残留水平进行定量定性分析时，必须建立高效和高灵敏度的检测方法。建立快速的分离系统和高灵敏度相结合的检测系统以及多种残留同时快速分离测定方法，成为激素残留分析的一个重要研究方向。气相色谱和液相色谱与质谱的联用成为最有效的检测手段。一般说来，在各种检测方法中，酶联免疫分析法适于大量样品的快速测定，由于假阳性高，目前欧盟和美国等地区和国家将酶免疫法作为筛选法，HPLC 法有较高的准确率，带有半确认性质，GS-MS 和 HPLC-MS 法有足够的灵敏度，一般作最后确认与仲裁，在欧盟重新修订的肉类食品中的甾体激素检测中，GC-MS 作为最后的确认方法。

5.9 食品中转基因成分检测技术

5.9.1 概论

根据世界卫生组织的定义，转基因食品(genetically modified food，GMF)又称为基因修饰食品、生物工程食品、新型食品，是指利用基因工程技术改变基因组构成的动物、植物和微生物生产的食品和食品添加剂，包括转基因动植物和微生物产品；转基因动植物和微生物直接加工品；以转基因动植物、微生物或其直接加工品为原料生产的食品和食品添加剂等。目前人们所食用的转基因食品多指转基因作物转化或加工而来的食品。

随着基因工程技术的飞速发展，转基因作物已进入大规模商品化生产阶段，转基因食品在传统食品市场中的份额也不断扩大。然而在转基因作物带来巨大效益的同时，转基因产品的潜在生态风险及对人体健康影响的争论也日趋尖锐。尽管迄今尚无确凿的证据证明转基因产品对生态环境及人体健康造成危害，但其潜在的风险已引起世界各国政府和公众的极大关注和广泛忧虑。目前人们所担忧的转基因风险主要包括三个方面：①人体健康风险，即转基因食品是否对人类无毒、无副作用，转基因食品与非转基因食品是否“实质等同”；②生态环境风险，即转基因生物是否对环境造成长期的生态影响；③社会伦理道德风险，即转基因生物是否对物种进化及人类社会造成灾难。

为了维护消费者对转基因食品的知情权和自主选择权，世界各国相继立法要求对转基因食品进行标注销售。欧盟、美国、日本等地区和国家先后出台了相应的法律和管理办法，对转基因食品实行强制标识或自愿标识。2002 年，我国农业部颁布的《农业转基因生物标识管理办法》规定对转基因生物必须进行标识，否则不得进行销售或进口。

转基因食品检测技术研究是全球转基因食品安全管理和安全评价的重要组成部分。食品中，可以用来证明外源基因存在的生物大分子主要是蛋白质和 DNA。因此转基因食品检测技术主要分为两大技术体系：蛋白质检测技术和核酸检测技术。

蛋白质检测技术是基于抗原与抗体相互作用的免疫学方法，主要包括酶联免疫法(enzyme linked immuno-sorbent assay，ELISA)、蛋白质印迹法(western blot)和试纸条法

(lateral flow device)等。蛋白质检测技术的专一性很高，可以特异性检测外源目的基因和一些报告基因所表达的蛋白质，对于检测未经加工的转基因产品，具有简便、快速、费用低等优点，但检测性能常受到基因表达水平的影响，而表达水平又会受制于生物的生理状态和组织差异。转基因食品中的蛋白质在食品加工过程中的失活、变性现象，对蛋白质检测技术的可靠性、重现性都产生了很大的制约。

核酸由于在生物细胞中含量相对稳定，在产品加工中也相对不容易被破坏，因此常被用作转基因作物及其产品的检测目标。核酸检测技术的主要原理是目的DNA双链与特定的生物大分子结合或者与特异性序列杂交，目的DNA主要由具有特定的表达功能基因及其相应的调控元件组成。核酸检测技术包括核酸分子杂交技术、聚合酶链式反应技术(polymerase chain reaction，PCR)和基因芯片技术(microarray)等。PCR技术主要包括定性PCR方法、定量PCR方法等。PCR技术的基本原理与DNA的复制相类似。由于核酸在生物细胞中含量较低，而PCR技术可以实现在体外对目标DNA进行上百万倍的扩增，因此，凭借其高灵敏度、高特异性，PCR技术已经被广泛地应用于转基因植物及其加工产品的检测。基因芯片技术具有PCR方法相同的优点，可以精确地进行转基因成分的定性检测，不同之处是在固体表面固定上千上万特定的探针，能够一次单独分析样品中大量的不同种类的转基因成分，进行筛查、定性、定量，具有高通量、集成化和自动化的特点，是非常有潜力的转基因食品检测方法。

5.9.2　PCR检测技术

PCR(polymerase chain reaction)即聚合酶链式反应，是美国Cetus公司人类遗传研究室的科学家在1983年发明的，是一种在体外快速扩增特定DNA序列的方法，又称为基因的体外扩增法。PCR技术的基本原理是以特定的基因片段(DNA片断)为模板，利用人工合成的一对寡聚核苷酸为引物，以4种脱氧核苷酸(dNTP)为底物，在耐高温DNA聚合酶的作用下，通过DNA模板的变性、退火及引物的延伸三个阶段的多次循环，使模板扩增。PCR技术能在一个试管内将所要研究的目的基因或某一DNA片段于数小时内扩增至十万乃至百万倍，即从一根毛发、一滴血，甚至一个细胞中就能扩增出足量的DNA供分析研究和检测鉴定。

5.9.2.1　定性PCR检测技术

(1)普通PCR。普通PCR检测食品中转基因成分的一般原理是对样品中外源基因的筛选检测和目标核酸序列的特异性检测，在设置合适的对照和检测低限的情况下，根据扩增结果判定食品中是否含有转基因成分。

(2)巢式和半巢式PCR(nested PCR and semi-nested PCR)。巢式PCR是在普通PCR基础上发展起来的一种PCR技术，其原理是设计两对引物。第一对引物扩增片段与普通PCR相似；第二对引物称为巢式引物，结合在第一次PCR产物内部，使得第二次PCR扩增片段短于第一次扩增。半巢式PCR的原理与巢式PCR基本相同，只是半巢式PCR只有一对半引物，有一个引物被用于第二次PCR反应中。这两种方法的好处在于，如果第一次扩增产生了错误片段，则第二次能在错误片段上进行引物配对并扩增的概率极低，因此能减少假阳性的出现；此外还能使检测的下限下降几个数量级，因此更适合于对深加工转基因食品进行检测。

(3)多重PCR(multiplex PCR)。多重PCR又称复合PCR，是在同一反应管中含有一对以上引物，可以同时对几个靶序列进行检测的PCR技术。当待测食品中含有多种转基因成分时，只要引物设计合理，使用多重PCR，可以明显减少PCR反应的次数，从而大大节省了时间和精力，同时也降低了产物污染的可能。

5.9.2.2 定量 PCR 检测技术

随着世界各国有关转基因食品标签法的建立和不断完善，对食品中转基因成分的含量的下限已有所规定，因此对转基因成分进行定量检测是十分必要的。定性 PCR 因为其高敏感性所造成的假阳性现象，以及由于操作误差和一些反应抑制因素带来的假阴性现象，使该方法本身具有一定的局限性，而其最大的不足是无法进行定量分析。因此，研究者在定性筛选 PCR 方法的基础上，发展了不同的转基因成分的定量 PCR 检测技术。目前，国外较为成熟的方法主要有竞争性定量 PCR（quantitative competitive，QC-PCR）和实时荧光定量 PCR（real-time fluorescence quantitative PCR，RT-PCR）。

（1）竞争性定量 PCR。竞争性定量 PCR 的基本原理是通过构建含有修饰过的内部标准 DNA 片段（竞争 DNA），使其与待测 DNA 共同扩增，两种模板会竞争核苷酸、引物和 DNA 聚合酶，终点时产物的相对量和起始时候的初始模板量成正比。本检测技术的前提是，假定内标具有和靶基因相同的动力学物点和扩增效率，并且要求 DNA 片段大于 100 bp，因此竞争 DNA 的设计是 QC-PCR 技术的关键。

QC-PCR 对实验仪器要求不高，但是需要用基因重组技术构建竞争 DNA，对一般实验室来说难度较大。若将此前期工作转为商业化运作，直接向实验室提供标准竞争 DNA，后期工作则可在一些已有能力检测转基因成分含量的实验室较为方便地进行，因而是一种很有推广价值的定量检测方法。

（2）实时荧光定量 PCR。在 PCR 扩增反应中，每一轮循环，模板拷贝数都增加一倍，理论上 n 次循环后，扩增产物拷贝数为 2^n-1。但在实际中，在反应进行 30～40 个循环后，由于底物的消耗，DNA 聚合酶活力的下降，抑制物的增加，反应的指数形式逐渐转化为线性形式进入扩增的平台期。常规定量 PCR 中，反应产物的测量都是终点检测，即 PCR 到达平台期后进行检测，而 PCR 经过指数扩增期到达平台期后，检测结果的重现性较差，所以传统的定量方法都只能算半定量、粗定量的方法。1996 年由美国 Applied Biosystems 公司推出实时荧光定量 PCR 技术采用的是即时检测，实现了每一轮循环均检测一次荧光信号的强度，从而有效地解决了传统定量只能终点检测的局限，大大提高了定量 PCR 的重复性和准确性。

实时荧光定量 PCR 技术是在 PCR 反应体系中加入荧光基团，利用荧光信号积累实时监测整个 PCR 进程，通过对每一个样品的 *Ct* 值（Cycle threshold，即每个反应管中荧光信号到达设定的阈值时所经历的循环数）的分析，再根据标准曲线获得定量的结果，实现对样品的定量检测。根据实时荧光定量 PCR 中常用的荧光标记方法，可以把其简单地分为两大类：双链 DNA 内插式荧光染料非特异性检测方法和荧光探针序列专一性检测方法。所使用的荧光化学方法主要有五种：DNA 结合染色、水解探针、分子信标、荧光标记引物和杂交探针。

与 QC-PCR 法相比，RT-PCR 法准确而快捷，引物和探针的“双保险”，避免了检测的假阳性，增强了特异性；此外，在封闭的体系中完成扩增并进行实时测定，大大降低了污染的可能性。但实时荧光定量 PCR 技术也有它的不足，就是荧光标记探针会在一些食物基质中水解，操作仪器昂贵，从而在一定程度上限制了它的普及。

5.9.3 其他检测技术

除了前面介绍的应用最广泛的 PCR 技术，还有一些现有的和新的技术可以应用于转基因食品的检测。下面就传统的(核酸杂交技术)、比较成熟的(免疫学检测技术)和有潜力的(基因芯片技术)一些技术进行简介。

5.9.3.1　核酸杂交检测技术

核酸杂交的原理是核酸变性和复性理论,即双链的核酸分子在某些理化因素作用下双链解开,而在条件恢复后又可依碱基配对规律形成双边结构。杂交通常在一支持膜上进行,因此又称为核酸印迹杂交。根据检测样品的不同,核酸印迹杂交又分为DNA印迹杂交(Southern blot hybridization)和RNA印迹杂交(Northern blot hybridization)。

(1)DNA印迹杂交技术。在知道该转基因食品转入外源基因片断的情况下,可以采用DNA印迹杂交技术。DNA印迹杂交法是以放射性或荧光标记的外源目的基因的同源序列作为探针,与该食品原料农产品的总DNA进行杂交。首先从待测样品中提取DNA,用合适的限制性内切酶进行消化,通过琼脂糖凝胶电泳按大小分离,使分离的DNA片段在原位发生变性,并从凝胶转移到硝酸纤维素膜或尼龙膜上固定,在转移过程中,各个DNA片段的相对位置保持不变,用放射性或荧光标记的探针与各个DNA片段杂交,经放射自显影或荧光分析法确定与探针互补的每一条DNA带的位置,从而可以确定在众多消化产物中含某一特定序列的DNA片段的位置和大小。

DNA杂交技术用于食品外源基因的检测,可检测出外源基因与内源基因有高度同源性的DNA片段,且准确可靠,但其对样品的纯度要求较高,烦琐费时,成本高。

(2)RNA印迹杂交技术。RNA印迹杂交技术用于外源基因的测定,可测定特定外源基因DNA的转录产物mRNA分子的大小和丰度。RNA分子在变性琼脂糖凝胶中按其大小不同而相互分开,随后将RNA转移至活性纤维素、硝酸纤维素滤膜上。用放射性标记的外源DNA探针或RNA探针进行杂交和放射自显影,确定外源DNA的转录产物RNA。

5.9.3.2　蛋白免疫学检测技术

转基因蛋白质检测方法主要针对转基因作物、谷物、种子等食品原料以及粗加工食品。深加工食品的情况较复杂,不适合蛋白质方法。而且蛋白质的定量检测主要应用于转基因作物研究阶段,加工产品的检测通常只进行定性检测。

目前转基因蛋白质检测方法以免疫检测技术为主。蛋白质免疫检测的原理是使用抗体作为检测试剂,通过转基因蛋白抗原与特异性抗体反应形成抗原抗体复合物来对转基因蛋白成分进行定性或半定量检测。酶联免疫吸附技术(enzyme-linked immuno-sorbent,ELISA)和蛋白质印迹技术(Western blot)都被用于转基因产品的检测。

(1)ELISA。ELISA是继免疫荧光和放射荧光技术之后发展起来的一种免疫酶技术,最早应用于医学研究。由于其高度的灵敏度和特异性以及操作简便等特点,目前已成为转基因定性和半定量检测的常用方法。ELISA的原理是使抗原或抗体结合到某种固相载体的表面并保持其免疫活性,同时使其与某种酶联结成酶标复合物。这种酶标抗原或抗体既具有免疫活性,又具有酶的底物催化活性,当受检样品(抗原或抗体)与固相载体表面的抗体或抗原结合后,再通过酶与底物的反应获取信号。根据试剂的来源和样品的情况以及检测的具体条件可以设计出不同类型的ELISA检测方法,主要有直接法、间接法、双抗体夹心法和抗原竞争法。

直接法将抗原直接包被到固相载体上,孵育洗涤后加入标记特异性抗体,与抗原发生反应。间接法将抗原直接包被到固相载体上,结合特异性抗体,利用标记的抗体检测特异性抗体，间接检测抗原。双抗体夹心法将特异性抗体吸附到固相载体上，结合抗原，形成固相抗原复合物，与标记抗体结合，根据颜色反应的程度进行抗原的定性或定量。抗原竞争法将已知抗体吸附于载体表面，并将可能含抗原的待测样品和已知的标记抗原以适当的比例混合，加入样品孔中，以不加待测样品的孔为对照，两者显色之差为待测样品中的抗原量。其中双抗体夹心法是转基因蛋白检测中常用的方法。

(2)试纸条法(lateral flow device，LFD)。试纸条法是 ELISA 方法的另一种形式，只是把固相载体换成了试纸，再把特定的抗体交联到试纸条上。该方法仅需 5～10 min，是一种简单快捷的定性检测方法，可用于转基因产品的初筛或食品加工过程的初级阶段，不适用精细加工和经过烹煮的食品，目前只有少量的商业化转基因试纸条产品。

(3)蛋白质印迹法。蛋白质印迹法以蛋白质为检测对象，“探针”是抗体，“显色”用标记的二抗。实验采用聚丙烯酰胺凝胶电泳(PAGE)将样品蛋白质分离，再转移到固相载体(例如硝酸纤维素薄膜)上，固相载体以非共价键形式吸附蛋白质，且保持电泳分离的多肽类型及其生物学活性不变；然后以固相载体上的蛋白质或多肽作为抗原，与对应的抗体(一抗)发生免疫反应，特异性一抗再与用酶标记的第二抗体反应，最后在酶的作用下，导致底物显色或化学发光显影，来检测电泳分离的特异性靶蛋白。蛋白质印迹技术结合了凝胶电泳较高的分离能力和固相免疫测定特异性高、敏感等诸多优点，普遍用于分离、检测特异的目的蛋白质，特别是用于不可溶蛋白质的分析，灵敏度为 1～5 ng。但由于该方法操作复杂，成本较高，一般适用于进行实验室研究。

5.9.3.3 基因芯片技术

传统的转基因食品检测方法，通常一个检测反应只能检测到一个外源基因或外源蛋白。而随着生物转基因技术的发展，人们常常将几种外源目的基因同时转入生物体内，使转基因生物同时具有几种改良特性。为此，科研人员正致力于基因芯片的研究，这是转基因检测技术的一个很有前景的发展方向。

基因芯片技术是采用光导原位合成或微量点样等方法，将大量核酸片段有序地固化于支持物(如玻片、硅片、聚丙烯酰胺凝胶、尼龙膜等载体)的表面，组成密集的二维排列，然后与已标记的待测样品中的靶 DNA 杂交，通过特定仪器如激光共聚焦扫描或电荷偶联摄影机(CCD)等对杂交信号的强度进行快速、并行、高效的检测分析，从而判断样品中靶分子的数量。

基因芯片技术最大特点就是高通量，能同时检测成百上千个基因。通过广泛收集用于转基因技术的启动子、终止子、抗性基因、标记基因的特异序列制成基因芯片，可实现同时检测目前已商品化的所有转基因产品的外源基因。此外，基因芯片技术非常灵活，当有新的转基因生物出现时，可以在阵列中增加布点，将新的基因序列包括在筛查程序中。目前基因芯片技术面临的主要问题是如何提高寡核苷酸或 cDNA 在玻片表面固定的效率，降低背景的干扰，减少自动杂交的消耗成本，保证相似条件下同一实验操作结果的重现性。基因芯片作为一种新兴技术，随着研究的深入和技术的完善，在食品科学研究领域中必将得到更广泛的应用。

思考题

1. 农药残留检测过程中所采用的样品前处理技术和分析方法有哪些？

2. 根据分子结构特点来分，兽药主要包括哪几类？在检测过程中采用的样品前处理技术有哪些？可采用哪些分析技术进行检测？

3.食品添加剂可分为哪几类？可采用哪些分析技术进行检测？

4.有害金属进入食品的主要途径有哪些？

5.常用的测定有害金属的样品前处理方法有哪些？各有什么优缺点？

6.ICP-MS 测定原理及其特点是什么？

7.简述酶联免疫法测定的基本原理。

8.简述 PCR 测定微生物的原理及其反应过程。

9.食品加工过程中形成的有害污染物主要有哪三类？

10.简述气相色谱-热能分析仪测定 *N*-亚硝基化合物的原理。

11.为什么说用苯并(a)芘作为样品中整个 PAHs 的指标是不适当的？

12.激素按其化学结构可分为哪几大类？

13.食品中激素残留检测的样品前处理方法有哪些？其分析技术又有哪些？

14.什么是转基因食品？为什么要对转基因食品进行检测？你是如何看待的？

15.由检测的对象划分，转基因食品的检测技术可以分为几种？分别是什么？它们有什么优缺点？

参考文献

[1]吴永宁. 现代食品安全科学[M]. 北京：化学工业出版社，2003.

[2]靳敏，夏玉宇. 食品检验技术[M]. 北京：化学工业出版社，2003.

[3]刘宜承. 食品中重要有机污染物痕量检测技术与残留量最新标准测定方法应用手册[M]. 北京：食品工业出版社，2007.

[4]王大宁，董益阳，邹明强. 农药残留检测与监控技术[M]. 北京：化学工业出版社，2006.

[5]Hercegová A，Dömötörová M，Matisová E. Sample preparation methods in the analysis of pesticide residues in baby food with subsequent chromatographic determination. Journal of Chromatography A，2007，1153：54-73.

[6]Beyer A，Biziuk M. Applications of sample preparation techniques in the analysis of pesticides and PCBs in food. Food Chemistry，2008，108：669-680.

[7]Ahmed F E. Analyses of pesticides and their metabolites in foods and drinks. TrAC Trends in Analytical Chemistry，2001，20：649-661.

[8]Reig M，Toldrá F. Veterinary drug residues in meat：Concerns and rapid methods for detection. Meat Science，2008，78：60-67.

[9]Toldrá F，Reig M. Methods for rapid detection of chemical and veterinary drug residues in animal foods. Trends in Food Science & Technology，2006，17：482-489.

[10]Wood R，Foster L，Damant A，Key P. Analytical methods for food additives. Cambridge：Woodhead Publishing，2004.

[11]王晶，王林，周景洋. 食品安全快速检测技术手册[M]. 北京：化学工业出版社，2009.

[12]刘思洁，李青，方赤光，等. 应用 GC/MS 法检测激素[J]. 中国卫生工程学，2004，3(1)：39-40.

[13]Suo J J，Kim H Y，Chunq B C，et al. Simultaneous determination of anabolic steroids

and synthetic hormones in meat by freezing-lipid filtration,solid-phase extraction and gas chromatography-mass spectrometry. Journal of Chromatography A,2005,1607:303-306.

[14]Bagnati R,Ramazza V,Zucchi M,et al. Analysis of dexamethasone and betamethasone in bovine urine by purification with an online immunoaffinity chromatography high-performance liquid chromatography system and determination by gas,chromatography mass spectrometry . Analytical Biochemistry,1996,1235 (2):119-126.

[15]谢维平,黄盈煜,胡桂莲. 气相色谱法直接测定动物组织中盐酸克仑特罗的残留量[J]. 色谱,2003,21(2):192-193.

[16]赵新淮. 食品安全检测技术[M]. 北京:中国农业出版社,2007.

[17]陈颖. 食品中转基因成分检测指南[M]. 北京:中国标准出版社,2010.

[18]GB 2760—2014 食品安全国家标准　食品添加剂使用标准[S]. 北京:中国标准出版社,2014.

第6章

食品安全控制技术及规范

学习目的与要求

掌握各类食品安全控制技术及规范的基本概念;了解各类食品安全控制技术及规范的过程和方法;认识实施食品安全控制技术及规范的重要性。

6.1 概述

随着食品安全事件的频发，人们健康意识的增强，食品安全已引起公众的空前关注。确保食品的质量与安全，预防与控制食品从生产原料、加工过程到储运、销售等各个环节可能存在的潜在危害，最大限度地降低风险，已成为现代食品行业所追求的核心管理目标，也是各国政府致力于不断加大对食品安全行政监管力度的重要方向。

有效的食品控制体系是保护消费者健康与安全的基础，也是为国际食品贸易提供安全和质量的保证。当前新的全球食品贸易形势下，无论是进口国，还是出口国，都对食品安全负有重要责任，都必须强化本国食品控制体系，并履行基于风险分析的食品控制策略。

6.1.1 食品控制的有关概念

食品控制(food control)是一种由国家或地方当局从事的强制性规范行为，为消费者提供保护，并确保所有食品在生产、加工、储存、运输及销售过程中是安全、营养和宜于人类消费的；符合安全及质量要求；以及依照法律所述诚实准确地予以标签。

要达到食品控制的目标，就需要对导致食品中存在潜在危害的因素进行分析，并在此基础上建立一个统一的、连贯的、高效的和有活力的食品控制体系，确保消费者权益的优先发展领域，并促进本国经济的发展。由此，有关食品控制体系的概念就必须确定下来。

食品安全控制体系和食品安全控制技术体系是两个重要的不同概念. 食品安全控制体系(food safety control system)是指为确保食品安全卫生而建立的包括食品安全法规体系、管理体系和科技体系为一体的监管控制系统。食品安全控制体系覆盖所有食品的生产、制造过程和市场行为，并包括进口的食品、食品原材料等。这个系统必须是建立在法制基础上，并强制实行的。尽管在国与国之间，其食品控制体系的组成和优先发展领域有所不同，但大多数体系均由下列一些单元构成：①食品法规；②食品控制管理；③食品调查；④实验室工作，包括食品监管和流行病学数据；⑤信息、教育、交流和培训。

食品安全控制技术体系(food safety control technic system)是指为确保在整个生产、加工、贮藏至食用环节中的食品安全而采取的一系列控制技术的总和。食品安全控制技术体系实际上属于食品安全控制体系的一部分，是食品安全控制体系中第二、第三层次的内容，即食品生产过程中采取的预防性手段与卫生措施，以及消费者食用食品时采取的卫生措施。

6.1.2 食品安全控制的原则

当寻求建立、升级、强化或改变食品控制体系时，国家当局必须对很多支撑食品控制行动的原理和价值取向给予考虑，包括：①在食物链中尽可能充分地应用预防原则，以最大幅度地降低食品风险；②对“从农田到餐桌”链条的定位；③建立应急机制以应对特殊的风险(如产品的召回制度)；④发展基于科学原理的食品控制策略；⑤确定风险分析的优先权和风险管理的效果；⑥建立以经济利益为目标的、全面的统一行为；⑦认可食品控制是一种多环节具有广泛责任的工作，并需要进行食品安全知识的宣传及教育。

6.1.3　主要食品安全控制技术

食品的安全风险和品质的丧失可能发生在食品链上很多不同的点，将它们逐一找出来是相当困难且耗资巨大的。而一种很好地组织起来的、对生产流程中多环节进行控制的预防性的方法可以有效地增进食品的质量与安全。在食物链上一些潜在的风险可以通过应用一些良好的操作规范加以控制。

目前国际上公认的食品安全控制技术体系的最佳模式是“从农田到餐桌”的全过程质量控制，在良好农业规范(good agricultural practices，GAP)、良好操作规范(good manufacturing practices，GMP)、良好卫生规范(good hygienic practices，GHP)、良好兽医规范(good veterinary practices，GVP)、良好生产规范(good production practices，GPP)、良好分销规范(good distribution practices，GDP)、良好贸易规范(good trading practices，GTP)的基础上，推行危害分析和关键控制点(hazard analysis and critical control point，HACCP)。

根据这些技术既可以明显节省食品安全管理中的人力和经费开支，又能最大限度地保证食品安全。在这些控制技术实施的基础上又产生了 ISO 22000 食品控制体系标准。

6.2　食品原料生产过程中的 GAP

进入 21 世纪，国际上对农产品质量安全要求从要求最终产品合格转向要求种植、养殖环节规范、安全、可靠，积极推崇和推行农产品质量安全的“从农田到餐桌”全过程控制，随之在农产品生产过程中相继出现了如良好农业规范(GAP)、良好操作规范(GMP)、危害分析和关键点控制体系(HACCP)、食品质量安全体系(SQF)、田间食品安全体系(On-Farm)等生产管理和控制体系及相应的体系认证。

良好农业规范(good agricultural practices，GAP)代表了一般公认的、基础广泛的农业指南，是由美国食品与药物管理局(FDA)、美国农业部(USDA)以及其他机构对当前食品安全的最新知识发展而成的，是在与多个联邦和州政府机构以及新鲜果蔬行业专家的共同合作中产生的。推行 GAP 是国际通行的从生产源头加强农产品和食品质量安全控制的有效措施，是确保农产品和食品质量安全工作的前提保障。

6.2.1　GAP 的概念及产生

根据联合国粮农组织的定义，GAP 是应用现有的知识来处理农业生产和产后的环境、经济和社会可持续性，从而获得安全而健康的食物和非食用农产品。它是一套针对农产品生产(包括作物种植和动物养殖等)的操作标准，是提高农产品生产基地质量安全管理水平的有效手段和工具。它关注农产品种植、养殖、采收、清洗、包装、贮藏和运输过程中有害物质和有害生物的控制及其保障能力，保障农产品质量安全，同时还关注生态环境、动物福利、职业健康等方面的保障能力。

GAP 的核心和实质是农产品规范化管理、标准化生产，以 EurepGAP 为典型代表。EurepGAP 于 1997 年由欧洲零售商协会 EUREP(Euro-Retailer Produce Working Group)发起，其目的在于 GAP 的发展。EurepGAP 是欧洲零售商自发组织起来制定的农产品标准，通过第三方的检查认证和国际规则来协调农业生产者、加工者、分销商和零售商的生产、贮藏和管理,从根本上降低农业生产中食品安全的风险。

EurepGAP为农产品的生产者提供了一个具有划时代意义的平台,使得他们可以有机会按照国家政府、欧洲市场和非政府组织的农业标准进行生产。EurepGAP由欧洲零售商联合会所创立,其体系包括标准体系和认证体系两个部分。EurepGAP对农产品产地、生产控制、质量安全、环境保护等方面都有明确的规定和要求。在欧盟内部,除德国及法国外,所有成员国都在全面采纳和推行EurepGAP体系。EurepGAP标准中对可追溯性、食品安全、环境保护和工人福利等提出要求,增强了消费者对EurepGAP产品的信心。EurepGAP的会员包括零售商、农产品供应商和生产者,还包括与农业相关的企业。

EurepGAP自诞生以来一直保持着强劲的发展势头。自2002年起,经过短短2年的时间,到2004年6月底,通过EurepGAP认证的面积达到了724 247 hm^2,是2003年年底的1.9倍。目前,EurepGAP认证已经被世界范围的61个国家的24 000多家农产品生产者所接受,而且现在更多的生产商正在加入此行列。

6.2.2 GAP的8个基本原理

1998年10月26日,美国FDA和USDA联合发布了《关于降低新鲜水果与蔬菜微生物危害的企业指南》,并首次提出良好农业规范(GAP)概念。GAP主要针对未加工或最简单加工(生的)出售给消费者或加工企业的大多数果蔬的种植、采收、清洗、摆放、包装和运输过程中常见的微生物危害控制,其关注的是新鲜果蔬的生产和包装,但不限于农场,包含从农场到餐桌的整个食品链的所有步骤。GAP以科学为基础,是一个推荐性的标准,但FDA和USDA强烈建议新鲜果蔬生产者采用。

GAP的建立贯穿于减少新鲜果蔬从田地到销售全过程的生物危害,其具体内容包括了以下8个原理。

原理1:对新鲜农产品的微生物污染,其预防措施优于污染发生后采取的纠偏措施(即防范优于纠偏)。

原理2:为降低新鲜农产品的微生物危害,种植者、包装者或运输者应在他们各自控制范围内采用良好农业操作规范。

原理3:新鲜农产品在沿着农场到餐桌食品链中的任何一点,都有可能受到生物污染,主要的生物污染源是人类活动或动物粪便。

原理4:无论任何时候与农产品接触的水,其来源和质量规定了潜在的污染,应减少来自水的微生物污染。

原理5:生产中使用的农家肥应认真处理以降低对新鲜农产品的潜在污染。

原理6:在生产、采收、包装和运输中,工人的个人卫生和操作卫生在降低微生物潜在污染方面起着极为重要的作用。

原理7:良好农业操作规范的建立应遵守所有法律法规,或相应的操作标准。

原理8:各层农业(农场、包装设备、配送中心和运输操作)的责任,对于一个成功的食品安全计划是很重要的,必须配备有资格的人员和有效的监控,以确保计划的所有要素运转正常,并有助于通过销售渠道溯源到上一个生产者。

6.2.3 GAP在中国的发展

为改善我国目前农产品生产现状，促进农产品出口，填补我国在控制食品生产源头的农作物和畜禽生产领域中GAP的空白，2005年12月31日，国家质量监督检验检疫总局和中国国家标准化管理委员会联合发布了GB/T 20014.1—2005《良好农业规范 第1部分：术语》国家标准，并于2006年5月1日正式实施。2006年1月，中国国家认证认可监督管理委员会制定了《良好农业规范认证实施规则(试行)》。2007年8月，为进一步完善中国良好农业规范认证制度，推动良好农业规范国家标准的贯彻实施，充分发挥认证认可对促进中国综合农业生产能力和农业可持续发展的作用，中国国家认证认可监督管理委员会对2006年1月发布的《良好农业规范认证实施规则(试行)》(CNCA-N-004:2006)进行了修订，自2008年1月1日起施行。

该系列标准包括了术语和农场基础控制点与符合性规范、作物基础控制点与符合性规范、大田作物控制点与符合性规范、水果和蔬菜控制点与符合性规范、畜禽基础控制点与符合性规范、牛羊控制点与符合性规范、奶牛控制点与符合性规范、生猪控制点与符合性规范、家禽控制点与符合性规范、畜禽公路运输控制点与符合性规范等。该系列标准从可追溯性、食品安全、动物福利、环境保护，以及工人健康、安全和福利等方面，在控制食品安全危害的同时，兼顾了可持续发展的要求，以及我国法律法规的要求，并以第三方认证的方式来推广实施。

6.2.4 建立GAP的重要性

首先，GAP建议了完善的质量管理体系，有了统一的质量标准。在较长的一段时间内，我国对农产品的生产只重视产品质量标准，缺乏全面的质量控制。GAP系列标准的制定，完善并发展了我国农业标准体系，该标准将进一步规范我国农业生产经营活动，对提高农产品质量安全、农业生产力水平，促进我国农业持续健康发展，增加农民收入都起到积极的作用。

其次，GAP从生产源头开始确保农产品质量。为了确保农产品的质量，许多国家都提出了从控制生产源头和种植、养殖生产各环节来提高产品质量的理念，为此，近年来，各国纷纷提出了良好种植、养殖规范的概念和标准。GAP标准重点控制的就是植保产品的使用、肥料的使用、饲料的使用和兽药的使用，通过规定限量、品种、记录、检测、检查等，尽可能保证农畜产品的安全。另外，农业良好规范也对动物福利予以了关注。根据GAP的要求，在屠宰动物时采取人道的方式进行宰杀，这既提高肉类品质，又符合发达国家动物福利的要求。

再次，GAP大力推动了农业可持续发展，并提高管理水平，打造农产品出口生产基地。我国农业及其可持续发展正面临诸多困境，如农业用地资源占用量低，农用资源质量下降，农业用水资源匮乏，污染日益加重等，这些问题严重阻碍了我国农业的可持续发展。GAP系列标准的多数条款都关注了农业可持续发展，并实行以较低的成本实现生产全过程的质量控制，建立“公司＋基地”的模式，把企业做大做强，最终实现规模效应，增强企业竞争力。因此，GAP体系的建立、应用和认证是支持农业可持续发展强有力的措施，也是我们体现社会责任的最好选择。

此外，GAP提高产品出口的竞争力。农产品贸易的技术壁垒除了技术法规差别、技术标准差异和繁杂的安检程序外，绿色环境标志也成为其一个重要手段。拥有绿色环境标志，表明该农产品不但质量符合标准，而且在生产、加工、运输、消费等过程都符合环保要求，对生态环境和人类健康无损害。

最后,GAP是建立公共卫生安全体系的有力补充。GAP系列标准除关注食品安全外,还关注了从业人员的职业健康安全和人畜共患病的防控。总之,GAP体系的建立和实施,将进一步提高出口农产品质量安全水平,进一步完善农业标准和加强农业体系方面的认证,推动农业的可持续发展。

6.2.5 获得GAP认证的意义

由于GAP受到寻求满足食品保障(food security)、食品安全(food safety)、质量、生产效率和中长期环境受益等相关方面,包括政府、食品加工业、食品零售业、种植和养殖业以及消费者的关注和承诺,因而越来越受到各国的重视,并在各国以政府和行业规范的形式得到建立和发展。

通过GAP认证,能够提升农业生产的标准化水平,生产出优质、安全的农、畜产品,同时有利于增强消费者对农产品的信心。

通过GAP认证,有利于保护生态环境和增加自然界的生物多样性,有利于自然界的生态平衡和农业的可持续性发展;同时有利于增强生产者的安全意识和环保意识,有利于保护劳动者的身体健康。

通过GAP认证,将成为我国农产品出口的一个重要条件。GAP认证已在国际上得到广泛认可,实施GAP认证正在成为农产品国际贸易中增强国际互信,消除技术壁垒的一项重要措施。通过GAP认证的企业将在欧洲的EurepGAP网站和/或我国认证机构的网站上公布,因此,GAP认证能够提高企业形象和知名度。通过GAP认证的产品,可以形成产品品牌效应,从而增加认证企业和生产者的收入。

6.2.6 对我国GAP认证的思考

伴随着我国农产品行业的不断进步,企业规模的逐渐扩大,各企业对其软硬件建设的重视程度也在不断加强。为实现在国内和国际市场竞争中牢牢地占据有利地位,企业需要在管理水平、技术水平、人员素质、产品质量等内部管理角度上实现新的突破。依据GB/T 20014良好农业规范(GB/T 20014.1～GB/T 20014.24系列),不仅可以提高我国农产品质量安全水平,同时可以从食品链的源头控制食品安全危害,增强消费者信心,促进农产品出口贸易,推进农业的可持续发展。如今,良好农业规范正逐渐被我国相关部门重视,并推广实施。目前我国已在14个省、直辖市开展GAP认证,国家已经启动首批100个国家级农业标准化示范县(场)建设。现在,我国农业标准化生产能力显著提升,农产品质量安全管理体系基本健全,GAP认证正在有效推行,基本可以实现食用农产品无公害生产。

但目前,还有一些企业没有真正按照认证标准的要求建立质量管理体系、环境管理体系,没有有效地开展内审和管理评审,存在对关键过程、关键工序控制不严,没有按规定对原材料、半成品和成品进行检验等严重问题,使认证工作流于形式。这种情况既浪费了企业的资源,又浪费了大量的人力物力。在食品质量控制体系中,涉及食品安全教育的内容较少,且往往忽视了食品安全与法律问题、思想道德之间的联系性,导致生产企业食品安全保护意识不强,食品安全相关法律基础薄弱。所以,在食品质量控制体系中需要增设食品安全相关的法律与思想道德教育内容,以充实食品安全知识,强化食品安全的重要性,利于企业正确对待认证工作。企业应把认证要求作为一项日常工作制度来执行,作为提高自身水平的一种手段,从而实现预期的目标。

此外，现代科技改革创新与互联网普及在为大众生活带来便捷的同时，也给许多不法商贩钻食品安全管理漏洞提供了机会，导致食品安全事故接连不断。为全面助力食品安全问题的治理，抵制不良食品商贩，生产者、消费者都应该做到拒绝消费存有安全隐患的食品，并学会用法律武器保护自己。在专业教育层面上，对于大学生而言，掌握健康饮食规范和食品安全常识，增强日常食品安全意识，提升个人道德素养和法律常识，都是改善食品安全问题的重要途径。在高校思政教育中，加强学生食品安全知识普及与教育，通过以"落实科学发展观"、"构建社会主义和谐社会"两大理论问题作为平台，在这两大主题下，让学生"从企业角度，做一项GAP认证"，以团队的形式在课下查阅资料，进行社会调查，讨论问题、制订解决方案，撰写文字材料，最后通过课堂教学的展开来加深对理论问题的理解。上述实践教学主题的确立原则需要着眼于马克思主义理论的运用，着眼于对实际问题的理论思考，着眼于新的实践和新的发展，把实践教学内容的丰富性与针对性有机统一起来。在"食品GAP认证"实践教学的设计层面上，应以"中国特色的社会主义共同理想"教育为平台，针对我国市场经济条件下利益多元化、价值多元化对主流意识形态的冲击，针对改革开放过程中产生的一些社会问题(如腐败、贫富差距、教育公平、三农、环境、就业等问题)设计和组织实践教学。最后在实践教学的课堂展示阶段，引导学生在共同分享每个个体实践感悟的累累精神硕果的同时，使理论教学的成果得以升华并内化为学生恒久不变的理想、信念、道德、情操、观念和价值追求。

6.3　食品生产企业的GMP

6.3.1　GMP简介

GMP(good manufacturing practices)即"良好操作规范"或"优良制造标准"，是一套适用于制药、食品等行业的强制性标准，要求生产企业从原料、人员、设施设备、生产过程、包装运输、质量控制等方面，应按照国家有关法律及法规达到相应的卫生质量要求，形成一套可操作的作业规范，可帮助企业改善企业卫生环境，及时发现并解决生产过程中存在的问题。实施GMP，不仅仅通过最终产品的检验来证明达到质量要求，而且在产品生产的全过程中实施科学的全面管理和严密的监控来获得预期质量。它是一种特别注重制造过程中产品质量与卫生安全的自主性管理制度。

GMP最早是由美国提出的，1963年FDA制定了药品GMP，并于第二年开始实施。1969年，美国公布了《食品制造、加工、包装储存的现行良好制造规范》基本法[简称CGMP或食品GMP(FGMP)]。同年，FAO和WHO的CAC采纳了食品GMP，并研究、收集各种食品的GMP作为国际规范推荐给各成员国。1975年11月，WHO正式公布GMP，1977年WHO再次向成员国推荐GMP，并确定为WHO的法规。1988年，日本政府制定了原料药GMP，1990年正式实施。此后，美国及大多数欧洲国家开始宣传、认识、起草本国GMP，欧洲国家共同体委员会颁布了欧共体的GMP。

目前，FAO和WHO的CAC已制定有《食品卫生通则》等41个卫生规范，其中包括鲜鱼、冻鱼、贝类、蟹类、龙虾、水果、蔬菜、蛋类、鲜肉、低酸罐头食品、禽肉、饮料、食用油脂等食品生产的卫生规范，作为解决国际贸易争端的重要参考依据。

GMP是“动态”的。它随着社会的发展，科技的进步，在执行过程中不断地进行修改和完善。世界各国都制定了执行GMP过程中的细则和各种指导原则，如美国1985年已经出版第4版GMP指导，对GMP的实施作出了具体规定。目前，已有100多个国家实行了GMP制度，日本、英国、新加坡和很多先进国家也都引用食品GMP。当前除美国已立法强制实施食品GMP外，其他如日本、加拿大、新加坡、德国、澳大利亚、中国等国家均采取劝导方式辅导企业自动自发实施食品GMP。

按照GMP的要求，生产企业应具有良好的生产设备，合理的生产过程，完善的质量管理和严格的检测系统。其主要内容如下。

(1)先决条件。合适的加工环境、工厂建筑、道路、行程、地表供水系统、废物处理等。

(2)设施。制作空间、贮藏空间、冷藏空间、冷冻空间的供给；排风、供水、排水、排污、照明等设施；合适的人员组成等。

(3)加工、贮藏、分配操作。物质购买和贮藏；机器、机器配件、配料、包装材料、添加剂、加工辅助品的使用及合理性；成品外观、包装、标签和成品保存；成品仓库、运输和分配；成品的再加工；成品申请、抽检和试验，良好的实验室操作等。

(4)卫生和食品安全检测。特殊的贮藏条件，热处理、冷藏、冷冻、脱水、化学保藏；清洗计划、清洗操作、污水管理、害虫控制；个人卫生和操作；外来物控制、残存金属检测、碎玻璃检测以及化学物质检测等。

(5)管理职责。提供资源、管理和监督、质量保证和技术人员；人员培训；提供卫生监督管理程序；满意程度；产品撤销等。

6.3.2 GMP的分类

从GMP适用范围来看，现行的GMP可分为3类：①具有国际性质的GMP，如WHO的GMP，北欧七国自由贸易联盟制定的GMP(或Pharmaceutical Inspection Convention，PIC)，东南亚国家联盟的GMP等；②国家权力机构颁布的GMP，如我国卫生部及后来的国家药品监督管理局、美国FDA、英国卫生和社会保险部、日本厚生省等政府机关制定的GMP；③工业组织制定的GMP，如美国制药工业联合会制定的、标准不低于美国政府制定的GMP，中国医药工业公司制定的GMP，甚至还包括药厂或公司自己制定的。

从GMP制度的性质来看，GMP可分为两类：①将GMP作为法典规定，如美国、日本、中国的GMP；②将GMP作为建议性的规定，有些GMP起到对药品生产和质量管理的指导作用，如WHO的GMP。

总的来说，按GMP要求进行食品的生产管理和质量管理已是大势所趋。各国的GMP内容基本上是一致的，但也各有特点。按照不同产品特点制定独立的GMP是必要的。实践证明，GMP是行之有效的科学化、系统化的管理制度，对保证食品质量起到积极作用，已经得到国际上的普遍承认。

6.3.3 GMP的基本原则

具体的GMP基本原则有下列几条。

①明确各岗位人员的工作职责。

②在厂房、设施和设备的设计、建造过程中，充分考虑生产能力、产品质量和员工的身心

健康。

③对厂房、设施和设备进行适当的维护，以保证始终处于良好的状态。

④将清洁工作作为日常的习惯，防止产品污染。

⑤开展验证工作，证明系统的有效性、正确性和可靠性。

⑥起草详细的规程，为取得始终如一的结果提供准确的行为指导。

⑦认真遵守批准的书面规程，防止污染、混淆和差错。

⑧对操作或工作及时、准确地记录归档，以保证可追溯性，符合 GMP 要求。

⑨定期进行有计划的自检。

6.3.4　国内外 GMP 发展情况

6.3.4.1　国外 GMP 发展情况

美国是最早将 GMP 用于工业生产的国家。美国 FDA 为了加强、改善对食品的监管，根据美国《联邦食品、药物和化妆品法》第 402(a)的规定制定了食品生产的现行良好操作规范(CGMP)，并批准为法规，代号为 21 CFR part 110。随之 FDA 相继制定了各类食品的操作规范，到目前为止美国联邦政府在 21 CFR part 110 基础上，对可可、糕点、瓶装饮料等也制定了相应的 GMP 法规，这些法规(包括 21 CFR part 110)仍不断地在被完善，最新版本的被称为现行良好操作规范 CGMP(C-Current)。21 CFR part 110 为基本指导性文件，它对食品生产、加工、包装、储存企业的厂房，建筑物与设施加工设备用具，人员的卫生要求、培训，仓储与分销，以及环境与设备的卫生管理，加工过程的控制管理都做了详细的规定。

1969 年，世界卫生组织(WHO)向全世界推荐 GMP。1972 年，欧洲共同体 14 个成员国公布了 GMP 总则。日本、英国、新加坡和很多工业先进国家都先后引进了食品 GMP。日本厚生省于 1975 年开始制定各类食品卫生规范。加拿大卫生部(HPB)按照《食品和药物法》制定了《食品良好制造法规》(GMRF)，描述了加拿大食品加工企业最低健康与安全标准；其农业部建立了食品安全促进计划(FSEP)，旨在确保所有加工的农产品以及这些产品的加工条件是安全卫生的。加拿大的食品安全促进计划内容相当于 GMP 的内容。

6.3.4.2　中国 GMP 发展情况

从 GMP 提出到现在已经有 50 多年的历史，发达国家 GMP 的实施已经逐渐趋于成熟，并且开发与建立了一套完整的科学、技术和管理体系。目前，中国还没有建立完善的食品 GMP 体系。中国食品 GMP 的发展已经历了三个阶段，即初级阶段、发展阶段和全面建设阶段。

(1)初级阶段(20 世纪 80 年代初至 90 年代)。我国根据国际食品贸易的要求，1984 年由原国家商检局按照《中华人民共和国食品卫生法(试行)》《中华人民共和国出口食品卫生管理办法(试行)》等法律法规要求，首先制定了类似 GMP 的卫生法规《出口食品厂、库最低卫生要求》，对出口食品生产企业提出了强制性的卫生规范。随着食品贸易全球化的发展以及对食品安全卫生要求的提高，《出口食品厂、库最低卫生要求》逐渐不能适应形势的要求，原国家商检局经过修改，于 1994 年 11 月发布了《出口食品厂、库卫生要求》。在此基础上，又陆续发布了 9 个专业卫生规范，凡是从事出口食品生产、储存的厂、库都必须达到卫生规范要求。这些法律法规及卫生规范共同构成了中国出口食品 GMP 体系的雏形。

1994 年，中国卫生部参照联合国粮农组织(FAO)、世界卫生组织(WHO) 和食品法典委员会制定的《食品卫生通则》[CAC/RCP Rev. 2(1985)],结合我国国情制定了《食品企业通用卫生规范》(GB 14881—1994),作为我国食品企业必须执行的国家标准。

《食品企业通用卫生规范》规定了我国食品企业在加工过程、原料采购、运输、储存、工厂设计与设施的基本卫生要求及管理准则。它适用于食品生产、经营的企业、工厂,并作为制定各类食品厂的专业卫生规范的依据。其具体内容包括以下 7 个要素:①原材料采购、运输的卫生要求;②工厂设计与设施的卫生要求;③工厂的卫生管理;④生产过程的卫生要求;⑤卫生和质量检验的管理;⑥成品储存、运输的卫生要求;⑦个人卫生与健康的要求。

(2)发展阶段(20 世纪 90 年代末)。1998 年,中国卫生部颁布并实施了膨化食品良好生产规范、保健品食品良好生产规范,这说明中国食品 GMP 从此进入了发展阶段。1999 年,农业部又颁布了《水产品加工质量管理规范》。农业部相继又出台了与食品 GMP 相关的绿色食品生产技术规程、无公害食品生产规程以及一些农产品生产技术规程等。2003 年和 2004 年,中国卫生部又相继颁布并实施了《乳制品企业良好生产规范》《熟肉制品企业良好卫生规范》《定型包装饮用水企业生产卫生规范》。

(3)全面建设阶段(2001 年至今)。2003 年科技部启动食品安全重大专项科技行动计划,并组织"主要食品安全标准的基础研究和技术措施"课题攻关,"重要的食品安全控制标准的研究与制定"课题作为其中的子课题,重点开展中国食品 GMP 体系的基础研究、食品通用 GMP 的研究与制定、水产品加工食品 GMP 的研究与制定、啤酒生产 GMP 的研究与制定、罐装食品 GMP 的研究与制定、畜禽屠宰 GMP 的研究与制定、肉制品加工 GMP 的研究与制定。从此,中国食品 GMP 体系进入系统研究和全面建设阶段。

6.3.5 实施 GMP 的意义

第一,GMP 的实施可确保食品质量。GMP 对从原料进厂直至成品的储运及销售整个生产销售链的各个环节,均提出了具体控制措施、技术要求和相应的检测方法及程序,实施 GMP 管理系统是确保每件终产品合格的有效途径。

第二,GMP 的实施可有效地提高食品行业的整体素质,利于食品参与国际贸易竞争。GMP 的原则已被世界上许多国家,特别是发达国家认可并采纳。GMP 要求食品企业必须具有良好的生产设备,科学合理的生产工艺,完善先进的检测手段,高水平的人员素质,严格的管理体系和制度。通过对操作人员、管理人员和领导干部的 GMP 知识培训,可有效地提高食品企业的整体素质。此外,推广和实施 GMP 在国际食品贸易中是必要条件,是衡量一个企业质量管理优劣的重要依据,也是提高食品产品在全球贸易中的竞争力的有利条件。

第三,提高卫生行政部门对食品企业进行监督的水平,保障消费者的利益。对食品企业强制实行 GMP 监督检查,促使食品卫生监督工作更具科学性。同时,食品 GMP 充分体现了保障消费者权利的观念,使用明确 GMP 标志,有效地保障了消费者的认知权利和选择权利。同时,该制度提供了消费者申述意见的途径,保障了消费者表达意见的权利。

第四,实施 GMP 可促进食品企业的公平竞争。企业实施 GMP,不仅仅大大提高了产品的质量,而且给企业及其产品带来良好的市场信誉和经济效益,同时也能起到示范作用,调动落后企业实施 GMP 的积极性。

6.4 食品生产企业的SSOP

6.4.1 SSOP的概念及起源

SSOP是卫生标准操作程序(sanitation standard operation procedures)的简称，指企业为了达到GMP所规定的要求，保证所加工的食品符合卫生要求而制定的指导食品生产加工过程中如何实施清洗、消毒和卫生保持的作业指导文件，是实施HACCP的前提条件。

1995年2月，美国颁布的《美国肉、禽类产品HACCP法规》(9CFR part 304)中第一次提出了要求建立一种书面的常规可行的程序——卫生标准操作程序(SSOP)，确保生产出安全、无掺杂的食品。但在这一法规中并未对SSOP的内容做出具体规定。同年12月，美国FDA颁布的《美国水产品HACCP法规》(21 CFR part 123，124)中进一步明确了SSOP必须包括的8个方面及验证等相关程序，从而建立了SSOP的完整体系。此后，SSOP一直作为GMP或HACCP的基础程序加以实施，成为完成HACCP体系的重要前提条件。

6.4.2 SSOP的主要内容

为确保食品在卫生状态下加工，充分保证达到GMP的要求，加工厂应针对产品或生产场所制定并且实施一个书面的SSOP或类似的文件。SSOP主要内容如下。

(1)与食品接触或与食品接触物表面接触的水(冰)的安全。生产用水(冰)的卫生质量是影响食品卫生的关键因素。对于任何食品的加工，首要的一点就是要保证水(冰)的安全。食品加工企业一个完整的SSOP计划，首先要考虑与食品接触或与食品接触物表面接触的水(冰)的来源与处理应符合有关规定，并要考虑非生产用水及污水处理的交叉污染问题。

①食品加工者必须提供在适宜的温度下足够的饮用水(符合国家饮用水标准)。对于自备水井，通常要认可水井周围环境、深度，井口必须斜离水井以促进适宜的排水，而且密封以禁止污水的进入。对贮水设备(水塔、储水池、蓄水罐等)要定期进行清洗和消毒。无论是城市供水还是自备水源都必须有效地加以控制，有合格的证明后方可使用。

②对于公共供水系统必须提供供水网络图，并清楚标明出水口编号和管道区分标记。合理地设计供水、废水和污水管道，防止饮用水与污水的交叉污染及虹吸倒流造成的交叉污染。在检查期间内，水和下水道应追踪至交叉污染区和管道死水区域。

③当冰与食品或食品表面相接触时，它必须以一种卫生的方式生产和贮藏。因而，制冰用水必须符合饮用水标准，制冰设备卫生、无毒、不生锈，储存、运输和存放的容器卫生、无毒、不生锈。食品与不卫生的物品不能同存于冰中。冰必须防止由于人员在其上走动引起的污染，制冰机内部应检验以确保清洁并不存在交叉污染。

(2)与食品接触的表面(包括设备、手套、工作服)的清洁度。保持与食品接触的表面清洁是为了防止污染食品。与食品接触的表面一般包括直接(加工设备、工器具和台案、加工人员的手或手套、工作服等)和间接(未经清洗消毒的冷库、卫生间的门把手、垃圾箱等)两种，要做到以下几点。

①食品接触表面在加工前和加工后都应彻底清洁，并在必要时消毒。加工设备和器具的清洗消毒，首先必须进行彻底清洗(除去微生物赖以生长的营养物质，确保消毒效果)，再进行

冲洗，然后进行消毒。

②检验者需要判断是否达到了适度的清洁，因而，需要检查和监测难清洗的区域和产品残渣可能出现的地方。

③设备的设计和安装应易于清洁，并对经试用后不符合要求的设备及时修理或替换。设计和安装应无粗糙焊缝、破裂和凹陷，表里如一，以防止或避开清洁和消毒化合物。在不同表面接触处应具有平滑的过渡。

④手套和工作服也是食品接触表面，如使用手套的话，应提供适当的清洁和消毒程序。不得使用线手套，且手套不易破损。工作服应集中清洗和消毒，应有专用的洗衣房，洗衣设备及其能力要与实际相适应，不同区域的工作服要分开，并每天清洗消毒。不使用时它们必须贮藏于不被污染的地方。

(3)防止发生交叉污染。交叉污染是通过生的食品、食品加工者或食品加工环境把生物或化学的污染物转移到食品的过程。此方面涉及预防污染的人员要求、原材料和熟食产品的隔离以及工厂预防污染的设计。

人员的要求。对手进行清洗和消毒，以去除有机物质和暂存细菌；个人物品需远离生产区存放；在加工区内禁止吃、喝或抽烟等。

隔离处理。防止交叉污染的一种方式是工厂的合理选址和车间的合理设计布局。食品原材料和成品必须在生产和贮藏中分开，以防止交叉污染。另外注意人流、物流、水流和气流的走向，要从高清洁区到低清洁区，要求人走门、物走传递口。

人员操作。人员处理非食品的表面后清洗和消毒手，以防接触产品时发生污染。

(4)手的清洗与消毒，厕所设施的维护与卫生保持。手的清洗和消毒的目的是防止交叉污染。一般的清洗方法和步骤为：清水洗手，擦洗手皂液，用水冲净洗手液，将手浸入消毒液中进行消毒，用清水冲洗，用手巾纸擦干手。

卫生间需要进入方便、卫生和良好维护，具有自动关闭、不能开向加工区的门。这关系到空中或飘浮的病原体和寄生虫进入。卫生间的设施要求一般情况下要达到三星酒店的水平。

(5)防止食品被污染物污染。关键卫生条件是保证食品、食品包装材料和食品接触面不被生物的、化学的和物理的污染物污染。食品加工企业经常要使用一些化学物质，如润滑剂、燃料、杀虫剂、清洁剂、消毒剂等，生产过程中还会产生一些污物和废弃物，如冷凝物和地板污物等。下脚料在生产中要加以控制，防止污染食品。

加工者需要了解可能导致食品被间接或不被预见的污染，以及导致食用不安全的所有途径，如被润滑剂、燃料、杀虫剂、冷凝物和有毒清洁剂中的残留物或烟雾剂污染。工厂的员工必须经过培训，达到认清和防止这些可能造成污染的间接途径。可能产生外部污染的原因有：①有毒化合物的污染；②因不卫生的冷凝物和死水产生的污染。

(6)有毒化学物质的标记、储存和使用。食品加工可能需要特定的有毒有害物质，这些有害有毒化合物主要包括洗涤剂、消毒剂(如次氯酸钠)、杀虫剂(如1605)、润滑剂、实验室用药品(如氰化钾)、食品添加剂(如硝酸钠)等。没有这些化合物，工厂设施无法运转，但使用它们时必须小心谨慎，按照产品说明书使用，做到正确标记、储存安全，否则会导致企业加工的食品被污染的风险。所有这些物品需要适宜的标记并远离加工区域，应有主管部门批准生产、销售、使用的证明，标明主要成分、毒性、使用剂量和注意事项；要有带锁的柜子；要有清楚的标识、有效期；要有严格的使用登记记录；要有自己单独的贮藏区域；如果可能，清洗剂和其他毒素及腐蚀性成分应贮藏于密储存区内;要有经过培训的人员进行管理。

(7)雇员的健康与卫生控制。食品加工者(包括检验人员)是直接接触食品的人,其身体健康及卫生状况直接影响食品卫生质量。对员工的健康要求一般包括以下4点。

①不得患有危及食品卫生的传染病(如肝炎、结核等);不能有外伤、化妆、佩戴首饰和带入个人物品;必须具备工作服、帽、口罩、鞋等,并及时洗手消毒。

②应持有效的健康证,制订体检计划并设有体验档案,包括所有和加工有关的人员及管理人员,应具备良好的个人卫生习惯和卫生操作习惯。

③涉及有疾病、伤口或其他可能成为污染源的人员要及时隔离。

④食品生产企业应制订卫生培训计划,定期对加工人员进行培训,并记录存档。

(8)虫害的防治。通过害虫传播的食源性疾病的数量巨大,因此虫害的防治对食品加工厂是至关重要的。害虫主要包括啮齿类动物、鸟和昆虫等携带某种人类疾病源菌的动物。害虫的灭除和控制包括加工厂(主要是生产区)全范围,甚至包括加工厂周围,重点是厕所、下脚料出口、垃圾箱周围、食堂、贮藏室等。食品和食品加工区域内保持卫生对控制害虫至关重要。

6.4.3 SSOP卫生监控与记录

在建立SSOP之后,企业还必须设定监控程序,实施检查、记录和纠正措施。企业要在设定监控程序时描述如何对SSOP的卫生操作实施监控。它们必须指定何人、何时及如何完成监控。对监控结果要检查,对检查结果不合格的还必须采取措施加以纠正。对以上所有的监控行动、检查结果和纠正措施都要记录,通过这些记录说明企业不仅制定并实行了SSOP,而且行之有效。

食品加工企业日常的卫生监控记录是工厂重要的质量记录和管理资料,应使用统一的表格,并归档保存,一般记录审核后存档,保留2年。监控的主要内容包括水的监控记录,清理消毒记录,表面样品的检测记录,雇员的健康与卫生检查记录,卫生监控与检查纠正记录,化学药品购置、储存和使用记录。

卫生监控记录表格基本要素为:①被监控的某项具体卫生状况或操作;②以预先确定的监测频率来记录监控状况;③记录必要的纠正措施。

6.5 食品生产企业的HACCP体系

6.5.1 HACCP简介及其有关概念

HACCP即危害分析与关键控制点(hazard analysis critical control point),是一种科学、简便、专业性强的预防性食品安全质量控制体系。该体系以科学为基础,通过系统性地确定生产过程中的具体危害及其控制措施,从而保证食品安全性。HACCP被国际上认为是以预防食品安全问题为基础的防止食品引起疾病的最有效的方法,并就此获得FAO、WHO和CAC的认同。1993年,CAC推荐HACCP体系为目前保障食品安全最经济有效的途径。因而,可以说HACCP体系的推行已成为当今国际食品行业安全质量管理不可逆转的发展趋向与必然要求。

HACCP体系于20世纪60年代由美国率先提出。美国FDA将HACCP作为修订美国食品安全计划的基础，并于1995年起对国内的食品工业全面推行HACCP体系。HACCP体系已经在实践中取得了明显的效果，引起国际上越来越广泛的关注与认可，一些发达国家乃至国际组织相继制定或着手制定与HACCP体系管理相关的技术法规或文件，作为对食品企业的强制性管理措施或实施指南。需要特别指出的是，HACCP作为一个完整的预防性食品安全质量控制体系，如同金字塔的结构一样，仅有顶端的HACCP计划的执行文件是不够的，它是企业建立在GMP和SSOP基础上的。其次，HACCP有充分的灵活性和高度的技术性。其灵活性体现在对具体产品具体分析，没有统一的蓝本可以套用；其灵活性还体现在鼓励采用新的方法和新的发明，不断改进工艺和设备。如HACCP要求认识现在还没有认识到的危害并加以控制；始终警惕可能出现的新的危害，一旦出现，要求立即控制。这种灵活性也表明了HACCP的高度技术性。危害的分析、关键限值的制定、监控方法的采用等，都需要科学的检测、分析、验证或论证。这一点，企业在建立并实施HACCP体系时应予以注意。

6.5.2 HACCP计划的原理

国际食品法典委员会CAC在1997年发布了关于食品安全卫生的管理规则——《危害分析与关键控制点体系和应用指南》(Hazard Analysis Critical Control Point System and Guidelines for It's Application)，在这个指南中提出了HACCP以下7个原理。

(1)进行危害分析(HA)。首先要找出与品种有关和与加工过程有关的可能危及产品安全的潜在危害，然后确定这些潜在危害中可能发生的显著危害，并对每种显著危害制定预防措施。

危害分析是很重要的，只有通过危害分析，找出可能发生的潜在危害，才能在随后的步骤中加以控制。危害分析划分为自由讨论和危害评估两种活动。自由讨论应从原料接收到成品的加工过程(工艺流程图)的每一个操作步骤发生危害的可能性进行讨论。通常根据工作经验、流行病的数据及技术资料的信息来评估其发生的可能性。危害评估是对每一个危害的风险及其严重程度进行分析，以决定食品安全危害的显著性。

(2)确定关键控制点(CCP)。关键控制点(CCP)是指食品安全危害能被控制的、能预防、消除或降低到可以接受的水平的一个点、步骤或过程。CCP是HACCP控制活动将要发生过程中的点。其中，控制点(CP)是能控制生物的、物理的或化学的因素的任何点、步骤或过程。对加工中的每个显著危害确定适当的关键控制点。对危害分析期间确定的每一个显著的危害，必须有一个或多个关键控制点来控制危害。只有这些点作为显著的食品安全危害而被控制时才认为是关键控制点。主要包括：①当危害能被预防时，这些点可以被认为是关键控制点；②能将危害消除的点可以确定为关键控制点；③能将危害降低到可接受水平的点可以确定为关键控制点。

一个关键控制点能用于控制一种以上的危害，同样，一个以上的关键控制点可以用来控制一个危害。在一条加工线上确立的某一产品的关键控制点，可以与另一条加工线上的同样的产品的关键控制点不同，这是因为危害及其控制的最佳点可以随下列因素而变化：厂区、产品配方、加工工艺、设备、配料选择、卫生和支持程序。

(3)确定关键限值(CL)。对确定的关键控制点的每一个预防措施确定关键限值。关键限值(CL)是与关键控制点相联系的预防性措施必须符合的标准。一个关键限值用来保证一个操作生产出安全产品的界限，每个CCP必须有一个或多个关键限值用于显著危害，当加工偏离了关键限值,则可能导致产品的不安全,此时必须采取纠偏行动以保证食品安全。合适的关键限值可以从科学刊物、法规性指标、专家及实验室研究等渠道收集信息,也可以通过实验和经验的结合来确定。建立 CL 应做到合理、适宜、适用和可操作性强。

此外,还需要了解的一些概念。操作限值(OL)则是比关键限值更严格的、由操作者使用来减少偏离的风险标准。纠偏行动(CA)是指当关键控制点从一个关键限值发生偏离时采取的行动。

(4)建立 HACCP 监控程序。监控(M)是进行一个有计划的连续的观察或测量来评价 CCP 是否在控制之下,并为将来验证时使用做出准确记录。它是操作人员赖以保持对一个 CCP 控制而进行的工作,精确的监控说明一个 CCP 什么时候失控,当一个关键限值受影响时,就要采取一个纠偏行动,来确定问题需要纠正的范围。可以通过查看监控记录符合关键限值的最后的记录确定。监控还可以提供产品按 HACCP 计划进行生产的记录,这些记录对于在原理 7 中讨论的 HACCP 计划的验证是很有用处的。

监控要明确监控的目的,制订监控的计划。一个好的监控计划包括 4 个部分(即监控什么、如何监控、监控频率和谁来监控等)内容的程序,以确保关键限值得以完全符合。精确的监控说明一个 CCP 什么时候失控,并且为将来验证或纠偏时做出准确记录。

(5)纠偏行动。当确定发生关键限值偏离时,必须采取纠偏行动并做好记录,以确保恢复对加工的控制,并确保没有不安全的产品销售出去。如果可能的话,必须在制订 HACCP 计划时预先制订纠偏行动计划,以便于现场纠正偏离。也可以没有预先制订的纠偏行动计划,因为有时会有一些预料不到的情况发生。纠偏行动应列出重建加工控制的程序和确定被影响的产品安全的处理方法。

负责实施纠偏行动的人员应该对生产过程、产品和 HACCP 计划有全面理解。纠偏行动的组成应包括两个部分:①纠正和消除偏离的起因,重新对加工控制;②确定在加工出现偏差时所生产的产品,并确定这些产品的处理方法。

(6)建立有效的记录保持程序。准确的记录保持是一个成功的 HACCP 计划的重要部分。记录提供关键限值得到满足或当偏离关键限值时采取的适宜的纠偏行动。同样地,也提供一个监控手段,这样可以调整加工防止失去控制。此外,还需要掌握验证活动,验证(V)是除监控的那些方法之外,用来确定 HACCP 体系是否按 HACCP 计划运作或计划是否需要修改及再被确认生效所使用的方法、程序或检测及审核手段。

HACCP 体系的记录有 4 种:①HACCP 计划和用于制订计划的支持性文件;②关键控制点监控的记录;③纠偏行动的记录;④验证活动的记录。

(7)建立验证程序。验证活动可以用于证明 HACCP 体系是否正常运转。验证是 HACCP 最复杂的原理之一,同时验证程序的正确制订和执行也是 HACCP 计划成功实施的基础。由此产生了关于 HACCP 的一条谚语——“验证才足以置信”,这就是验证原理的核心。

HACCP 计划的宗旨是防止食品安全的危害,验证的目的是提高置信水平,即为了确定:①计划是建立在严谨的、科学的原则基础之上,它足以控制产品和工艺过程中出现的危害;②这种控制措施正被贯彻执行着。这 7 个原理从 1～5 实际上是一步接一步的,6 和 7 哪一步在先都可以,因此 HACCP 计划的这 7 个原理也可称为 7 个步骤。

从以上 7 原理(步骤)可以看出如下 5 个方面。

①HACCP 是一种分析工具,能够使管理部门引进和保持一个具有良好经济效益的、不断

发展的食品安全计划。HACCP包括对食品安全起关键作用的那些步骤，使管理部门能将技术力量集中于那些对产品安全起关键作用的步骤上，但HACCP并不代表零风险。

②HACCP是用来保证食品的原材料供应、发售、成品储存直到包括消费终点在内的所有阶段商品安全的一种强有力的体系。它强调企业本身的作用，而不是依靠对最终产品的检测或政府部门取样分析来确定产品的质量。

③HACCP体系是预防性的，而不是反映性的。HACCP的控制体系着眼于预防而不是依靠对最终产品的检验来保证食品的安全，具有鉴别还未发生过失误问题的领域内潜在危害的能力。

④HACCP与其他的质量管理体系相比，是将主要关注点放在影响产品安全的关键加工点上，而不是对每一个步骤都予以关注，因此在预防方面显得更为有效。

⑤HACCP体系能适应设备设计的革新、加工工艺或技术的发展变化，因此是一个适用于各类食品企业的简便、易行、合理、有效的控制体系。

6.5.3 制订HACCP计划的步骤

HACCP计划在不同的国家有不同的模式，即使在同一国家，不同的管理部门对不同的食品生产推行的HACCP计划也不尽相同。美国FDA推荐的制订HACCP计划步骤符合CAC的“HACCP体系及其应用准则”，便于学习，在此做一介绍。

HACCP不是一个独立的程序，而是一个更大的控制程序体系的一部分。设计HACCP体系是用来预防和控制与食品相关的安全危害。HACCP体系必须建立在牢固的遵守现行的《良好操作规范》(CGMP)和可接受的《卫生标准操作程序》(SSOP)基础上。制订HACCP计划包括5个预先步骤：①组成HACCP小组；②描述食品和销售；③确定预期用途和食品的消费者；④建立流程图；⑤验证流程图。如果没有适当的建立5个预先步骤，则可能会导致HACCP计划的设计、实施和管理失效。

(1)组成HACCP小组。组成HACCP小组是建立本企业HACCP计划的重要步骤。该小组应由具有不同专业的人员组成，例如有生产管理、质量控制、卫生控制、设备维修和化验人员等。实施HACCP计划应是全员参加的，因此HACCP小组还应有生产操作人员参加。

教育和培训是制订和贯彻一个HACCP计划的重要因素。HACCP小组的职责是制订HACCP计划，修改、验证HACCP计划，监督实施HACCP计划，书写SSOP文本和对全体人员的培训等。作为HACCP小组的成员首先自己要接受全面培训。培训内容包括HACCP原理，所从事生产的食品安全的危害与预防，GMP和SSOP等。HACCP小组成员应有较强的责任心和认真的、实事求是的态度。

(2)描述食品和销售。当一个HACCP小组建立之后，成员们首先应进行产品的全面描述，这包括相关的安全信息，如成分、物理/化学结构(包括Q_w、pH等)、加工方式(如热处理、冷冻、盐渍、烟熏等)、包装、保质期、储存条件和销售方法；还包括产品的销售方法、预期消费者(如一般公众还是婴儿、老年人、病患者)和消费者如何使用该产品(如是即食还是加热后食用)。因为不同的产品，不同的生产方式，其存在的危害及预防措施也不同，故对产品进行描述，以便于进行危害分析，确定关键控制点。

描述产品可以用食品中主要成分的商品名称或拉丁名称，也可以用最终产品名称或包装形式等。

描述销售和储存的方法是为了确定产品是如何销售、如何储存(例如冷冻、冷藏或干燥等),以防止错误的处理造成的危害,而这种危害不属于HACCP计划控制范围内的。

(3)确定预期用途和食品的消费者。对于不同用途和不同消费者,食品的安全保证程度不同。对即食食品在消费者食用后,某些病原体的存在可能是显著危害,而对食用前需要加热的食品,这种病原体就不是显著危害。同样,对不同消费者,对食品的安全要求也不一样。

(4)建立流程图。产品流程图是对加工过程一个清楚的、简明的和全面的说明,在制订HACCP计划时,按流程图的步骤进行危害分析。流程图包括所有原(辅)料的接收、加工直到储存步骤,应该是足够清楚和完全,覆盖进行加工过程的所有步骤。

流程图的准确性对进行危害分析是关键,因此在流程图中列出的步骤必须在工厂被验证,如果步骤被疏忽,显著的安全问题可能不被记录,所以建立的流程图应和实际加工流程完全吻合。

(5)验证流程图。在各个操作阶段、操作时间内,HACCP小组应确定操作过程是否与流程一致,并对流程图做适当修改。

6.5.4　国内外HACCP的应用和发展状况

6.5.4.1　HACCP的起源和在国外的发展

20世纪60年代初期,美国太空总署(NASA)希望能够为宇航员制造百分之百安全的太空食品。他们认为现用的质量控制技术并不能提供充分的安全措施来防止食品生产中的污染,于是将这个使命交给了美国Pillsbury公司和陆军Natick实验室,Pillsbury公司在为美国太空项目尽其努力提供食品期间,发现确保安全的唯一方法是研发一个预防性体系,防止生产过程中危害的发生。这就是HACCP概念的最初雏形。从此,Pillsbury公司的体系作为食品安全控制最新的方法被全世界认可,于是就产生了HACCP概念。

1971年,Pillsbury公司在第一届美国国家食品保护会议上首次公开提出了HACCP概念,从此这一概念就在食品工业发展起来。1985年,美国国家科学院提出HACCP体系应被所有的执法机构采用,对食品加工者来说应是强制性的。美国国会于1995年12月批准、公布了HACCP法规,目前首先在美国执行的有两项:从1997年12月18日起实施的《水产品管理条例》和1998年1月实施的《肉类和家禽管理条例》,实施的范围包括美国所产及外国进口的产品。1996年7月25日美国农业部(USDA)食品安全检查署(FSIS)对国内外肉、禽业颁布了《减少致病菌、危害分析和关键控制点(HACCP)系统最终法规》并且于当日生效。

世界卫生组织和国际食品微生物规范委员会鼓励使用HACCP。食品卫生委员会(Food Hygiene Committee)制定了一份所有成员国都可以使用的HACCP标准化方法后,食品法典委员会现今鼓励在食品工业实际应用HACCP体系。加拿大已根据HACCP原理制定水产品的质量管理导则(QMP)和食品安全促进计划(FSEP)。英国政府在Richmond报告中做了如下建议,即有效应用HACCP体系可能有助于表明达到了《英国食品安全法案》(UK Food Safety Act)(1990)中规定的"确实努力"要求。澳大利亚检疫检验局(AQIS)建立的新的检验体系要求食品加工厂都要有书面的HACCP计划,并以此作为实施检验的基础。

欧盟规定1995年1月1日以后进入欧盟的海洋食品除非在HACCP体系下生产,否则对最终产品进行全面测试。欧盟的自我检查(Own-Check)也与HACCP的原理相似。1996年4月、1997年7月和1999年6月欧盟来中国考察水产品加工情况时就要求提供工厂实施HACCP

的时间。1997 年 CAC 批准的《HACCP 体系及其应用准则》目前被许多国家应用。

6.5.4.2 中国 HACCP 的引进和发展

中国入世后，在参与国际竞争的同时，也必须遵守国际竞争的规则；而 HACCP 作为世界公认的食品安全卫生的质量保证体系，目前已经被欧美、澳大利亚、新西兰、挪威以及泰国等许多国家广泛用于食品的生产、管理和监督。企业如果尚未通过 HACCP 体系认证，将很难跨越世界贸易中的非技术壁垒。由此可见，食品企业推行 HACCP 已经势在必行。

20 世纪 80 年代，中国引入 HACCP 体系，90 年代初原国家进出口商品检验局科技委的食品专业委，针对出口食品出现的安全问题，开展了“出口食品安全工程的研究”，在出口冻鸡肉、猪肉、冻对虾、冻烤鳗、芦笋罐头、蜂蜜、柑橘和花生等 8 种商品中采用 HACCP 原理进行控制其安全的研究，并制定了 GMP，这是 HACCP 在中国首次运用。此后，在原国家进出口商品检验局的推动下，80%以上出口水产品加工厂和一些出口罐头、肉禽产品、冻菜、果蔬汁等生产企业建立了 HACCP 体系。随后，农业部门和卫生部门也开展 HACCP 的推广运用。

为了规范食品生产企业 HACCP 管理体系的建立、实施、验证以及 HACCP 的认证工作，提高食品的安全卫生质量，扩大食品出口，国家认证认可监督管理委员会于 2002 年 5 月 1 日下发了《食品生产企业危害分析与关键控制点(HACCP)管理体系认证管理规定》。规定中指出：“国家鼓励从事生产、加工出口食品的企业建立并实施 HACCP 管理体系，列入‘出口食品卫生注册需要评审 HACCP 管理体系的产品目录’的企业，必须建立和实施 HACCP 管理体系。”

国家质量监督检验检疫总局于 2002 年 5 月 20 日起施行的《出口食品生产企业登记管理规定》及配套文件，它取代了从 1994 年一直沿用的《出口食品厂、库卫生注册细则》和《出口食品厂、库卫生要求》，旨在与国际通用食品卫生注册管理水平接轨，并在全国范围内开始推行 HACCP 体系。该规定的附件 3 列出的卫生注册必须接受 HACCP 体系评审的产品目录中包括罐头类、水产品类(活品、冰鲜、晾晒、腌制品除外)、肉及制品、速冻蔬菜、果蔬汁、禽肉或水产品的速冻方便食品共 6 大类。

但在实际生产中，许多企业根本就不知道 HACCP 为何物，这一政策对于现有出口食品生产企业无疑是一次较大的挑战。许多企业如果不能建成自己的 HACCP 体系并通过评审，就只能从出口食品生产企业的队伍中消失，被严格的标准无情地淘汰。

为促进我国食品卫生状况的改善，预防和控制各种有害因素对食品的污染，保证产品卫生安全，卫生部组织制定了《食品企业 HACCP 实施指南》。需要强调的是，HACCP 作为一个完整的预防性食品安全质量控制体系，仅有 HACCP 计划的执行文件是不够的，它是建立在 GMP 和 SSOP 的基础上的。

6.5.5 实施 HACCP 的意义

食品的生产过程中，控制潜在危害的先期觉察决定了 HACCP 的重要性。HACCP 体系的最大优点就在于它是一种系统性强、结构严谨、理性化、有多项约束、适用性强而效益显著的以预防为主的质量保证方法。在食品生产中恰当运用 HACCP 可以使食品生产由最终产品的检验转化为控制生产环节中潜在的危害，从而提供任何方法或体系所无法提供的相同程度的安全性和质量保证。

通过对主要的食品危害的控制，食品企业可以更好地向消费者提供消费方面的安全保证，降低食品生产过程中的危害，从而提高人民的健康水平。近年来，世界范围内食物中毒事件的显著增加激发了经济秩序和食品卫生意识的提高，在美国、欧洲、英国、澳大利亚和加拿大等国家和地区，越来越多的法规和消费者要求将 HACCP 体系的要求变为市场的准入要求。一些组织，例如美国国家科学院、国家微生物食品标准顾问委员会以及 WHO/FAO 法典委员会，一致认为 HACCP 是保障食品安全最有效的管理体系。以下将分别从食品企业、消费者、政府的角度探讨实施 HACCP 的意义。

6.5.5.1　对食品工业企业的意义

(1)提高产品质量的一致性，增加市场机会。良好的产品质量将不断增强消费者信心，特别是在政府的不断抽查中，总是保持良好的企业，将受到消费者的青睐，形成良好的市场机会。HACCP 的实施使生产过程更规范，在提高产品安全性的同时，也大大提高了产品质量的均匀性。

(2)降低生产成本(减少回收/食品废弃)，降低商业风险。因产品不合格，使企业产品的保质期缩短，使企业频繁回收其产品，提高企业生产费用。如在美国 300 家的肉和禽肉生产厂在实施 HACCP 体系后，沙门氏菌在牛肉上降低了 40%，在猪肉上降低了 25%，在鸡肉上降低了 50%，所带来的经济效益不言而喻。日本雪印公司金黄色葡萄球菌中毒事件使全球牛奶巨头——日本雪印公司一蹶不振的事例充分说明了食品安全是食品生产企业的生存保证。

(3)提高员工对食品安全的参与。HACCP 的实施使生产操作更规范，并促进员工对提高公司产品安全的全面参与。

6.5.5.2　对消费者的意义

(1)减少食源性疾病的危害。良好的食品质量可显著提高食品安全的水平，更充分地保障公众健康。

(2)增强卫生意识和对食品供应的信心。HACCP 的实施和推广，可提高公众对食品安全体系的认识，并增强自我卫生和自我保护的意识。HACCP 的实施，使公众更加了解食品企业所建立的食品安全体系，对社会的食品供应和保障更有信心。

(3)提高生活质量(健康和社会经济)。良好的公众健康对提高大众生活质量，促进社会经济的良性发展具有重要意义。

6.5.5.3　对政府的意义

(1)改善公众健康。HACCP 的实施将使政府在提高和改善公众健康方面发挥更积极的影响。

(2)进行更有效和有目的的食品监控。HACCP 的实施将改变传统的食品监管方式，使政府从被动的市场抽检变为政府主动地参与企业食品安全体系的建立，促进企业更积极地实施安全控制的手段。HACCP 将政府对食品安全的监管从市场转向企业。

(3)减少公众健康支出。公众良好的健康，将减少政府在公众健康上的支出，使资金能流向更需要的地方。

(4)确保贸易畅通。非关税壁垒已成为国际贸易中重要的手段。为保障贸易的畅通，对国际上其他国家已强制性实施的管理规范，须学习和掌握，并灵活地加以应用，减少其成为国际贸易的障碍。

(5)提高公众对食品供应的信心。政府的参与将更能提高公众对食品供应的信心，增强国内企业竞争力。

6.6 ISO 9000

6.6.1 ISO 9000 与 ISO 22000 简介

6.6.1.1 ISO 9000 简介

ISO 9000 族标准是国际标准化组织(ISO)制定和通过的指导各类组织建立质量管理和质量保证体系的系列标准的统称。

国际标准化组织(International Organization for Standardization,ISO)成立于 1947 年 2 月 23 日,是世界上最大的非政府性国际标准化组织。ISO 通过它的技术机构开展技术活动。其中技术委员会(简称 TC)共 176 个,分技术委员会(简称 SC)共 624 个,工作组(WG)共 1 883 个。ISO/TC 176 成立于 1980 年,是 ISO 中第 176 个技术委员会,全称"质量保证技术委员会",1987 年又更名为"质量管理和质量保证技术委员会"。TC 176 专门负责制定质量管理和质量保证技术的标准。

TC 176 最早制定的一个标准是 ISO 8402:1986《质量——术语》,于 1986 年 6 月 15 日正式发布。1987 年 3 月,ISO 又正式发布了 ISO 9000:1987《质量管理和质量保证标准——选择和使用指南》,ISO 9001:1987《质量体系——设计/开发,生产、安装和服务质量保证模式》,ISO 9002:1987《质量体系——生产和安装质量保证模式》,ISO 9003:1987《质量体系——终检验和试验的质量保证模式》,ISO 9004:1987《质量管理和质量体系要素——指南》共 5 个国际标准,与 ISO 8402:1986 一起统称为"ISO 9000 系列标准"。1990—1993 年,TC 176 又补充发布了 9 个新标准,此外还于 1994 年对前述"ISO 9000 系列标准"统一做了修改,分别改为 ISO 8402:1994、ISO 9000-1:1994,ISO 9001:1994,ISO 9002:1994,ISO 9003:1994 和 ISO 9004-1:1994,并把 TC 176 制定的标准定义为"ISO 9000 族"。此后,TC 176 又陆续制定发布了一系列标准用以完善"ISO 9000 族"。至 1999 年,ISO 9000 族系标准已多达 27 个。

1999 年 9 月中旬,ISO/TC 第 17 届年会决定对 ISO 9000 族标准的总体结构进行较大调整,将 1994 版 ISO 9000 族的 27 项标准进行重新安排。2000 版的 ISO 9000 族仅有 5 项标准,原有标准或并入新标准,或以技术报告、技术规范的形式发布,或以小册子的形式出版发行,或转入其他技术委员会。2000 版 ISO 9000 族标准包括 ISO 9000:2000《质量管理体系基础和术语》,ISO 9001:2000《质量管理体系要求》,ISO 9004:2000《质量管理体系业绩改进指南》、ISO 19011:2000《质量和环境审核指南》和 ISO 10012:2000《测量控制系统》5 项,其中前 4 项标准是 ISO 9000 族标准的核心标准。

ISO 9000 质量管理体系标准,从 ISO 9001(1994 版)到 ISO 9001(2000 版),将近有 10 年的历史,又经历全球范围不同规模和类别的组织实践,已经被公认为具有权威性的质量管理标准。它是目前唯一的一套关于质量管理的国际标准,它凝聚了各国质量管理专家和众多成功企业的经验,蕴含了质量管理的精华。

ISO 9000 族标准蕴含的科学质量管理内涵几乎对每一家企业的经营管理都具有重要影响及意义,农业、食品、医药、航天、教育、建设等多个行业均适于推行 ISO 9000。我国于 1988 年发布了等效采用 ISO。1992 年发布了等同采用的 GB/T 19000 系列标准。在 ISO 9000 族标准 1994 版发布后,我国于当年发布了等同采用 GB/T 19000 系列标准。2001 年 6 月 1 日起等同采用了2000版ISO 9000族标准。

6.6.1.2 ISO 22000简介

随着经济全球化的快速发展，国际食品贸易的数额也在急剧增加。各国政府所关心的最重要的问题是：从他国进口的食品对消费者健康是否有影响，是否威胁动植物的健康和安全。为了保护本国消费者的安全，各食品进口国政府纷纷制定强制性的法律、法规或标准来消除或降低这种威胁，但是，各国的法规特别是标准繁多且不统一，使食品生产加工企业难以应付，妨碍了食品国际贸易的顺利进行。为了满足各方面的要求，在丹麦标准协会（DS）的倡导下，2001年，国际标准化组织（ISO）计划开发一适合审核的食品安全管理体系标准，即《ISO 22000——食品安全管理体系要求》，简称ISO 22000。

ISO 22000标准的开发要达到的主要目标是：符合CAC的HACCP原理；协调自愿性的国际标准；提供一个用于审核（内审、第二方审核、第三方审核）的标准；构架与ISO 9001:2000和ISO 14001:1996相一致；提供一个关于HACCP概念的国际交流平台。

ISO 22000是按照ISO 9001:2000的框架构筑的，同时，它也覆盖了CAC关于HACCP指南的全部要求，并为HACCP提出了“先决条件”概念，制定了“支持性安全措施”（SSM）的定义。它在标准中更关注对产品生产全过程的食品安全风险分析、识别、控制和措施，具有很强的专业技术要求。该标准对全球必需的方法提供了一个国际上统一的框架。

ISO 22000:2005《食品安全管理体系——对食品链中各类组织的要求》是ISO 22000族标准中第一个标准，于2005年9月1日发布实施。我国等同采用的GB/T 22000:2006也于2006年3月1日发布，并于同年7月1日实施。

ISO 22000:2005《食物安全管理系统——对食品链中各类组织的要求》的出台可以作为技术性标准对企业建立有效的食品安全管理体系进行指导。这一标准可以单独用于认证、内审或合同评审，也可与其他管理体系，如ISO 9001:2000组合实施。

6.6.2 ISO 9000与ISO 22000的关系

从ISO 22000整个标准的框架和标准的条款章节看，除了第7章外，与ISO 9001基本是一样的，只是具体的条款更针对的是食品安全方面。第7章的“安全产品的策划和实现”中，是利用HACCP原理中风险分析的方法，制订出符合企业本身适应的HACCP计划。从标准认证的角度看，ISO 22000完全可以脱离ISO 9000独立获得认证。

在ISO 9001中，对质量管理的所有活动和最基本的程序要求都进行了规定。但是在ISO 22000中就没有对如合同评审、采购、产品设计等予以规定。在ISO 9001中，没有对食品卫生和危害分析进行规定。因此，在企业建立食品安全管理体系过程中，最好是先按照ISO 9001标准的框架，按照质量管理体系的基本要求构建质量管理平台，然后将食品卫生的要求纳入企业产品生产过程中，最后按照HACCP原理进行风险分析和识别，制订HACCP计划增加到ISO 9001的7.1条款“产品实现的策划”中。这样建立的体系与ISO 22000标准就是一个非常有机的结合，不会将质量、卫生和食品安全管理的不同层次混淆，可以建立起非常简练有效的质量控制体系。

6.6.3 ISO 22000与HACCP的区别

（1）ISO 22000标准适用范围更广。ISO 22000标准适用范围为食品链中所有类型的组织,比原有的 HACCP 体系范围要广。ISO 22000 标准突出了体系管理理念,将组织、资源、过程和程序融合到体系之中,使体系结构与 ISO 9001 标准结构完全一致,强调标准既可单独使用;也可和 ISO 9001 质量管理体系标准整合使用,充分考虑了两者兼容性。

(2)ISO 22000 更强调了沟通的作用。顾客要求、食品监督管理机构要求、法律法规要求以及一些新的危害产生的信息,须通过外部沟通获得,以获得充分的食品安全相关信息。通过内部沟通可以获得体系是否需要更新和改进的信息。

(3)ISO 22000 体现了对遵守食品法律法规的要求。ISO 22000 标准不仅在引言中指出"本标准要求组织通过食品安全管理体系以满足与食品安全相关的法律法规要求",而且标准的多个条款都要求与食品法律法规相结合,充分体现了遵守法律法规是建立食品安全管理体系前提之一。

(4)ISO 22000 提出了前提方案、操作性前提方案和 HACCP 计划的重要性。"前提方案"是整个食品供应链中为保持卫生环境所必需的基本条件和活动,它等同于食品企业良好操作规范。操作性前提方案是为减少食品安全危害在产品或产品加工环境中引入、污染或扩散的可能性,通过危害分析确定的基本前提方案。

ISO 22000 与 HACCP 两者区别在于控制方式、方法或控制的侧重点不同,但目的都是为防止、消除食品安全危害或将食品安全危害降低到可接受水平的行动或活动。HACCP 也是通过危害分析确定的,只不过它是运用关键控制点通过关键限值来控制危害的控制措施。

(5)ISO 22000 强调了"确认"和"验证"的重要性。"确认"是获取证据以证实由 HACCP 计划和操作性前提方案安排的控制措施有效。ISO 22000 标准在多处明示和隐含了"确认"要求或理念。"验证"是通过提供客观证据对规定要求已得到满足的认定,目的是证实体系和控制措施的有效性。ISO 22000 标准要求对前提方案、操作性前提方案、HACCP 计划及控制措施组合、潜在不安全产品处置、应急准备和响应、撤回等都要进行验证。

(6)ISO 22000 增加了"应急准备和响应"规定。ISO 22000 标准要求最高管理者应关注有关影响食品安全的潜在紧急情况和事故,要求组织应识别潜在事故(件)和紧急情况,组织应策划应急准备和响应措施,并保证实施这些措施所需要的资源和程序。

(7)ISO 22000 建立了可追溯性系统和对不安全产品实施撤回机制。ISO 22000 标准提出了对不安全产品采取撤回要求,充分体现了现代食品安全的管理理念。要求组织建立从原料供方到直接分销商的可追溯性系统,确保交付后的不安全终产品,利用可追溯性系统,能够及时、完全地撤回,尽可能降低和消除不安全产品对消费者的伤害。

6.6.4 推行 ISO 9000 族标准的一般步骤

ISO 9000 族标准规范了企业内从原材料采购到成品交付的所有过程,牵涉企业内从最高管理层到最基层的全体员工,是非常全面而复杂的一套质量管理体系。因此,全面推行 ISO 9000 族标准是有一定难度的,需要遵循一定的原则和步骤。

推行 ISO 9000 一般有如下 5 个必不可少的过程:知识准备—立法—宣贯—执行—监督、改进。申请人可以根据公司的具体情况,对上述 5 个过程进行规划,按照一定的推行步骤,引导公司逐步迈入 ISO 9000 族标准的世界。

以下为企业推行 ISO 9000 的典型步骤,从中可以看出,这些步骤完整地包含了上述 5 个过程:①企业原有质量体系识别、诊断;②任命管理者代表、组建 ISO 9000 族标准推行组织;

③制定目标及激励措施;④各级人员接受必要的管理意识和质量意识训练;⑤所选 ISO 9000 标准知识培训;⑥质量体系文件编写(立法);⑦质量体系文件大面积宣传、培训、发布、试运行;⑧内审员接受训练;⑨若干次内部质量体系审核;⑩在内审基础上的管理者评审;⑪质量管理体系完善和改进;⑫申请认证。

企业在推行 ISO 9000 族标准之前,应结合本企业实际情况,对上述各推行步骤进行周密的策划,并给出时间上和活动内容上的具体安排,以确保得到更有效的实施效果。企业经过若干次内审并逐步纠正后,若认为所建立的质量管理体系已符合所选标准的要求(具体体现为内审所发现的不符合项较少时),便可申请外部认证。

6.6.5　推行 ISO 9000 族标准的意义

(1)强化质量管理,提高企业效益;增强客户信心,扩大市场份额。一方面,ISO 9000 使得企业内部可按照经过严格审核的国际标准化的质量体系进行质量管理,真正达到法制化、科学化的要求,从而极大地提高工作效率和产品合格率,迅速提高企业的经济效益和社会效益;另一方面,对企业外部而言,当顾客得知供方按照国际标准实行管理,获得了 ISO 9000 质量体系认证证书,并且有认证机构的严格审核和定期监督,就可以确信该企业是能够稳定地生产合格产品,从而放心地与企业订立供销合同,扩大了企业的市场占有率。

(2)获得了国际贸易"通行证",有利于消除国际贸易壁垒。在国际贸易日益繁荣的今天,许多国家为了保护自身的利益,设置了种种贸易壁垒,包括关税壁垒和非关税壁垒,其中非关税壁垒主要是技术壁垒。技术壁垒中,又主要是产品质量认证和 ISO 9000 质量体系认证的壁垒。因此,获得 ISO 9000 质量体系认证成为消除贸易壁垒的主要途径。

(3)有利于节省第二方审核的精力和费用。第二方审核在现代贸易实践中已经成为惯例,但它具有一定的局限性。一方面,一个供方通常要为许多需方供货,第二方审核无疑会给供方带来沉重的负担;另一方面,需方也需支付相当的人力、物力及精力。而 ISO 9000 质量认证可以排除这样的弊端。因为一旦作为第一方的生产企业申请了第三方的 ISO 9000 质量认证,并获得了认证证书,在一段时间内,第二方就不必要再对第一方进行审核。另外,企业在获得 ISO 9000 认证后可以被免除再申请 UL(美国国家安全标准认证标志)、CE(进入欧盟国家产品强制性标准符合标志)等产品质量认证,节省认证机构对企业质量保证体系进行重复认证的开支。

(4)有利于企业在产品质量竞争中永远立于不败之地。国际贸易竞争的手段主要是价格竞争和质量竞争。由于低价销售的方法不仅使利润锐减,而且如果构成倾销,还会受到贸易制裁,所以价格竞争的手段越来越不可取。20 世纪 70 年代以来,质量竞争已成为国际贸易竞争的主要手段,不少国家把提高进口商品的质量要求作为限制进口的贸易保护主义的重要措施。实行 ISO 9000 国际标准化的质量管理,可以稳定地提高产品质量,使企业在产品质量竞争中永远立于不败之地。

(5)有利于有效避免产品责任。近年来,关于产品质量的投诉越来越频繁,事故原因越来越复杂,追究责任也就越来越严格。特别是发达国家都把原有的"过失责任"转变为"严格责任"处理,对制造商的安全要求提高很多。一旦厂方受到"严格责任"处理,就必然要承担责任受到重罚。而 ISO 9000 族标准可以督促企业完善自身管理状况,有效预防和避免事故发生。另外,按照各国产品责任法,如果厂方能够提供 ISO 9000 质量体系认证证书,便可免赔(这实际上从另一角度说明了 ISO 9000 族系标准的严格性与可信度)。因此企业界有必要对“产品责任”问题高度重视,做到尽早防范。

(6)有利于国际上的经济合作和技术交流。按照国际上经济合作和技术交流的惯例,合作双方必须在产品(包括服务)质量方面有共同的语言、统一的认识和共守的规范,方能进行合作与交流。ISO 9000 质量体系认证正好提供了这样的信任,有利于双方迅速达成协议。

思考题

1. 名词解释:食品控制、食品安全控制体系、食品安全控制技术体系、良好农业规范、良好生产规范、卫生标准操作程序、危害分析和关键点控制体系、ISO 9000 族标准、ISO 22000。

2. 目前国际上公认的食品安全控制技术有哪些?

3. GAP 的 8 个基本原理是什么?

4. GMP 的基本原则是什么?

5. SSOP 的主要内容有哪些?

6. HACCP 计划的原理和步骤是什么?

7. 阐述 ISO 9000 与 ISO 22000 的关系。

参考文献

[1]李怀林. 食品安全管理体系通用教程[M]. 北京:中国计量出版社,2009.

[2]欧阳喜辉. 食品质量安全认证指南[M]. 北京:中国轻工业出版社,2003.

[3]李正明,吕林,李秋. 安全食品的开发与质量管理[J]. 北京:中国轻工业出版社,2004.

[4]迟玉聚,盛宏高,范六一. 国内外食品安全形势[J]. 食品安全,2004 (6):11-12.

[5]黄海霞. 食品安全问题呼唤建立健全食品安全体系[J]. 中国初级卫生保健,2006(20):76-77.

[6]刘为军,魏益民,韩俊,等. 我国食品安全控制体系及其发展方向分析[J]. 中国农业科技导报,2005,7(5):59-62.

[7]申建业,邢东民,余平. 我国食品卫生标准现状浅谈[J]. 中国公共卫生管理,2003,19(1):36-38.

[8]崔克春,花瑞红. 我国食品卫生标准的主要指标与健康意义[J]. 山东食品科技,2003(4):34-35.

[9]美国水产品 HACCP 培训教育联盟. 食品加工的卫生控制程序[M]. 顾绍平,李宏,王联珠,等,译. 济南:济南出版社,2001.

[10]国家出入境检验检疫局. 中国出口食品卫生注册管理指南[M]. 北京:中国对外经济贸易出版社,2000.

[11]李雨. 论食品安全控制 GMP 体系实施现状与发展趋势[J]. 现代商贸工业,2010(3):28-29.

[12]侯全生,王哲. 论思政课实践教学制度建构中应正确处理的关系[J]. 天中学刊,2011,26(5):102-105.

[13]林琳. 高校食品安全与思政教育融合研究——评《食品安全学概论》[J]. 中国酿造,2019,38(11):216.

[14]祝贺，常桂芳，邢艳霞，等.课程思政教育的改革探究——以《食品安全与卫生学》为例[J].教育现代化，2019，(88)：182-183.

[15]叶永茂.中国食品安全技术能力建设概述(上)[J].中国食品药品监管，2006，(8)：17-22.

[16]毛婷，姜洁，路勇."十三五"期间食品安全监管技术支撑体系研究重点领域建议[J].食品科学，2018，39(11)：302-308.

[17]屈小博.不同经营规模农户市场行为研究——基于陕西省果农的理论与实证.西北农林科技大学，2008.

第 7 章

食品安全溯源及预警技术

学习目的与要求

了解食品安全溯源技术研究的意义，食品溯源系统和安全预警体系建立的目的、要求和原则，国内外有代表性的食品溯源系统和预警系统，树立食品溯源系统和安全预警体系建立是保障食品安全和人民身体健康以及国家长治久安有力措施之一的理念；掌握食品安全溯源及预警的相关概念，食品溯源系统的主要功能模块、建立阶段及步骤，食品安全预警系统的结构和评价指标设计；熟悉如何建立一个食品溯源系统和安全预警体系。

7.1 概述

食品安全涉及从“农田到餐桌”的全过程，包括生产、加工、储存和销售等中间环节，所以食品安全的有效保障需要食品产业链各方，如政府、农户、涉农类食品加工企业，消费者、中介组织与相关科研机构等进行有效的配合与协调。因此，食品安全涉及的环节多，情况复杂多样，过去在没有建立食品安全追溯制度之前，常常难以追查发生的食品安全重大事件。近年来，世界各国大力推行食品安全追溯制度（又称食品安全溯源制度），如欧盟于2000年出台了（EC）No. 1760/2000号法规（又称新牛肉标签法规），2002年又制定了EU Regulation 178/2002《食品通用法》，从法律上确定了食品的可追溯。现在，世界上很多国家都已实行强制性食品溯源制度。

食品不安全对消费者的影响，不仅表现在食品中含有的危害因子数量的增多，发生频率的增高，发生范围的加大，而且表现在其危害发生的领域、时间及其后果具有高度的不确定性，社会对危害物的监控以及对重大食品安全突发事件的应急处理难度较大。一旦发生食品安全事件，往往会带来公众的恐慌，动摇消费者的消费信心，使社会经济遭受重大的损失。因此，建立食品安全预警体系，对食品中有害物质的扩散与传播进行早期警示和积极防范，可以避免对消费者的健康造成不利影响。

综上所述，食品安全溯源制度是一种实施有效监管和追查安全问题根源的保障措施，而食品安全预警则是一种预防性的安全保障措施，它们都是食品安全风险监督管理体系的重要组成部分，是保障食品安全和人民身体健康以及国家长治久安的有力措施之一。因此，本章有必要对食品安全溯源制度和食品安全预警体系作一介绍。

7.2 食品安全溯源技术

7.2.1 概论

7.2.1.1 食品溯源的定义和基本要素

溯源，又称为“可追溯性”“溯源性”，英文术语为“traceability/product tracing”，ISO 9000《质量管理体系——基础和术语标准》对其定义为“追溯所考虑对象的历史、应用情况或所处场所的能力”。因此，溯源的本质是信息记录和定位跟踪系统。

食品溯源（food traceability）是指在食物链的各个环节（包括生产、加工、分送以及销售等）中，食品及其相关信息能够被追踪和回溯，使食品的整个生产经营活动处于有效地监控之中。国外不同机构组织对食品溯源的定义略有差异，但大致内容相同。例如，国际标准化组织（ISO 9000/2000）将食品溯源定义为溯源产品的地点、使用以及来源的能力；国际食品法典委员会（CAC）将食品溯源定义为鉴别/识别食品如何变化、来自何处、送往何地以及产品之间的关系和信息的能力；欧盟在EU 178/2002中将食品可追溯性解释为在生产、加工及销售的各个环节中，对食品、饲料、食用性动物及有可能成为食品或饲料组成成分的所有物质的追溯或追踪能力。这些定义说明,目前国际上尚没有统一的食品溯源的定义,但这并不影响人们对食品溯源基本要素的理解、掌握以及运用。

一般而言,食品溯源有以下几个基本要素。

(1)产品溯源(product traceability),即通过溯源,确定食品在食品供应链中的位置/地点,便于后续和注册的管理,实施食品召回,以及向消费者或利害关系人告知信息。

(2)过程溯源(process traceability),即通过溯源,确定在食物生长和食品加工过程中影响食品安全的行为/活动,包括产品之间的相互作用、环境因子向食物或食品中的迁移以及食品中污染的情况等。

(3)基因溯源(genetic traceability),即通过溯源,确定食品产品的基因构成(the genetic constitution of the product),包括转基因食品的基因源及类型,以及农作物的品种等。

(4)投入溯源(input traceability),即通过溯源,确定种植和养殖过程中投入物质的种类及来源,包括配料、化学喷洒剂、灌溉水源、家畜饲料、保存食物所使用的添加剂等。

(5)疾病和害虫溯源(disease and pest traceability),即通过溯源,追溯病害的流行病学资料、生物危害(包括细菌、病菌、其他污染食品的致病菌)以及摄取的其他来自农业生产原料的生物产品。

(6)测定溯源(measurement traceability),即通过溯源,检测食品、环境因子、食品生产经营者的健康状况,获取相关信息资料。

因此,食品溯源是一种以信息为基础的先行介入措施(proactive strategy),即在食品质量和安全管理过程中正确而完整地收集溯源信息。食品溯源本身不能提高食品的安全性,但它有助于发现问题、查明原因、采取行政措施以及追究责任。所以,食品溯源是保证及时、准确、有效地实施食品召回的基础,而食品召回是实现食品溯源目的的重要手段。

7.2.1.2 国内外食品溯源制度的现状和发展趋势

(1)欧盟的食品溯源制度。食品的溯源制度在欧盟已经存在多年,但食品信息可追踪系统,则是由于欧盟为应对疯牛病问题于1997年才开始逐步建立起来的。现在,欧盟已经建立了对部分畜禽动物及其制品、对转基因生物及转基因食品的可追踪系统。

欧盟对畜禽动物的可追踪系统,以牛、牛肉及牛肉制品为例。根据(EC)No. 1760/2000号法规(又称新牛肉标签法规),必须建立对牛的验证和注册体系,包括牛耳标签、电子数据库、动物护照、企业注册。按规定,所有于1997年12月31日之后出生的牛或1998年1月1日之后在欧盟区内进行销售的牛,都必须在牛耳上加挂标签,每一标签都有单独的校验码,如果没有标签则不得向外转运。对从欧盟之外第三国进口的牛,也同样须根据上述规定在牛的进口地加挂牛耳标签,未经成员国主管部门许可,牛耳标签不得挪动或更换。每头牛在其出生后14 d内,成员国主管部门为其签发一本护照。如果该头牛突然死亡或被屠宰或出口到欧盟之外的第三国,其护照须交回成员国主管部门。同时,(EC)No. 1760/2000号法规对牛肉和牛肉制品的标签标志也做出了明确的规定,标签标志的内容包括:可追溯号、牛的出生地所在的国家名称、饲养地所在的国家名称、屠宰地所在国家名称与屠宰场批准号、分割地所在国家名称与分割厂批准号,否则不允许上市销售。

欧盟对转基因生物及含有转基因生物的食品与饲料,也建立了可追踪系统。2001年欧盟出台了“对转基因生物及其制品实施跟踪和标志的议案(COM 2001—1821)”,并由此而建立了对转基因生物的跟踪系统。该系统要求企业经营者传达并保留其转基因生物和转基因食品与饲料投放到市场上每个环节的信息,以确保对转基因生物的可追溯性;也就是说,企业必须建立一套制度,通过这套制度能够识别其转基因产品的来源和销售去向。同时,要求有关转基因生物的信息必须通过商业链来传达,而且这些信息必须保留5年。因此,通过转基因生物追踪系统,消费者和经营者可以对欧盟市场内的转基因生物和转基因食品与饲料进行追踪。

此外,欧盟还采取出口企业注册备案制度及其他登记管理制度,如欧盟规定水产品和动物制品的配送企业,必须获得欧盟注册备案并经欧盟官方机构发布。

(2)荷兰的食品溯源制度。为确保所有食品和食品成分的溯源性,荷兰要求所有食品经营部门都要进行强制性注册,用于鉴定食品成分和食品供应商的记录也要强制性保留,并且每个生产者都必须制定如何从市场上撤回那些对消费者存在着严重危害的产品的程序。

仍以牛肉为例,荷兰食品安全局负责在批发和零售市场上进行牛肉和碎牛肉的追溯,对进出的肉产品进行监督,包括与文件保持一致的检查。这方面的监督贯穿整个牛肉产品的分销链,并将详细的档案记录随同产品送往配送中心。兽医则在零售阶段校正不正确的标签,并控制因前面工作错漏而可能造成的风险。

在牛养殖链条中,荷兰政府的“农产品质量安全信息系统”能够提供完整的可追溯牛运转所必需的信息。所以荷兰国内奶牛的运转不需要执照,但对成员国和第三方国家,则需由荷兰食品安全局颁发牛的执照,才能进入荷兰。荷兰牛的执照是一个特制的图章,以赋予牛的区域性官方准入地位。具体来说,牛的管理者负责向荷兰食品安全局汇报所有小牛在流通链条中的移动情况,即到达每一环节,牛的主人都必须向荷兰食品安全局信息收集中心发出报告;而牛从他的农场到屠宰场的转移,则由屠宰场来报告;小牛死亡后由处理厂收集,并向荷兰食品安全局发出报告。

在牛加工链条中,在每一环节,牛肉和牛肉产品必须有标签标志,并且具有明确的参照性。即当一批新的产品将要生产出来时,新的标签就已经提前发送到生产线上,这个程序保证印在消费者购买的牛肉产品上的信息是正确和可靠的。因此,根据牛肉产品标签上的信息,可以实现在牛加工链条内的追溯。

在零售、分销、贮藏和销售链条中,如果不能根据牛肉和牛肉产品零售阶段的标签追溯到牛饲养的源农场,则该标签可以上交给食品安全局,请求通过分销商、分割厂和屠宰场追溯到牛饲养的源农场,并能得到全部的可追溯性文件。

荷兰的其他农产品和加工食品也都是按这样的追溯程序进行监督管理的。

(3)德国的食品溯源制度。德国也使用了食品信息可追踪系统来监督管理食品的安全。仍以牛为例,牛的来源证明包括从饲养地到屠宰场的全部过程,所以,德国的牛在出生后30 d之内,在它的耳标上必须标上用阿拉伯数字表示的注册号和它出生地的记录。在饲养牛的农场里,使用登记簿描述记录牛进出的全部情况,包括它们以前的主人以及现在的主人。如果牛从它的出生地被转移到另外一个地方,跟随它们的就有一封附信,另外,购买与出售牛的双方都必须记录该牛耳标上的注册号。德国有关牛的规定同样也适用于猪,唯一的区别就是标签上的时间,因为猪是以断奶时耳标上的记号来确定时间,但小鸡不用做记号。

德国动物饲养者必须填写动物饲养和转移情况的工作簿，包括动物转移的地点和日期、卖者的姓名和地址、买者的地址以及买卖的日期，牛耳标上的记号，猪标签上的号码和年龄，小鸡的号码、品种、年龄等，除了记录上述内容外，还有转移出发的时间和目的地。

根据德国的肉类卫生管理条例规定，所有从事肉类生产和加工的企业（者）都必须出示肉类产品供给商的来源证明和肉类产品出售的证明，但小批量直接卖给消费者的除外。

（4）美国的食品溯源制度。美国对食品可追溯要求也贯穿于各个食品法规中，特别是在HACCP相关的法规中明确要求企业必须具备食品的可追溯性和对产品的跟踪能力，并在2002年《公共安全与生物恐怖应对法案》中进行强化，通过建立《企业注册制度》《预申报制度》《记录建立与保持制度》等强调溯源，还建立了高效有序的食品召回制度。例如，根据《公共安全与生物恐怖应对法案》(public health security and bioterrorism preparedness and response act)，美国食品与药品监督管理局（FDA）要求在美国国内和海外从事生产、加工、包装等的所有食品企业，于2003年12月12日前向FDA进行登记，以便进行食品安全跟踪与溯源，快速应对可能发生或实际发生的食品供应安全问题。

（5）日本的食品溯源制度。2001年，日本就在食品生产供应链条中全面导入信息可追溯系统，如在食品的流通器上安装IC芯片卡，将食品生产流通各个阶段的相关信息读入并存入服务器，消费者可以在食品零售店铺的服务器终端上通过互联网了解所购食品的所有信息。

在2002年6月28日，日本农林水产省就正式决定，将食品信息可追溯系统推广到全国肉食品行业，使消费者在食品购买时通过食品包装就可以获得品种、产地以及生产加工流通过程等的相关信息。2003年6月，日本立法通过了称之为“牛肉生产履历表”的牛肉销售履历表制度，并于2003年12月1日正式实施。该制度要求从2003年12月1日起，在日本各大小超市，所有牛肉包装都必须具有八大内容的履历表，这八大内容为牛肉所属性别、出生年月、饲养地、生产者、加工者、零售商、无疯牛病病变说明、检验合格证等。

（6）中国的食品溯源制度。2002年5月24日，农业部发布“动物免疫标识管理办法”（农业部令第13号），规定对猪、牛、羊建立免疫档案管理制度，即必须佩戴免疫耳标。国家质检总局于2003年启动“中国条码推进工程”；2004年12月又发布实施了《食品安全管理体系要求》和《食品安全管理体系审核指南》；针对欧盟对水产品进口的新规定，制定了《出境水产品追溯规程（试行）》和《出境养殖水产品检验检疫和监管要求（试行）》。国家食品药品监督管理局联合7部委，确定于2004年4月起，肉类行业作为食品安全信用体系建设的试点行业，开始启动肉类食品溯源制度及系统的建设。

近年来，中国物品编码中心参照国际编码协会出版的相关应用指南，并结合我国的实际情况，相继出版了《牛肉产品跟踪与追溯指南》《水果、蔬菜跟踪与追溯指南》和《食品安全追溯应用案例集》。此外，中国物品编码中心还在国内建立了多个应用示范系统，取得了良好的应用效果。例如，北京金维福仁清真食品有限公司的牛肉产品跟踪与追溯应用示范系统、山东寿光蔬菜安全可追溯性信息系统的研究及应用示范系统、上海农副产品质量安全信息查询系统等。

综上所述，现在世界上许多国家都已经建立了相对比较完善的食品安全溯源体系，并且食品安全溯源体系已成为构成食品安全管理不可或缺的有机组成部分。

国际上，为了规范和推进食品溯源技术研究和系统建设，相关国际标准化机构早在2003

年起就开始酝酿制定有关食品溯源原则的标准。目前，国际标准化组织制定了 ISO 22005《饲料和食品链的可追溯性——系统(体系)设计和实施的一般原则和基本要求》，CAC 也于 2006 年形成了标准 CAC/GL 60—2006《食品检测认证系统中使用可追溯性工具的原则》。虽然 CAC 和 ISO 食品溯源标准的出发点和侧重点不同，CAC 是将食品溯源作为食品进出口认证系统的重要工具，而 ISO 则强调在食品链中建立食品溯源的基本原则和要求，但它们对使用食品溯源工具的目的、追溯原则、追溯系统的设计等具有共同性。例如：①食品溯源是食品安全管理的一个有效工具，有助于提高食品安全管理的效率，方便问题食品召回，并有效地帮助消费者辨别虚假信息；②食品溯源工具可应用于整个食品链，或者食品链的某个(些)阶段；③食品溯源形式可以不完全相同，但溯源距离必须能够做到“一步向前，一步向后”，即向前一步追溯到供应商，向后一步追溯到客户，以及本企业的加工过程；④食品溯源设计应充分考虑实际可操作性，技术的可行性和经济可能性。

国内外食品溯源制度的发展趋势如下。①实行强制性食品溯源。例如，欧盟根据(EU) No. 178/2002 的规定，已于 2005 年 1 月对欧盟各成员国所有的食品和饮料实行强制性溯源管理(mandatory traceability)；美国根据《公共安全与生物恐怖应对法案》，于 2003 年 12 月对其国内食品企业实施注册管理，要求进口食品必须事先告知。②采用现代信息技术。它是指以计算机为基础工具，实施信息的利用和管理(包括信息的收集、处理、储存、分送和交流)，建立健全食品溯源系统，开展食品溯源。③建立全球食品溯源标准。包括食品身份标识标准、录入信息标准、溯源系统建立标准等。例如，国际物品编码协会 GS1 提出了全球溯源标准(global traceability standard)，以支持建立一个可见的、安全的、质量可靠的食物链。

7.2.1.3　食品溯源过程实施的原则

食品溯源的实施过程包括两个方面：一种是从上往下进行跟踪(tracking)，即从农场、食品原材料供应商—加工商—运输商—销售商—POS 销售点进行跟踪，主要用于查找造成食品质量问题的原因，确定食品产品的原产地和特征(图 7-1)；另一种是从下往上进行追溯(tracing)，也就是消费者在 POS 销售点购买的食品发现了安全问题，可以向上层进行追溯，最终确定问题所在，主要用于问题食品的召回(图 7-2)。

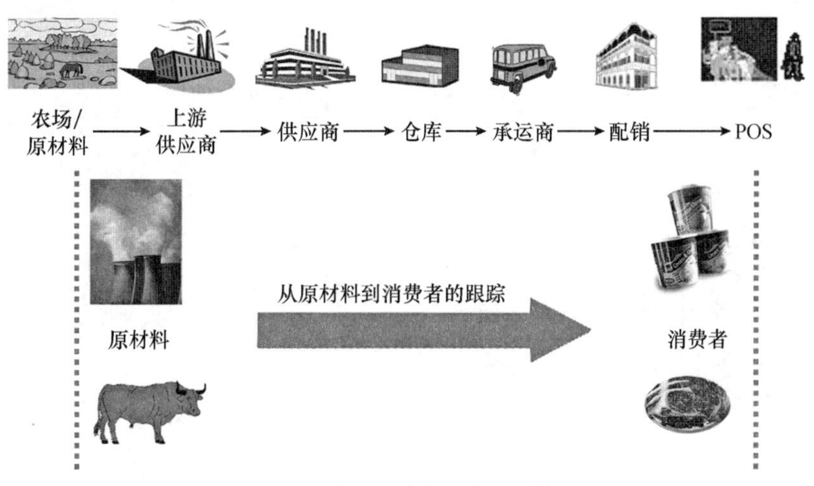

图 7-1　跟踪示意图

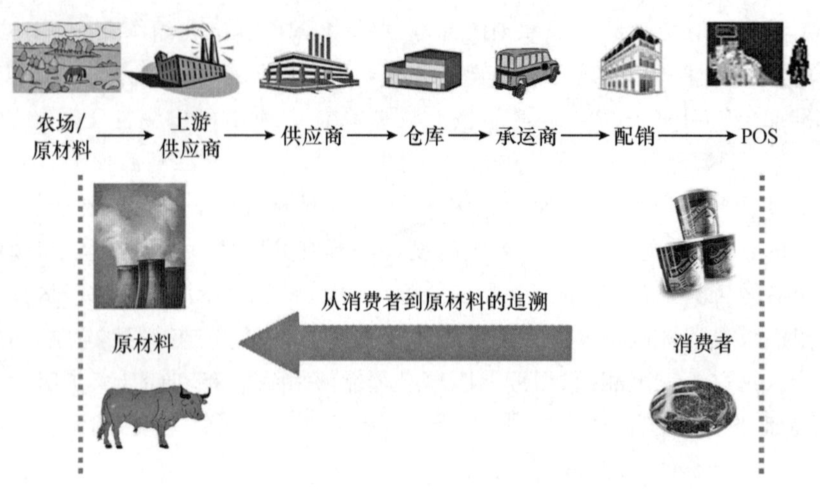

图 7-2 追溯示意图

从食品溯源过程实施的角度来看,食品溯源过程实施的原则有以下三条。①物流与信息流同步的原则。即避免物流与信息流脱节,造成物不知"流"向何处、信息不知"流"的是何物的尴尬局面。②信息的标识全球统一的原则。因为食品产品在全球流通,要实现信息的全球交流,就必须采用全球统一的标识才能实现对食品产品本身及属性的描述。③数据采集及时准确的原则。实现食品溯源,必须运用计算机技术,但运用计算机技术的前提是要给计算机及时准确的输入信息。

7.2.2 食品溯源技术

正如前面所述,食品溯源是应用现代信息技术,即是以计算机为基础工具,实施信息的利用和管理(包括信息的收集、处理、储存、分送和交流)的,其食品溯源的技术流程如图 7-3 所示。因

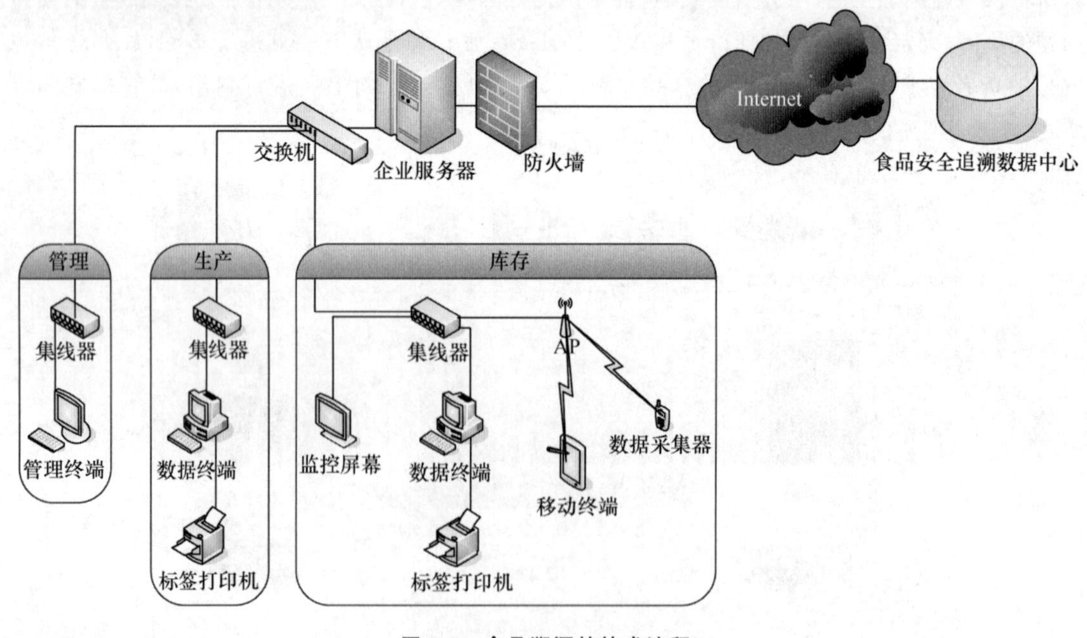

图 7-3 食品溯源的技术流程

此，食品溯源技术实际上就是现代信息技术，包括条码技术、无线射频识别技术、EPC产品电子代码和DNA技术、同位素溯源技术等，当然也包括传统的纸制记录。下面就对这些食品溯源技术进行简单的介绍。

7.2.2.1　传统的纸制记录

传统的纸制记录方法就是把所有有关的信息记录在纸上，这仍然是现在较普遍采用的方法。例如，现在经常进行的对一批食品进行合格检验，发给合格证的方法；企业的生产记录、生产台账等，就是纸制记录的形式。

一般情况下，同样格式和内容的纸制记录应一式几份，一份随产品的物流流动，如加工中的食物标签、包装记录等，其他的几份则作为信息记录而保存起来。当然，这里的纸制信息也可以用计算机或其他方法保存。

纸制记录方法的缺点是：信息储量小、工作繁杂、差错率高、信息传递不易等。但纸制记录也有它的优点：简单、适用、不需特殊设备和特殊技能。

7.2.2.2　条码技术

条码(barcode)是利用光电扫描阅读设备识读并实现数据输入计算机的一种特殊代码，是由一组粗细不同、黑白或彩色相间的条、空及其相应的字符、数字、字母组成的标记，用以表示一定的信息。而条码系统(barcode system)是由条码符号设计、制作及扫描阅读组成的自动识别系统。

条码是迄今为止最经济、实用的一种自动识别技术。条码技术具有以下几个方面的优点。①输入速度快。与键盘输入相比，条码输入的速度是键盘输入的5倍，并且能实现“即时数据输入”。②可靠性高。键盘输入数据出错率为三百分之一，利用光学字符识别技术出错率为万分之一，而采用条码技术误码率低于百万分之一。③采集信息量大。利用传统的一维条码一次可采集几十位字符的信息，二维条码更可以携带数千个字符的信息，并有一定的自动纠错能力。④灵活实用。条码标识既可以作为一种识别手段单独使用，也可以和有关识别设备组成一个系统实现自动化识别，还可以和其他控制设备连接起来实现自动化管理。⑤条码标签易于制作，对设备和材料没有特殊要求，识别设备操作容易，不需要特殊培训，且设备也相对便宜。

条码分为一维条码和二维条码。一维条码条宽及黑白线表示一定的数字、字符(图7-4)，仅可以对商品进行标识，不能对产品进行描述。如果需要对产品进行描述，就必须借助数据库的支持。

图7-4　一维条码符号的数字和字符表示图

二维条码是一种由点、空组成的点阵形条码，它不需要数据库的支持就可使用，实际上是一种高密度、高信息量的便携式数据文件，具有信息容量大、编码范围广、纠错能力强、译码可靠性高、防伪能力强等技术特点，可广泛应用于各个领域，如图 7-5 所示。因此，二维条码从本质上来说，是一种简洁而廉价的信息存储方式。在特定的编码规则下，二维条码技术可以将数字、文字和图像等数据源压缩成为几何图形，而译码设备在读取此图形后，根据适当的译码算法，便可将此图形还原成对应的原始数据。区别于传统的一维条码，二维条码是在二维方向上表示信息的条码符号，其存储容量比传统的一维条码有了飞跃性的提高，数千个字符能够被存储到一个邮戳大小的条码符号中。因此，二维条码技术的特点是：信息容量大；编码范围广；保密、防伪性能好；译码可靠性高；修正错误能力强；容易制作且成本低。

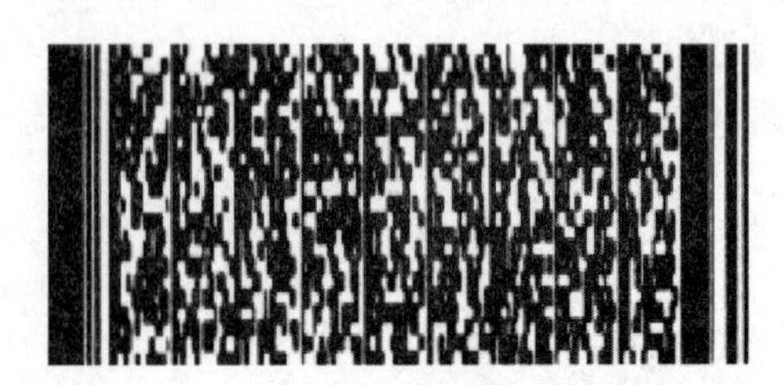

图 7-5　二维条码

目前二维条码主要有 PDF417 码、Code49 码、Code 16K 码、Data Matrix 码、MaxiCode 码等，主要分为堆积（或层排）式和棋盘（或矩阵）式两大类。

二维条码作为一种新的信息存储和传递技术，能够把过去使用一维条码时存储于后台数据库中的信息包含在条码中，可以直接通过阅读条码得到相应的信息，并且二维条码还有错误修正技术及防伪功能，增加了数据的安全性。同时，二维条码还可把照片、指纹、签字、声音编制于其中，可有效地解决证件的可机读和防伪问题。

我国正式颁布的与条码相关的国家标准有：GB 12904—2008《商品条码　零售商品编码与条码表示》；GB/T 12905—2019《条码术语》；GB/T 12906—2008《中国标准书号条码》；GB/T 12907—2008《库德巴条码》；GB/T 14257—2009《商品条码　条码符号放置指南》；GB/T 14258—2003《信息技术　自动识别与数据采集技术　条码符号印刷质量的检验》；GB/T 15425—2014《商品条码　128 条码》；GB/T 16827—1997《中国标准刊号（ISSN 部分）条码》；GB/T 16829—2003《信息技术　自动识别与数据采集技术　条码码制规范　交插二五条码》；GB/T 16830—2008《商品条码　储运包装商品编码与条码表示》；GB/T 16986—2018《商品条码　应用标识符》；GB/T 17172—1997《四一七条码》等。

条码技术在食品可追溯中最成功的应用就是在 EAN · UCC 系统中的应用（图 7-6），这在后面将要详细地介绍。

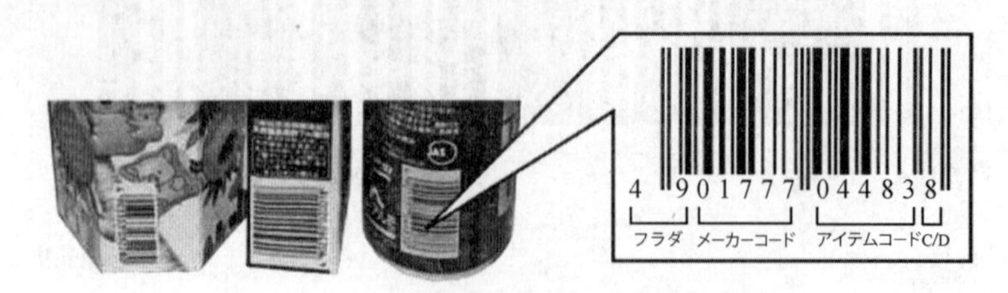

图 7-6　条码技术在食品可追溯中的应用

二维条码在食品可追溯中应用的另一实例就是二维条码手机的研制成功。二维条码手机是二维条码与移动通讯终端(手机)结合运用的产物,而手机二维条码是指将相关信息用二维条码进行编码,使二维条码信息以彩信的形式在手机里存储、阅读、传播。手机既可作为二维条码信息的载体结合二维条码识读设备加以应用,也可在手机中内置或下载二维条码识读引擎来识读商品、杂志上的二维条码标识,从而获取二维条码内隐含的有效信息。因此,二维条码手机可实现食品追溯查询,因为一般的食品商品都会附有相应的二维条码,把网站链接录入二维条码中,再用内置二维条码阅读引擎的手机扫描二维条码后,解析网址 IP,就可以自动链接到相应的 WAP 网站上,直接浏览食品商品信息。

7.2.2.3　无线射频识别技术

无线射频识别技术(radio frequency identification,RFID),俗称电子标签(图 7-7)或智能标签,英文是 Tag 或者 Smart Label,是近年来国际上迅速发展起来的一种非接触式的自动识别和数据采集技术,通过射频信号识别目标对象并获取相关数据,识别工作无须人工干预。与传统的条形码、磁条(卡)、IC 卡等自动识别技术相比,RFID 具有识别距离远、自动化高、储存信息量大,环境适应性强等优点。其在食品生产流通中的应用越来越广,逐渐成为优化食品生产、确保食品安全的重要手段。

图 7-7　电子标签

(1)无线射频识别技术原理。无线射频识别技术的基本原理是利用射频信号和空间耦合(电感或电感耦合)传输特性,实现对被识别物体的自动识别。无线射频识别系统由电子标签(Tag)和读写器(阅读器,读头,reader)两个部分组成(图 7-8)。在其实际应用中,电子标签附在被识物体的表面或者内部,当该物体带着标签经过读写器作用范围时,读写器可以用非接触方式读取电子标签里面存放的信息或将预定数据写入电子标签,实现了对带标签物体自动识别和自动收集数据的功能。

(2)无线射频识别技术的特点和分类。无线射频识别技术与条形码技术比较,具有以下的特点。①条形码是"可视技术",必须靠激光来读取条形码信息的扫描仪需在人的指导下工作,只能接收它视野范围内的条形码;而 RFID 采用无线电射频,可以透过外部材料读取数据,且不要求看见目标,射频标签只要在接收器的作用范围内就可以被读取,其识别工作无须人工干预,可以在各种恶劣环境下工作。②条形码没有 RFID 所具有的写入信息或更新内存的能力。

③贴在所有同一种产品包装上的条形码都一样，条形码只能识别生产者和某一种产品，并不能辨认这一种产品中的具体的商品，比如无法辨认哪些产品先过期；而 RFID 可以对具体单个产品进行标识。

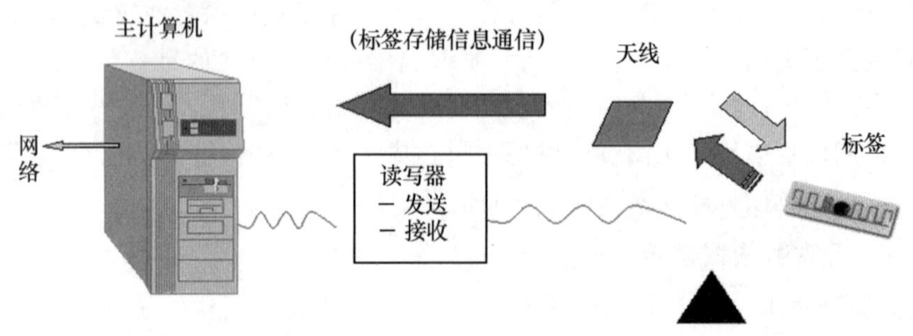

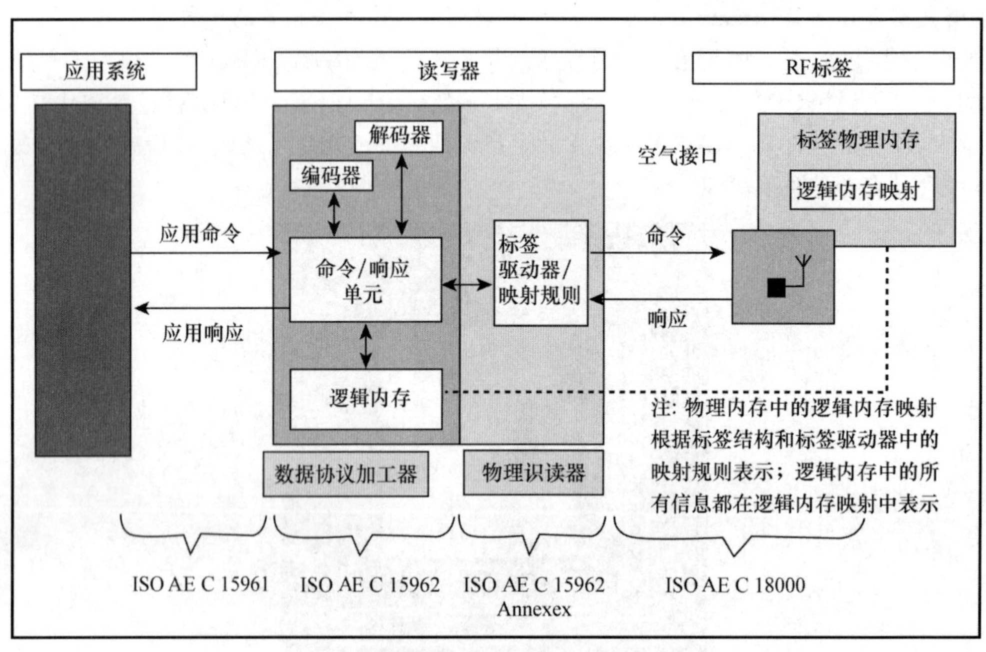

图 7-8　无线射频识别技术基本原理的示意图

[摘自赵芃的电子课件(食品可追溯体系)]

无线射频识别技术有不同的分类方法。①按存储形式，可分为只读 read-only (RO)、一写多读 write-once-read-many (WORM)和读写 read-write (R/W)三种。②按系统的频率，可分为低频率＜135 kHz (low frequency，LF)、高频率 13.56 MHz (high frequency，HF)、超高频率 868～915 MHz (ultra-high frequency，UHF)和微波 2.45GHz 及 5.8GHz (microwave)(表 7-1)。③根据电子标签的有源和无源，又可分为有源的和无源的。有源电子标签使用卡内电流的能量、识别距离较长，可达十几米，但是它的寿命有限(3～10 年)，且价格较高；无源电子标签不含电池，它接收到阅读器(读出装置)发出的微波信号后，利用阅读器发射的电磁波提供能量，一般可做到免维护、重量轻、体积小且寿命长、较便宜，但它的发射距离受限制，一般是几十厘米，且需要阅读器的发射功率大。④根据电子标签调制方式的不同，还可分为主动式(active tag)和被动式(passive tag)。主动式的电子标签用自身的射频能量主动地发送数据给读写器，主要用于有障碍物的应用中，距离较远(可达 30 m)；被动式的电子标签使用调制散射方式发射数据，它必须利用读写器的载波调制自己的信号，适宜在门禁或交通的应用中使用。

表 7-1　无线射频识别技术的频率范围

频率范围	操作范围/m	应用	优点	缺点
低频率<135 kHz	<0.5	附件控制、动物跟踪、产品追溯	能在高水分和金属含量的环境中工作	短读范围和慢读速度
高频率 13.56 MHz	<1	灵敏的卡片、图书馆的书籍和航空的行李	低成本	比低频率读取快
超高频率 868～915 MHz	<4		EPC 标准建造频率	不能在高水分和金属含量的环境中工作
微波 2.45 GHz 及 5.8 GHz	<1	航空的行李，电子的收集	最贵	最快读取速度

摘自赵芃的电子课件(食品可追溯体系)。

食品的跟踪和溯源是 RFID 技术在食品行业中的主要应用领域。RFID 系统可确保食品供应链的高质量数据交流，从而实现两个最重要的目标：彻底实施“源头”食品追踪方案和在食品供应链中提供完全透明度的能力。RFID 系统可提供食品链中食品与来源之间的联系，确保食品源的清晰，并可追踪到具体的动物或植物个体及农场，实现“从源头到餐桌”的质量监控和追溯，如图 7-9 所示。

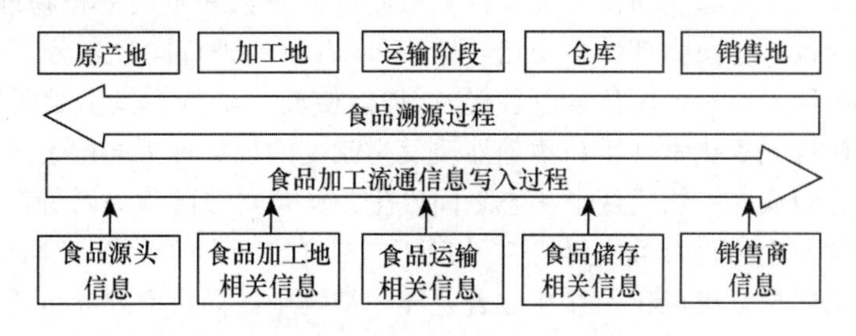

图 7-9　食品的跟踪和溯源示意

把 RFID 技术应用于食品安全追溯，必须从其源头就插入 RFID 标签。应用 RFID 技术的具体流程如下。①在食品或原材料源头，由公司加入 RFID 标签，并写入食品或原材料在源头的基本信息，如产地、出产日期、储存方法及食用方法等。② 通过仓储、运输环节到达食品加工厂，标签中就要添加仓储、运输环节的信息。③加工厂完成食品加工，将原料和辅料的原始记录和加工过程的信息也写入 RFID 标签，并与产品个体或包装相对应。④监管部门检验检疫信息写入。⑤仓储、运输、分销、配送等物流环节信息写入。⑥到超市、餐饮、快餐以及饭店，再将这一层的信息写入，实现跟踪链的最后环节。经过这个流程，能实现从整个链上追踪食品的各环节。例如，上海市已经建立基于 RFID 技术的猪肉监控系统，该系统通过在猪耳朵上打上电子射频耳标，记录生猪的饲料、病历、喂药、转群、检疫等信息。在进入上海的主要市境道口和屠宰场时，使用 RFID 卡进行“点对点”监管，确保生猪进入指定的屠宰场。在批发市场，通过电子标签，在猪肉到达某个收货点时，识读器将读取相关信息并通过短信息方式传递给中间件系统，进行数据的过滤和暂存并传递到后台系统，系统记录进场交易的每片货品的来源地、交易时间、食用农产品安全检测结果。消费者通过电子质量安全条码扫描,可以查询到所购猪肉的各供应环节信息。

虽然RFID技术在食品安全追溯中的应用前景很乐观,但作为一个新技术,其在应用推广方面还存有一些问题,如存在技术标准不统一和成本较高等问题。技术标准不统一主要体现在标准的制定机构和企业编码标准不一致两个方面,目前通用的RFID技术分美国标准和日本标准;同时,同一个国家内部,或企业间的产品编码标准也存在不统一的现象。这是困扰RFID技术应用的主要问题。另外,RFID技术属于新技术并且比较复杂,本身造价就比较高,再加上其安装配置也需要经过专业训练的专业人员,所以成为其快速普及的一个障碍。因此,RFID技术在食品安全追溯中的应用方面,今后将朝着降低标签成本、开发多功能标签,开发适合特殊条件下工作的标签(高温、高压、潮湿、辐射),增加标签数据安全性,制定统一技术标准,开发与其他行业RFID系统通信接口等方向发展。

7.2.2.4 同位素溯源技术

目前,同位素溯源技术是国际上用于追溯不同来源食品和实施产地保护的一种有效工具,在食品安全领域有着广阔的应用前景。

(1)同位素溯源技术的基本原理。同位素是指质子数相同,中子数不同,在元素周期表中占据同一位置的一组核素,它们之间存在相似性和相异性。任何物质的化学性质都是由构成物质原子的壳层电子结构决定的,因为同位素之间具有完全相同的壳层电子结构,所以它们的宏观化学和生物学性质相同,这就是同位素的相似性。同位素的相异性表现在原子核的结构不同,主要是核内中子不同,从而使同位素具有不同的质量数和不同的核物理特性,如放射衰变特性等。利用同位素之间物理性质的相异性,可以有效地进行同位素分离与分析。当一个分子中的任何一个原子被它的同位素所替代时,均能使其化学行为发生微弱的变化。这种由原子质量的变化使得元素化学性质和物理性质发生改变的现象称为同位素效应。同位素比值不同的两种物质之间或同一物质两个相态之间发生的同位素分配称为同位素分馏作用。在自然界中,物理、化学及生物化学等因素均会引起同位素自然丰度的差异,即同位素分馏,从而使不同来源的物质中同位素组成比例存在显著差异。植物中的同位素差异可通过饮食传递给动物,并在动物代谢的进一步分馏作用下,使动物产品中同位素组成存在明显差异。与此同时,生物体内同位素组成受环境(如温度、降水量、压力、光照)、地形(海拔、纬度)等因素的影响也比较大。

同位素溯源技术就是利用生物体同位素组成受气候、环境、生物代谢类型等因素的影响,从而使不同种类及不同地域来源的食品原料中同位素的自然丰度存在差异,以此区分不同种类的产品及其可能来源地。可见,同位素的自然分馏效应是同位素溯源技术的基本原理与依据。

(2)同位素溯源技术的应用。

①鉴别食品污染物的来源。食品原料产地环境污染主要是大气污染、水体污染和土壤污染。大气污染主要包括氟化物、重金属、酸雨、沥青等的污染;水体污染主要是无机有毒物如各类重金属、氰化物、氟化物等和有机有毒物如苯酚、多环芳烃、多氯联苯等的污染以及各种病原体的污染;土壤污染主要是施肥、施药与污灌三大途径的污染。不同来源的这些污染物将对食品原料形成综合性污染,如果能确定污染源的类型和不同污染源的贡献率,就可以有效控制污染源,切断污染途径,大大降低食品原料的污染程度。

利用不同来源的物质中同位素丰度存在差异的原理,可检测环境与食品原料中污染物的来源。例如,通过测定大气颗粒物中$^{206}Pb/^{207}Pb$的比值,并将其与源排放样品中 Pb 的同位素数据进行比较,就可判断大气颗粒中 Pb 的污染源及其贡献率。

②追溯产品原产地与动物饲料的来源。不同地域的食品原料受产地环境、气候、地形、饲料种类及动植物代谢类型的影响,其组织内同位素的自然丰度存在差异,利用此差异可判断产品的原产地。

国外用于判断葡萄酒地域来源的元素常包括 C、H、O、Pb 和 Sr 等。其中 C、H、O 等轻元素的同位素数据受季节和气候的影响很大,用它们建立的数据库很不稳定,每年必须重复测定,建立新的数据库,至少应对气候等因素对这些参数的影响要进行可能的预测;而 Sr 的同位素组成受季节和气候的影响不大,建立的数据库比较稳定,并且葡萄酒中的$^{87}Sr/^{86}Sr$比值与土壤中的差异不大。因此,Sr 是判断葡萄酒地域来源理想的同位素指标。

奶制品、肉制品等动物源性食品的产地来源判断比较复杂。由于动物产品中同位素组成既受它们所食用的植物饲料中同位素组成的影响,也受动物代谢过程中同位素分馏的影响,而且动物经常食用不同地区来源的饲料,或者一生中在不同地方饲养 。动物产品中含有较高的蛋白质和脂类成分,其中富含 N 和 S 元素;植物主要含有碳水化合物、脂肪和纤维素,它们的同位素含量为动物产品的同位素组成提供了构成框架。研究表明,乳、肉中水的$^{18}O/^{16}O$、$^{2}H/^{1}H$ 比值是反映环境条件较好的指标,常用于判断地域来源。在肉制品研究方面,现已有报道利用稳定性同位素技术判断牛肉、羊肉、猪肉的产地来源和饲料来源。不同地域来源的牛肉中同位素组成存在较大差异。O. Schmidt 等从不同国家抽取牛肉样品,脱脂后检测其中 C、N 和 S 元素,发现美国与欧洲的牛肉中 C、N 同位素组成存在很大差异,而且爱尔兰与其他欧洲国家牛肉的 $\delta_{^{13}C}$、$\delta_{^{15}N}$ 值也存在明显差异;综合分析 C、N、S 同位素,还可区分常规养殖的牛肉与有机养殖的牛肉 。这是因为玉米是 C4 植物,$\delta_{^{13}C}$ 值比普通的牧草(C3 植物)高,而动物组织中的稳定同位素数值能够反映经动物代谢(分馏效应)修饰过的日粮同位素组成。通过测定有机牛肉和传统牛肉粗蛋白质中的$^{14}C/^{13}C$ 值,如果$^{14}C/^{13}C$ 的值大于 2.0%似乎可以作为牛肉有机养殖的判断指标。这是因为有机养殖的饲料主要是 C3 植物,而传统养殖主要是 C4 植物。

(3)稳定同位素分析方法的潜力与局限性。利用稳定同位素分析方法确认肉品的地理来源是可行的。H、O 同位素比例依赖于当地的饮用水,而不容易被仿造或通过该地区以外的饲料成分所掩盖,而且基于饮水特点的这一方法不受放牧或集中饲养的影响。C 和 N 同位素比例可以指示一定的日粮信息,尤其是当 C3 和 C4 植物在饲料中的比例不同时。

同位素分析法也存在一定缺陷。如果考虑到相似的环境(如气候、高度、与海洋的距离),则得出的结论是肉中有少许或根本没有同位素差异。即肉品来源于不同地区,但气候和地质条件相似,测定的肉中稳定同位素比例就会相似,那就无法区分它们的产地。同时,还有许多的饲养制度中专门依赖于由 C3 植物制成的浓缩饲料来育肥羊只,这就无法鉴别它们的日粮。另一个缺点是同位素分析很耗费时间,费用也较高,并且有的元素测定前的准备费用很昂贵。

7.2.2.5　开展食品安全溯源技术研究的意义

开展食品安全溯源技术研究的意义可以归纳为以下几点。

(1)开展食品安全溯源技术研究,建立食品可追溯体系,可在发生食品安全事件时实现定向召回。因为一旦发生食品安全事件，就可以通过跟踪产品的下游供应链，迅速召回相关产品，避免事件进一步扩大，将事件的影响减少到最低，还可以缩小问题食品的范围，使产品召回的损失减少到最低；同时，还可以通过追溯产品的上游供应链，追查产生质量问题的成因，避免事件再次发生，保障人民生命健康。

(2)开展食品安全溯源技术研究，建立食品可追溯体系，可以加强政府管理部门对食品安全的监管。政府管理部门可以通过食品可追溯体系掌握食品生产过程中与质量安全有关的信息，加强食品安全风险控制管理，提高监管效率，预防食品安全事件的发生。一旦发生食品安全事件，就可以迅速追查原因，追究责任，从而增强从业者的责任意识。

(3)开展食品安全溯源技术研究，建立食品可追溯体系，可以增强消费者的安全感。要使消费者放心消费食品，最好的办法就是将生产过程中与质量安全有关的信息记录下来，让消费者随时可以查询，给消费者以充分的知情权。食品可追溯体系正是这样一种能够连接生产和消费，让消费者了解食品的生产和流通过程，提高消费者放心程度的信息管理系统，从而避免因信息不全而引起社会恐慌。

(4)开展食品安全溯源技术研究，建立食品可追溯体系，可以提高生产企业的诚信意识。全面的食品安全信息的收集、分析，可以及时、可靠地向生产者和消费者提供必要的信息，可以建立消费者对生产企业的信任，忠实的消费群带来的利益可以促使生产企业把安全的标准化的食品生产变成生产者自觉、自律的行动；同时完整的信息的收集、分析，可以为有关食品质量安全生产、管理和消费提供科学指导，提高生产管理效率，包括提高生产管理、库存管理的效率，也可节省成本支出，提高产品品质。

(5)开展食品安全溯源技术研究，建立食品可追溯体系，可以有助于我国食品打破国外技术壁垒。我国加入 WTO 后，有越来越多的食品出口。近年来，随着国外技术壁垒、绿色壁垒的设置，极不利于我国食品的贸易。建立食品可追溯体系，可以使我国的食品生产管理在尽可能短的时间内与国际接轨，提高我国食品质量安全水平，突破技术壁垒，增强食品的国际竞争力。

7.2.3 食品溯源系统

食品溯源系统(food traceability system)是指在食物链的各个阶段或环节中由鉴别产品身份(identification)、资料准备(data preparation)、资料收集与保存(data collection and storage)以及资料验证(data verification)等一系列溯源机制(a series of mechanism for traceability)组成的整体。食品溯源系统涉及多个食品企业或公司，多个学科，具有多种功能，但基本功能是信息交流，具有随时提供整个食品链中食品及其信息的能力。在食物链中，只有各个食品企业或公司都引入和建立起本企业或公司内部的溯源系统(internal traceability system)，才能形成整个食物链的溯源系统(chain traceability system)，实现食物链溯源(chain traceability)。

食物链(food chain)，又称饲料和食品链(feed and food chain)，ISO 22000 对其定义为"从初级生产直至消费的各环节和操作的顺序，涉及食品及其辅料的生产、加工、分销、贮存和处理"，既包括用于生产食品的动物的饲料生产，也包括与食品接触的材料或原材料的生产。

7.2.3.1 食品溯源系统的建立

(1)食品溯源系统建立的目的。食品溯源系统能在食物链的各个阶段/环节追踪和回溯食品及其相关信息，将实现以下目的。

①提供可靠的信息：a. 能保证食品配送路径的透明度；b. 能迅速地向消费者和政府食品安全监管部门提供食品信息；c. 加强食品标识的验证；d. 防止食品标识和信息的错误辨识，实现公平交易。

②提高食品的安全性：a. 一旦发生与食品安全相关的事件，能迅速追溯其原因；b. 能迅速有效地清除不安全食品；c. 有助于收集健康损害的资料，实施风险管理；d. 有利于确定食品安全事件的肇事者。

③提高经营效益：食品溯源系统可以通过产品身份的识别、信息收集和储存，增加食品管理的效益，降低成本，提高食品产品的质量。

(2)食品溯源系统建立的要求。

①在各个环节/阶段记录和储存信息。食品生产经营者在食物链的各个环节/阶段应当明确食品及原料供货商，购买者，以及互相之间的关系，并记录和储存这些信息。

②食品身份的管理。食品身份的管理是建立溯源的基础。食品身份管理工作包括：a. 确定产品溯源的身份单位(identification unit)和生产原料(raw material)；b. 对每一个身份单位的食品和原料分隔管理；c. 确定产品及生产原料的身份单位与其供应商、买卖者之间的关系，并记录相关信息；d. 确立生产原料的身份单位与其半成品和成品之间的关系，并记录相关信息；e. 如果生产原料被混合或被分割，应在混合或分割前确立与其身份之间的关系，并记录相关信息。

③企业的内部检查。开展企业内部联网检查，对保证溯源系统的可靠性和提升其能力至关重要。企业内部检查的内容有：a. 根据既定程序，检查其工作是否到位；b. 检查食品及其信息是否得到追踪和回溯；c. 检查食品的质量和数量的变化情况。

④第三方的监督检查。第三方的监督检查包括政府食品安全监管部门的检查和中介机构的检查，它有利于保持食品溯源系统有效运转，及时发现和解决问题，增加消费者的信任度。

⑤向消费者提供信息。一般而言，向消费者提供的信息有两个方面：a. 食品溯源系统所收集的即时信息，包括食品的身份编号，联系方式等；b. 既往信息，包括食品生产经营者的活动及其产品的以往声誉等信息。向消费者提供此类信息时，应注意保护食品生产经营者的合法权益。

(3)食品溯源系统建立的原则。建立有效的食品溯源系统，要遵循以下原则。

①食品供应链中的各个经营者应当建立统一的标识记录体系和数据交换体系。由于GS1为全球统一代码标识、数据交换标准，因此，要坚持使用GS1(globe standard 1)。

②食品供应链的各经营者首先要建立自己的内部可追溯体系，并按照相关的法律法规(如果已经制定的话)向食品可追溯体系提供自己应当提供的相关信息。与食品生产相关的信息可以分为内部信息和外部信息。其中内部信息包括生产的配方等；外部信息，则包括基本信息、辅助信息，而基本信息又包括相对固定的信息，比如食品标签要求等的基本信息，辅助信息又包括生产批次信息、包装信息等。每个环节的经营者只负责提供和本生产经营环节相关的信息，并按规定把信息传输到食品数据库中。

③建立内部食品可追溯信息系统必须和企业现有的ERP系统(如果有的话)相结合。ERP系统(enterprise resource planning)是企业资源计划系统，ERP把客户需求和企业内部的制造活动以及供应商的制造资源整合在一起，形成企业一个完整的供应链，其核心管理思想主要体现在以下三个方面：a. 体现对整个供应链资源进行管理的思想；b. 体现精益生产、敏捷

制造和同步工程的思想;c. 体现事先计划与事前控制的思想。ERP 应用成功的标志是:a. 系统运行集成化,软件的运作跨越多个部门;b. 业务流程合理化,各级业务部门根据完全优化后的流程重新构建;c. 绩效监控动态化,绩效系统能即时反馈以便纠正管理中存在的问题;d. 管理改善持续化,企业建立一个可以不断自我评价和不断改善管理的机制。

④建立内部食品可追溯系统要在企业实行的系统 GMP、SSOP、HACCP 和 ISO 9000 体系下建立有效的可追溯体系。

⑤建立第三方对供应链食品可追溯体系的监督机制 。这是公信力的必然要求,是企业、政府、消费者三者之间的桥梁,是食品召回制度的要求。

(4)食品溯源系统的主要功能模块。食品溯源系统主要包括以下几个功能子系统:系统基础数据子系统;信息查询子系统;信息统计分析子系统;信息发布公示子系统;消费者投诉处理子系统;系统管理子系统。

①系统基础数据子系统。系统基础数据子系统包括:a. 会员企业基本信息及产品信息的管理单位名称、单位性质、通信地址、邮政编码、电子信箱网址、传真、法定代表人、职务、联系人、职务、电话、固定资产原值、注册资金、逐年产品产量、销售量、销售收入、利润额、出口量、出口额、职工人数、注册商标名称、主要产品、企业获得的认证评价或称号等;b. 可追溯信息管理,如产品标识标准管理信息、产品批次信息、运输信息等;c. 食品药品质量部门信息管理、工商管理、卫生部门信息管理;d. 第三方组织基本信息管理,如第三方组织的基本信息、审核信息等。

②信息查询子系统。信息查询子系统应以企业和产品两个条件对食品的信息进行查询。系统根据不同登录的用户,分别给予不同的查询权限。系统还可以根据需要,随时对查询的权限进行设定,对查询的条件进行设定,提供人性化查询功能,为不同用户提供有效的服务。具体包括:a. 管理者查询设定;b. 消费者查询设定;c. 消费者信息查询;d. 消费者投诉、处理情况查询。

③信息统计分析子系统。信息统计分析子系统应包括:a. 企业的产品信息统计分析;b. 产品的统计分析;c. 投诉的统计分析;d. 对政府部门监管信息的统计分析。

④信息发布公示子系统。信息发布公示子系统的核心主要是对认证评价信息的发布、讨论组内容等的管理。该系统包括以下功能。a. 公告讨论组新闻的管理。系统可提供针对不同的公告进行分类管理,允许新增、编辑、删除公告分类;针对具体公告内容可以进行新增、删除、浏览、编辑、查询等操作。提供完善权限管理的功能,管理员也可以发布针对某些部门和个人的信息。b. 法律法规管理。系统可针对不同法律法规进行分类管理,允许用户新增、编辑、删除分类操作;用户可以针对具体法律法规进行新增、删除、浏览、编辑、查询等操作。c. 互动空间管理。系统也可对论坛信息进行管理,可以新增、删除、修改论坛主题,对回复的发言进行编辑、删除操作。提供完善的权限控制功能,可以分配某个员工成为某个论坛的版主,负责该主题的相关信息维护。

⑤消费者投诉处理子系统。消费者投诉处理子系统主要负责处理消费者的投诉请求。

⑥系统管理子系统。系统管理子系统的核心主要是对员工在线认证评价系统的用户、角色、权限、菜单等的管理。该系统包括以下功能:组织机构、用户管理、角色管理、权限管理、配置管理、日志分析和软件设置等。

(5)食品溯源系统的信息数据库。数据库运行流程如图 7-10 所示,数据库具有的功能参见表 7-2。

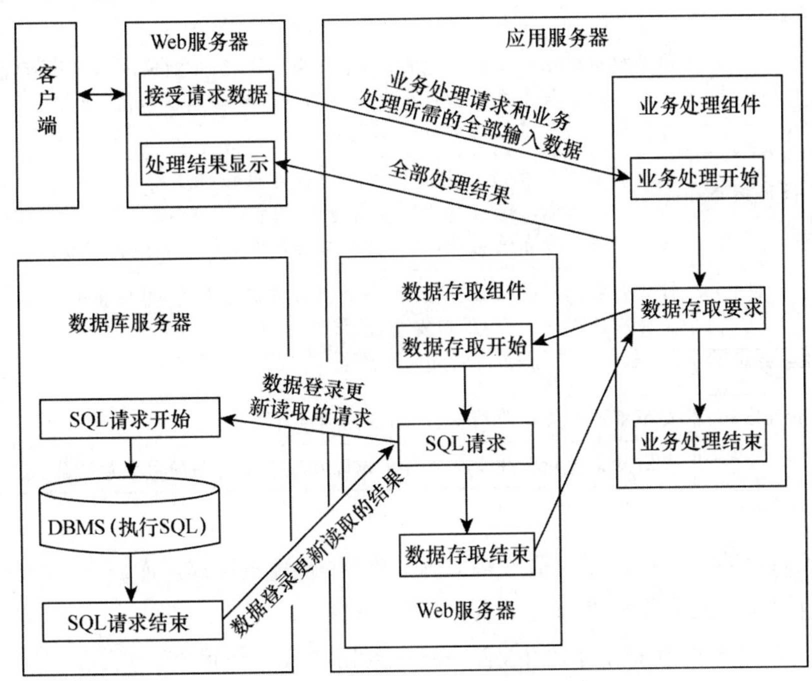

图 7-10　数据库运行流程图

表 7-2　数据库的功能

序号	子系统名称	基本功能(模块)
1	信息提交子系统主要支持各经营者按照提交规范,向信息平台提交食品信息。包括以下模块:	
	信用元数据录入模块	采用专用工具,生成信息的元数据信息及全文信息
	自动校对模块	数据上载之前,按照制定的提交规范对提交内容、格式进行自动校对,并提供修改功能
	数据上载模块	采用统一的数据上载模版,支持用户提交元数据信息与全文信息,支持多种文档格式信息的上载,具备批量提交和单记录提交功能
	数据更新管理模块	提供上载信息管理功能,记载上载信息历史,形成提交日志,支持对上载信息内容、历史进行检索、查询等。协助系统使用者制定数据更新频率和相关管理措施
2	信息整合加工子系统	用于信息资源的整理加工,需要提供信息录入、上下载、数字化转换、数据提取及数据管理等基本功能,在整合多种来源信用信息的同时,利用基本功能实现加工
	信息抽取模块	依据统一元数据标准,实现元数据、全文信息抽取,将异构的、分布式的信用信息整合到源信用信息数据库,并利用子系统基本功能完成信用信息加工和向源信用信息数据库的加载
3	信息发布子系统主要支持数据经统计汇总评审后的动态发布,即时更新。包括以下模块:	
	信息查询	浏览者可根据分类下拉菜单和关键字输入框进行简单的组合查询,输入可追溯代码,就可以查询食品的基本信息

续表 7-2

序号	子系统名称	基本功能(模块)
4	后台管理模块	本系统提供系统日常信息管理、用户账户管理、企业信用等级分值管理3项主要管理功能。其中系统管理员拥有3项管理模块全部权限,维护管理员只拥有企业信用等级分值管理部分的管理功能
	系统日常信息管理	系统管理员在系统日常信息管理模块可以开启及关闭系统,管理新闻发布、录入、删除;可以决定首页栏目开启与否;设置排行榜以及黑名单具体内容;设置系统首页各项发布信息;对留言簿和系统各项运行参数进行修改设定
	用户账号管理	针对企业用户的账号管理,解决企业用户账号申诉,审核企业资料真实性,记录企业用户操作,分析用户安全性,设置用户资料上传空间大小
5	交互子系统	
	信息新闻发布	发布粮油相关行业消息、信用新闻消息等
	留言板	提供浏览者和粮油安全监督单位以及粮油企业的简单交互功能

摘自赵芃的电子课件(食品可追溯体系)。

食品溯源系统的信息数据库包括公共信息数据库、产品信息数据库、系统信息数据库和企业本地信息数据库。其主要特点如下。

①公共信息数据库:在整个系统中,有一部分数据的重用率很高,为了保证整个系统数据一致性和从一定程度上提高系统的性能,我们将这部分数据归类到公共信息数据库中。主要包括各系统中共用部分,如公开信用信息查询、政策法规与文献数据库等。

②产品信息数据库:包括不同食品的GTIN代码、生产批次、产品的基本信息等。

③系统信息数据库:包括系统基本运行数据等。

④企业本地信息数据库:包括企业的基本情况等。

(6)食品溯源系统的建立阶段及步骤。

①准备阶段。

a. 提出引入和建立食品溯源系统的计划,确立其引入和建立的目的、范围、要求以及预算等。

b. 组建食品生产经营人员小组。食品溯源系统的运转是建立在食品生产经营者之间相互合作的基础之上的,因而在建立该系统时,食品供应链中各阶段或环节的生产经营者应当共同参与,共同制定食品及其信息的收集、储存以及交流的规则和相关政策。

c. 分析当前的情况,形成基本方案:分析当前的情况,包括消费者的需求,食品生产经营者的需求,现有的资源。设立目标,包括食品溯源系统建立的基本想法,食品溯源系统拟发挥的作用和期望达到的效果,食品溯源系统建立的规格/规模。制订食品溯源系统建立的基本方案。

②建立阶段。

a. 建立信息系统:食品身份单位的确定;食品进出货的岗位工作分析(job analysis);计算机的使用情况。

b. 确定信息系统规格:数据库的规格;输入/输出规格;外部信息交流的规格。

c. 汇编食品溯源程序手册：清晰地界定食物链中岗位工作及责任人；每个岗位应当收集的信息和收集信息的方式及要求；收集信息的时段；人员的培训及管理。

③运行阶段。

a. 试运行溯源系统，检验和评估其系统设计及建设的情况。

b. 根据试运行的情况，修正和进一步完善食品溯源系统。

c. 公布食品溯源系统及其手册。

d. 全面启用食品溯源系统。

7.2.3.2　国内主要食品溯源管理系统简介

(1)上海食用农副产品质量安全信息查询系统。“上海食用农副产品质量安全信息查询系统”是由上海农业信息有限公司与中国物品编码中心上海分中心合作完成的。该系统在我国首次采用信息技术和条码技术，实现了生产监控、条码识别和网络查询的系统管理，有助于企业实现标准化生产、规范化经营，实现从“农田到餐桌”的全程质量控制管理。该系统由信息查询系统、生产管理系统和统计分析系统组成。查询系统有超市多媒体查询、网络查询和电话查询3个子系统。该系统于2004年元旦投入试运行，经过不断的完善，现在已基本成熟，包括蔬菜、畜禽、禽蛋、粮食、瓜果、食用菌六个子系统。同时，现在安装该系统查询平台的超市大卖场已接近100家，包括农工商、联华、华联等国内超市，以及好又多、家乐福等外资超市。

(2)北京市农业局食用农产品(蔬菜)质量安全追溯系统。北京市农业局食用农产品(蔬菜)质量安全追溯系统是北京市农业局为实施农产品质量安全管理，界定生产与经销主体责任，保障消费者知情权而建立的管理系统，其主要功能是实现农产品生产、包装、储运和销售全过程的信息跟踪。

该系统从2006年年初确立，到目前已开发完成，现开通了4种查询模式(网站、短信、电话、触摸查询屏)，并在北京天安门农业发展有限公司(小汤山特菜基地)、东升方圆农业种植开发有限公司等40余家蔬菜加工配送企业进行了推广应用，在华堂商场亚运村店、美廉美超市北太平庄店、易初莲花通州店、沃尔玛石景山店等多家超市内安放了触摸查询屏。

(3)山东蔬菜质量安全追溯系统。山东省标准化研究院联合当地龙头企业，以燎原果菜生产基地为试点，开展了农产品供应链的跟踪和追溯研究。该项目从2003年开始研发，目前在食品安全追溯领域已经形成“一个平台，多套系统”。一个平台是“食品质量安全追溯与监管平台”，多套系统是“从源头到餐桌”的果蔬、禽肉、水产、粮油等质量安全追溯系统及市场终端追溯管理系统。并且以上的每套系统都包含内销企业版和外销企业版，同时根据企业规模的大小提供网上B/S版或C/S版两种系统架构形式。该系统主要由企业端管理信息系统、食品安全质量数据平台和超市端查询系统三部分组成。消费者通过互联网、电话、短信、超市终端查询机即可查到产品信息以及企业的相关认证信息。

(4)中国肉牛全程质量安全追溯管理系统。中国肉牛全程质量安全追溯管理系统由中国农业大学和北京华芯同源科技有限公司研制，是国家重点科技应用项目——农业部“948”项目重要组成部分，其基于无线射频识别技术(RFID)和电子化管理技术原理，建立肉牛生产全程质量安全可追溯体系。“从产地到餐桌”的全程质量安全可追溯体系关键技术的攻关成功，建立了牛肉产品生产商、销售商和顾客之间“面对面”的关系。北京试点企业完成了肉牛佩戴电子耳标,RFID追溯牛肉已经在首都易初莲花超市建立了专卖点,成为首都市场第一个全程追溯的放心肉食品,使消费者能够吃上放心的牛肉产品。

(5)世纪三农“食品安全溯源管理系统”。北京世纪三农科技发展中心已研发成功食品安全溯源管理系统,可为广大食品企业提供食品安全溯源解决方案,为消费者、企业和政府搭建了一个有效沟通和交流的平台。

该食品安全溯源解决方案包括一个实体机、三套系统以及终端查询手段。一个实体机为食品溯源查询一体机;而三套系统为食品安全溯源查询系统、食品溯源终端广告管理系统和商超信息发布管理系统。

7.2.3.3 EAN·UCC系统

(1)EAN·UCC系统概述。EAN即欧洲物品编码协会(European Article Numbering Association),而UCC为美国统一代码委员会(Uniform Code Council)。1970年美国超级市场委员会制定出通用产品代码,即UPC码(UNIVERSAL PRODUCT CODE)。1973年,UCC成立。1976年UPC商品条码系统在美国加拿大超级市场成功应用,并开发出和UCC系统兼容的欧洲物品编码系统,即EAN码(European Article Numbering System)。1977年,成立欧洲物品编码协会(European Article Numbering Association,EAN),并开发和维护包括标识体系、符号体系以及电子数据交换标准在内的全球跨行业的标识和通信的标准——EAN·UCC系统。1981年欧洲物品编码协会更名为“国际物品编码协会”(International Article Numbering Association,IAN),成为国际性的标准化组织,在2002年就拥有130个会员组织,遍及六大洲。2002年11月,美国统一代码委员会和加拿大电子商务委员会加入EAN,EAN International成立,成为一个划时代的里程碑,并结束了30多年的分治、竞争。2005年2月,EAN International改名为GS1(global standard 1)。

GS1的含义其实就是一个组织的英文全称,不是缩写,它同时包括了五个含义:①一个全球系统;②一个全球标准;③一种全球解决方案;④世界一流的标准化组织(供应链管理/商务领域);⑤在全球开放标准/系统下的统一商务行为。因此,GS1拥有一套全球跨行业的产品、运输单元、资产、位置和服务的标识标准体系和信息交换标准体系,使产品在全世界都能够被扫描和识读;GS1的全球数据同步网络(GD-SN)确保了全球贸易伙伴都使用正确的产品信息;GS1通过电子产品代码(EPC)、无线射频识别技术(RFID)标准提供更高的供应链运营效率;GS1可追溯解决方案,帮助企业遵守国际的有关食品安全法规,实现食品的消费安全。

因此,EAN·UCC系统实际上是一个以商品条码为核心的全球统一标识系统(图7-11),是在商品条码的基础上发展而来的。该系统的内容主要包括编码体系、数据载体(条码符号系统、自动识别的数据载体)和数据交换系统。

图 7-11　EAN · UCC 的全球统一标识系统

［摘自赵芃的电子课件(食品可追溯体系)］

EAN·UCC 系统的编码体系包括以下 6 个部分:①全球贸易项目代码(GTIN)(参见表 7-3);②系列货运包装箱代码(SSCC);③全球位置码(GLN);④全球可回收资产标识代码(GRAI);⑤全球单个资产标识代码(GIAI);⑥全球服务关系代码(GSRN)(图 7-12)。

表 7-3 全球贸易项目代码(GTIN)

数据结构	14 位全球贸易项目代码(GTIN)													
	T	T	T	T	T	T	T	T	T	T	T	T	T	T
EAN/UCC-1	N	N	N	N	N	N	N	N	N	N_1	N_1	N_1	N_1	N_1
EAN/UCC-1	O	N	N	N	N	N	N	N	N	N	N_1	N_1	N_1	N_1
UCC-12	O	O	N	N	N	N	N	N	N	N	N	N_1	N_1	N_1
EAN/UCC-8	O	O	O	O	O	O	N	N	N	N	N	N	N	N

摘自赵芃的电子课件(食品可追溯体系)。

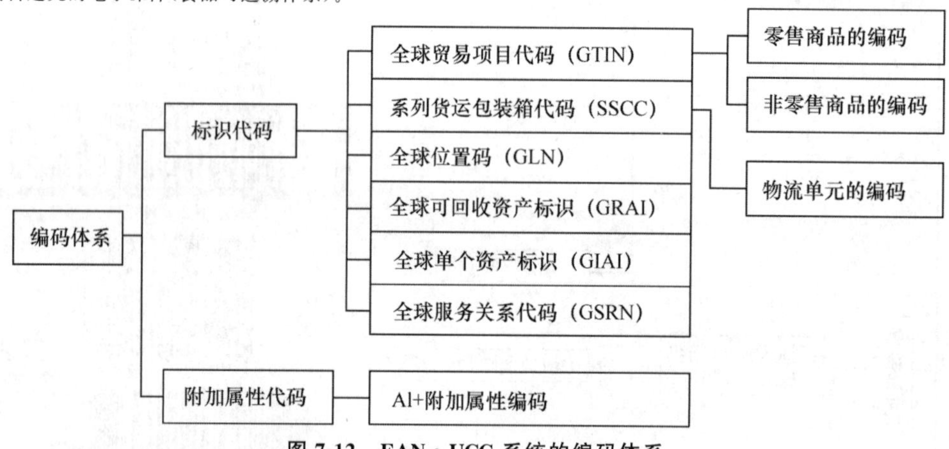

图 7-12 EAN·UCC 系统的编码体系

[摘自赵芃的电子课件(食品可追溯体系)]

EAN·UCC 系统的数据载体主要是条码符号系统和自动识别的数据载体。其条码符号系统主要包括一维条码和二维条码,如 EAN/UPC 条码、ITF-14 条码及 UCC/EAN-128 条码(图 7-13)。自动识别主要是无线射频识别。

图 7-13 一维条码种类

EAN·UCC 系统的数据交换系统包括电子数据交换协议(electronic data interchange, EDI),EANCOM,可扩展标记语言(extensible markup language,XML)三个层次。

电子数据交换协议(electronic data interchange,EDI)的定义是:按协议的讯息标准,透过最少人为干扰的电子方式,将有组织的数据,从一个计算机应用系统传送到另一个系统。所谓以协议的讯息标准组织数据,意为将所交换的数据或信息,以一种可认可的内容、含意及格式作表达,以便利用计算机自动及准确地加以处理。两家企业一旦决定进行电子数据联通,则意味着双方需就传送数据的种类及表达方法达成协议。电子数据联通的应用讲求参与双方的紧密合作,与业务伙伴共享讯息,建立更有效的贸易伙伴关系。EDI 技术的基本要素是通信、标准和软件。①通信。通信是点到点—增值网络(VAN)—电子邮件(E-mail)—Internet 模式。②标准。在 EDI 技术构成中,标准起着核心的作用,并可分成两大类。一类是表示信息含义的语言,称为 EDI 语言标准,主要用于描述结构化信息。一类是载运信息语言的规则,称为通信标准,其作用是负责将数据从一台计算机传输到另一台计算机。一般来说,EDI 语言对其载体所使用的通信标准并无限制,但对语言标准却有严格的限定。EDI 语言标准目前广泛应用的有两大系列:国际标准的 EDIFACT 和美国的 ANSIX. R。目前,EDIFACT 标准作为联合国与国际标准化组织联合制定的国际标准,正在为越来越多的国家所接受。③软件。软件具有三方面的基本功能,即数据转换、数据格式化和报文通讯。因此,EDI 系统通常由“报文生成处理”“格式转换”“联系”“通信”等四个模块构成(图 7-14)。

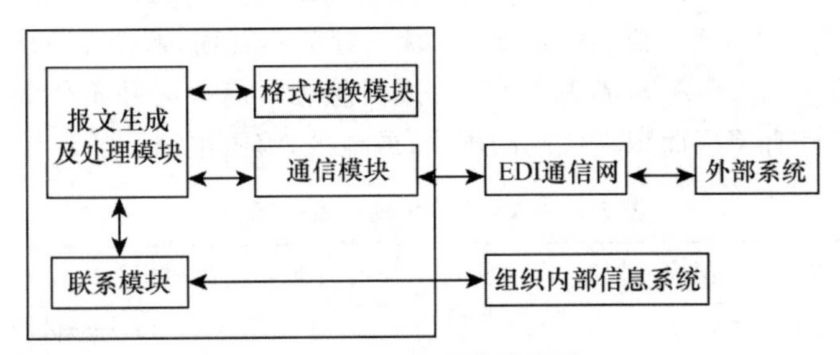

图 7-14　EDI 系统示意图

EANCOM 是一套以 EAN·UCC 编码系统为基础的标准报文集。EANCOM 作为 UN/EDIFACT 讯息的子集,提供了清晰的定义及诠释,让贸易伙伴以简单、准确及具成本效益的方式交换商业文件。

可扩展标记语言(XML)也被称为智能数据文档,为标识语言,是描述数据语言的。XML 是 Web 应用的一种新技术,是万维网联盟(W3C)制定的标准。XML 简化了网络中数据交换和表示,使得代码、数据和表示可以分离,可以作为数据交换的标准格式。

(2)EAN·UCC 系统商品条码。商品标识代码(identification code for commodity)是由国际物品编码协会(EAN)和统一代码委员会(UCC)规定的、用于标识商品的一组数字,包括 EAN/UCC-13、EAN/UCC-8 和 UCC-12 代码。而商品条码(barcode for commodity)是由国际物品编码协会(EAN)和统一代码委员会(UCC)规定的、用于标识商品代码的条码,包括 EAN 商品条码(EAN-13、EAN-8)和 UPC 商品条码(UCC-A、UCC-E)。商品条码是商品标识代码的符号化。

①商品标识代码。

EAN/UCC-13 代码:EAN/UCC-13 代码的 3 种结构参见表 7-4,条码如图 7-15 所示。

表 7-4　EAN/UCC-13 代码的 3 种结构

结构种类	厂商识别代码	商品项目代码	校验码
结构一	$X_{13}X_{12}X_{11}X_{10}X_9X_8X_7$	$X_6X_5X_4X_3X_2$	X_1
结构二	$X_{13}X_{12}X_{11}X_{10}X_9X_8X_7X_6$	$X_5X_4X_3X_2$	X_1
结构三	$X_{13}X_{12}X_{11}X_{10}X_9X_8X_7X_6X_5$	$X_4X_3X_2$	X_1

摘自赵芃的电子课件(食品可追溯体系)。

图 7-15　条码图

[摘自赵芃的电子课件(食品可追溯体系)]

由表 7-4 和图 7-15 可知,EAN/UCC-13 代码由厂商识别代码(包含前缀码)、商品项目代码和校验码组成。

前缀码:前缀码由 2～3 位数字($X_{13}X_{12}$ 或 $X_{13}X_{12}X_{11}$)组成,是 EAN 分配给国家(或地区)编码组织的代码,参见表 7-5。前缀码由 EAN 统一分配和管理,截至 2002 年年底,共有 99 个国家和地区编码组织加入 EAN,成为 EAN 的成员组织。前缀码并不代表产品的原产地,而只能说明分配和管理有关厂商识别代码的国家(或地区)编码组织。

表 7-5　EAN 已分配的前缀码(部分)

前缀码	编码组织所在国家或地区/应用领域	前缀码	编码组织所在国家或地区/应用领域
00～13	美国和加拿大	628	沙特阿拉伯
20～29	店内码	629	阿拉伯联合酋长国
30～37	法国	64	芬兰
380	保加利亚	690～696	中国
383	斯洛文尼亚	70	挪威
385	克罗地亚	729	以色列
387	波黑	73	瑞典
40～44	德国	740	危地马拉
45、49	日本	741	萨尔瓦多
460～469	俄罗斯	742	洪都拉斯
471	中国台湾省	743	尼加拉瓜
489	中国香港特别行政区	786	厄瓜多尔
626	伊朗	99	优惠券
627	科威特		

摘自赵芃的电子课件(食品可追溯体系)。

厂商识别代码：厂商识别代码由 7～9 位数字组成。具有企业法人营业执照或营业执照的企业可申请注册厂商识别代码。不得盗用、共享、转让、伪造、非法占用厂商识别代码。厂商生产的商品品种超过了编码容量时，可申请新的厂商代码。

商品项目代码：商品项目代码由 3～5 位数字构成，可由厂商按“产品的基本特征不同，其商品项目代码应不同”的编制规则进行自行编制。其中，3 位商品项目代码有 1 000 个编码容量，可标识 1 000 种商品；4 位商品项目代码可标识 10 000 种商品；5 位商品项目代码可标识 100 000 种商品。

校验码：校验码为 1 位数字，用来校验 X_{13}～X_2 的编码正确性。校验码是根据 X_{13}～X_2 的数值按一定的数学算法计算而得。厂商在对商品项目编码时，不必计算校验码的值。该值由制作条码原版胶片或直接打印条码符号的设备自动生成。

校验码的计算方法：a. 代码所有数字包括校验码自右向左编号；b. 将所有偶数位置上的数值相加；c. 第二步的结果乘以 3；d. 从序号 3 开始，将所有序号为奇数的位置上的数值相加；e. 将第三步的结果与第四步的结果相加；f. 用一个大于第五步结果且为 10 的最小整数倍的数减去第五步的结果，差即为校验码。例如，以表 7-6 为例。

表 7-6　校验码计算表

6	9	0	1	4	6	3	9	8	0	0	7	*X*	*Xi*
13	12	11	10	9	8	7	6	5	4	3	2	1	编号
6	9	0	1	4	6	3	9	8	0	0	7	*X*	*Xi*

将所有偶数位置上的数值相加，即 9＋1＋6＋9＋0＋7＝32；

第二步的结果乘以 3，即 32×3＝96；

从序号 3 开始，将所有序号为奇数的位置上的数值相加，即 6＋0＋4＋3＋8＋0＝21；

将第三步的结果与第四步的结果相加，即 96＋21＝117；

用一个大于第五步结果且为 10 的最小整数倍的数减去第五步的结果，即 120－117＝3；

也就是说，其校验码为 3。

EAN/UCC-8 代码：EAN/UCC-8 代码是用于标识小型商品的；它由 8 位数字组成，包括商品项目识别代码(由前缀码和商品编码组成)、校验码。其结构参见表 7-7。

前缀码：N8N7N6。

商品编码：N5N4N3N2，可标识 10 000 种商品项目，EAN/UCC-8 代码用于商品编码的容量比 EAN/UCC-13 少。

校验码：N1。计算校验码时只需在 EAN/UCC-8 代码前添加 5 个“0”，计算方法不变，即与 EAN/UCC-13 代码的相同。

表 7-7　EAN/UCC-8 代码结构

商品项目识别代码							校验码
N8	N7	N6	N5	N4	N3	N2	N1
6	9	0	1	2	3	4	1

摘自赵芃的电子课件(食品可追溯体系)。

UCC-12 代码：UCC-12 代码可用 UPC-E 商品条码的符号来表示。通常情况下，不选用

UPC 商品条码。只有当产品出口到北美地区并且客户指定时，才申请使用 UPC 商品条码。

②商品条码。

EAN-13 商品条码：EAN-13 商品条码是表示 13 位商品标识代码的条码符号，由左侧空白区、起始符、左侧数据符、中间分隔符、右侧数据符、校验符、终止符、右侧空白区及供人识别字符组成，如图 7-16 所示。

图 7-16　EAN-13 商品条码图

［摘自赵芃的电子课件(食品可追溯体系)］

EAN-8 商品条码：EAN-8 商品条码由左侧空白区、起始符、左侧数据符、中间分隔符、右侧数据符、校验符、终止符、右侧空白区及供人识别字符组成，如图 7-17 所示。

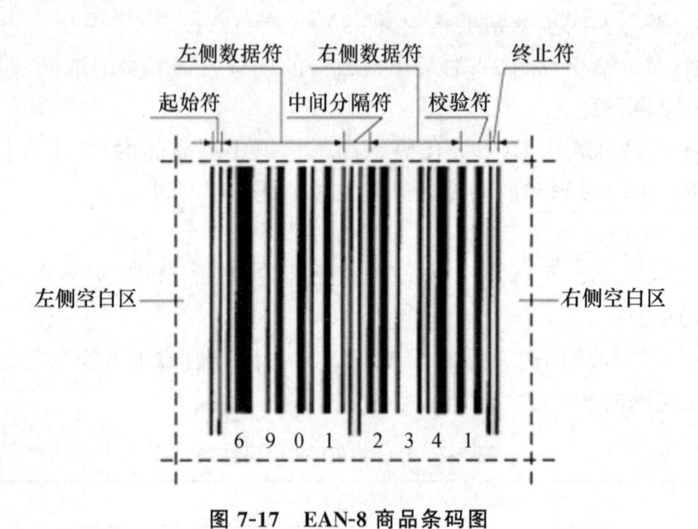

图 7-17　EAN-8 商品条码图

［摘自赵芃的电子课件(食品可追溯体系)］

(3)商品项目代码的编制。为同一商品项目(贸易单元、结算单元)编制商品标识代码，必须遵循的原则为：唯一性原则、无含义性原则、稳定性原则。

①唯一性原则：对同一商品项目的商品必须分配相同的商品标识代码；基本特征相同的商

品视为同一商品项目，基本特征不同的商品视为不同的商品项目。对不同商品项目的商品必须分配不同的商品标识代码。

②无含义性原则：商品标识代码中的每一位数字不表示任何与商品有关的特定信息。厂商在编制商品项目代码时，最好使用无含义的流水号，即连续号，这样能够最大限度地利用商品项目代码的编码容量。如果有含义，则编码容量小；如果厂商生产的商品数量很少而进行有含义的编码将被允许。

③稳定性原则：商品标识代码一旦分配，若商品的基本特征没有发生变化，就应保持不变。商品项目的基本特征发生了明显的、重大的变化，就必须分配一个新的商品标识代码。在某些行业，比如医药保健业，只要产品的成分有较小的变化，就必须分配不同的代码。但在其他行业则要尽可能地减少商品标识代码的变更，保持其稳定性，否则将导致很多不必要的繁重劳动，如打印并粘贴条码标签、修改系统记录等。如果不清楚产品的变化是否需要变更代码，可从以下几个角度考虑：产品的新变体是否取代原产品；产品的轻微变化对销售的影响是否明显；是否因促销活动而将产品做暂时性的变动；包装的总重量是否有变化。

例如，对药厂部分产品进行的编码，该厂商的识别代码为 6901234，参见表 7-8。

表 7-8　某药厂部分产品的编码方案

<table>
<tr><th>产品种类</th><th>商标</th><th colspan="4">剂型、规格与包装规格</th><th>商品标识代码</th></tr>
<tr><td rowspan="16">清凉油</td><td rowspan="8">天坛牌</td><td rowspan="7">擦剂</td><td rowspan="4">固体</td><td rowspan="3">棕色</td><td>3.5 g/盒</td><td>6901234 00000 9</td></tr>
<tr><td>3.5 g/袋</td><td>6901234 00001 6</td></tr>
<tr><td>19 g/盒</td><td>6901234 00002 3</td></tr>
<tr><td>白色</td><td>19 g/盒</td><td>6901234 00003 0</td></tr>
<tr><td rowspan="3">液体</td><td colspan="2">3 mL/瓶</td><td>6901234 00004 7</td></tr>
<tr><td colspan="2">8 mL/瓶</td><td>6901234 00005 4</td></tr>
<tr><td colspan="2">18 mL/瓶</td><td>6901234 00006 1</td></tr>
<tr><td colspan="2">吸剂(清凉油鼻舒)</td><td colspan="2">1.2 g/支</td><td>6901234 00007 8</td></tr>
<tr><td rowspan="7">龙虎牌</td><td colspan="2" rowspan="2">黄色</td><td colspan="2">3.0 g/盒</td><td>6901234 00008 5</td></tr>
<tr><td colspan="2">10 g/盒</td><td>6901234 00009 2</td></tr>
<tr><td colspan="2" rowspan="2">白色</td><td colspan="2">10 g/盒</td><td>6901234 00010 2</td></tr>
<tr><td colspan="2">18.4 g/瓶</td><td>6901234 00011 5</td></tr>
<tr><td colspan="2" rowspan="2">棕色</td><td colspan="2">10 g/盒</td><td>6901234 00012 2</td></tr>
<tr><td colspan="2">18.4 g/瓶</td><td>6901234 00013 9</td></tr>
<tr><td colspan="2">吸剂(清凉油鼻舒)</td><td colspan="2">1.2 g/支</td><td>6901234 00014 6</td></tr>
<tr><td rowspan="2">ROYAL BALM^{TMM}</td><td colspan="2">运动型棕色强力装</td><td colspan="2">18.4 g/瓶</td><td>6901234 00015 3</td></tr>
<tr><td colspan="2">关节型原始白色装</td><td colspan="2">18.4 g/瓶</td><td>6901234 00016 0</td></tr>
<tr><td rowspan="2">风油精</td><td rowspan="2">龙虎牌</td><td colspan="4">8 mL/瓶</td><td>6901234 00017 7</td></tr>
<tr><td colspan="4">3 mL/瓶</td><td>6901234 00018 8</td></tr>
<tr><td>家友(组合包装)</td><td>龙虎牌</td><td colspan="4">风油精 1 mL，清凉油鼻舒 0.5 g/支</td><td>6901234 00019 1</td></tr>
</table>

(4)特殊情况下的编码。

①产品变体的编码。产品变体是指制造商在产品使用期内对产品进行变更。如果产品变体(如含不同的有效成分)与标准产品同时存在,则须另外分配一个单独且唯一的商品标识代码。如果产品只做较小的改变或改进,则不需要分配不同的商品标识代码。当产品的变化影响到产品的重量、尺寸、包装类型、产品名称、商标或产品说明时,必须另行分配一个商品标识代码。产品的包装说明如使用不同的语言,则一种说明语言对应一个商品标识代码,也可以用相同的商品标识代码对其进行标识,但这种情况下,制造商有责任进行区分。

②组合包装的编码。如果商品是一个稳定的组合单元,其中每一部分都有其相应的商品标识代码。一旦任意一个组合单元的商品标识代码发生变化,或者单元组合有所变化,则分配一个新的商品标识代码。如果组合单元变化微小,其商品标识代码一般不变,但如果需要对商品实施有效地订货、营销或跟踪,那么就必须对其进行分类标识,另行分配商品标识代码。例如,针对某一特定地理区域的促销品,某一特定时期的促销品,或用不同语言进行包装的促销品(如娃哈哈水)。某一产品的新变体取代原产品,消费者已从变化中认为两者截然不同,这时就必须给新产品分配一个不同于原产品的商品标识代码。

③促销品的编码。促销是企业为提高市场占有率和产品知名度所采取的一种营销手段,促销一般会保持一定的时间,属于暂时性变动,促销品与标准产品在外观上有明显的改变。通常促销变体和它的标准产品在市场中共同存在。商品的促销变体如果影响产品的尺寸或重量,则必须另行分配一个不同的、唯一的商品标识代码。例如,加量不加价的商品,或附赠品的包装形态。包装上明显地注明了减价的促销品,必须另行分配一个唯一的商品标识代码。针对时令的促销品要另行分配一个唯一的商品标识代码。例如,春节才有的糖果包装。其他的促销变体就不必另行分配商品标识代码。

(5)条码标识形式的设计。

①商品条码的载体。商品条码的载体有:a. 包装物;b. 制成挂牌悬挂在商品上,如眼镜、手工艺品、珠宝首饰、服装等在没有印刷条码标识的位置的情况下,将条码打印在挂牌上再分挂在商品上;c. 制成不干胶标粘贴在商品上,如化妆品、油脂制品、家用电器等将条码与装潢图案印在不干胶上粘贴在商品上。一些产品的老包装因不带条码标识,为了减少浪费,也可将带条码的不干胶粘贴在老包装上。

②商品条码印制。商品条码符号的放大系数由商标纸上所能容纳的条码印刷面积及承印厂的技术水平决定。为了保证识读,商品条码的放大系数一般在 0.80～2.00 的范围内选择;由于条高的截短会影响条码符号的识读,因此不应随意截短条高。

③位置设计。条码印刷位置的设计原则是:条码符号位置的选择应以符号位置相对统一、符号不易变形、便于扫描操作和识读为准则。也可直接参阅 GB/T 14257—2009《商品条码 条码符号放置指南》国家标准。

(6)EAN·UCC 系统在食品溯源系统中的应用。以牛肉产品的溯源系统为例。首先,牛肉产品追溯涉及的应用标识符有:①01 GTIN;②10 批号;③251 源实体参考代码(或另一个与动物有关的参考代码,说明分割肉的来源),标识牛耳标号码;④422 原产国(这里指出生国,ISO 3166);⑤423 初始加工国(最多用 5 个 ISO 国家代码标识 5 个饲养国);⑥426 全程加工国(所有过程发生在同一个国家);⑦7030-7039 加工者(国名和供应链中最多 10 个加工者批准号码,7030 通常用于屠宰场,7031-7039 用于切割车间)。

牛加工的几个阶段如图 7-18 所示。具体来说，牛的屠宰与牛肉分割加工流水线包括：①过秤、活牛进入屠宰车间、放血、卸后蹄 、预剥皮、卸头蹄、剥皮、开膛、取内脏、劈半、胴体称重、进入排酸室；②进入分割车间、过秤、卸前腿、分割胴体、进入加工流水线、预包装、过秤、放入包装箱；③为配合牛肉产品跟踪与追溯的应用对原有牛肉分割加工流水线进行了适当调整。牛加工的各阶段应贴的标签如图 7-19 所示。

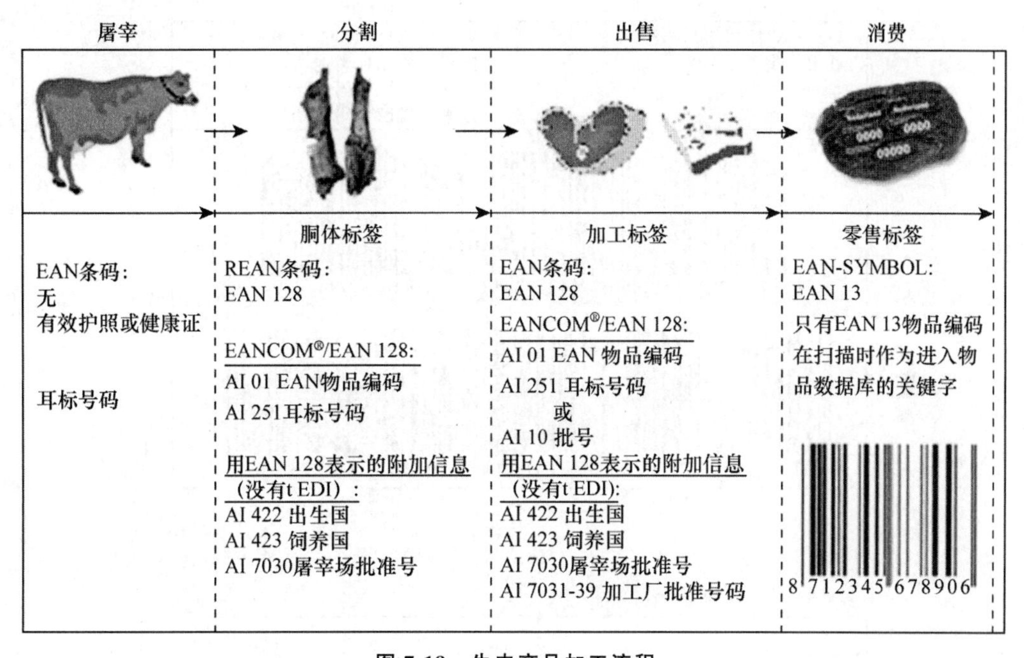

图 7-18　牛肉产品加工流程

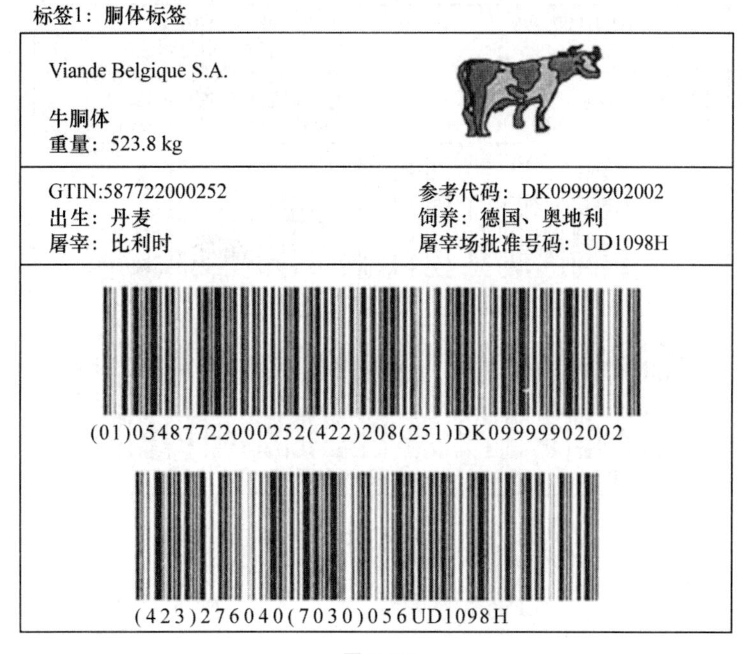

图 7-19

标签2：第一次加工标签

标签3：第二次加工标签

续图 7-19

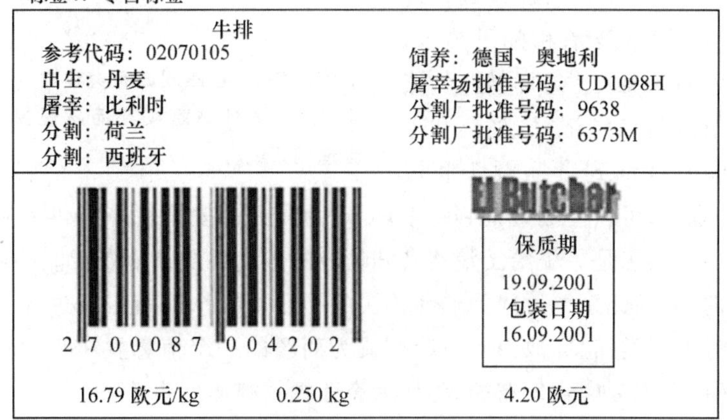

图 7-19　牛肉产品加工各阶段应贴的标签图

因此，牛肉产品的追溯编码采用 GTIN＋牛耳标号码/批号的结构，具体对如图 7-20 所示的一块牛里脊肉的标签来说，其 GTIN 为 96934871510044，其牛耳标号码为 100000000。这个牛里脊的追溯代码应为(01)96934871510044(251)100000000。其中(01)为应用标识符，指示后面的数据为全球贸易项目代码(GTIN)，(251)也为应用标识符，指示后面的数据为牛耳标号码。数据 96934871510044 的含义：9 表示产品为变量产品，69348715 为厂商代码，1004 为产品代码，4 是校验码。依此类推，牛的其他部位也同样采用这一编码结构进行标识。对于由多个牛的牛肉组成的牛肉产品，如碎肉和肥牛等，牛肉产品的编码采用 GTIN＋批号的编码结构。

图 7-20　一块牛里脊肉的标签

这里，以咖啡豆的加工来说明批号的编码是如何进行的。由表 7-9 可知，如果未加工的咖啡豆的批号代码是 AB123，第一个加工过程是烘焙，被定为加工过程 1，生产日期是 020904，烘焙后新的批号代码将为 AB123 1 020904；第二个加工过程是混合，被定为加工过程 2，生产日期是 020905，混合后新的批号代码将为 AB123 2 020905。依此类推，研磨后的新批号代码将为 AB123 3 020905，酿造后新的批号代码将为 AB123 4 020908，填装后新的批号代码将为 AB123 5 020908。

表 7-9　咖啡豆的加工过程和批号代码

加工过程	以前加工过程的批号代码	加工过程编码	日期/时间年月日	本次加工过程的批号代码
烘焙	AB123	1	020904	AB123 1 020904
混合	AB123 1 020904	2	020905	AB123 2 020905
研磨	AB123 2 020905	3	020905	AB123 3 020905
酿造	AB123 3 020905	4	020908	AB123 4 020908
填装	AB123 4 020908	5	020908	AB123 5 020908

综上所述，食品安全溯源系统是依托现代数据库管理技术、网络技术和条码技术，将整个食品链，从生产、加工、包装、储运、流通和销售所有环节进行信息记录、采集和查询的系统，可以溯源查询到食品源头和流向，当食品发生问题时，可以追溯查询到每个环节，为食品的安全保障提供了有效的监管解决手段。食品安全溯源系统是一个给予消费者知情权的查询系统。消费者能够通过此系统查到食品的来源与流向，因而此系统可成为选择购买的平台；同时，消费者通过此系统可以获取终端卖场打折信息等消费类信息，故而此系统可成为商场的一个信息发布平台；此外，在市场应用方面，此系统还可以成为广告发布端，为广大企业提供媒体广告业务。

二维码 7-1 食品溯源系统建立的实例——深圳市蔬菜产品质量安全追溯系统

7.3 食品安全预警技术

7.3.1 概论

7.3.1.1 食品安全预警的定义

预警(pre-warning)，从字面上看，可解释为事先警告，提醒他人注意或警惕；而从危害(hazard)管理角度看，可将预警定义为对某一警素的现状和未来进行测度，预报不正常状态的时空范围和危害程度，并提出相应的防范措施。

食品安全预警(food safety pre-warning)是指通过对食品安全隐患的监测、追踪、量化分析、信息通报预报等，对潜在的食品安全问题及时发出警报，从而达到早期预防和控制食品安全事件，最大限度地降低损失，变事后处理为事先预警的目的。

食品安全预警体系(系统)(food safety pre-warning system)是通过对食品安全问题的监测、追踪、量化分析、信息通报预报等，建立起一整套针对食品安全问题的预警的功能系统。广义的食品安全概念包含数量安全、质量安全和可持续发展三个方面，对应的食品安全预警体系也分为食品数量安全预警体系、食品质量安全预警体系和食品可持续安全预警体系。食品的数量安全主要涉及粮食安全问题。食品质量安全则涉及食品的污染、是否有毒、添加剂是否违规超标、标签是否规范等问题，需要在食品污染界限之前采取措施，预防食品污染和主要危害因素，避免重大食物中毒和食源性疾病的发生。在食品的生产和消费过程中，食物与环境的可持续发展不仅是生态问题，也是国家、地区乃至世界的经济问题，甚至成为政治问题。因此，一个完整的食品安全预警体系可以监控食品供给数量、质量、食品生产和制造环节与环境的可持续发展的安全状况，能够对食品安全问题发出预警，防止重大安全事故的发生。

因此，食品安全预警是对食品中有害物质的扩散与传播进行早期警示和积极防范，以避免对消费者的健康造成不利影响，是一种预防性的安全保障措施。而食品安全预警系统是食品安全控制体系不可或缺的内容，是实现食品安全控制管理的有效手段。

7.3.1.2 食品安全预警体系建立的目的

既然食品消费可能存在风险或潜在危害，为避免其影响，应采取积极的态度，即能够预先辨识食品成分中的危害物，了解其危害程度，对消费风险较大的食品事先告诫消费者谨慎食用，尽量将食品消费的风险控制在可接受的范围；另外，对消费者健康影响不明确的物质，要通过科学试验，评估其消费风险，建立有效的预防措施。只要食品对消费者构成的健康危害超过人们预期的风险承受度，无论这种危害是短期还长期影响，都需要采取一定的预防行为或在威胁发生之前采取高水平的健康风险保障措施，目的是降低安全隐患，减少不确定性影响，进而对人类不良的生产与消费行为加以有意识的引导。而食品安全预警就是通过指标体系的运用来解析各种食品安全状态、食品风险与突变等现象，揭示食品安全的内在发展机制、成因背景、表现方式和预防控制措施，从而最大限度地减少灾害效应，维护社会的可持续发展。对已识别的各种不安全现象，进行成因过程和发展态势的描述与分析，揭示其发展趋势中的波动和异常，发出相应警示信号。

因此，建立食品安全预警系统的目的就是：建立食品安全信息管理体系，构建食品安全信息的交流与沟通机制，为消费者提供充足、可靠的安全信息；及时发布食品安全预警信息，帮助社会公众采取防范措施；对重大食品安全危机事件进行应急管理，尽量减少食源性疾病对消费者造成的危害与损失。

7.3.1.3 食品安全预警系统的功能

食品安全预警系统的主要任务是：对已识别的各种不安全现象，进行成因过程和发展态势的描述与分析，揭示其发展趋势中的波动和异常，发出相应警示信号。因此，食品安全预警系统的功能主要如下。

(1)发布功能。通过权威的信息传播媒介和渠道，向社会公众快速、准确、及时地发布各类食品的安全信息，实现安全信息的迅速扩散，使消费者能够定期稳定地获取充分的、有价值的食品安全信息。

(2)沟通功能。食品安全管理是对食品供应链的安全管理，因此离不开供应商、制造商、分销商到消费者之间的密切合作，也离不开食品生产经营者、消费者与政府之间的有效沟通。

(3)预测功能。由于食品安全突发事件具有不可知性，因此，就要求预警在系统收集和分析监测资料的基础上，寻找食品生产经营过程中的不安全因子，对食品不安全现象可能引发的食源性疾病、疫病流行等进行预测，并将掌握的事件基本概况，及时准确地告知民众，以便采取措施迅速地控制局面，减少社会的动荡。

(4)控制功能。预警可通过全面掌握食品链的相关环节和因素，协调各有关部门、机构的工作，形成综合性的预防和控制体系，因而是人们实现超前管理的有效工具，可帮助人们及早发现问题，并把问题解决在萌芽状态，减少不必要的损失。

(5)避险功能。预警功能的实现使得决策者和管理者在有限的认知能力和行为能力条件下，能够有效地把握未来的风险与管理决策安全，从而科学地识别、判断和治理风险。

7.3.2 食品安全预警系统的建立

7.3.2.1 食品安全预警系统的结构

食品安全预警系统的结构状况决定其系统功能，而预警系统结构又受制于系统构成要素的不同作用方式与作用机理。系统构成要素的不同组合就决定了预警系统结构的差异，并制约着系统功能的实现。大多数食品安全预警系统结构的基本功能模块有信息源系统(预警信息采集系统和预警评价指标体系)、预警分析系统、反应系统、快速反应系统(图 7-21)。

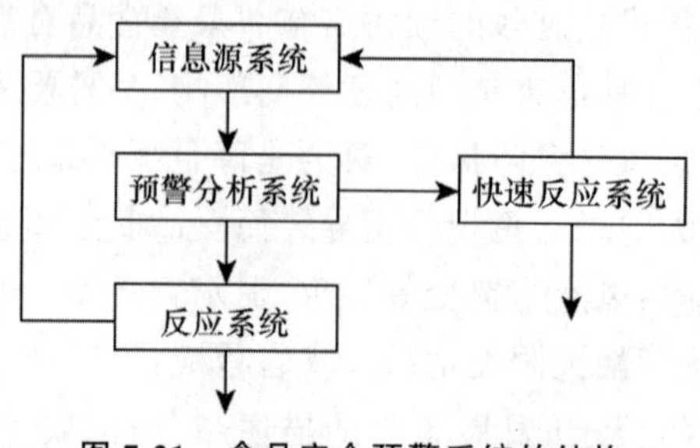

图 7-21 食品安全预警系统的结构

(1)信息源系统。信息源系统的实质是收集监测数据的数据库系统,是食品安全预警体系分析的数据基础。信息源系统功能是负责全面准确地收集、整理、更新和补充食用农产品的要素投入、生产加工、包装销售等方面的动态信息,以及消费者健康方面的资料和信息,并进行初步整理和加工,即对可能造成食品不安全的风险进行辨析和分类、存储及传输。因此,信息源系统的输入端是检测得到的各种相关数据和信息,输出端是有效的数据和信息。

信息源系统的数据信息体系及其保障机制的优劣,将直接影响整个预警体系的性能,影响预防控制措施的决策判断。因此该系统是保证预警和应急机构获得高质量信息,充分识别、正确分析突发事件的前提条件。

信息源系统根据功能来分,由监测模块和数据模块组成。每个模块又可细分为若干子模块,层层嵌套,相互关联(图 7-22)。

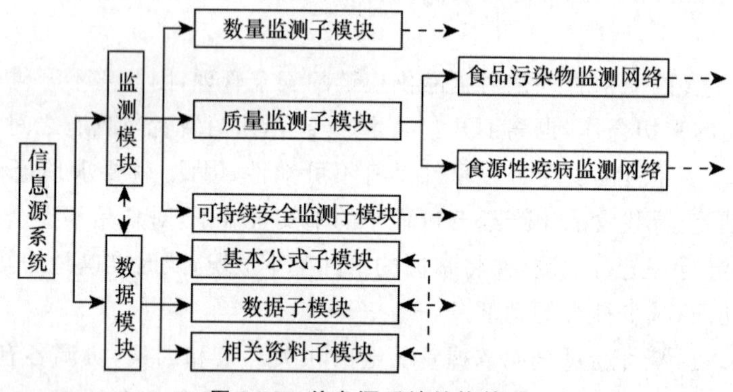

图 7-22 信息源系统结构简图

①监测模块。监测模块是收集和获取数据、信息的渠道,合理设置和布局可以保障数据信息的科学性。监测模块的三个子模块分别是监测食品的数量、质量和可持续发展状况。以质量监测子模块为例,质量监测子模块由两个网络组成。第一个网络是食品污染物监测网络,重点开展生物性污染物和化学性污染物的监测,例如对食品中农药残留、兽药、激素、磺胺类等造成的污染进行有效监测,对因为环境污染可能产生的食物安全影响进行有效的监控,对食品加工过程存在的不安全性因素如添加剂等进行有效监测。第二个网络是食源性疾病监测网络,它主要解决公共卫生问题,而且还可以根据需要进行以微生物为主要原因导致的食源性疾病的有效监测。

②数据模块。数据模块主要积累与食品安全相关的数据、信息，主要有数据子模块和基本公式子模块等。数据模块的功能是将监测获得的资料存储起来，并保持数据信息的及时更新和补充。数据模块与监测模块之间的通道表明了检测网点提供数据信息，数据信息又对网络实行反馈，使网络合理、适当。

(2)预警分析系统。预警分析系统是整个预警体系的关键与核心部分，其功能将直接影响食品安全预警的质量。预警分析体系的输入端是信息源系统，输出端是安全危机的分析信息。

一般的预警分析系统包括指标模块和分析模型模块两部分。指标模块主要是设置食品安全危机的评价项目，要求指标具有典型性和科学性，并从相关因子中选择能超前反映食品安全态势的领先指标。指标的数据提供来源于信息源系统。分析模型模块有风险分析模型子系统和专家评估子系统两个子模块。风险分析模型是理论分析方法，通过数据和限定条件进行计算，从而得出分析结果；专家评估是食品安全预警体系具有的特殊子系统。在预警分析过程中，由于理论模型存在的局限性，风险评估仅依据理论分析往往难于达到准确和及时的要求，建立一支稳定的、具有相当实践经验的专家队伍，利用专家的实际调查研究和智慧判断，参与预警分析方案的拟定和预测结果的评估，改进和完善单纯模型极难完成的预警分析任务，可以保证食品安全早期预警的分析质量。

预警分析模型之一是“危险性评估”模型，主要是对食品存在的化学性和生物性危害的暴露评估和定量危险性评估。专家评估子系统的重点是具有多个专家群体，专家团队的研究分析和判断构成了专家评估子系统的功能。

(3)反应系统。反应系统的主要功能是按预警分析结果进行预警应对。根据警情的不同，应对措施将给出预测、预报、警示和调控手段。根据警情的不同程度，用黄、橙、绿、红等警示灯号显示，或者用巨警、重警、中警、轻警和无警表示警度。反应系统的输入端是预警分析系统，输出端是预警控制指令。常规的安全问题防控可以由国家相应的职能部门和企业负责，如国家卫生部食品药品管理局、国家质检总局、商贸部、农业部以及各级工商管理部门、食品生产企业等。需要特别指出的是，只有生产者和管理者职责清楚、监管机构之间条块合理、协调及时，反应系统才能遇警而动，反应及时。如果监管出现黑洞，反应系统必将失灵。反应系统的基本构成如下。

①报告制度。运用现代化电子网络手段，实现快速、高效、准确的数据分析，将问题和情况及时向上一级主管部门报告，并按照有关法律和规定向社会公众告示，就构成了报告制度。在我国，现有食物中毒报告制度、法定急性肠道传染病报告制度，并在此基础上，建立起我国的食源性疾病报告体系。

②信息发布制度。一旦预警信息生成，预警信号由谁来发布、通过何种渠道发布以及发布的具体办法由谁来制定等，这些构成了预警信息的发布问题。

预警信息发布是一项政策性很强的工作，需要建立一套完善的预警信息发布制度。虽然我国近几年不断完善食品安全预警预报制度，我国的国家质检总局、国家工商局等都具有食品质量安全信息发布权利和责任，有关的食品安全信息公布越来越及时，但是，一般老百姓对信息发布的权威性并不太清楚，对政府的信息发布渠道也不了解。

(4)快速反应系统。快速反应系统的输入端是预警分析信息,输出端是紧急应对的决策。快速应对系统比一般的应对系统增加了协调指挥功能,重在快速防控重大公共卫生安全的事态发展。

快速反应系统主要是对重大、突发安全事件的紧急应对处理,是应对系统的一种特殊形式。危机应对的关键是捕捉先机,在危机发生危害之前对其进行控制。快速反应系统的实质就是应急防控预案,是危机处理的计划与方法。例如应针对预报的食源性疾病暴发的特征,制定不同的管理措施及突发性事件的应急预案,以实现指导控制的功能。所以,各级有关部门应组织编写省级、县级的《食品安全突发事故处理应急预案》。

快速反系统的基本特点是:①统筹指挥,分级负责;②反应快捷,措施有力;③尊重科学,强调合作;④动态跟踪,快速响应。

(5)食品安全预警系统的运行和调控。正如前面所述,食品安全预警系统的运行可表述成明确警义、寻找警源、分析警兆、预报警度、排除警患等五个过程。其中,明确警义是前提,是预警研究的基础;寻找警源是对警患产生原因的分析,是排除警患的基础;分析警兆是关联因素的分析,是预报警度的基础;预报警度是排除警患的根据,而排除警患是预警目标所在。食品安全预警的运行可用图 7-23 表示。

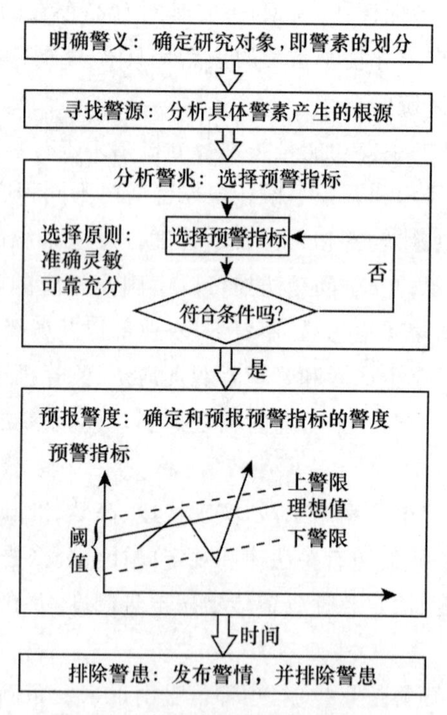

图 7-23　食品安全预警系统的运行

食品安全预警系统的调控目标是多元和多层次的,可看作是一个目标集,主要由以下子目标组成:a. 调控安全食品的产出过程,使社会对安全食品供给的保障程度不断提高;b. 调控安全食品的消费过程,使消费者对安全食品的满意程度不断提高;c. 调控食品安全的经济过程,使它的增长度不断提高。调控目标的具体操作就是需要建立一套与之相适应的预警指标体系，并给出相应指标保持正常运行状态的标准值，以及发生灾变的阈值，这样通过信息反馈系统和相应的调控措施就有可能实现预期的调控目标。

食品安全预警系统的调控机制包括调节机制和控制机制，它通过各种调控方式对食品安全管理系统的运行过程和发展方向进行调节和控制，以保证食品系统在变化着的外部和内部条件下，仍然能够保证安全食品供给这一系统目标的实现。预警系统调控机制建立的关键是明确调控什么，以及如何调控？食品安全调控对象的确定，最重要的是要明确哪些因素会对消费者的健康造成损害，损害是如何产生的？预警系统的调控方式主要有调控预期目标、调控影响源以及调控偏差三种方式，食品安全预警调控就是在这三种调控方式中寻求平衡(图 7-24)。

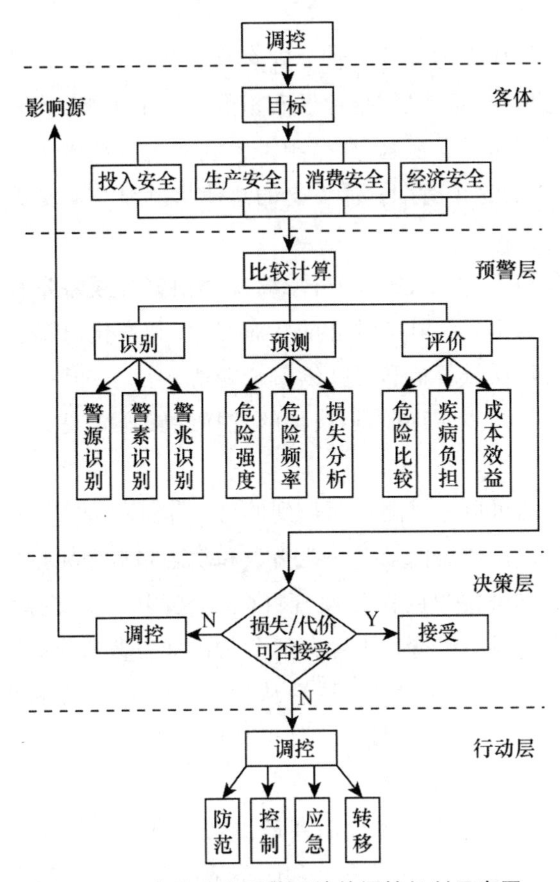

图 7-24　食品安全预警系统的调控机制示意图

7.3.2.2　食品安全预警系统的评价指标设计

食品安全的预警，即警情的预报和控制是建立在预警分析的基础之上的，而预警分析的关键是要确定预警指标，也就是要建立预警指标体系。因此，有必要探讨一下食品安全预警指标体系的问题。

(1)食品安全预警指标的设计原则。对于食品安全预警体系来说，考虑到食品本身的特殊性、复杂性以及食品安全预警体系的要求，预警指标的选择应遵循科学性、系统性、真实性和可操作性原则。

①科学性原则：是系统的一般性原则，也是任何系统设计时所必须遵循的原则。科学性要求所选指标能够反映食品安全的基本内涵，具有明确的预警意义。

②系统性原则：食品安全涉及生产、贮藏、加工、流通、消费等从源头到餐桌的整个过程，是个复杂系统，因此，在确立指标时必须全面考虑各种情况和因素，从系统整体出发去进行选择和考虑，同时选择的指标要兼顾代表性和典型意义指标。

③真实性原则：是指数据、信息来源可靠，能够准确反映实际状况，而且能及时反映食品安全状态发生的变动。

④可操作性原则：要求指标尽可能有统计资料，可测量，可实施，具有对食品安全变化趋势进行可预测的特性。

(2)食品安全预警指标体系的设计。食品安全预警指标体系考虑为多层次、多警情、并列式的结构，体系构建为总体层、系统层、指标层和指数层 4 个等级。

①总体层：表达的是国家或者地区(根据预警系统的预警范围界定)食品安全的总体警情程度，简称总体警度，代表着这个时期食品安全的总体状况和安全发展态势。指标就是食品安全总体警度。

②系统层：按照数量预警、质量预警和可持续安全预警分成数量预警系统、质量预警系统和可持续安全预警系统，每个系统具有独立的状态、过程和变化，代表着系统要描述的警情或警兆。指标就是数量警情、质量警情和可持续安全警情。

③指标层：是表征系统的主要特征量，指标的选择能够充分说明系统，准确反映系统警情状况。

④指数层：是指具体的可以通过测量而得到的可操作性的要素或变量，指数层对应于指标层。按照预警的基本要求，指数层由景气警兆指数和动态趋势警兆指数组成。

因此，食品安全的总体警情程度作为预警目标函数，由三个支撑系统提供警情依据。其中，食品数量安全主要以能供给维持基本生存的食物数量为参考依据，预警系统可设计 6 个警情指标和对应的警兆指数。食品质量安全主要从食品的卫生、营养和膳食结构考虑，预警系统可设计 5 个警情指标和对应的警兆指数。食品可持续性安全从经济、社会、资源与生态考虑，预警系统可设计 7 个警情指标和对应的警兆指数(表 7-10)。

在表 7-10 中：a. 粮食储备率是指粮食储存量占当年粮食消费量的比例，根据联合国粮农组织规定，世界最低食物安全水平线(世界粮食储备量占下一年度需求量的百分比)为 17%～18%。b. 食品需求量波动率是指食品总需求的波动程度，用一个国家或地区当年食品总需求量相对食品需求长期趋势的偏离程度来反映。食品需求量中粮食总需求能否得到满足是食品消费安全的核心内容，选择粮食总需求量与食品需求长期趋势的允许偏差为警兆指数。c. 动物性食品提供热能比是指动物性食品提供的热能占总热能的比例。人体所需要的热能是由蛋白质、脂肪和碳水化合物三种营养素生成。根据 WHO 建议，脂肪提供的热能占总热能的比例不要超过 30%，在 20%～25%为宜。警兆选择蛋白质提供热能比、脂肪提供热能比。

表 7-10　食品安全预警指标体系

总体层(警度)	系统层	指标层(警情)	指数层(景气警兆和动态警兆)
食品安全总体警度	食品数量安全	农业总产值增长率	农业总产值,农产品平均价格水平
		粮食总产量增长率	总耕地面积,农产品价格水平,三农政策扶持力度
		粮食储备率	年粮食总产量,粮食周转储备率,年粮食消费总量
		食物自给率	粮食、油脂、肉蛋奶生产总供给能力,粮食进口数量增加
		人均食品占有率	总人口增长率,食品总供给增长率
		食品需求量波动率	食品总需求量与食品需求中长期趋势的允许偏差
	食品质量安全	食品卫生监测总体合格率	总菌数、大肠菌群、海藻毒素、食品添加剂
		化学农药残留抽检合格率	禁用农药,允许农药残留量
		兽药残留抽检合格率	禁用兽药,激素残留量,抗生素残留量
		优质蛋白质占总蛋白质比值	优质蛋白质总量
		动物性食品提供热能比	蛋白质提供热能比,脂肪提供热能比
	食品可持续安全	人均水资源量	人口数量,灌溉面积占耕地面积比值,工业用水量,生活用水量,蓄水量
		人均耕地	总人口增长率,总耕地面积
		水土流失率	地表保护质量,气候变化变异状况
		废气排放量	废气排放总量,大气污染物排放浓度
		劳动生产率	农业劳动力人均负担耕地面积,产业结构变化
		GDP 增长率	GDP 总量
		人均收入水平	GDP 总量,总人口增长率

7.3.3　国内外食品安全预警系统的简介

7.3.3.1　国际食品安全网络

国际食品安全网络(INFOSAN)是世界卫生组织(WHO) 为了改善国家和国际层面的食品安全主管部门之间的合作,于 2004 年创建的。该网络已对国际上各国食品安全主管部门间进行日常食品安全信息交换起到了重要作用,同时也为食品安全紧急事件发生时迅速获取相关信息提供了载体。截至 2007 年 3 月,已有 154 个国家或地区成为该系统注册成员,每个注册成员可设有 1 个或多个国家授权的联络点;同时为了确保成员国有快速和稳定的官方联络渠道,每个注册成员国必须而且仅设有 1 个 INFOSAN 紧急事件联络点。WHO-INFOSAN 网络结构图如图 7-25 所示。

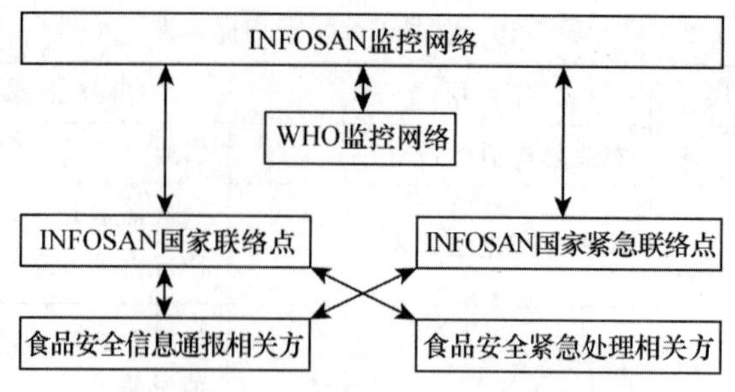

图 7-25 WHO-INFOSAN 网络结构图

INFOSAN 有两个主要组成部分：一是食品安全紧急事件网络(INFOSAN EMERGENCY)，它将国家官方联络点连接在一起，以处理有国际影响的食源性疾病和食品污染的紧急事件，并使之能迅速交流信息；二是发布全球食品安全方面重要数据信息的网络体系。成员国内部 INFOSAN 结构图及其与 WHO-INFOSAN 接口的关系如图 7-26 所示。

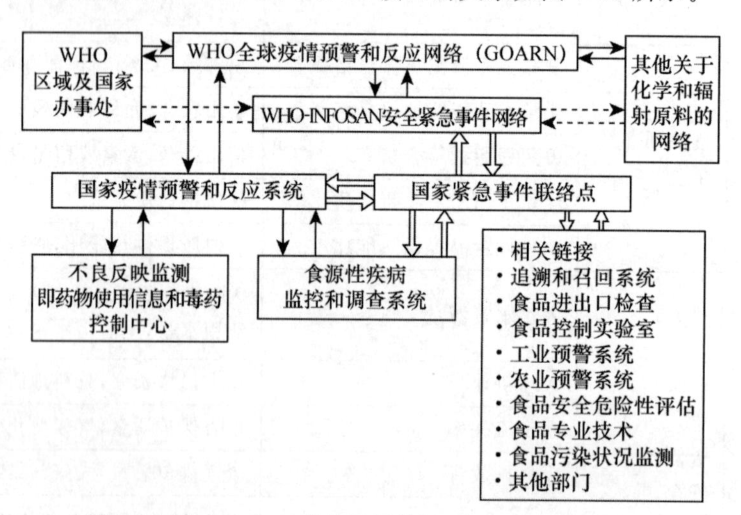

图 7-26 成员国内部 INFOSAN 结构图及其与 WHO-INFOSAN 接口的关系图

7.3.3.2 欧盟食品和饲料快速预警系统

为了保护消费者免受食品消费中可能存在的风险或潜在风险的危害以及在欧盟成员国及欧盟委员会之间及时交流风险信息，欧盟根据各成员国的实际情况制定实行了“食品和饲料快速预警系统”(rapid alert system for food and feed，RASFF)(图 7-27)。因此，RASFF 主要是针对各成员国内部由于食品不符合安全要求或标示不准确等原因引起的风险和可能带来的问题及时通报各成员国，使消费者避开风险的一种安全保障系统。该系统主要包括了通报制度、通报分级、通报类型、采取的措施、后续反应(行动)、新闻发布制度和公司召回制度。

(1)通报制度。当成员国了解或怀疑某些食品对消费者健康安全造成严重危害，并且这种危害性食品可能会出现在其他成员国的市场上时，成员国应向欧盟委员会通报。欧盟委员会有关部门将随时向成员国通报有关可能危及消费者健康的食品信息，这些信息可能来源于成员国内部，也可以从第三国家或其他渠道获得。在欧盟委员会通报成员国之前，欧盟委员会将对这些情况的严重性进行评估，并决定是否采取适当的行动。

(2)通报分级。当 RASFF 发现商品危害时，就会根据情况，对该商品发出以下两种等级

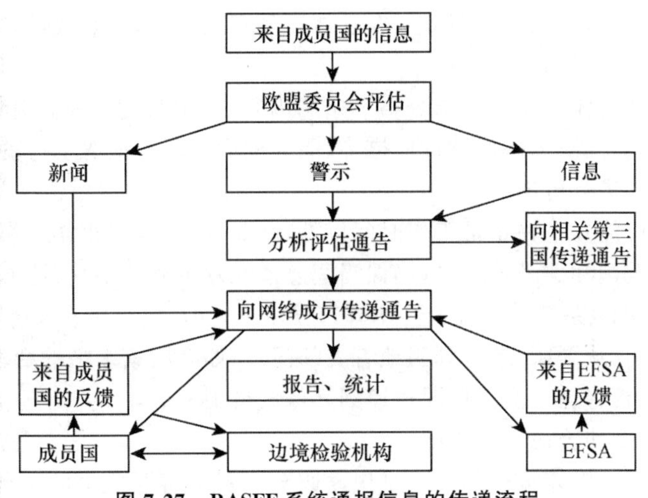

图 7-27　RASFF 系统通报信息的传递流程

的风险预警通报。

①预警通报(alert notification)。又分两种情况,即可能造成严重健康后果甚至死亡的食品和可能造成暂时性不良健康后果的食品。例如对消费者有危害的食品;对消费者有潜在危害的食品;易感人群可能食用的食品;由于贮藏或销售过程中可能与其他商品交叉污染的食品;已被确认有产品质量问题的食品。

②非预警通报(non-alert notification)。也包括两种情况,即不大可能造成严重健康后果的食品和(或)由于卫生原因被封存在国境上的食品。对于这类情况,是需要通报成员国的有关食品管理部门,引起他们的重视。例如,由于卫生原因被封存在国境上的食品;不符合食品要求但也不会产生直接危害的食品;实验室检测结果超过 15 d 的食品,而这些食品在市场上流通不会超过 15 d 的食品(这取决于食品的类型)。

(3)通报类型。通报的类型主要分 3 种:①初次通报(original notification),在 RASFF 系统中是指首次发现由于食品引起的对消费者健康造成危害的情况进行通报的制度;②附加通报(additional notification),与已经发布的通报相关的通报;③附加信息(additional information),是指初次通报发布后收集到的有关信息,这些信息可能有利于政府的有关部门对危害的控制。

(4)采取的措施。

①通报国家。收集有关信息,特别是与食品危害及这些食品在其他成员国或第三国有关分布情况的信息。

②食品生产国。访问生产商并对生产企业进行一次彻底的检验,收集有关食品在其他成员国或第三国的销售情况。

③食品进口国。访问进口商并对其进行检验,收集有关食品在其他成员国的分销情况。有直接关系的成员国应向欧盟委员会提交调查报告的结果。

食品生产国或食品进口国应向欧盟委员会送交一份最终的调查报告,并将调查报告的副本提供给通报国。根据有关方面提供的信息,欧盟委员会将决定是否采取适当的行动,如访问生产企业进一步收集有关信息,调查第三国的保护条款,取消企业的注册资格,启用新的标准或修改有关法规。

(5)后续反应(行动)。按照欧盟委员会总体产品安全指令,所有成员国有义务向欧盟委员会通报本国已经采取的行动。

根据欧盟委员会总体产品安全指令第 8 条的内容,这项规定仅适用于预警通报系统。对非预警通报系统,成员国应采用后续反应措施,除非成员国已经采取了行动。信息应以官方后续反应通报表的形式进行传递。

由于紧急情况可能发生在正常工作时间以外,因此,成员国应建立工作时间以外的通报制度以及行之有效的全国性保障系统,以确保当紧急情况发生时从中央、地方到当地政府部门都能及时相互沟通 。当该系统中的任何一个环节发生变动时,成员国有义务及时通报其他各成员国的各级有关部门(从国家、地方到当地有关部门)。如有国家水平的变动,应立即通报欧盟委员会,由委员会负责将这一变动情况传递到其他成员国。

(6)新闻发布制度和公司召回制度。

①新闻发布制度。媒体报道的形式是快速通知消费者避开危害的一种好的方式,但是对于媒体报道的信息一定要保证准确无误,以防止由此在消费者中引起不必要的恐慌。

②公司召回制度。鼓励企业向政府有关部门通报将要对某些产品采取召回行动的计划,政府有关部门应协助公司用最好的方式将自己的产品召回。

7.3.3.3 中国食源性疾病的预警系统

食源性疾病是由于摄入食物中所含的致病因子引起的通常具有感染性质或中毒性质的一类疾病,包括常见的食物中毒、经食物或水引起的肠道传染病及化学性有毒有害物质所造成的疾病,是当今世界上最广泛的卫生问题之一。开展食源性疾病的危险性评估,建立食源性疾病的预警系统对阐明食源性疾病的流行病学的变化特点及其影响因素,揭示新的食物媒介和病原因子,控制食品污染,减少食源性疾病,保障消费者健康,促进经济发展等方面具有十分重要的作用。

(1)食源性疾病的预警系统的级别。食源性疾病的预警系统可以发现食源性疾病暴发的先兆,赢得时间启动应急措施,采取有效对策控制食源性疾病,以防止食源性疾病大规模的流行。食源性疾病的预警系统可分为三级。

①一级预警系统。凡达到下列指标之一项者,启动一级预警系统:医院肠道门诊病人短期内突然增加,每周比同期增加 20%;社区人群监测发现由于食源性原因引起疾病的人数增加,每个月增加 20 人;药房的腹泻药销售突然增加,每天的销售量比同期增加 20%;学校学生缺课率短期内突然增加,每天比同期增加 20%;食品污染物监测网监测的病原菌或化学性污染物检出率突然增加,比同期增加 10%。

②二级预警系统。凡达到下列指标之二项者,启动二级预警系统:医院肠道门诊病人短期内突然增加,每周比同期增加 20%;社区人群监测发现由于食源性原因引起疾病的人数增加,每个月增加 20 人;药房的腹泻药销售突然增加,每天的销售量比同期增加 20%;学校学生缺课率短期内突然增加,每天比同期增加 20%;食品污染物监测网监测的病原菌或化学性污染物检出率突然增加,比同期增加 10%。或达到下列指标之一者,启动二级预警系统:医院肠道门诊病人短期内突然增加,每周比同期增加 40%;药房的腹泻药销售突然增加,每天的销售量比同期增加 40%;食品污染物监测网监测的病原菌或化学性污染物检出率突然增加,比同期增加 20%。

③三级预警系统。凡达到下列指标之二项者,启动三级预警系统:医院肠道门诊病人短期

内突然增加，每周比同期增加40%；社区人群监测发现由于食源性原因引起疾病的人数增加，每个月增加50人以上；药房的腹泻药销售突然增加，每天的销售量比同期增加40%；学校学生缺课率短期内突然增加，每天比同期增加40%；食品污染物监测网监测的病原菌或化学性污染物检出率突然增加，比同期增加20%。或达到下列指标之一者，启动三级预警系统：医院肠道门诊病人短期内突然增加，每周比同期增加50%；药房的腹泻药销售突然增加，每天的销售量比同期增加60%；食品污染物监测网监测的病原菌或化学性污染物检出率突然增加，比同期增加30%。

(2)食源性疾病预警系统的启动和响应。食源性疾病预警系统下设5个主动监测网：各级医疗机构腹泻门诊监测网、社区人群监测网、药房腹泻药销售监测网、学校学生缺课率监测网和食品污染物监测网。当上述监测网提供的信息或其他渠道提供的信息经分析核实符合相应的预警级别时，就要及时启动对应的应急措施。

①一级预警系统的启动和响应。一级预警系统建议由基层卫生部门启动，并做出响应。一级预警系统启动后，由基层卫生行政部门进行统一领导、统一指挥，组织、协调有关人员对事件进行处理，并保证启动所需经费、医疗救治、药品及预防等物资的供应，保证启动工作的有序进行及各项措施的落实工作。

基层疾病预防控制部门应组织相关人员到达现场，开展流行病学调查，根据《食源性疾病个案调查报告表》的内容，详细询问患者和相关进食人员，了解食源性疾病的发病人数、同时进食人数、共同进食的食品、患者的临床症状的共同特点，初步确定可疑食物、分析中毒原因；并采取可疑食物和患者的血液、呕吐物、排泄物、用具容器等标本进行实验室检验，最后根据患者发病的潜伏期、主要症状和可疑食物等特点及实验室检验结果，对食源性疾病做出初步判断。

基层卫生监督部门应组织相关人员对发生的食源性疾病的单位进行执法检查，对其食品加工人员的个人卫生状况、加工场所的环境卫生、容器用具卫生、食品烹调方法、加热时间和温度、食物存放的温度和时间、加工过程中有无交叉污染等情况进行全面检查，并采取相应的措施，督促其改善卫生状况。

接诊医院应积极采取措施对病人的临床症状进行对症治疗，有效控制病情的发展。

②二级预警系统的启动和响应。二级预警系统建议由上一级卫生部门启动，并做出响应。二级预警系统启动后，由该级别的卫生行政部门进行统一领导、统一指挥，组织、协调有关人员对事件进行处理，并保证启动所需经费、医疗救治、药品及预防等物资的供应，保证启动工作的有序进行及各项措施的落实工作。

同级别疾病预防控制部门应派出专家组赴现场进行调查和技术指导，联合事件发生地基层疾病预防控制部门的相关人员开展流行病学调查，对食源性疾病做出初步判断。

同级别的卫生监督部门应组织人员联合事件发生地基层卫生监督部门相关人员对发生的食源性疾病的单位进行执法检查，采取相应的措施，督促其改善卫生状况。

接诊医院应积极采取措施对病人的临床症状进行对症治疗，有效控制病情的发展。对病情严重的患者组织省级医院专家会同接诊医院专家会诊，提出指导意见，保证救治工作的顺利开展。

③三级预警系统的启动和响应。三级预警系统建议由最高级别的卫生行政部门启动，并做出响应。三级预警系统启动后，由最高级别的卫生行政部门进行统一领导、统一指挥，组织、协调事件发生地省及基层有关人员对事件进行处理，并保证启动所需经费、医疗救治、药品及

预防等物资的供应，保证启动工作的有序进行及各项措施的落实工作。

同级别疾病预防控制部门应派出专家组赴现场进行调查和技术指导，联合事件发生地基层及其上级疾病预防控制部门相关人员开展流行病学调查，对食源性疾病做出初步判断。

同级别的卫生监督部门应派出专家组联合事件发生地基层及其上级卫生监督部门组织相关人员对发生的食源性疾病的单位进行执法检查，采取相应的措施，督促其改善卫生状况。

接诊医院应积极采取措施对病人的临床症状进行对症治疗，有效控制病情的发展。对病情严重的患者组织全国各大医院专家会同接诊医院专家会诊，提出指导意见，保证救治工作的顺利开展。

二维码 7-2　食品预警系统建立的实例
——中国进出口食品安全监测和预警系统

思考题

1. 名词解释：食品溯源、产品溯源、过程溯源、基因溯源、投入溯源、疾病和害虫溯源、测定溯源、条码技术、无线射频识别技术、食品溯源系统、GS1、电子数据交换协议、预警、食品安全预警、食品安全预警体系（系统）、国际食品安全网络（INFOSAN）、全球环境监测系统（GEMS）、预警通报、非预警通报。

2. 无线射频识别技术与条形码技术比较具有哪些特点？无线射频识别技术溯源目前有哪些局限性？

3. 食品溯源系统建立的目的、要求和原则是什么？

4. 食品溯源系统的主要功能模块、建立阶段及步骤是什么？并举例说明。

5. 举例说明 EAN · UCC 系统在食品溯源系统中的应用。

6. 食品安全预警体系建立的目的和功能是什么？

7. 食品安全预警系统的结构和评价指标设计？并举例说明。

8. 阐述欧盟食品和饲料快速预警系统。

9. 阐述中国食源性疾病的预警系统。

参考文献

[1]刘志扬. 应对食品安全危机. 中国农产品质量安全目标与制度研究[M]. 青岛：青岛出版社，2005.

[2]杨信廷，钱建平，孙传恒，等. 农产品及食品质量安全追溯系统关键技术研究进展[J]. 农业机械学报，2014，45(11)：212-222.

[3]马慧罂，余冰雪，李妍，等. 食品溯源技术研究进展[J]. 食品与发酵工业，2017，43(5)：277-284.

[4]赵训铭，刘建华．射频识别(RFID)技术在食品溯源中的应用研究进展[J]．食品与机械，2019，35(2)：212-216，225．

[5]马奕颜，郭波莉，魏益民，等．植物源性食品原产地溯源技术研究进展[J]．食品科学，2014，35(5)：246-250．

[6]吴潇，张小波，朱连龙，等．肉产品分子溯源标记的研究进展[J]．食品科学，2010，31(7)：308-311．

[7]郭玻莉，魏益民，潘家荣．牛肉产地溯源技术研究[M]．北京：科学出版社，2009．

[8]赵静．食品溯源分析技术和应用[M]．北京：中国科学技术出版社，2012．

[9]张勇，王督，李雪，等．基于近红外光谱技术的农产品产地溯源研究进展[J]．食品安全质量检测学报，2018，9(23)：6161-6166．

[10]玄冠华，屈雪丽，林洪，等．中国食品质量安全风险预警预报技术研究进展[J]．中国渔业质量与标准，2016，6(3)：1-5．

[11]缪祎晟，吴华瑞，朱华吉，等．城市食品安全体系智能溯源终端设计[J]．计算机工程与设计，2015，36(3)：641-646．

[12]顾洪玮，张鑫玥，秦雪，等．猪肉可追溯系统的构建[J]．黑龙江农业科学，2018，(5)：46-49．

[13]郭波莉，孙淑敏，魏益民，等．羊肉产地指纹图谱溯源技术研究[M]．北京：科学出版社，2014．

[14]许建军，高胜普．食品安全预警数据分析体系构建研究[J]．中国食品学报，2011，11(2)：169-172．

[15]刘凯，马睿智，赵国杰．食品生产质量安全风险预警指标体系的构建[J]．标准科学，2016，(9)：76-79．

[16]刘巍，叶厚元．基于4T的食品安全评价指标体系构建[J]．安全与环境工程，2018，25(6)：106-113．

[17]金征宇．食品安全导论[M]．北京：化学工业出版社，2005．

[18]中国食品安全溯源网 http://www.f-trace.com/．

[19]张兵，黄昭瑜，叶春玲．蔬菜质量安全可追溯系统的设计与实现[J]．食品科学，2007，28(8)：573-577．

[20]秦玉青，耿全强，晏绍庆．基于食品链的食品溯源系统解析[J]．现代食品科技，2007，23(11)：85-88．

[21]陈华．食品质量溯源系统的现状及法制建设[J]．湖南农业科学，2010，(21)：87-89．

[22]施连敏，郭翠珍，盖之华，等．基于二维码的绿色食品溯源系统的设计与实现[J]．制造业自动化，2013，35(8)，144-146．

[23]唐晓纯，苟变丽．食品安全预警体系框架构建研究[J]．食品科学，2005，26(5)：246-250．

[24]唐晓纯．食品安全预警体系评价指标设计[J]．食品工业科技，2005，11：152-155．

[25]何坪华，聂凤英，等．食品安全预警系统功能、结构及运行机制研究[J]．商业时代，

2007,33:62-64.

[26]郑培,吴功才,王海明,等. 食品安全综合评价指数与监测预警系统研究[J]. 中国卫生检验杂志,2010,20(7):1795-1796,1800.

[27]潘春华,朱同林,张明武,等. 食品安全信息预警系统的研究与设计[J]. 农业工程学报,2010,26(增刊1):329-333.

[28]程景民,李佳,薛贝. 欧盟食品预警系统与我国食品出口的安全应对[J]. 医学与社会,2010,23(10):3-5.

[29]唐晓纯,许建军,瞿晗屹,等. 欧盟RASFF系统食品风险预警的数据分析研究[J]. 食品科学,2012,33(5):285-292.

第 8 章

食品安全标准体系

学习目的与要求

掌握食品安全标准的基本概念；了解食品安全标准体系建立的目的及意义；熟悉我国食品安全标准的制定与执行情况。

8.1 食品安全标准简介

8.1.1 食品安全标准的基本概念

8.1.1.1 食品安全标准的概念

食品安全标准是指为了对食品生产、加工、流通和消费(即“从农田到餐桌”)食品链全过程中影响食品安全和质量的各种要素以及各关键环节进行控制和管理,经协商一致制定并由公认机构批准,共同使用的和重复使用的一种规范性文件。

本书以我国食品安全标准为例,介绍食品安全标准的基本概念、食品安全国家标准的制定与执行、食品安全企业标准的制定与备案情况。

食品安全标准作为食品安全法律法规体系的重要组成部分和监督执法的重要技术依据,在食品行业发展中发挥着不可替代的作用。我国非常重视食品安全标准的建设工作,2021年修正的《中华人民共和国食品安全法》(简称《食品安全法》)“第三章”专章制定了“食品安全标准”,对食品安全标准的制定原则、食品安全标准的强制性、食品安全标准的内容、食品安全国家标准的制定和公布主体、食品安全国家标准的制定依据、食品安全地方标准、食品安全企业标准、免费查阅食品安全标准、食品安全标准的追踪等内容做了具体规定。

8.1.1.2 食品安全标准制定的原则

制定食品安全标准,应当以保障公众身体健康为宗旨,做到科学合理、安全可靠。

食品安全标准是国家为保证食品质量安全,保障公众身体健康和生命安全,防止食源性疾病发生,对食品、食品相关产品、食品添加剂的卫生要求及其在生产、加工、贮存和销售等方面所规定的技术要求和措施。不符合食品安全标准的食品、食品相关产品及食品添加剂不得在市场流通。

8.1.1.3 食品安全标准的强制执行性

《食品安全法》规定,食品安全标准是强制执行的标准。除食品安全标准外,不得制定其他的食品强制性标准。该规定既确立了食品安全标准的强制性,又体现了食品安全标准在食品相关标准中的唯一性,即食品安全标准一旦确立,所有与之相关的食品生产经营活动都必须遵守。

8.1.1.4 食品安全标准的内容

食品安全标准应当包括下列内容。

(1)食品、食品添加剂、食品相关产品中的致病性微生物,农药残留、兽药残留、生物毒素、重金属等污染物质以及其他危害人体健康物质的限量规定。

(2)食品添加剂的品种、使用范围、用量。

(3)专供婴幼儿和其他特定人群的主辅食品的营养成分要求。

(4)对与卫生、营养等食品安全要求有关的标签、标志、说明书的要求。

(5)食品生产经营过程的卫生要求。

(6)与食品安全有关的质量要求。

(7)与食品安全有关的食品检验方法与规程。

(8)其他需要制定为食品安全标准的内容。

8.1.1.5　食品安全国家标准的制定和公布主体

食品安全国家标准由国务院卫生行政部门会同国务院食品安全监督管理部门制定、公布，国务院标准化行政部门提供国家标准编号。

食品中农药残留、兽药残留的限量规定及其检验方法与规程由国务院卫生行政部门、国务院农业行政部门会同国务院食品安全监督管理部门制定。

屠宰畜、禽的检验规程由国务院农业行政部门会同国务院卫生行政部门制定。

8.1.1.6　食品安全国家标准制定的依据

制定食品安全国家标准，应当依据食品安全风险评估结果并充分考虑食用农产品安全风险评估结果，参照相关的国际标准和国际食品安全风险评估结果，并将食品安全国家标准草案向社会公布，广泛听取食品生产经营者、消费者及有关部门等方面的意见。

食品安全国家标准应当经国务院卫生行政部门组织的食品安全国家标准审评委员会审查通过。食品安全国家标准审评委员会由医学、农业、食品、营养、生物、环境等方面的专家以及国务院有关部门、食品行业协会、消费者协会的代表组成，对食品安全国家标准草案的科学性和实用性等进行审查。

8.1.1.7　食品安全地方标准、企业标准的制定

对地方特色食品，没有食品安全国家标准的，省、自治区、直辖市人民政府卫生行政部门可以制定并公布食品安全地方标准，报国务院卫生行政部门备案。食品安全国家标准制定后，该地方标准即行废止。

国家鼓励食品生产企业制定严于食品安全国家标准或者地方标准的企业标准，在本企业适用，并报省、自治区、直辖市人民政府卫生行政部门备案。

8.1.1.8　食品安全标准的查阅

省级以上人民政府卫生行政部门应当在其网站上公布制定和备案的食品安全国家标准、地方标准和企业标准，供公众免费查阅、下载。

对食品安全标准执行过程中的问题，县级以上人民政府卫生行政部门应当会同有关部门及时给予指导、解答。

8.1.1.9　食品安全标准的追踪

省级以上人民政府卫生行政部门应当会同同级食品安全监督管理、农业行政等部门，分别对食品安全国家标准和地方标准的执行情况进行跟踪评价，并根据评价结果及时修订食品安全标准。

省级以上人民政府食品安全监督管理、农业行政等部门应当对食品安全标准执行中存在的问题进行收集、汇总，并及时向同级卫生行政部门通报。

食品生产经营者、食品行业协会发现食品安全标准在执行中存在问题的，应当立即向卫生行政部门报告。

8.1.2　食品安全标准的分类

食品安全标准大都按以下方法分类：一是根据制定标准的主体进行分类，包括国际标准、

区域标准、国家标准、行业标准、地方标准和企业标准;二是根据标准的约束力进行分类,包括强制性标准和推荐性标准;三是根据标准化对象的基本属性进行分类,包括技术标准、管理标准和工作标准;四是根据标准信息载体进行分类,包括文字标准和实物标准;五是根据标准的要求程度进行分类,包括规范、规程和指南;六是根据标准的公开程度进行分类,包括可公开获得的标准和其他标准;七是根据适用范围进行分类,包括基础标准、产品标准及方法标准等。上述标准分类中,最常见的是根据制定标准的主体和适用范围进行分类。

(1)按标准制定的主体划分。

①国际标准:食品安全国际标准主要由国际标准化组织(ISO)制定,此外,FAO(世界粮农组织)和WHO(世界卫生组织)也制定有关食品安全的国际标准。食品安全国际标准理论上没有强制性,但是各出口国企业必须遵守出口贸易中食品安全国际标准,属于事实采用,实际上具有一定的强制性。

②区域标准:食品安全区域标准是指由区域标准化组织或区域标准组织通过并公开发布的标准,其种类通常按制定区域划分标准的组织进行划分。

③国家标准:食品安全国家标准是指由国家机构通过并公开发布的食品安全标准,是强制执行的标准。我国的食品安全国家标准是由国务院卫生行政部门会同国务院食品安全监督管理部门制定、公布,国务院标准化行政部门提供国家标准编号。强制性国家标准代号为“GB”,后附标准号和发布年号。

④行业标准:食品安全行业标准是指由食品行业组织通过并公开发布的食品安全标准。我国的行业标准是由国家有关行业行政主管部门制定并报国务院标准化行政主管部门备案公开发布的标准。行业标准代号由两个汉语拼音字母组成,不同行业有不同的代号,如农业行业标准NY,轻工行业标准QB,粮食行业标准LS,商业标准SB,水产标准SC等。

⑤地方标准:食品安全地方标准是指在国家的某个地区通过并公开发布的食品安全标准。对于没有国家标准和行业标准而又需要在省、自治区、直辖市范围内统一的食品安全、卫生安全要求,可以制定食品安全地方标准。我国的地方标准是由省、自治区、直辖市人民政府卫生行政部门制定并公布,报国务院卫生行政部门备案。食品安全国家标准制定后,该地方标准即行废止。地方标准代号由“DB”和各省、市、自治区行政区划代码前两位数加斜线组成,如上海市食品安全地方标准代号为DB31/。

⑥企业标准:食品安全企业标准是由食品生产企业制定并由企业法人代表或其授权人批准、发布的食品安全标准。食品安全企业标准有两种情况,一是当企业生产的食品没有国家标准、行业标准和地方标准的,企业必须制定相应的企业标准作为组织生产的依据;二是当企业生产的食品已经有国家标准、行业标准或地方标准的,企业也可以根据需要制定严于国家标准、行业标准或地方标准要求的企业标准,以提高食品的安全水平。企业标准是企业组织生产、经营活动的依据。企业标准的代号由“Q”加斜线再加企业代号组成,企业代号可用大写拼音字母或阿拉数字或两者兼用所组成。企业代号按中央所属企业和地方企业分别由国务院有关行政主管部门或省、自治区、直辖市政府标准化行政主管部门会同同级有关行政主管部门加以规定。

企业标准与国家标准有着本质的区别。首先,企业标准是企业独占的无形资产;其次,企业标准如何制定,在遵守法律的前提下,完全由企业自己决定;最后,企业标准采取什么形式、规定什么内容,以及标准制定的时机等,完全依据企业本身的需要和市场及客户的要求,由企业自己决定。

(2)按标准的适用范围划分。食品安全标准按照适用范围可以分为基础标准、产品标准及方法标准等。

①基础标准:在一定范围内作为其他标准的基础并普遍通用,具有广泛指导意义的标准。一般有以下几种:概念和符号标准,精度和互换性标准,实现系列化和保证配套关系的标准,结构要素标准,产品质量保证和环境条件标准,安全、卫生和环境保护标准,管理标准,量和单位。

②产品标准:为保证产品的适应性,对产品必须达到的某些或全部特性要求所制定的标准,即对产品结构、规格、质量和检验方法所作的技术规定。产品标准的主要内容包括:产品的适用范围,产品品种、规格和结构形式,产品的主要性能,产品的试验、检验方法和验收规则,产品的包装、标志、储存和运输等方面的要求。

③方法标准:它是以试验、检查、分析、抽样、统计、计算、测定、作业等各种方法为对象而制定的标准。

8.2　食品安全标准的制定与执行

制定食品安全标准应遵循的原则和基础是食品安全风险评估,这也是国际通行的原则。为统一各国标准制定方面的原则,国际贸易组织在 SPS 协定中对食品安全标准做出了专门规定,国际制定食品安全标准的一般规则是采用 WTO/SPS 协议规定的危险性分析方法。由于食品安全的核心问题是食源性疾病问题,预防食源性疾病发生的重要措施是建立完善的食品安全标准体系,因此,食品安全标准的制定过程实质上是公共卫生的重要内容。食品安全标准是以人体安全与健康为评价指标的技术性法规,食品安全标准的制定是以保证人群食用健康为科学基础,采用危险性分析的方法,通过危害分析、暴露量评估、膳食摄入量调查等技术手段和科学依据来制定的,这是发达国家和国际食品法典委员会(CAC)共同遵循的原则。

8.2.1　食品安全国家标准的制定与执行

按照我国《食品安全国家标准管理办法》,食品安全国家标准制定工作包括规划、计划、立项、起草、审查、批准、发布以及修改与复审等。鼓励公民、法人和其他组织参与食品安全国家标准的制定工作,提出意见和建议。

在提出标准研制计划方面,国务院卫生行政部门会同国务院农业行政、工商行政管理局和国家食品安全监督管理以及国务院商务、工业和信息化等部门制定食品安全国家标准规划及其实施计划,并公开征求意见。国务院有关部门以及任何公民、法人、行业协会或者其他组织均可提出制定或者修订食品安全国家标准立项建议。国务院卫生行政部门对审查通过的立项建议,纳入食品安全国家标准制定或者修订规划、年度计划。根据食品安全风险评估结果和食品安全监管中发现的重大问题,可以紧急增补食品安全国家标准制(修)订项目。

制定标准应当选择具备相应技术能力的单位起草食品安全国家标准草案。提倡由研究机构、教育机构、学术团体、行业协会等单位共同起草食品安全国家标准草案。标准起草单位的确定应当采用招标或者委托等形式,择优落实。一旦按照标准研制项目确定标准起草单位后,标准研制者就应当组成小组或者协作组,标准制定过程中,在查询国内外有关资料的基础上,重要的工作就是进行食品安全风险评估,同时要充分考虑食用农产品风险评估结果及相关的国际标准。在保障公众健康的前提下，要注重标准的可操作性，既考虑国际方面的情况，也充分考虑国情。

对于食品中农药残留和兽药残留，由国务院农业行政部门负责食用农产品中农药残留限量及检测方法与规程的计划、立项、起草、审查、复审、解释等。为了使食品中农药残留、兽药残留的限量规定及其检验方法与规程科学合理、安全可靠，国务院农业行政部门应在卫生行政部门统一组织协调下，制定相关农药残留的限量及检验方法并进行风险评估。

屠宰畜、禽的检验规程因涉及人体健康，特别是检验规程中涉及健康的关键控制点和措施对保护人体健康水平非常重要，因此，对于屠宰畜、禽的检验规程应由国务院有关主管部门会同卫生部制定。

制定出标准草案后，国务院卫生行政部门应当将食品安全国家标准草案向社会公布，公开征求意见。完成征求意见后，标准研制者应当根据征求的意见进行修改，形成标准送审稿，提交食品安全国家标准审评委员会审查。该委员会由卫生部负责组织，按照有关规定定期召开食品安全国家标准审评委员会，对送审标准的科学性、实用性、合理性、可行性等多方面进行审查。委员会由来自于不同部门的医学、农业、兽医、食品以及营养等方面的专家和国务院有关部门的代表组成。行业协会、食品生产经营企业及社会团体可以参加标准审查会议。按照食品安全所涉及的专业领域，参照国际食品法典委员会的模式，食品安全国家标准审评委员会内设 10 个专业工作组，按专业审查标准。

食品安全国家标准委员会审查通过的标准，由卫生部批准、国务院标准化行政部门提供国家标准编号后，由卫生部编号并公布。

标准实施后，国务院卫生行政部门和省、自治区、直辖市人民政府卫生行政部门应当会同同级农业行政、工商行政管理、食品安全监督管理、商务、工业和信息化等部门，对食品安全国家标准和食品安全地方标准的执行情况分别进行跟踪评价，并应当根据评价结果适时组织修订食品安全标准。食品安全国家标准审评委员会也应当根据科学技术和经济发展的需要适时进行复审。

食品安全国家标准是强制执行的，一旦公布，食品生产经营企业、行业、政府有关部门及消费者都应当知晓标准的内容。可以说，快速、便捷地查到食品安全国家标准是食品安全的基本保障。有关部门应当采取多种形式，方便公众免费查阅标准。例如运用互联网标准数据库的形式就是免费、便捷查阅的方法之一。

食品安全地方标准制定(修订)可参照《食品安全国家标准管理办法》执行。

8.2.2 食品安全企业标准的制定与备案

(1)食品安全企业标准的制定。企业生产的食品没有食品安全国家标准或者地方标准的，应当制定企业标准，作为组织生产的依据。国家鼓励食品生产企业制定严于食品安全国家标准或者地方标准的企业标准，以提高食品的质量水平和市场竞争力。

食品安全企业标准应当包括食品原料(包括主料、配料和使用的食品添加剂)、生产工艺以及与食品安全相关的指标、限量、技术要求。

企业标准的编写应当符合 GB/T 1.1—2020《标准化工作导则 第 1 部分：标准化文件的结构和起草规则》的要求。

企业标准的编号格式为：Q/(企业代号)(四位顺序号)S________(年号)

企业标准编制说明应当详细说明企业标准制定过程和与相关国家标准、地方标准、国际标准、国外标准的比较情况。

标准比较适用下列原则。

①有国家标准或者地方标准时，与国家标准或者地方标准比较。

②没有国家标准和地方标准时，与国际标准比较。

③没有国家标准、地方标准、国际标准时，与两个以上国家或者地区的标准比较。

(2)食品安全企业标准的备案。企业标准应当报省级卫生行政部门备案，在本企业内部适用。企业应当确保备案的企业标准的真实性、合法性，确保根据备案的企业标准所生产的食品的安全性，并对其实施后果承担全部法律责任。

食品生产企业制定下列企业标准时，应当在组织生产之前向省级卫生行政部门备案。

①没有食品安全国家标准或者地方标准的企业标准。

②严于食品安全国家标准或者地方标准的企业标准。

企业标准备案时应当提交下列材料。

①企业标准备案登记表。

②企业标准文本(一式八份)及电子版。

③企业标准编制说明。

④省级卫生行政部门规定的其他资料。

集团公司所属企业适用统一的企业标准的，可以由集团公司总部或者其所属任一生产企业向所在地省级卫生行政部门备案。该企业标准备案时，应当注明适用的各企业名称及地址。

委托加工或者授权制造的食品，委托方或者授权方已经备案的企业标准，受托方或者被授权方无须重复备案。但委托方或者授权方在备案时，应当注明受托方或者被授权方的名称及地址。委托方或者授权方无相关企业标准的以及受托方或者被授权方不执行委托方或者授权方标准的，受托方或者被授权方应当制定企业标准，并按照规定备案。

自2009年6月1日起，卫生部门负责食品企业标准备案；质检部门不再负责食品企业标准备案。食品安全企业标准备案有效期为3年。有效期届满需要延续备案的，企业应当对备案的企业标准进行复审，并填写企业标准延续备案表，到原备案的卫生行政部门办理延续备案手续。

8.3　食品安全标准体系

食品安全标准体系是食品安全法律法规体系的重要组成部分，是指以系统科学和标准化原理为指导，按照风险分析(包括风险评估、风险管理、风险交流)的原则和方法，对食品生产、加工和流通(即“从农田到餐桌”)整个食品链中的食品生产全过程各个环节影响食品安全和质量的关键要素及其控制所涉及的全部标准，按其内在联系形成的系统、科学、合理且可行的有机整体。它是有关标准分级和标准属性的总体，反映了标准之间相互关联、相互协调、相互制约的内在联系。显然，食品安全标准体系是一个由食品安全标准组成的系统。通过实施食品安全标准体系，从而实现对食品安全的有效监控，提升食品安全整体水平。

8.3.1 食品安全标准体系建立的目的及意义

(1)食品安全标准体系是全面提升食品安全水平、保障消费者健康的关键。食品安全标准体系是为了对食品质量安全实施全过程控制而建立的,由涉及食品生产、加工、流通全过程中影响食品安全的各个环节和因素及其控制和管理的技术标准、技术共同构成的相互联系、相互协调的有机整体。通过食品安全标准体系的有效实施,可以使食品生产全过程标准化、规范化,为食品质量安全提供控制目标、技术依据和技术保证,实现对食品安全各个关键环节和关键因素的有效监控,满足食品质量安全标准的规定和要求,全面保证和提升食品质量安全水平,保障消费者的健康。

(2)食品安全标准体系是提高国家食品产业竞争力的重要技术支撑。食品工业是重要产业,食品质量安全水平的高低直接影响到国家的综合国力和国际竞争力。一个既符合本国国情又与国际接轨的食品安全标准体系,可为企业提供一套完整有效、科学合理的安全生产和监控管理技术标准与规程,引导和规范企业行为,促进企业加强质量管理,强化食品业者的自主管理意识,采用新技术、新设备,全面提高产品质量,增强我国食品产业的国际市场竞争力。随着经济全球化和贸易自由化的进一步发展,特别是我国在加入 WTO 以后,如果缺乏食品安全保护措施,我国的食品产业将不可避免地受到国外食品的巨大冲击,甚至国内市场也可能成为一些国外劣质产品的倾销地,直接威胁到我国的经济安全和境内食品产业的生存和发展。食品安全标准体系将有助于我国合理设置食品贸易技术壁垒,建立技术性贸易措施体系,应对入世挑战,促进食品贸易全球化。

(3)食品安全标准体系是实现食品产业结构调整的重要手段。由于标准对先进技术具有适应性,因此,发挥标准的技术导向作用,引导资金流动方向和市场取向,将有助于经济结构调整目标的实现。通过提高标准的技术指标提升市场准入门槛,使落后产品无法进入市场,也促使落后的技术和装备因不能满足标准要求而被淘汰,或者使不放弃原有技术和装备的企业增加成本。因此,建立和健全食品安全标准体系,运用标准的手段,将关闭一大批产品质量低劣、浪费资源、污染严重和不具备安全生产条件的企业,淘汰一大批落后的产品、设备、技术和工艺,压缩过剩生产能力,推广先进技术,使整个食品产业统筹规划、突出重点、合理布局,从而实现整个食品产业结构的战略性调整。

(4)食品安全标准体系是国家食品安全监督管理部门规范市场秩序的重要依据。食品安全标准体系规定了食品生产、加工、流通和销售等过程以及食品产品及其性能、试验方法等的质量安全基本要求和具体指标,如食品中有害物质限量指标规定等。食品质量安全标准是食品产品合格与否的判据,是能否获得市场准入的关键。依据食品安全标准可以鉴别以次充好、假冒伪劣食品,保护消费者的利益,整顿和规范市场经济秩序,营造公平竞争的市场环境。

8.3.2 中国食品安全标准体系

我国食品安全标准体系是从无到有逐渐建立与完善的。数千年的人类发展史上,进入现代社会之前是没有食品标准的,那时生产力低下,田间、牧场、作坊产出什么吃什么。进入现代社会之后,现代社会生活节奏的加快,法律法规的健全,人们对食品有了更高更新的要求,食品标准从无到有,从重点食品到一般食品,从卫生标准到食品安全质量标准、检验方法标准等全面展开,成为食品企业的指南,成为民众吃得美味、吃得安心的保障。

我国食品标准随着国家标准化发展而不断发展，可以分为食品卫生标准引入和食品安全标准推进两个阶段。

食品卫生标准引入阶段(1949年到1979年)。自新中国诞生我国就开展了标准化工作，1949年10月成立中央技术管理局下设标准化规划处；1957年，国家技术委员会设立了标准局；1962年，国务院发布《工农业产品和工程建设技术标准管理办法》，成为我国第一个标准化管理法规。"食品卫生标准"概念于1965年在我国第一个食品卫生领域的行政法规《食品卫生管理试行条例》中被首次提出。

食品安全标准推进阶段(1979年至今)。1979年，国务院颁布《中华人民共和国标准化管理条例》；1988年，国家技术监督局成立，统一管理全国标准化工作；1989年，《中华人民共和国标准化法》正式实施，从此，我国标准化工作开始走向依法管理的快车道。随着《食品卫生管理条例》《食品卫生法》《产品质量法》和《食品安全法》等法律法规的颁布实施，我国食品标准也在不断地出台和完善，从食品卫生标准阶段走向食品安全标准阶段。

截至2003年年底，中国发布食品标准共计3 400项，其中国家标准2 206项，行业标准1 194项。按照食品安全标准的范围与类型划分，与食品安全相关的标准共计2 619项(国家标准 1 000项，行业标准1 619项)，食品安全基础标准31项，食品中有毒有害物质限量标准216项(其中限量标准67项，涉及限量指标的产品卫生标准149项)，与食品接触材料卫生标准40项，食品安全卫生与控制管理标准588项，食品安全检验检测方法标准1 560项，食品安全标签标识标准21项，特定产品标准163项。食品工业标准化体系表共划分为19个专业，包括谷物食品、食用油脂、屠宰及肉禽制品、水产食品、罐头食品、食糖、焙烤食品、糖果、调味品、乳及乳制品、果蔬制品、淀粉及淀粉制品、食品添加剂、蛋制品、发酵制品、饮料酒、软饮料及冷冻饮品、茶叶、辐照食品等19类。此时，我国食品安全标准体系呈现以下特点。①标准总体水平偏低。某些标准的限量指标与CAC标准中的限量指标相比，差距较大，指标水平偏低。②部分标准之间存在内容不协调，存在交叉，甚至相互矛盾的现象。③重要标准短缺。某些重要领域尚未制定国家标准。例如，食品中的兽药残留限量标准无国家标准。④标准的前期研究薄弱。某些有毒有害物质，如农药残留、重金属限量等方面的标准缺乏基础性研究，许多限量标准尚未依据"风险评估"原则考虑总暴露量在各类食品中的分配状况。⑤部分标准的实施状况较差，甚至强制性标准也未得到很好的实施。由于中小型食品企业在中国食品企业中占有相当大的比例，普遍存在人员素质低、食品安全控制技术水平落后以及设备、设施老化等问题，导致无法真正按照相关标准的要求进行食品的生产或流通等。

为更好地保证食品安全，保障公众身体健康和生命安全，国家高度重视食品安全，2009年2月28日，第十一届全国人大常委会第七次会议通过了《中华人民共和国食品安全法》。《食品安全法》是适应新形势发展的需要，为了从制度上解决现实生活中存在的食品安全问题，更好地保证食品安全而制定的，其中确立了以食品安全风险监测和评估为基础的科学管理制度，明确食品安全风险评估结果作为制定、修订食品安全标准和对食品安全实施监督管理的科学依据。2013年《食品安全法》启动修订，2015年4月24日，新修订的《中华人民共和国食品安全法》经第十二届全国人大常委会第十四次会议审议通过。新版食品安全法共十章，154条，于2015年10月1日起正式施行。现行的《中华人民共和国食品安全法》于2018年12月29日修正。

自2009年6月《食品安全法》公布实施以来，为健全完善食品安全标准体系，卫生部按照

《食品安全法》的规定和要求做了大量工作。一是组建了由多个领域的350名权威专家担任委员的食品安全国家标准审评委员会，提高食品安全标准审评水平。二是抓紧制定（修订）食品安全标准。三是清理整合现行食品标准，会同农业部门制定了清理整合现行标准的工作方案。四是对新公布的食品安全国家标准进行跟踪评价，及时掌握标准的实施情况。同时，我国继续加强国际食品添加剂法典委员会主持国工作，并派员参加国际法典委员会会议，及时了解国际食品标准工作进展，完善我国食品安全标准体系。2013年，国家卫生计生委重点开展了对近5 000项食品相关标准的清理工作，2014年又全面启动了食品安全国家标准的整合工作，重点解决我国食用农产品质量安全标准、食品卫生标准、食品质量标准以及相关行业标准中强制执行内容中存在的交叉、重复和矛盾的问题；完成了228项食品安全国家标准整合和96项重点、亟须标准的制定、修订工作。国家卫生计生委2015年完成食品安全国家标准整合工作任务，基本构建成我国食品安全国家标准体系。食品安全标准从原来的近5 000余项整合为1 000多项，原来标准之间的交叉、重复、矛盾等现象得到全面改变，新的食品安全国家标准体系将更加有利于执行与监管。

经历70多年的发展，中国食品安全标准体系的建设已经上了一个新的台阶，目前已初步建立起一个以食品安全国家标准为主体，行业标准、地方标准和企业标准相互补充，门类齐全，相互配套，与中国食品产业发展、提高食品安全水准、保证人民身体健康基本相适应的标准体系。

8.3.3 欧盟食品安全标准体系

欧盟对食品质量安全控制有着自己的一套较为有效、严密的体系。一方面，欧盟制定了一系列有关食品的法律，涵盖了食品安全方方面面的内容，十分繁杂、详细。欧盟每个成员国都有本国现行的关于食品安全的法律体系，其中的具体规定是很不相同的。另一方面，欧盟建立了适应市场经济发展的国家技术标准体系，并达到了完善阶段，在完善的技术标准体系下，标准已深入社会生活的各个层面，为法律法规提供技术支撑，成为市场准入、契约合同维护、贸易仲裁、合格评定、产品检验、质量体系认证等的基本依据。在当今全球化的市场中，欧洲标准已得到了世界的认同。因此，欧盟较完善的法律法规和标准体系使欧盟的食品安全管理取得了较好的效果。

欧盟（原欧共体）食品安全体系涉及食品安全法律法规和食品标准两个方面的内容。欧共体指令是欧共体技术法规的一种主要表现形式。1985年以前，欧共体的政策是通过发布欧共体的统一规定（即指令）来协调各国的不同规定，而欧共体指令涉及所有的细节问题，又要得到各成员国的一致同意，所以协调工作进展缓慢。为简化并加快欧洲各国的协调过程，欧共体于1985年发布了《关于技术协调和标准化的新方法》（简称《新方法》），改变了以往的做法，只有涉及产品安全、工作安全、人体健康、消费者权益保护的内容时才制定相关的指令。指令中只写出基本要求，具体要求由技术标准规定，这样，就形成了上层为欧共体指令，下层为包含具体要求内容、厂商可自愿选择的技术标准组成的2层结构的欧共体指令和技术标准体系。该体系有效地消除了欧共体内部市场的贸易障碍，但欧共体同时规定，属于指令范围内的产品必须满足指令的要求才能在欧共体市场销售，达不到要求的产品不许流通。这一规定对欧共体以外的国家常常增加了贸易障碍。而技术标准则是自愿执行的。

上述体系中，与欧共体新方法指令相互联系，依照新方法指令规定的具体要求制定的标准称为协调标准,欧洲标准化委员会(CEN)、欧洲电工标准化委员会(CENELEC)、欧洲电信标准协会(ETSI)均为协调标准的制定组织。协调标准被给予与其他欧洲标准统一的标准编号。因此,从标准编号等表面特征看,协调标准与欧洲标准中的其他标准没有区别,没有单独列为一类,均为自愿执行的欧洲标准。但协调标准的特殊之处在于,凡是符合协调标准要求的产品都可被视为符合欧共体技术法规的基本要求,从而可以在欧共体市场内自由流通。

(1)欧洲食品安全法律法规的制定机构。欧盟委员会和欧共体理事会是欧盟有关食品安全卫生的政府立法机构。其对于食品安全控制方面的职权分得十分明确。

欧盟委员会负责起草与制定与食品质量安全相应的法律法规,如有关食品化学污染和残留的 32002R221——委员会法规 No221/2002;还有食品安全卫生标准,如体现欧盟食品最高标准的《欧共体食品安全白皮书》;以及各项委员会指令,如关于农药残留立法相关的委员会指令 2002/63/EC 和 2000/24/EC。而欧共体理事会同样也负责制定食品卫生规范要求,在欧盟的官方公报上以欧盟指令或决议的形式发布,如有关食品卫生的理事会指令 93/43/EEC。以上 2 个部门在控制食品链的安全方面只负责立法,而不介入具体的执行工作。

(2)欧洲食品标准的制定机构。欧洲标准(EN)和欧共体各成员国国家标准是欧共体标准体系中的两级标准,其中欧洲标准是欧共体各成员国统一使用的区域级标准,对贸易有重要的作用。欧洲标准由三个欧洲标准化组织制定,分别是 CEN、CENELEC 和 ETSI。这 3 个组织都是被欧洲委员会按照 83/189/EEC 指令正式认可的标准化组织,分别负责不同领域的标准化工作。CENELEC 负责制定电工、电子方面的标准;ETSI 负责制定电信方面的标准;而 CEN 负责制定除 CENELEC 和 ETSI 负责领域外所有领域的标准。

(3)CEN 的食品标准化概况。自 1998 年以来,CEN 致力于食品领域的分析方法,为工业、消费者和欧洲法规制定者提供了有价值的经验。新的欧洲法规为 CEN 提供了更多的支持,CEN 致力于跟踪和实施这些改革方针。

CEN 的技术委员会(CEN/TC)具体负责标准的制定、修订工作,各技术委员会的秘书处工作由 CEN 各成员国分别承担。此外,作为一种新推出的形式,CEN 研讨会提供了在一致基础上制定相关规范的新环境,如 CEN 研讨会协议、暂行标准、指南或其他资料。

CEN 与 ISO 有密切的合作关系,于 1991 年签订了维也纳协议。维也纳协议是 ISO 和 CEN 间的技术合作协议,主要内容是 CEN 采用 ISO 标准(当某一领域的国际标准存在时,CEN 即将其直接采用为欧洲标准),ISO 参与 CEN 的草案阶段工作(如果某一领域还没有国际标准,则 CEN 先向 ISO 提出制定标准的计划)等。CEN 的目标是尽可能使欧洲标准成为国际标准,以使欧洲标准有更广阔的市场。40% 的 CEN 标准也是 ISO 标准。

8.3.4　美国食品安全标准体系

美国推行的是民间标准优先的标准化政策,鼓励政府部门参与民间团体的标准化活动。自愿性和分散性是美国标准体系两大特点,也是美国食品安全标准的特点。目前,美国全国大约有 93 000 个标准,约有 700 家机构在制定各自的标准。

截至 2005 年 4 月,美国的食品安全标准约有 660 余项,主要是检验检测方法标准和被技术法规引用后的肉类、水果、乳制品等产品的质量分级标准两大类。这些标准的制定机构主要包括经过美国国家标准学会(ANSI)认可的与食品安全有关的行业协会、标准化技术委员会和政府部门 3 类。

(1)行业协会制定的标准。

①美国官方分析化学师协会(AOAC)。前身是美国官方农业化学师协会,1884 年成立,1965 年改用现名。该协会从事检验与各种标准分析方法的制定工作。标准内容包括:肥料、食品、饲料、农药、药材、化妆品、危险物质和其他与农业及公共卫生有关的材料等。

②美国谷物化学师协会(AACCH)。该协会 1915 年成立,旨在促进谷物科学的研究,保持科学工作者之间的合作,协调各技术委员会的标准化工作,推动谷物化学分析方法和谷物加工工艺的标准化。

③美国饲料官方管理协会(AAFCO)。该协会于 1915 年成立,目前有 14 个标准制定委员会,涉及产品 35 个,主要制定各种动物饲料术语、官方管理及饲料生产的法规及标准。

④美国奶制品学会(ADPI)。该协会于 1923 年成立,进行奶制品的研究和标准化工作,制定产品定义、产品规格、产品分类等标准。

⑤美国饲料工业协会(AFIA)。该协会于 1909 年成立,具体从事各有关方面的科研工作,并负责制定联邦与州的有关动物饲料的法规和标准,包括饲料材料专用术语和饲料材料筛选精度的测定和表示符号等。

⑥美国油料化学师协会(AOCS)。该协会于 1909 年成立,原名为棉织品分析师协会(SC-PA),主要从事动物、海洋生物和植物油脂的研究,油脂的提取、精炼和在消费与工业产品中的使用,以及有关安全包装、质量控制等方面的研究。

⑦美国公共卫生协会(APHA)。该协会于 1812 年成立,主要制定工作程序标准、人员条件要求及操作规程等。标准包括食物微生物检验方法、大气检定推荐方法、水与废水检验方法、住宅卫生标准及乳制品检验方法等。

(2)标准化技术委员会制定的标准。

①三协会卫生标准委员会 3-A(DFISA)。三协会标准是由牛奶工业基金会(MIF)、奶制品工业供应协会(DFISA)及国际奶牛与食品卫生工作者协会(IAMFS)联合制定的关于奶酪制品、蛋制品加工设备清洁度的卫生标准,并发表在 *Journal of Milk and Food Technology* 上。

②烘烤业卫生标准委员会(BISSC)。该委员会 1949 年成立,从事标准的制定、设备的认证、卫生设施的设计与建筑、食品加工设备的安装等。由政府和工业部门的代表参加标准编制工作,特殊的标准与标准的修改由协会的工作委员会负责。协会的标准为制造商和烘烤业执法机关所采用。

(3)农业部农业市场服务局(AMS)制定的农产品分级标准。截至 2004 年,AMS 制定的农产品分级标准有 360 个,收集在美国《联邦法规法典》的 CFR7 中。其中,新鲜果蔬分级标准 158 个,涉及新鲜果蔬、加工用果蔬和其他产品等 85 种农产品;加工的果蔬及其产品分级标准 154 个,分为罐装果蔬、冷冻果蔬、干制和脱水产品、糖类产品和其他产品五大类;乳制品分级标准 17 个;蛋类产品分级标准 3 个;畜产品分级标准 10 个;粮食和豆类分级标准 18 个。这些农产品分级标准是依据美国农业销售法制定的,对农产品的不同质量等级予以标明。新的分级标准根据需要不断制定,大约每年对 7%的分级标准进行修订。

从美国制定的食品安全标准看,主要是推荐性检验检测方法标准和肉类、水果、乳制品等产品的质量分级标准这两大类,这些标准占标准总数的 90%以上。

8.3.5　日本食品安全标准体系

日本管理食品安全的基本法律是《食品卫生法》，修订后的版本将其目的从确保食品卫生改为确保食品安全，并明确了国家和地方政府等机构在食品安全方面应负的责任。2003年通过的《食品安全基本法》的实施促进了"食品安全委员会"的成立，食品安全委员会的风险评估使得日本的食品安全管理体系更加完善，为厚生劳动省和农林水产省的风险管理工作提供科学基础。

日本的食品标准体系分为国家标准、行业标准和企业标准三个层面。国家标准即JAS标准，以农产品、林产品、畜产品、水产品及其加工制品和油脂为主要对象；行业标准多由行业团体、专业协会和社团组织制定，主要是作为国家标准的补充或技术储备；企业标准是各株式会社制定的操作规程或技术标准。一般的要求和标准由日本的厚生劳动省规定，包括食品添加剂的使用、农药的最大残留等，适用于包括进口产品在内的所有食品。日本的农林水产省也参与食品管理，主要涉及食品标签和动植物健康保护两个方面。

日本厚生劳动省大臣负责食品卫生的管理。厚生劳动省大臣有权指定执法机关，认可执法机关的执法人员、执法的工作流程和检查的内容，以厚生劳动省令的形式下达新的要求等。

8.3.6　澳大利亚和新西兰食品安全标准体系

在澳大利亚和新西兰，食品法规体系是一个两国间的合作体系，在1991年澳大利亚新西兰食品标准法规框架下成立的澳新食品标准局(FSANZ)是独立的法定机构，负责制定适用于澳大利亚和新西兰的澳新食品标准法典。澳大利亚新西兰的食品法规体系最重要的特征是政策决议和食品标准的制定相分离。

澳大利亚新西兰食品标准法典(Australia New Zealand Food Standards Code)是单个食品标准的汇总，并按顺序整理成为4章(Chapter)，食品标准法典(Food Standards Code)标准按类别分成部分(Parts)。第1章为一般食品标准，涉及的标准适用于所有食品，包括食品的基本标准，涉及食品标签和基本信息要求、食品中微生物限量、食品中污染物和天然毒素限量、食品添加剂(包括营养强化剂)使用规定、食品接触材料规定、农兽药残留限量、新资源食品、转基因食品以及辐照食品的管理等。由于新西兰有自己的食品最大残留限量标准，故该标准1.4.2中规定的最大残留限量仅在澳大利亚适用。第2章为食品产品标准，具体阐述了特定食物类别的标准，涉及谷物，肉、蛋和鱼，水果和蔬菜，油，奶制品，非酒精饮料，酒精饮料，糖和蜂蜜，特殊膳食食品及其他食品共十类具体食品的详细标准规定。第3章为食品安全标准，具体包括了食品安全计划，食品安全操作和一般要求，食品企业的生产设施及设备要求。但该章节的规定仅适用于澳大利亚的食品卫生安全，因为新西兰有其特定的食品卫生规定，该食品卫生则不属于澳大利亚新西兰共同食品标准体系的一部分。第4章为初级生产标准，也仅适用于澳大利亚，内容包括澳大利亚海产品的基本生产程序标准和要求、特殊乳酪的基本生产程序标准和要求以及葡萄酒的生产要求。

由此可见，澳大利亚新西兰由FSANZ独立制定食品标准，所有标准均纳入澳新食品标准法典，澳新食品标准法典将食品标准基本划分为基础标准和产品标准，而具体执行机构包括澳大利亚政府、州和地区以及新西兰政府三个层面。

思考题

1. 名词解释：食品安全标准、食品安全标准体系。
2. 我国食品安全标准的制定原则是什么？
3. 我国各级食品安全标准分别由什么部门来制定？
4. 我国食品安全标准的内容有哪些？
5. 我国食品安全国家标准的制定依据是什么？
6. 建立食品安全标准体系的目的及意义是什么？

参考文献

[1]张建新，陈宗道．食品标准与法规[M]．北京：中国轻工业出版社，2017.

[2]陈锡文，邓楠．中国食品安全战略研究[M]．北京：化学工业出版社，2004.

[3]GB 2763—2021 食品安全国家标准　食品中农药最大残留限量[S]．北京：中国标准出版社，2019.

[4]GB 2760—2024 食品安全国家标准　食品添加剂使用标准[S]．北京：中国标准出版社，2014.

[5]GB 2762—2022 食品安全国家标准　食品中污染物限量[S]．北京：中国标准出版社，2017.

[6]张建新．食品标准与技术法规[M]．2 版．北京：中国农业出版社，2014.

[7]国家标准化委员会．国家标准化法律法规及有关文件汇编(增补本)[G]．北京：中国标准出版社，2004.

[8]ISO Strategies 2002-2004：Raising Standards for the World．ISO/Gen 15，2001.

[9]National Standards Strategy for the United States Strategy-Testimony．ANSI reporter，2003，34(3)：1-20.

[10]唐姚．我国食品安全标准是怎样分类的[J]．红旗文稿，2013(17)：39.

[11]GB/T 1.1—2020 标准化工作导则 第 1 部分：标准化文件的结构和起草规则[S]．北京：中国标准出版社，2020.

[12]GB/T 15497—2017 企业标准体系 产品实现[S]．北京：中国标准出版社，2017.

[13]GB/T 15496—2017 企业标准体系 要求[S]．北京：中国标准出版社，2017.

[14]吕杰，李江华，李哲敏，等．欧盟果蔬食品安全标准体系研究[J]．中国食物与营养，2005(11)：9-11.

[15]席兴军，刘俊华，刘文．美国食品安全技术法规及标准体系的现状与特点[J]．世界标准化与质量管理，2006(4)：18-20.

[16]李国强，谭燕．历经沧桑 70 年 中国食品安全砥砺前行[J]．中国食品工业，2019(6)：6-10.

第 9 章

食品安全法律法规及管理体系

学习目的与要求

掌握《食品安全法》的内容体系和我国食品安全监管的内容；了解美国、欧盟、日本食品安全的法律法规体系及食品安全监管体制。

9.1 食品安全法律法规体系

食品安全的法律法规体系建设是保障食品安全，提高人民生活质量和促进健康的需要，也是促进我国食品工业发展和参与国际食品贸易的需要。食品安全法律法规是指以法律或政令形式颁布的，对全社会具有约束力的权威性规定。食品安全法律体系是由中央和地方权力机构以及政府颁布的现行法律法规等有机联系而构成的统一整体。

9.1.1 国外食品安全法律法规体系

为了保证食品的安全供给，各个国家都建立了涉及食品包括其从农田到餐桌的食品安全法律法规体系，这为有关食品安全标准的制定、产品的质量检验、质量认证等工作提供了统一的法律规范。

9.1.1.1 美国食品安全法律法规体系

美国的食品安全法规被公认为是较完备的法规体系。从 1906 年和 1907 年颁布的《食品和药品法》和《肉类检验法》开始，迄今为止美国制定和修订了 30 多部涉及食品的法律。这些法律从一开始就集中于食品供应的不同领域，主要包括《联邦食品、药品和化妆品法》《公共卫生服务法》《联邦肉类检验法》《禽类产品检验法》《蛋类产品检验法》《联邦杀虫剂、杀真菌剂和灭鼠剂法》《食品质量保障法》等。其中以《联邦食品、药品和化妆品法》为核心，它为食品安全的管理提供了基本原则和框架。此外，《美国联邦法典》的第 21 章食品与药品部分包括了各种具体的食品管理规则。根据《联邦食品、药品和化妆品法》，美国食品及药物管理局(FDA)还制定并发布了《食品法典和食品生产的卫生标准》。《联邦食品、药品和化妆品法》适用于食品零售业，包括餐馆和杂货店，指导零售食品企业在其操作上提高食品的安全性；《食品法典和食品生产的卫生标准》包括了现行制造、包装和保存食品行业的“良好生产规范(GMP)”。2011 年颁布的《FDA 食品安全现代化法案》扩大了 FDA 的权力和职责，强调政府要加强监管食品的生产设备。2013 年 10 月，美国 FDA 发布了“动物饲料安全管理规定”，主要目的是预防动物饲料造成食源性疾病的安全性问题。以上这些法令几乎覆盖了所有的食品，为食品质量安全制定了非常具体的标准和监管程序。此外，美国的宪法规定了国家的食品安全系统由政府的立法、执法和司法三个部门负责。国会和各州议会颁布立法部门制定的法规；执法部门包括美国农业部、美国食品及药物管理局、美国环保署、各州农业部利用联邦备忘录发布法律法规并负责执行和修订；司法部门对强制执法行动、监管工作或一些政策法规产生的争端给出公正的裁决。

9.1.1.2 欧盟食品安全法律法规体系

欧盟食品安全法律法规体系内容涵盖了“从农田到餐桌”整个食品供应链，包括农业生产和工业加工等方面的食品生产所有环节，是一套较为完善的食品安全法律法规体系。以欧盟委员会 1997 年颁布的《食品立法总原则的绿皮书》为基本框架，欧盟出台了 20 多部食品安全方面的法律法规，比如《通用食品法》《食品卫生法》等。在 2000 年欧盟发布了《食品安全白皮书》，将现行各类法规、法律和标准加以体系化；然后又提出了“从田间到餐桌”的全程控制理论，即把田间到餐桌的全过程管理原则纳入卫生政策，强调食品生产者对食品安全所负的职责，并引进 HACCP 体系，要求所有食品和食品成分具有可追溯性。2002 年 1 月颁布的欧盟第 178/2002 号法规对欧盟食品安全法律制度进行了大力改革，确立了风险评估、保障消费者权益、预警和透明四大原则，以达到维护人类的生命与健康、保护消费者权益、促使食品自由流通的目标，奠定了欧盟食品安全法律制度的基础，具有食品安全基本法的地位。2004 年欧盟委员会又先后颁布了对食品安全法律进行整合的"食品卫生系列措施"，出台了《通用食品法》等一系列的重要立法。近年来，欧盟陆续制定了《食品卫生法》等 20 多部食品安全方面的法规，各成员国在欧盟食品安全的法律框架下，针对自己的实际情况，再修(制)订了各自的法律制度，完善了本国的食品安全法律，形成强大的法律体系。

欧盟食品安全法律法规的执行机构是食品和兽医办公室，负责监督各成员国执行欧盟法律法规的情况以及其他国家进口到欧盟的食品安全情况。此外，根据《食品安全白皮书》的建议，2002 年欧盟成立了食品安全局，这是一个食品危险性评估的专门机构，独立于欧盟其他部门，在食品安全方面向欧盟委员会提供建议，为欧盟的立法提供科学依据。同时，欧盟委员会还成立了食品安全委员会，统一管理欧盟内所有与食品安全有关的事务，负责与消费者直接对话，并建立成员国间的食品卫生和科研机构的合作网络。

9.1.1.3　日本食品安全法律法规体系

日本的食品安全法律法规体系主要以《食品卫生法》和《食品安全基本法》为基础。《食品卫生法》于 1947 年制定，其后历经多次修改。在 2000 年雪印乳品公司食物中毒事件和消费欺诈事件之后，日本《食品安全基本法》出台，自 2003 年 7 月 1 日起施行，并历经多次修改后生效执行。该法以确保食品安全为宗旨，以消费者至上为原则，强调以科学方法评估安全风险，明确了国家(中央政府)、地方公共团体、食品相关业者与消费者的责任，规范了从食品生产到消费全过程中国家和公众层面的各项活动，要求开展风险信息交流。《食品安全基本法》及其后《屠宰场法》《农药取缔法》和《关于农林物质的规格化及品质表示恰当化法律》等法律法规的制定和修改，实现了日本立法从"食品卫生"理念向"食品安全"理念的重大转变，为食品安全提供了强有力的保证。

日本食品质量安全立法主要有五个方面：食品质量卫生、农产品质量、投入品(农药、兽药、饲料添加剂等)质量、动物防疫以及植物保护等。日本厚生省根据日本《食品安全基本法》开展食品质量安全管理工作，农林水产省根据《关于农林物质的规格化及品质表示恰当化法律》开展工作。日本食品质量安全标准分两大类：一类是食品质量标准，另一类是安全卫生标准，包括动植物疫病，有毒有害物质残留等。日本厚生省颁布了 2 000 多个农产品质量标准和 1 000 多个农药残留限量标准。农林水产省颁布了 300 多种农产品品质规格。为保证农产品质量安全，日本有一套严格的认证体系。农产品认证一般由中介组织承担，包括常规农产品认证和特殊认证。有机农产品认证为特殊认证，其标志是"JAS"，生产者自愿提出申请认证。外国的有机食品如果没有粘贴"JAS"标志，就不允许进口和销售。农产品质量安全认证体系已经成为日本食品质量安全管理的重要手段，并为广大消费者所普遍接受。

9.1.2　我国食品安全法律法规体系

9.1.2.1　我国食品安全法律法规体系的构成

我国自 1982 年开始相继颁布了一系列与食品安全卫生有关的法律法规和标准体系，为提高我国的食品安全水平奠定了重要的基础。目前，我国已形成了以《中华人民共和国食品安全法》(以下《食品简称安全法》)为核心，以《中华人民共和国产品质量法》《中华人民共和国农业法》《中华人民共和国农产品质量安全法》(以下简称《农产品质量安全法》)，《中华人民共和国标准化法》《中华人民共和国进出口商品检验法》等法律为基础，以《食品生产加工企业质量安全监督管理办法》《食品标签标注规定》《食品添加剂管理办法》、各类食品卫生管理办法以及涉及食品安全卫生要求的大量技术标准为主体，以各省及地方政府、相关行业关于食品安全的规章为补充的食品安全法律法规体系。具体包括：①食品安全法律；②食品安全法规；③食品安全规章；④食品安全标准；⑤其他规范性文件。

(1)食品安全法律。法律由全国人民代表大会审议通过、国家主席签发，其法律效力最高，也是制定相关法规、规章及其他规范性文件的依据。目前我国的食品安全相关法律主要包括《食品安全法》《农产品质量安全法》《中华人民共和国进出境动植物检疫法》和《中华人民共和国动物防疫法》等。

《食品安全法》在我国食品安全法律法规体系中最为重要，新修订的《食品安全法》包括总则、食品安全风险监测和评估、食品安全标准、食品生产经营、食品检验、食品进出口、食品安全事故处置、监督管理、法律责任、附则等共10章154条。

在我国的法律体系中，宪法是最高层次，其他所有法律都必须符合宪法的规定；刑法、民法和三部诉讼法(即刑事、民事、行政诉讼法)为第二层次，《食品安全法》等专门法则属于第三层次。也就是说，与《食品安全法》有关的刑事案件，必须以刑法为依据；有关的民事纠纷也必须以民法通则为依据；涉及《食品安全法》的刑事案件、民事案件、行政诉讼案件则分别按三部诉讼法的规定执行。

(2)食品安全法规。我国食品安全法规包括行政法规和地方法规。①行政法规：由国务院制定。如《国务院关于加强食品等产品安全监督管理的特别规定》《突发公共卫生事件应急条例》《农业转基因生物安全管理条例》等。②地方法规：由地方(省、自治区、直辖市、省会城市和“计划单列市”)人民代表大会及其常务委员会制定。如《北京市食品安全条例》《广东省食品安全条例》《成都市食用农产品质量安全条例》等。食品安全法规的法律效力低于食品安全法律，高于食品安全规章。

(3)食品安全规章。我国食品安全规章包括部门规章和地方规章。①部门规章：指国务院各部门根据法律和国务院的行政法规，在本部门的权限内制定的规定、办法、实施细则、规则等规范文件。如中华人民共和国国家卫生健康委员会制定的《食品安全事故流行病学调查工作规范》和《食品安全地方标准管理办法》，农业农村部制定的《饲料添加剂安全使用规范》和《生鲜乳生产收购管理办法》等。②地方规章：指省、自治区、直辖市、省会城市和“计划单列市”人民政府根据法律和行政法规制定的适用于本地区行政管理工作的规定、办法、实施细则、规则等规范性文件，如《重庆市食品安全管理办法》《江苏省食品安全信息公开暂行办法》等。食品安全规章的法律效力低于食品安全法律和食品安全法规，但也是食品安全法律法规体系的重要组成部分。人民法院在审理食品安全行政诉讼案件过程中，规章可起到参照作用。

(4)食品安全标准。食品安全法律规范具有很强的技术性，常需要有其配套的食品安全标准。虽然食品安全标准不同于食品安全法律、法规和规章，其性质属于技术规范，但也是食品安全法律法规体系中不可缺少的部分。《食品安全法》规定“食品安全标准是强制执行的标准”。

(5)其他规范性文件。在食品安全法律法规体系中,还有一类既不属于食品安全法律、法规和规章,也不属于食品安全标准的规范性文件。如省、自治区、直辖市人民政府卫生行政部门制定的食品安全相关管理办法、规定等。此类规范性文件的制定单位虽然不具有规章以上规范文件制定权的省级人民政府行政部门,但也是依据《食品安全法》授权制定的,属于委任性的规范文件,故也是食品安全法律法规体系中的一部分。

9.1.2.2 《食品安全法》及《食品安全法实施条例》

(1)《食品安全法》的颁布及意义。早在 1995 年我国就颁布了《中华人民共和国食品卫生法》,步入 21 世纪后,为了适应新形势发展的需要,从制度上解决现实生活中存在的食品安全问题,2009 年 2 月 28 日,第十一届全国人大常委会第七次会议通过了《食品安全法》。该法的最大亮点在于提出了风险监管理念,确立了以食品安全风险监测和评估为基础的科学管理制度,明确以食品安全风险评估结果作为制定、修订食品安全标准和对食品安全实施监督管理的科学依据。《食品安全法》实施后,对规范食品生产经营活动、保障食品安全发挥了重要作用,使食品安全整体水平得到提升,食品安全形势总体稳中向好。但与此同时,我国食品企业违法生产经营的现象依然存在,食品安全事件时有发生,监管体制、手段和制度等尚不能完全适应食品安全的需要,而且法律责任偏轻,其重典治乱的威慑作用没有得到充分发挥,食品安全形势依然严峻。另一方面,党的十八大以来,党中央、国务院进一步改革完善我国食品安全监管体制,着力建立最严格的食品安全监管制度,积极推进食品安全社会共治格局。为了能以法律形式固定监管体制改革成果、完善监管机制,解决当前食品安全领域存在的突出问题,并为最严格的食品安全监管提供体制制度保障,2013 年 10 月,国家食品药品监管总局向国务院报送了《食品安全法(修订草案)》送审稿,提出了修订的总体思路与修订内容,后经征求相关部门、地方政府、行业协会的意见,向社会公开征求意见,多次召开企业和行业协会座谈会及专家论证会等多个环节。2014 年 12 月 25 日,《食品安全法(修订草案)》二审稿提请全国人大常委会审议,其中增加了关于食品贮存和运输、食用农产品市场流通、转基因食品标识等方面内容,表明在《食品安全法》修订过程中正逐步实现从农田到餐桌的“全过程监管”的各个环节制度的设计。最终国务院法制办会同国家食品药品监管总局、卫生计生委、质检总局、农业部、工业和信息化部等多部门反复讨论、修改,形成了《食品安全法(修订草案)》,并经国务院第 47 次常务会议讨论通过。2015 年 4 月 24 日,第十二届全国人民代表大会常务委员会第十四次会议修订通过了《中华人民共和国食品安全法》,该法在 2015 年 10 月 1 日起施行。《食品安全法》在 2018 年 12 月和 2021 年 4 月分别被修订和完善,修订后的《食品安全法》围绕建立最严格的食品安全监管制度这一总体要求,在完善统一权威的食品安全监管机构,加强食品的生产经营过程控制,强化企业主体责任,突出对特殊食品的严格监管,加大对违法行为的惩处力度等方面对原法作了修改完善,对于解决当前食品安全领域存在的突出问题,更好地保障人民群众食品安全具有重要意义。

(2)《食品安全法》的内容体系。新《食品安全法》分为 10 章共 154 条,该法对生产、销售、餐饮服务等各环节实施最严格的全过程管理,强化生产经营者主体责任,完善追溯制度;同时,建立最严格的监管处罚制度,对违法行为加大处罚力度,构成犯罪的依法严肃追究刑事责任;此外,加重了对地方政府负责人和监管人员的问责。新《食品安全法》具体包括如下。

①整合食品安全监管体制。新《食品安全法》将多部门分段监管食品安全的体制转变为由食品安全监督管理部门统一负责食品生产、流通和餐饮服务监管的相对集中的体制。新《食品

安全法》下，多部门分段监管将成为历史，食品安全监督管理部门“一揽子”主导监管，其他部门包括卫生部门、农业部门则发挥辅助监管作用。

②实施全过程和全方位监管。全过程监管强调从食品原料阶段至消费者购入之间各环节的无缝管理。新《食品安全法》突出改动表现为：源头阶段首次延伸至食用农产品，新增食品贮存和运输管理，渠道上增加网上销售的管理规则，生产和流通提出更多监管要求以及将食品添加剂全面纳入《食品安全法》管辖范畴。

a. 源头阶段延伸至食用农产品。新《食品安全法》首次明确将食用农产品的销售纳入《食品安全法》的管辖，同时规定了一系列与食用农产品相关的要求，包括食用农产品检验制度、进货查验记录制度、投入品记录制度等。新《食品安全法》特别指出，食用农产品的销售无须申请食品流通许可证。新《食品安全法》还规定，食用农产品的质量安全管理仍然适用《农产品质量安全法》，但在销售等方面优先适用《食品安全法》。

b. 食品贮存和运输直接纳入监管环节。新《食品安全法》明确将贮存、运输、装卸作为六大适用经营行为之一，首次规定了从事食品贮存、运输和装卸的非食品生产经营者的义务（第三十三条规定了非食品生产经营者应当与食品生产经营者遵守同样的贮存、运输和装卸的安全要求）和责任（第一百三十二条规定，未按要求进行食品贮存、运输和装卸的，由相关部门责令改正，责令停产停业，并处一万元以上五万元以下罚款，情节严重的可吊销许可证）。

c. 生产、流通环节的新要求。新《食品安全法》在生产和流通环节增加更多的要求，包括投料、半成品及成品检验等关键事项的控制要求、批发企业的销售记录制度、生产经营者索证索票以及进货查验记录等制度。尽管大部分上述要求在修订前已有规定，但新《食品安全法》要求：第四十七条新设食品生产经营者食品安全自查制度，要求食品生产经营者定期对食品安全状况进行检查和评价；对于原有批发企业的销售记录制度方面，《食品安全法实施条例》的原规定是在建立记录和保留凭证两项中选择其一即可，但新《食品安全法》第五十三条则规定应当建立相关记录并保存凭证；对于原有生产经营者的索证索票、进货查验记录制度，新《食品安全法》第五十条更加详细具体地规定记录和凭证保存期限不得少于产品保质期满后六个月；没有明确保质期的，保存期限不得少于二年。这使得相关记录和凭证的保存期限不局限于原来的硬性规定二年。

d. 加强食品小单位的监管。长期以来，我国存在大量的食品生产经营小单位，如食品生产加工小作坊、食品摊贩、小食杂店等。我国幅员辽阔，各地食品生产经营小单位差别明显。为从实际情况出发，有效解决食品生产经营小单位的食品安全问题，新《食品安全法》从以下几个方面进行了创新。一是扩大食品生产经营小单位的范围。二是明确食品生产经营小单位的监管部门。新《食品安全法》第三十六条第一款规定：“食品生产加工小作坊和食品摊贩等从事食品生产经营活动，应当符合本法规定的与其生产经营规模、条件相适应的食品安全要求，保证所生产经营的食品卫生、无毒、无害，食品安全监督管理部门应当对其加强监督管理。”三是明确地方政府对食品生产经营小单位进行综合治理。新《食品安全法》第三十六条第二款规定：“县级以上地方人民政府应当对食品生产加工小作坊、食品摊贩等进行综合治理，加强服务和统一规划，改善其生产经营环境，鼓励和支持其改进生产经营条件，进入集中交易市场、店铺等固定场所经营，或者在指定的临时经营区域、时段经营。”四是具体管理办法由省、自治区、直辖市制定。新《食品安全法》第三十六条第三款规定：“食品生产加工小作坊和食品摊贩等的具体管理办法由省、自治区、直辖市制定。”五是对食品生产经营小单位的处罚依据具体管理办法执行。新《食品安全法》第一百二十七条规定："对食品生产加工小作坊、食品摊贩等的违法行为的处罚，依照省、自治区、直辖市制定的具体管理办法执行。"

e.增加第三方平台网络食品交易规定。新《食品安全法》规定了食品经营者在第三方网络交易平台的实名登记制度和第三方平台审查经营者许可证的义务，并规定了第三方平台提供者未遵守该制度的连带责任。该新增义务加重了第三方平台的审查义务，体现了在食品流通过程中更严格的经营者自我审查要求。新《食品安全法》还规定，未履行审查许可证义务使消费者受到损害的，第三方交易平台应当与食品经营者承担连带责任，从而使得该项义务在实践中更具执行力。

f.全面强化食品添加剂的管理。新《食品安全法》在很多涉及食品的规定中加强了对于食品添加剂的管理，显示了对食品添加剂全面监管的特征，体现了对食品添加剂安全问题的重视。这在一定程度上，将食品管理规范类推至食品添加剂范畴。值得注意的新要求包括以下内容。新《食品安全法》第二十六条规定食品安全标准应包含食品添加剂中危害人体健康物质的相关限量规定。第三十四条明确列出了禁止生产经营的食品添加剂，包括：危害人体健康的物质含量超过食品安全限量的食品添加剂，用超过保质期的原料生产的食品添加剂，腐败变质、污秽不洁的食品添加剂，标注虚假生产日期、保质期或者超过保质期的食品添加剂，无标签的食品添加剂。第一百二十四条增加了违法生产和经营第三十四条禁止的食品添加剂的处罚，除没收违法生产经营的食品添加剂及生产经营的工具、设备、原料外，并处五万元至货值金额二十倍的罚款。新《食品安全法》将违法生产和使用食品添加剂的处罚直接在其条款中标明，使得今后对食品添加剂的相关违法行为的处罚更加有据。这些大量新增的规定更多体现了系统整合食品添加剂的现有规定，是对《食品添加剂生产监督管理规定》《食品添加剂生产管理办法》《食品添加剂新品种管理办法》等法律法规中重要条款的重申或细化。

g.加强餐饮服务环节的监管。新《食品安全法》增设了餐饮服务提供者的原料控制义务以及学校等集中用餐单位的食品安全管理规范。在新《食品安全法》出台之前，这一领域主要通过《餐饮服务食品安全监督管理办法》和《学校食堂与学生集体用餐卫生管理规定》来进行规范。从增设义务的角度来看，新《食品安全法》中的规范并没有在上述两个规定的基础上有显著性的突破，而更多的是从立法角度，以《食品安全法》全程监管、统一监管。但从责任角度来看，新《食品安全法》对餐饮服务提供者未按规定制定、实施生产经营过程控制的责任有所加重。新《食品安全法》明确规定，该种违法情形由相关部门责令改正，给予警告，拒不改正的，处五千元以上五万元以下罚款。另一方面，在新《食品安全法》中对餐饮服务环节进行规范也是对全过程监管这一理念的贯彻，体现了从"菜篮子"到"餐桌"的监管。

h.强化内部举报人权益保障。在总结各地区和有关部门食品安全有奖举报制度实施经验的基础上，新《食品安全法》在第一百一十五条确立了食品安全有奖举报制度。长期以来，我国食品安全工作的重点在基层。然而，由于各方面条件的制约，目前在广大基层，尤其是乡镇，食品安全监管力量十分薄弱。新《食品安全法》从我国现实国情出发，贯彻中央关于建立统一权威的食品药品监管机构的要求，明确规定："县级人民政府食品安全监督管理部门可以在乡镇或者特定区域设立派出机构"，这从法律层面进一步强化了基层食品安全监管机构建设。对突出贡献者给予表彰和奖励。食品安全问题属于重大的社会问题。多年来，无论是食品安全监管部门、地方政府、消费者组织、检验机构、认证机构、新闻媒体，还是食品生产经营企业、行业协会、专业学者等，为提升我国食品安全工作水平做出了重要贡献。为了树立新形象，传播正能量，激发社会各界积极参与食品安全监督，新《食品安全法》第十三条规定："对在食品安全工作中做出突出贡献的单位和个人，按照国家有关规定给予表彰、奖励。"

③建立了食品安全全程追溯制度。新《食品安全法》规定，国家建立食品安全全程追溯制度。第四十二条规定："食品生产经营者应当依照本法的规定，建立食品安全追溯体系，保证食品可追溯。国家鼓励食品生产经营者采用信息化手段采集、留存生产经营信息，建立食品安全追溯体系。国务院食品安全监督管理部门会同国务院农业行政等有关部门建立食品安全全程追溯协作机制。"

④对特殊食品的监管。新《食品安全法》专门设立了特殊食品一节，集中规定了包括保健食品、特殊医学用途配方食品以及婴幼儿配方食品的特殊法律要求，在吸纳该领域已有规定的同时，也引入了一些变化和突破，如保健食品的注册和备案相结合制度、扩展婴幼儿配方食品的监管范围等。

a. 保健食品。新《食品安全法》吸收了《保健食品管理办法》和《广告法》中的规定，在此基础上，新的变化包括区分保健食品的产品注册和备案制度、明确保健食品广告审批制度、新增保健功能目录和保健食品原料目录这三个方面。具体包括以下内容。第一方面，保健食品的注册和备案制度。新《食品安全法》将现有的保健食品统一注册制度改变为注册与备案相结合的制度。根据新《食品安全法》，注册只适用于使用保健食品原料目录以外原料的保健食品以及首次进口的保健食品，而备案则适用于属于补充维生素、矿物质等营养物质的首次进口的保健食品（向食品安全监督管理部门）以及其他保健食品（省级食品安全监督管理部门）。鉴于现有保健食品注册程序冗长、文件要求繁多，实行相对简化的备案制会对整个保健食品行业带来重大影响。从现有的原则性规定来看，相比注册制，备案制无须技术审批环节，文件要求也有所精简。第二方面，保健食品广告审批制度。新《食品安全法》明确规定保健食品的广告内容应当经生产企业所在地省、自治区、直辖市人民政府食品安全监督管理部门审查批准，并取得保健食品广告批准文件。这是对新修订的《广告法》第四十六条"发布保健食品广告应当在发布前由有关部门对广告内容进行审查"的呼应和进一步明确。违法的保健食品广告仍然依照《广告法》的规定由工商管理部门处罚。新《食品安全法》中也增加了对保健食品广告的要求，如不得宣传疾病预防、治疗功能，并且必须声明"本品不能代替药物"。其中不得宣传疾病预防、治疗功能的要求在《保健食品管理办法》中已有规定。必须声明"本品不能代替药物"是新的规定，与新修订的《中华人民共和国广告法》（以下简称《广告法》）的规定相呼应。第三方面，保健功能目录和保健食品原料目录。新《食品安全法》中规定，由国务院食品安全监督管理部门会同其他部门制定保健食品原料目录和允许保健食品声称的保健功能目录。保健食品原料目录应当包括原料名称、用量及其对应的功效。这两个详细的目录将有助于规范保健食品市场，也是保健食品的生产经营者应当关注的动态。现阶段，保健食品原料使用的主要依据是2002年《卫生部关于进一步规范保健食品原料管理的通知》中发布的可用于保健食品的物品名单和保健食品禁用物品名单，这两个名单中只列举了物品名称，并没有规定其对应的功能；而可声称的保健功能主要依据2000年《卫生部关于调整保健食品功能受理和审批范围的通知》。

b. 特殊医学用途配方食品。新《食品安全法》增加规定，特殊医学用途配方食品应当经国务院食品安全监督管理部门注册。特殊医学用途配方食品是适用于患有特定疾病人群的特殊食品，2009年颁布的《食品安全法》对这类食品未作规定。一直以来，我国对这类食品按药品实行注册管理,截至目前共批准69个肠内营养制剂的药品批准文号。2013年,国家卫生和计划生育委员会就颁布了特殊医学用途配方食品的国家标准,将其纳入食品范畴。原国家食品药品监督管理总局也曾提出,特殊医学用途配方食品是为了满足特定疾病状态人群的特殊需要,不同于普通食品,安全性要求高,需要在医生指导下使用,建议明确对其继续实行注册管理,避免形成监管缺失。新《食品安全法》对特殊医学用途配方食品的规定实际是对之前的标准要求进行了整合。

c.婴幼儿配方食品。新《食品安全法》在条文上增加了婴幼儿配方食品的备案和出厂逐批检验等义务,并将婴幼儿配方乳粉产品的配方由备案制改为注册制,且重申不得以分装方式生产婴幼儿配方乳粉。该规定实际上深化了近年来对于婴幼儿配方乳粉的一系列新规定,包括国家食品药品监督管理总局于2013年年底颁布的《关于禁止以委托、贴牌、分装等方式生产婴幼儿配方乳粉的公告》《关于进一步加强婴幼儿配方乳粉销售监督管理工作的通知》以及2014年颁布的《婴幼儿配方乳粉生产许可审查要求》中的相关规定。婴幼儿乳粉的配方在上述文件中实行的是备案制,现在新《食品安全法》将这一制度变更为注册制,意味着食品安全监督管理部门将会对企业提交的乳粉配方进行审查,且企业在申请注册时必须提交能够表明配方的科学性、安全性的相关材料。这表明国家对婴幼儿乳粉的配方将采取更为严格的管控,企业在设计配方时也应当对其科学性和安全性更加注意。新《食品安全法》的另一个新变化是将配方备案和出厂逐批检验制度扩展到了所有婴幼儿配方食品,而不再局限于婴幼儿乳粉制品。

⑤进出口食品的监管。新《食品安全法》对进出口食品管理制度的修改主要是通过吸收《进出口食品安全管理办法》和对其他相关规定(包括《进口食品进出口商备案管理规定》及《食品进口记录和销售记录管理规定》)中的条款(如进口商备案、进口食品收货人的进口记录和销售记录要求等)进行细化,并增加了一些新的内容,其中比较突出的包括以下内容。a.尚无食品安全国家标准的进口食品可由境外出口商提交所执行的相关国家(地区)的标准或者国际标准,以替代原法规定的相关安全性评估材料,该规定具有一定实用价值。当地国家标准或国际标准显然比提供安全性评估资料更加简便,也更方便操作,从而能够加快缺乏国内食品标准的产品取得许可的过程,也能够为卫生部门制定新的标准提供参考。b.规定进口商应当建立境外出口商、境外生产企业审核制度。此条规定要求了进口商建立审核体系,着重审核进口食品、食品添加剂、食品产品符合我国《食品安全法》、食品安全国家标准,以及标签和说明书的合规性。如何审核上述内容,对于食品进口企业提出新要求。

⑥大幅加重法律责任,健全责任机制。新《食品安全法》的一个重要特征是提高违法成本、严厉法律责任。加重法律责任突出表现在三个方面:完善民事赔偿机制、加大行政处罚力度、与刑事责任的衔接。除此之外,新《食品安全法》在严厉执法的同时还新增食品经营者豁免条款。

a.完善民事赔偿机制。完善民事赔偿机制主要包括三个方面。第一方面,新增首付责任制。新《食品安全法》规定民事赔偿实行首付责任制,在尊重消费者选择赔偿主体的基础上,突出规定先接到消费者赔偿请求的生产者或经营者应当承担先行赔付责任,不得推诿。首付责任制度是对《消费者权益保护法》及《产品质量法》中相关规定的深化。以上两法中均规定,消费者或者其他受害人因商品缺陷造成人身、财产损害的,可以向销售者要求赔偿,也可以向生产者要求赔偿。新《食品安全法》则在明确保护消费者索赔选择权利的基础上,从被索赔对象的角度规定了先行赔偿的责任,避免生产经营者以其他方过错为由加重消费者索赔难度。第二方面，明确了第三方连带责任。第三方主体如明知食品经营者从事严重违法行为、仍为其提供生产场所或者其他条件的，将与生产经营者共同对消费者承担连带责任。另外，网络食品交易第三方平台未依法对入网食品经营者进行实名登记、审查许可证而使消费者的合法权益受到损害的，应当与食品经营者共同承担连带责任。第三方面，完善赔偿标准。新《食品安全法》规定了法定情形下，消费者十倍价款或者三倍损失的惩罚性赔偿金制度。新《食品安全法》还规定，生产不符合食品安全标准的食品或者经营明知是不符合食品安全标准的食品，消费者除要求赔偿损失外，还可以向生产者或者经营者要求支付价款十倍或者三倍损失的赔偿金，增加的赔偿金额不足一千元的，为一千元。价款十倍的赔偿金在原法中已有规定，但三倍损失以及增加的赔偿金额不足一千元按一千元计则是基于食品的特性而做出的新规定，这在产品价款较低但造成的损失较高时更能体现惩罚力度。

b. 加大行政处罚力度。加大行政处罚力度主要包括三个方面。第一方面，大幅提高处罚金额。新《食品安全法》大幅度提高了原有的处罚金额，将处罚金额上调了数倍，最高可达货值的三十倍。低违法成本将成为历史，重罚将成为今后食品违法处罚的明显趋势。新《食品安全法》之下，如严格执法，国内企业的违法成本必将提高。第二方面，明确了食品相关方责任。新《食品安全法》增加了对明知从事严重违法行为、仍为其提供生产场所或者其他条件的主体的处罚，最高处罚金额可达二十万元。第三方面，施加人身处罚和资格限制。除了增加公司违法的处罚金额外，新《食品安全法》强化了对食品从业人员的管理，在违法情况下，对违法个人施加人身性质或资格的处罚，包括：Ⅰ. 终身禁入制度，食品安全犯罪被判处有期徒刑以上刑罚的，终身不得从事食品生产经营管理工作以及担任食品安全管理人员；同时，严禁食品经营主体聘用上述人员；Ⅱ. 对于严重违法的直接负责主管或其他责任人，可直接予以行政拘留；Ⅲ. 限制从业制度，被吊销许可证的食品生产经营者及其法定代表人、直接负责的主管人员和其他直接责任人员五年内不得申请食品生产经营许可，或者从事食品生产经营管理工作、担任食品生产经营企业食品安全管理人员。

c. 与刑事责任的衔接。新《食品安全法》增加了规定：行政部门发现涉嫌构成食品安全犯罪的，应当依法移送公安机关立案侦查并追究其刑事责任；同时公安机关对于不构成犯罪但是应当追究行政责任的案件也应当及时移送行政部门。这一条款主要是将《食品安全法》中规定的行政责任的追究与《刑法》第一百四十一、一百四十三、一百四十四条等规定的食品安全犯罪刑事责任的追究相衔接，也是加强行政部门和公安机关在打击食品安全违法活动中的协作。

d. 新增食品经营者豁免条款。新《食品安全法》在明确责任的同时，对于已尽义务的不知情食品经营者规定了豁免条款。豁免条款的要点为：仅适用于食品经营者（即销售者和餐饮服务提供者），不适用于生产者；需履行了法定的进货检查义务；需举证不知晓，证据要求必须充分；需如实说明进货来源；仅免除行政处罚，不符合食品安全标准的产品仍需没收，且仍应承担民事赔偿。该条款具有较高的实用价值。

⑦关于继承性的修订。新《食品安全法》用大量的篇幅吸纳已有的分布在其他法律、条例或相关性法规中的内容，引起较大关注的包括以下几个方面。

a. 剧毒农药的使用。新《食品安全法》明确规定了禁止将剧毒、高毒农药用于蔬菜、瓜果、茶叶和中草药材等国家规定的农作物。但是该规定在 2001 年颁布的《农药管理条例》第二十七条中已有完全相同的规定。新《食品安全法》中增加了违反该规定情况下可对相关负责人处以行政拘留。

b.转基因食品标识。新《食品安全法》第六十九条新增了转基因食品标识的要求,规定“生产经营转基因食品应当按照规定显著标示”。实际上,转基因生物的标识早在2001年颁布的《农业转基因生物安全管理条例》中就有规定,2002年颁布的《农业转基因生物标识管理办法》对应当如何标识也做了非常详细的规定。《食品标识管理规定(2009修订)》第十六条也规定“属于转基因食品或者含法定转基因原料的应当在其标识上标注中文说明”。本次新《食品安全法》则强调了转基因食品的标识应当“显著”。

c.食用农产品进货查验记录制度。新《食品安全法》还加入了食用农产品销售者的进货查验记录制度、食用农产品批发市场的检验要求,虽然该制度和要求在《农产品质量安全法》中已有完全相同的规定,但在新《食品安全法》中写入该条体现了建立食品和食用农产品全程追溯协作机制的理念。

d.进口食品进口商备案。新《食品安全法》新增了进口食品进口商的备案,是对2012年由质检总局颁布的《进口食品进出口商备案管理规定》中的进口商备案制度以及备案信息公布制度的提炼和重申。

⑧完善了食品安全风险监测和评估。新《食品安全法》增加风险监测计划调整、监测行为规范、监测结果通报等规定,明确应当开展风险评估的情形,补充风险信息交流制度,提出加快标准整合、跟踪评价标准实施情况等要求。其中规定:食品安全风险监测工作人员有权进入相关食用农产品种植养殖、食品生产经营场所采集样品、收集相关数据。采集样品应当按照市场价格支付费用。省级以上人民政府卫生行政部门应当会同同级食品安全监督管理部门、农业行政等部门,分别对食品安全国家标准和地方标准的执行情况进行跟踪评价,并根据评价结果及时修订食品安全标准。新《食品安全法》规定,食品安全风险评估不得向生产经营者收取费用,采集样品应当按照市场价格支付费用。

⑨增设监管部门负责人约谈制。新《食品安全法》增设责任约谈制度。新《食品安全法》规定,食品生产经营过程中存在食品安全隐患,未及时采取措施消除的,县级以上人民政府食品安全监督管理部门可以对食品生产经营者的法定代表人或者主要负责人进行责任约谈。责任约谈情况和整改情况应当纳入食品生产经营者食品安全信用档案。县级以上人民政府食品安全监督管理等部门未及时发现食品安全系统性风险,未及时消除监督管理区域内的食品安全隐患的,本级人民政府可以对其主要负责人进行责任约谈。地方人民政府未履行食品安全职责,未及时消除区域性重大食品安全隐患的,上级人民政府可以对其主要负责人进行责任约谈。被约谈的食品安全监督管理等部门、地方人民政府应当立即采取措施,对食品安全监督管理工作进行整改。

⑩规定食品安全实行社会共治。新《食品安全法》规定食品安全实行社会共治,包括:一是规定食品安全有奖举报制度,明确对查证属实的举报,应给予举报人奖励,二是规范食品安全信息发布,强调监管部门应当准确、及时公布食品安全信息,同时规定,任何单位和个人不得编造、散布虚假食品安全信息;三是增设食品安全责任保险制度。

(3)《食品安全法实施条例》的颁布及意义。2015年新修订的《食品安全法》的实施,有力推动了我国食品安全整体水平提升。但同时,食品安全工作仍面临不少困难和挑战,监管实践中一些有效做法也需要总结、上升为法律规范。为进一步细化和落实新修订的《食品安全法》,解决实践中仍存在的问题,国务院对《食品安全法实施条例》进行了修订。该条例共十章86条,自2019年12月1日起施行。修订的重点集中在以下5个方面。

①细化《食品安全法》的原则规定。比如，细化了食品生产经营企业主要负责人的责任；细化了学校和托幼机构等集中用餐单位食品安全责任；细化了生产经营、贮存运输、追溯体系、市场退出等全过程管理要求；细化了"情节严重"的情形规定；等等。这为督促落实生产经营者主体责任提供更具操作性的制度规范。

②强化对违法违规行为的惩罚。比如，提高违法成本，增设"处罚到人"制度，最高可处法定代表人及相关责任人年收入10倍的罚款；建立严重违法食品生产经营者"黑名单"制度，实施信用联合惩戒；健全食品安全行政执法与公安机关行政拘留衔接机制；等等。其目的是让不法分子不敢以身试法。

③实化针对具体问题的监管举措。比如，禁止利用会议、讲座、健康咨询等任何方式对食品进行虚假宣传；对特殊食品检验、销售、标签说明书、广告等管理作出规定；禁止发布没有法定资质的检验机构所出具的检验报告；明晰了进口商对境外出口商和生产企业审核的内容；等等。其目的是解决监管执法中遇到的问题。

④优化风险管理制度机制。坚持预防为主、源头治理，促进食品安全科学监管。比如，完善农业投入品的风险评估制度；建立食品安全风险监测会商机制；明确了风险交流的内容、程序和要求；等等。其目的是推动食品安全社会共治共享。

⑤固化实践中行之有效的做法。比如，建设食品安全职业化检查员队伍；对企业内部举报人给予重奖；制定并公布食品中非法添加物质名录、补充检验方法；等等。其目的是进一步提高监管工作效能。法律的生命力在于实施。食品安全法规制度重在执行。市场监管部门将加大《食品安全法实施条例》宣传贯彻力度，加快配套规章制度立改废工作，严格监管执法，严守安全底线，督促食品生产经营者履行主体责任，促进食品产业高质量发展，努力让人民群众买得安心、吃得放心。

9.1.2.3 农产品质量安全法

(1)《农产品质量安全法》的颁布及意义。在加快推进现代农业和社会主义新农村建设，努力打牢"十一五"发展基础的新形势下，2006年4月29日，第十届全国人大常委会第21次会议表决通过了《中华人民共和国农产品质量安全法》，并于2006年4月29日起实施。该法于2022年9月2日修订，自2023年1月1日起施行。修订后的《农产品质量安全法》贯彻落实党中央决策部署，按照"四个最严"的要求，完善农产品质量安全监督管理制度，做好与《食品安全法》的衔接，实现从田间地头到百姓餐桌的全过程、全链条监管，进一步强化农产品质量安全法治保障。

(2)《农产品质量安全法》的内容体系。新修订的《农产品质量安全法》共八章八十一条，比上一版《农产品质量安全法》新增了二十五条，进一步明确了各级政府、有关部门和各类主体法律责任，优化完善农产品质量安全风险管理与标准制定，建立健全产地环境管控、承诺达标合格证、农产品追溯、责任约谈等管理制度，并加大了对违法行为的处罚力度。修订的重点集中在5个方面。

①压实农产品质量安全各方责任。把农户、农民专业合作社、农业生产企业及收储运环节等都纳入监管范围，明确农产品生产经营者应当对其生产经营的农产品质量安全负责，落实主体责任；针对出现的新业态和农产品销售的新形式，规定了网络平台销售农产品的生产经营者、从事农产品冷链物流的生产经营者的质量安全责任，还规定了农产品批发市场、农产品销售企业、食品生产者等的检测、合格证明查验等义务，明确各环节的责任。同时，地方人

民政府应当对本行政区域的农产品质量安全工作负责，对农产品质量安全工作不力、问题突出的地方人民政府，上级人民政府可以对其主要负责人进行责任约谈、要求整改，落实地方属地责任。

②强化农产品质量安全风险管理和标准制定、实施。农产品质量安全工作实行源头治理、风险管理、全程控制的原则，在具体制度上，通过农产品质量安全风险监测计划和实施方案、评估制度等，加强对重点区域、重点农产品品种的风险管理。适应农产品质量安全全过程监管需要，进一步明确农产品质量安全标准的范围、内容，确保农产品质量安全标准作为国家强制执行的标准的严格实施。

③完善农产品生产经营全过程管控措施。一是加强农产品产地环境调查、监测和评价，划定特定农产品禁止生产区域。二是对农药、肥料、农用薄膜等农业投入品及其包装物和废弃物的处置作了规定，防止对产地造成污染。三是对农产品生产企业和农民专业合作社、农业社会化服务组织作出针对性规定，建立农产品质量安全管理制度，鼓励建立和实施危害分析和关键控制点体系，实施良好农业规范。四是建立农产品承诺达标合格证制度，要求农产品生产企业、农民专业合作社、从事农产品收购的单位或者个人按照规定开具承诺达标合格证，承诺不使用禁用的农药、兽药及其他化合物且使用的常规农药、兽药残留不超标等。同时，明确农产品批发市场应当建立健全农产品承诺达标合格证查验等制度。五是对列入农产品质量安全追溯名录的农产品实施追溯管理。鼓励具备条件的农产品生产经营者采集、留存生产经营信息，逐步实现生产记录可查询、产品流向可追踪、责任主体可明晰。

④增强农产品质量安全监督管理的实效。一是，明确农业农村主管部门、市场监督管理部门按照"三前""三后"(以是否进入批发、零售市场或者生产加工企业划分)分阶段监管，在此基础上，强调农业农村主管部门和市场监督管理部门加强农产品质量安全监管的协调配合和执法衔接。二是，明确农业农村主管部门建立健全随机抽查机制，按照农产品质量安全监督抽查计划开展监督抽查。三是，加强农产品生产日常检查，重点检查产地环境、农业投入品，建立农产品生产经营者信用记录制度。四是，推动建立社会共治体系，鼓励基层群众性自治组织建立农产品质量安全信息员工作制度协助开展有关工作，鼓励消费者协会和其他单位或个人对农产品质量安全进行社会监督，对农产品质量安全监督管理工作提出意见建议；新闻媒体应当开展农产品质量安全法律法规和知识的公益宣传，对违法行为进行舆论监督。

⑤加大对违法行为的处罚力度。与食品安全法相衔接，提高在农产品生产经营过程中使用国家禁止使用的农业投入品或者其他有毒有害物质，销售农药、兽药等化学物质残留或者含有的重金属等有毒有害物质超标的农产品的罚款处罚额度；构成犯罪的，依法追究刑事责任。同时，考虑到我国国情、农情，对农户的处罚与其他农产品生产经营者相比，相对较轻。

9.2 食品安全监管体制

食品安全监督管理是国家行政监督的重要组成部分，具有行政监督管理和行政处罚两方面的职能。实行食品安全监督是国家意志和权力的反映，具有法律性、权威性和普遍约束性。农产品和食品安全问题，是底线要求；安全农产品和食品，既是产出来的，也是管出来的，要加强源头治理，健全监管体制，把各项工作落到实处。党的二十大报告也提出，强化食品药品安全监管，健全生物安全监管预警防控体系。新《食品安全法》规定，县级以上地方人民政府食品安全监督管理部门根据食品安全风险监测、风险评估结果和食品安全状况等，确定监督管理的重点、方式和频次，实施风险分级管理。县级以上地方人民政府组织本级食品安全监督管理部门、农业行政等部门制定本行政区域的食品安全年度监管计划，并向社会公布组织实施。食品生产经营企业内部依据食品安全法律法规规定的责任和义务，对其食品生产经营活动所进行的相关管理工作也属于食品安全管理的范畴，但这种管理属于守法性质。生产经营企业的主管部门对其下属单位的监督监察，属于部门内部监督，其实质也属于守法性质。

9.2.1 国外食品安全监管体制

9.2.1.1 美国食品安全监管体制

美国实行食品安全机构联合监管制度。美国在1997年实施了“食品安全行动计划”，由联邦政府、州政府、地方政府、食品行政管理部门分别对总统、国会、公众负责（政府负总责），建立了与联邦、州、地方政府既独立又协作的“食品安全监管网络”。美国食品安全行政执法有四大部门：一是人类健康服务部的食品药品管理局，负责农业部食品安全与监测服务部职责以外的所有食品安全；二是农业部的食品安全与监测服务部，负责肉禽蛋制品安全；三是农业部动植物健康监测服务部，负责动植物检疫；四是环保局，负责环境保护、农药危害治理。联邦所有具有食品安全质量监督职能的机构都不具有促进贸易的职能，这样能保证食品安全质量监督工作免受国家和部门经济利益的影响和干扰。1998年成立的总统食品安全委员会是统管美国食品安全的最高机构，委员会成员由农业部、商业部、卫生与人类部、环境保护署等部门的负责人组成，其主要作用是协调各食品安全监管机构的工作，尽可能地避免出现监管真空。2011年1月美国总统签署了《FDA食品安全现代化法》，该法对过去的《联邦食品、药品和化妆品法》进行了大规模修订。本次修法的突出特点是授予美国食品和药物管理局（FDA）以更大的监管权利，使得FDA对食品安全的管理领域显著扩大，但不包括由美国农业部管理的肉类和家禽产品。所以，美国在食品安全监管方面，不仅法律法规完善，而且既有综合性的，也有专项性的。这些法律法规涵盖了所有食品，为食品安全制定了非常具体的标准以及监督程序。

9.2.1.2 欧盟食品安全监管体制

欧盟对食品安全管理特别重视，尤其是2000年疯牛病等事件后，欧盟各成员国政府对现行的管理体制和机构设置进行了改革。2001年通过立法建立了一个独立的食品管理机构负责食品安全问题。2002年欧盟食品安全管理局正式开始行使职能。欧盟食品安全管理局由管理委员会、行政主任、咨询论坛、科学委员会4个独立部分和8个专门科学小组组成。管理委员会主要负责确保管理局行之有效的运作，其目的是确保欧盟食品安全管理局拥有一个独立的管理委员会；咨询论坛协助行政主任开展工作，作为形成有关潜在风险的信息交流和知识积累的机制；专门科学小组由独立的科学专家组成，分别负责食品的相关技术检验和咨询；科学委员会负责总体协调，确保各专门科学小组的意见保持一致。欧盟食品安全管理局的基本职责是负责监督整个食品链，根据科学的证据作出风险评估。其职责主要有两项：一是负责区域内食品安全领域的立法及政策的建议；二是与成员国和欧盟委员会合作，负责交换风险信息、风险管理、危险评估。欧盟食品安全管理局还是欧盟理事会所管理的快速报警体系的成员之一。各成员国相关机构必须将本国有关食品或者饲料对人类健康造成的风险，以及为限制某种产品出售所采取措施的任何信息，通报给欧盟快速报警体系。欧盟理事会则立即将收到的通报转发给欧盟快速报警体系的其他成员，即各成员国和欧盟食品安全管理局。

9.2.1.3　日本食品安全监管体制

日本对食品安全管理和执法的机构有两个：厚生劳动省和农林水产省。厚生劳动省主要负责加工和流通环节食品安全的监管，包括组织制定农产品中农药、兽药最高残留限量标准和加工食品卫生安全标准，对进口食品的安全检查，国内食品加工企业的经营许可，食物中毒事件的调查处理，流通环节食品（畜、水产品）的经营许可，依据食品卫生法进行监督执法以及发布食品安全情况等。农林水产省主要负责国内生鲜农产品生产环节的安全管理，包括农业投入品（农药、化肥、饲料和兽药等）产、销、用的监督管理，进口农产品动植物检疫，国产和进口粮食的安全性检查，国内农产品品质和标识认证以及认证产品的监督管理，农产品加工中危害分析与关键控制点方法的推广，流通环节中批发市场和屠宰场的设施建设，消费者反映和信息的收集沟通等。农林水产省和厚生劳动省之间既有分工，又有合作。例如，农药、兽药残留限量标准的制定工作由两个部门共同完成。在市场抽查方面，两个部门各有侧重。卫生部门负责执法监督抽查，对象是进口产品和国产产品，其抽查结果可以对外公布并作为处罚的依据。农业部门只抽检国产农产品，旨在调查分析农产品生产过程中的安全性。日本实施的《食品安全基本法》中规定，在内阁专门成立了食品安全委员会，专门对农林水产省和厚生劳动省的食品安全管理工作进行协调。

9.2.2　我国食品安全监管体制

9.2.2.1　我国食品安全监管体制的发展历程

（1）集中监管体制。在新中国成立后至改革开放初期，我国食品方面需解决的主要问题是粮食短缺，但当时就实行了食品卫生管理制度，如颁布了《食品卫生管理试行条例》（1965年）。改革开放后，随着食品安全和卫生问题逐步得到重视，依照《食品卫生管理条例》（1979年）和《中华人民共和国食品卫生法（试行）》（1983年），主要是以食品卫生监督为主要任务，由卫生部门负责进行集中监管。虽然这些法规还不太完善，但已经开始建立起相应的法规体系和监督执法队伍，对食品卫生状况的提升起到了一定作用。

（2）分散监管体制。20世纪90年代以后，随着我国经济的发展，食品总量的增长，原有的食品安全监管体制已不能适应市场需求。为此，我国连续颁布多项法律法规，尤其是《食品卫生法》（1995年）的颁布，授予各级卫生行政部门作为食品卫生监督的执法主体，将质量监督部门、农业部门、工商行政管理部门等都介入食品安全监管的食品加工、生产、流通等领域，形成了较完善的食品卫生法律体系。这段时期中，参与食品安全监管的部门有卫生、农业、商务、环保、工商和检验检疫等，各部门之间还没有统一的监管协调机制，监管体制属于多部门分散监管。

（3）多头分段式监管体制。为应对日益增长的食品安全需求，2003年，国家食品药品监督管理局组建，并被赋予食品安全管理的综合监督、组织、协调和开展重大事故查处的职责。2004年，《关于进一步加强食品安全工作的决定》指出，食品安全监管“按照一个监管环节由一个部门监管的原则，采取分段监管为主，品种监管为辅的方式”。食品的安全监管在按环节划分的框架下，综合监督与具体监管相结合，明确各职能单位的职责，由农业部门负责初级农产品生产、质检部门负责加工环节、工商部门负责流通环节、卫生部门负责餐饮和食堂等消费环节，食品药品监督管理部门负责综合监督、组织、协调和开展重大事故查处。2008年后，卫生部门和食品药品监督管理部门的职责有所调整，在各省食品安全(协调)委员会的统一协调下，由卫生部门承担食品安全综合监督职能，并负责组织制定食品安全标准，国家食品药品监督管理局则承担食品卫生许可和消费环节的食品安全监管。2009年，《食品安全法》的实施对食品安全监管再进行了调整。国务院设立食品安全委员会，作为高层次的议事，协调、指导食品安全监管工作。中央政府一级的食品安全管理工作主要由国家食品与药品监督管理局、卫生部、农业部、国家质检总局、工商总局和商务部共同负责，并向国务院报告工作。以上机构各成体系，在省、市、县一级都分别设有相应的延伸机构，每个机构有自己的具体结构和管理范围。国务院卫生行政部门承担食品安全综合协调职责，负责食品安全风险评估，对重大食品安全事故的查处、报告以及拟定食品安全标准等。国务院质量监督行政部门负责食品生产加工环节的卫生监督；国务院工商行政管理部门负责食品流通过程的卫生监督；国务院食品药品监督管理部门负责餐饮、食堂等公共食品环境卫生；国务院农业行政部门负责原料种植养殖环节安全卫生。总体来说，食品安全监管实行的是政府负责，食品安全综合协调加分段监管的模式。

(4)统一监管体制。2013年，为了提高食品和药品的质量安全水平，根据国务院机构改革和职能转变方案，将食品安全办的职责、食品药品监管局的职责、质检总局在生产环节食品安全督管职责、工商总局在流通环节食品安全监管职责整合，组建了国家食品药品监督管理总局。保留国务院食品安全委员会，食品安全监管的具体工作由国家食品药品监督管理总局承担；不再保留国家食品药品监督管理局和单设的国务院食品安全委员会办公室。国家食品药品监督管理总局加挂国务院食品安全委员会办公室牌子。国家食品药品监督管理总局的主要职责是，对生产、流通、消费环节的食品安全和药品的安全性、有效性实施统一监督管理等。将工商行政管理、质量技术监督部门相应的食品安全监督管理队伍和检验检测机构划转食品药品监督管理部门。新组建的国家卫生和计划生育委员会负责食品安全风险评估和食品安全标准制定。农业部负责农产品质量安全监督管理。将商务部的生猪定点屠宰监督管理职责划入农业部。这样的改革，使得食品安全监管模式由多头变为集中统一，强化和落实了监管责任，有利于全程无缝监管，提高了食品安全监管的整体效能。

2018年3月，根据第十三届全国人民代表大会第一次会议批准的国务院机构改革方案，将国家工商行政管理总局的职责，国家质量监督检验检疫总局的职责，国家食品药品监督管理总局的职责，国家发展和改革委员会的价格监督检查与反垄断执法职责，商务部的经营者集中反垄断执法以及国务院反垄断委员会办公室等职责整合，组建国家市场监督管理总局，作为国务院直属机构之一。

食品安全监督管理的综合协调工作由新组建的国家市场监督管理总局负责，具体工作由食品安全协调司、食品生产安全监督管理司、食品经营安全监督管理司、特殊食品安全监督管理司及食品安全抽检监测司等内设机构负责。其中食品安全协调司负责拟订推进食品安全战略的重大政策措施并组织实施；承担统筹协调食品全过程监管中的重大问题，推动健全食品安全跨地区跨部门协调联动机制工作；承办国务院食品安全委员会日常工作。食品生产安全监督管理司负责分析掌握生产领域食品安全形势，拟订食品生产监督管理和食品生产者落实主体责任的制度措施并组织实施；组织食盐生产质量安全监督管理工作；组织开展食品生产企业监督检查，组织查处相关重大违法行为；指导企业建立健全食品安全可追溯体系。食品经营安全监督管理司负责分析掌握流通和餐饮服务领域食品安全形势，拟订食品流通、餐饮服务、市场销售食用农产品监督管理和食品经营者落实主体责任的制度措施，组织实施并指导开展监督检查工作；组织食盐经营质量安全监督管理工作；组织实施餐饮质量安全提升行动；指导重大活动食品安全保障工作；组织查处相关重大违法行为。特殊食品安全监督管理司负责分析掌握保健食品、特殊医学用途配方食品和婴幼儿配方乳粉等特殊食品领域安全形势，拟订特殊食品注册、备案和监督管理的制度措施并组织实施；组织查处相关重大违法行为。食品安全抽检监测司负责拟订全国食品安全监督抽检计划并组织实施，定期公布相关信息；督促指导不合格食品核查、处置、召回；组织开展食品安全评价性抽检、风险预警和风险交流；参与制定食品安全标准、食品安全风险监测计划，承担风险监测工作，组织排查风险隐患。而药品安全的监督管理工作则由国家药品监督管理局承担，其也由国家市场监督管理总局管理。将食品与药品的监督管理分割开来，从而明确区分了食品与药品的不同性质，使食品与药品的监督管理步入科学的管理轨道，有助于实现食品安全的长治久安。

9.2.2.2　我国食品安全监管的内容

2015年颁布实施的新《食品安全法》完善统一了权威的食品安全监管机构，由分段监管变成食品安全监督管理部门统一监管，并明确建立了最严格的全过程监管制度，对食品生产、流通、餐饮服务和食用农产品销售等各个环节，食品生产经营过程中涉及的食品添加剂、食品相关产品的监管、网络食品交易等新兴的业态，还有在生产经营过程中的一些过程控制的管理制度，都进行了细化和完善。

(1)在生产经营过程控制方面。新《食品安全法》规定，食品生产企业应当就下列事项制定并实施控制要求，保证所生产的食品符合食品安全标准：原料采购、原料验收、投料等原料控制；生产工序、设备、贮存、包装等生产关键环节控制；原料检验、半成品检验、成品出厂检验等检验控制；运输和交付控制。

食品生产企业应当建立食品原料、食品添加剂、食品相关产品进货查验记录制度，如实记录食品原料、食品添加剂、食品相关产品的名称、规格、数量、生产日期或者生产批号、保质期、进货日期以及供货者名称、地址、联系方式等内容，并保存相关凭证。记录和凭证保存期限不得少于产品保质期满后6个月；没有明确保质期的，保存期限不得少于2年。食品经营企业应当建立食品进货查验记录制度，如实记录食品的名称、规格、数量、生产日期或者生产批号、保质期、进货日期以及供货者名称、地址、联系方式等内容，并保存相关凭证。

(2)在农药管理方面。新《食品安全法》明确要求对农药的使用实行严格监管。加快淘汰剧毒、高毒、高残留农药，推动替代产品的研发应用，鼓励使用高效低毒低残留的农药，特别强调剧毒、高毒农药不得用于瓜果、蔬菜、茶叶、中草药材等国家规定的农作物，并对违法使用剧毒、高毒农药的，由公安机关予以拘留处罚。

(3)在餐饮服务方面。新《食品安全法》要求，餐具、饮具集中消毒服务单位应当对消毒餐具、饮具进行逐批检验，检验合格后方可出厂，并应当随附消毒合格证明。消毒后的餐具、饮具应当在独立包装上标注单位名称、地址、联系方式、消毒日期以及使用期限等内容。

(4)在网络食品交易方面。新《食品安全法》规定，网络食品交易第三方平台提供者应当对入网食品经营者进行实名登记，明确其食品安全管理责任。依法应当取得许可证的，还应当审查其许可证。网络食品交易第三方平台提供者发现入网食品经营者有违反本法规定行为的，应当及时制止并立即报告所在地县级人民政府食品安全监督管理部门，发现严重违法行为的，应当立即停止提供网络交易平台服务。

(5)在特殊食品监管方面。新《食品安全法》要求,国家对保健食品、特殊医学用途配方食品和婴幼儿配方食品等特殊食品实行严格监督管理。保健食品的标签、说明书不得涉及疾病预防、治疗功能,内容应当真实,与注册或者备案的内容相一致,载明适宜人群、不适宜人群,功效成分或者标志性成分及其含量等,并声明“本品不能代替药物”。保健食品的功能和成分应当与标签、说明书相一致。特殊医学用途配方食品应当经国务院食品安全监督管理部门注册。注册时,应当提交产品配方、生产工艺、标签、说明书以及表明产品安全性、营养充足性和特殊医学用途临床效果的材料。特殊医学用途配方食品广告适用《中华人民共和国广告法》和其他法律、行政法规关于药品广告管理的规定。婴幼儿配方食品生产企业应当实施从原料进厂到成品出厂的全过程质量控制,对出厂的婴幼儿配方食品实行逐批检验,保证食品安全。生产婴幼儿配方食品使用的生鲜乳、辅料等食品原料、食品添加剂等,应当符合法律、行政法规的规定和食品安全国家标准,保证婴幼儿生长发育所需的营养成分。婴幼儿配方食品生产企业应当将食品原料、食品添加剂、产品配方及标签等事项向省、自治区、直辖市人民政府食品安全监督管理部门备案。

思考题

1.我国现行的食品安全法律法规包含哪些内容?

2.我国《食品安全法》的主要内容包括哪些方面?

3.我国食品安全监管体制先后经历了哪几个历史发展过程?

4.我国目前食品安全监管体制包含哪些内容?

5.我国食品安全监管的主要内容包括哪些方面?

参考文献

[1]谢明勇,陈绍军.食品安全导论[M].2版.北京:中国农业大学出版社,2016.

[2]丁晓雯,柳春红.食品安全学[M].2版.北京:中国农业大学出版社,2016.

[3]柳春红,刘烈刚.食品卫生学[M].北京:科学出版社,2016.

[4]张小莺,殷文政.食品安全学[M].2版.北京:科学出版社,2017.

[5]孙长颢.营养与食品卫生学[M].8版.北京:人民卫生出版社,2017.

[6]李诚,柳春红.城乡食品安全[M].北京:中国农业大学出版社,2018.

[7]孙长颢,刘金峰.现代食品卫生学[M].2版.北京:人民卫生出版社,2018.

[8]舒正茂,阎辉.我国食品安全监管现状及对策研究[J].轻工科技,2015,(1):113-114.

[9]刘兆彬.新食品安全法条例:亮点与问题并存[J].中国经济周刊,2016,(3):81-82.

[10]李静.从“一元单向分段”到“多元网络协同”——中国食品安全监管机制的完善路径[J].北京理工大学学报(社会科学版),2015,17(4):93-97.

[11]李丹,臧明伍,王守伟,等.中、美食品安全法律法规演进之路[J].科技导报,2019,37(5):6-16.

[12]刘亚平,李欣颐.基于风险的多层治理体系——以欧盟食品安全监管为例[J].中山大学学报(社会科学版),2015,55(4):159-168.

[13]朱俊奇,茆京来.我国食品安全监管政策质性评价[J].中国食品卫生杂志,2020,32

(1):53-56.

[14]Nayak R,Waterson P. Global food safety as a complex adaptive system:Key concepts and future prospects. Trends in Food Science & Technology,2019,91:409-425.

[15]Soon J M,Brazier A K M,Wallace C A. Determining common contributory factors in food safety incidents—A review of global outbreaks and recalls 2008—2018. Trends in Food Science & Technology,2020,97:76-87.